Dokumentation
zum Forschungs- und Entwicklungsprogramm
des Bundesministeriums für Forschung und Technologie
(BMFT)

TRIBOLOGIE

Reibung · Verschleiß · Schmierung

Band 4

Abrasivverschleiß · Schwingungsverschleiß
Oberflächenbehandlung · Bearbeitungsverfahren

Herausgeber:
Projektträgerschaft „Metallurgie, Werkstoffentwicklung, Rückgewinnung" des BMFT bei der DFVLR, Köln
Wissenschaftliche Leitung und Redaktion:
W. Bunk, J. Hansen, M. Geyer

Springer-Verlag Berlin Heidelberg GmbH 1982

Professor Dr. rer. nat. Wolfgang Bunk
Direktor des Instituts für Werkstoff-Forschung
der Deutschen Forschungs- und Versuchsanstalt für Luft- und Raumfahrt e.V., Köln-Porz
Lehrstuhl für angewandte Metallkunde, RWTH Aachen

Dr. rer. nat. Jörn Hansen
Wissenschaftlicher Mitarbeiter am Institut für Werkstoff-Forschung
der Deutschen Forschungs- und Versuchsanstalt für Luft- und Raumfahrt e.V., Köln-Porz

Dipl.-Ing. Manfred Geyer
Wissenschaftlicher Mitarbeiter am Institut für Werkstoff-Forschung
der Deutschen Forschungs- und Versuchsanstalt für Luft- und Raumfahrt e.V., Köln-Porz

Mit 352 Abbildungen und 41 Tabellen

CIP-Kurztitelaufnahme der Deutschen Bibliothek

Tribologie: Reibung, Verschleiß, Schmierung; Dokumentation zu dem Forschungs- und Entwicklungsprogramm des Bundesministeriums für Forschung und Technologie (BMFT) / Hrsg.: Projektträgerschaft „Metallurgie, Werkstoffentwicklung, Rückgewinnung" des BMFT bei der DFVLR, Köln. Wissenschaftliche Leitung und Redaktion: W. Bunk ... – Berlin; Heidelberg; New York: Springer

NE: Bunk, Wolfgang (Red.); Deutsche Forschungs- und Versuchsanstalt für Luft- und Raumfahrt ⟨Köln⟩ / Projektträgerschaft Metallurgie, Werkstoffentwicklung, Rückgewinnung

Band 4: Abrasivverschleiß, Schwingungsverschleiß, Oberflächenbehandlung, Bearbeitungsverfahren. – 1982.

ISBN 978-3-540-11815-2 ISBN 978-3-642-52224-6 (eBook)
DOI 10.1007/978-3-642-52224-6

Buch- und Offsetdruckerei Richard Thierbach, Bachstraße 24, 4330 Mülheim (Ruhr)

2362/3020 – 5 4 3 2 1 0

VORWORT ZUM 1. BAND

Reibung und Verschleiß verursachen an Maschinen und technischen Anlagen in der Industrie erhebliche Verluste durch Minderung der Lebensdauer und des Wirkungsgrades. Weitgehend unbekannt ist der erschreckend hohe Betrag, zu dem sich hierdurch die Kosten für Energieaufwand, Instandhaltung, für Ersatzteile und Ausfallzeiten in unserer deutschen Volkswirtschaft aufaddieren. Verschärft wird die Situation dadurch, daß die internationale Konkurrenz der deutschen Industrie Maschinenanlagen mit größeren Leistungsdichten, erhöhten Bauteilauslastungen und verbesserten Wirkungsgraden abverlangt. Mit dieser Entwicklung wachsen aber auch die durch Reibung und Verschleiß bedingten Schwierigkeiten erheblich an. Diese Erkenntnisse und die Einsparmöglichkeiten an Rohstoffen und Energie erfordern große Anstrengungen, um mit den Problemen der Reibung und des Verschleißes fertig zu werden. Hier kann das systematische Zusammenwirken mehrerer Wissensgebiete in dem interdisziplinären Fach "Tribologie" einen beachtlichen Beitrag liefern.

Nach Offenlegung der Situation in der Bundesrepublik Deutschland in dem BMFT-Forschungsbericht "Tribologie" entschloß sich das Bundesministerium für Forschung und Technologie (BMFT) im Rahmen seines Rohstofforschungs-Programms zu einer schwerpunktmäßigen Förderung der Tribologie mit einer Laufzeit von zunächst 6 Jahren und einem Fördervolumen in Höhe von ca. 37 Mio DM im Rahmen der Projektträgerschaft des Instituts für Werkstoff-Forschung der Deutschen Forschungs- und Versuchsanstalt für Luft- und Raumfahrt e. V. (DFVLR), Köln. Die Förderung begann 1978, heute werden ca. 100 Vorhaben gefördert.

Ein Bericht der Deutschen Gesellschaft für Mineralölwissenschaft und Kohlechemie e.V. (DGMK) von 1977 gibt an, daß rund 50 % der Verluste in Folge Reibung und Verschleiß durch intensive Nutzung der bekannten tribologischen Erkenntnisse einzusparen sind. Im Kampf gegen Reibungs- und Verschleißverluste müssen der Forschung und Entwicklung in der Tribologie die Kommunikation, Information und Innovation konsequent folgen. So ist neben der Forschungs- und Entwicklungsarbeit die Wissensverbreitung eine notwendige Ergänzung des Förderprogramms Tribologie. Diesem Ziel soll die mit dem vorliegenden ersten Band begonnene Buchreihe dienen, in der über die im Tribologie-Förderprogramm erarbeiteten Ergebnisse berichtet wird.

Köln, im Juni 1981 W. Bunk, J. Hansen, M. Geyer

V O R W O R T Z U M 2. U N D 3. B A N D

Neben der Erarbeitung von Forschungs- und Entwicklungsergebnissen steht gleichrangig die Wissensverbreitung. Dies gilt insbesondere für wissenschaftliche und technische Disziplinen, die so heterogen sind wie die Tribologie. So ist es erklärtes Ziel der BMFT-Förderung "Tribologie", eine möglichst breite Ausstrahlung zu erreichen. Hiervon hängt der "Erntefaktor" der vielen Millionen DM Fördermittel ab, die aus Steuergeldern für das Tribologie-Programm bereitgestellt wurden und werden. Diesem Ziel dienen insbesondere die öffentlichen Präsentationen der Forschungsergebnisse - die erste fand im Mai 1981 in Koblenz statt, die zweite wird im Mai 1983 ebenfalls dort stattfinden - sowie die Dokumentation der Berichte in einer Buchreihe. Die erfreulich hohe Zahl der Teilnehmer an der ersten Präsentation sowie die bisherige Nachfrage zum ersten Band lassen erwarten, daß die Förderung sich als erfolgreich erweisen wird.

Köln, im Januar 1982 W. Bunk, J. Hansen, M. Geyer

P R O J E K T T R Ä G E R S C H A F T

Das Forschungs- und Entwicklungsprogramm "Tribologie" ist Teil der Projektträgerschaft "Metallurgie-Werkstoffentwicklung-Rückgewinnung". Diese wird vom Institut für Werkstoff-Forschung (Prof. Bunk) der DFVLR im Auftrage des BMFT durchgeführt. Die administrative Betreuung liegt beim Bereich für Projektträgerschaften der DFVLR.

Zur technisch-wissenschaftlichen Beratung des Projektträgers für den Förderbereich "Tribologie" dient ein Gutachterkreis. Dieser wird gebildet von den Herren

Oberingenieur H. Böer
Dr.-Ing. E. Gülker
Dr.-Ing. G. Heinke
Ing.(grad.) W.H. Kara
Dr.-Ing. O. Lang
Prof. Dr.-Ing. H. Peeken
Prof. Dr. E. Pollmann
Dr.rer.nat. E. Roemer
Dr.-Ing. K.-H. Treptow ab August 1980
Prof. Dr.-Ing. H. Uetz
(Dipl.-Ing. P. Greis bis März 1980)

INHALTSVERZEICHNIS

Untersuchung an Heißsintersieben zur Verbesserung der Standzeit der Siebbeläge

von

Dr.-Ing. Oswald Deutscher,

Dipl.-Ing. Manfred Laude

Dr.-Ing. Reiner Stelzer

Betriebsforschungsinstitut

VDEh-Institut für angewandte Forschung GmbH

Düsseldorf

Förderkennzeichen: 01 ZT 067

Laufzeit: 1.1.1978 - 30.6.1981

Zusammenfassung

Die Beläge von Heißsinter-Siebmaschinen sind infolge extremer thermischer und mechanischer Beanspruchungen einem starken Verschleiß unterworfen. Sie erreichen je nach den vorliegenden Betriebsbedingungen Standzeiten von ca. 2 bis 6 Monaten. Ziel des Forschungsvorhabens "Verschleißminderung an Heißsinter-Siebmaschinen" ist, durch konstruktive Verbesserungen und beanspruchungsgerechte Werkstoffauswahl einen Beitrag zur Senkung der hohen Instandhaltungskosten zu leisten.

Hierzu wird das Tribosystem Heißsinter-Siebmaschine auf der Grundlage von umfangreichen Betriebsmessungen, Laboruntersuchungen und theoretischen Betrachtungen in Anlehnung an die DIN 50320 bezüglich seiner technischen Funktion, der tribologischen Beanspruchungen, der Struktur, der Verschleißkenngrößen sowie der Verschleißschwerpunkte und der Ausfallkriterien analysiert. Aus der Analyse des Systemverhaltens werden Vorschläge in Bezug auf eine verschleißmindernde Betriebsweise und eine verschleißgerechte konstruktive Ausbildung der Beläge zur Senkung der verschleißbedingten Instandhaltungskosten abgeleitet, die zum Teil im Betrieb erfolgreich erprobt wurden. Ferner wird das Verschleißverhalten von mehreren in Betriebsversuchen eingesetzten Werkstoffen dem des zur Zeit üblichen Plattenwerkstoffs gegenübergestellt.

Vorwort

Die diesem Bericht zugrundeliegenden Arbeiten wurden mit Mitteln des "Bundesministers für Forschung und Technologie" und der "Europäischen Gemeinschaft für Kohle und Stahl" gefördert. Für die großzügige Unterstützung sei an dieser Stelle gedankt. Die Untersuchungen wurden in enger Zusammenarbeit mit deutschen Hüttenwerken - vertreten durch den Arbeitskreis "Verschleiß bei der Möllervorbereitung" im Ausschuß für Anlagentechnik des Vereins Deutscher Eisenhüttenleute - durchgeführt. Die umfangreichen Betriebsmessungen erfolgten in Sinteranlagen der ESTEL Hüttenwerke Dortmund AG (Werk Westfalenhütte), Krupp Stahl AG (Werk Rheinhausen) und Thyssen AG (Werk Ruhrort). Den Instandhaltern dieser Sinteranlagen und den Mitgliedern des o.g. Arbeitskreises sei hierfür gedankt.

Inhaltsverzeichnis

1. Einleitung

Reibung und Verschleiß verursachen in der Bundesrepublik Deutschland Jahr für Jahr Kosten von über 10 Mrd. DM [1]. Allein für die deutsche Stahlindustrie werden die verschleißbedingten Instandhaltungskosten auf 1,5 Mrd. DM/Jahr, d.h. auf ca. 50 % der gesamten Instandhaltungskosten geschätzt [1, 2]. Für den Bereich der Sinteranlagen ergeben sich bei einem Gesamtinstandhaltungsaufwand von ca. 120 Mio DM/Jahr und einem geschätzten verschleißbedingten Anteil von ca. 70 % verschleißverursachte Instandhaltungskosten von ca. 85 Mio DM/Jahr.

Die Beläge von Heißsinter-Siebmaschinen stellen innerhalb der Sinteranlagen einen deutlichen Verschleißschwerpunkt dar. Sie unterliegen infolge der mechanischen Beanspruchungen durch den abrasiven Eisenerzsinter und infolge der hohen Temperaturbelastung einem extremen Verschleiß. Die Standzeiten von 2 bis 6 Monaten sind unbefriedigend und bedingen hohe Instandhaltungskosten. Allein die Kosten für die Sieb- und Trogbeläge betragen je Sinteranlage ca. 130 bis 180 TDM/Jahr, d.h. in der Bundesrepublik Deutschland ca. 1,5 bis 2 Mio DM/Jahr.

In enger Zusammenarbeit mit mehreren Hüttenwerken wurde vom Betriebsforschungsinstitut in sechs Sinteranlagen das Verschleißverhalten der Beläge von neun Heißsinter-Siebmaschinen analysiert, um Möglichkeiten zur Verringerung der verschleißbedingten Kosten abzuleiten [3].

2. Systemanalyse

Da die Verschleißfestigkeit im Gegensatz zu den volumenbezogenen Festigkeitseigenschaften wie der Zug- oder Druckfestigkeit keine Werkstoffkenngröße ist, müssen bei Verschleißuntersuchungen immer die verschleißrelevanten Systemeigenschaften in ihrer Gesamtheit betrachtet werden.

Beschreiben kann man ein Verschleißproblem durch die Systemanalyse, für die in der DIN 50320 [4] folgende Schritte vorgegeben werden:

- Kennzeichnung der technischen Funktion
- Angabe des Beanspruchungskollektivs
- Kennzeichnung der Struktur
- Angabe der Verschleißkenngrößen

2.1 Technische Funktion

Technische Funktion der Heißsinter-Siebmaschinen im Sinterprozeß ist das Fördern des heißen Sinters vom Stachelbrecherraum zum Kühler und im gelochten Bereich das Trennen der Feinanteile bis zu einer vorgegebenen Korngröße aus dem Sinterstrom.

Für die Heißabsiebung werden allgemein linearschwingende, unwuchterregte Schwingförderer eingesetzt, Bild 1, die im überkritischen Bereich bei etwa 3facher Resonanzfrequenz betrieben werden. Die von den Unwuchterregern eingeprägten Schwingungen werden über die Seitenwangen und die Hohltraversen auf die Sieb- und Trogbeläge übertragen und bewirken das Fördern des heißen Sinters auf dem Belag nach dem Mikrowurf-Prinzip. Beim Fördern erfolgt eine Entmischung nach Korngrößen und beim Aufprallen im gelochten Bereich die Absiebung der Feinanteile.

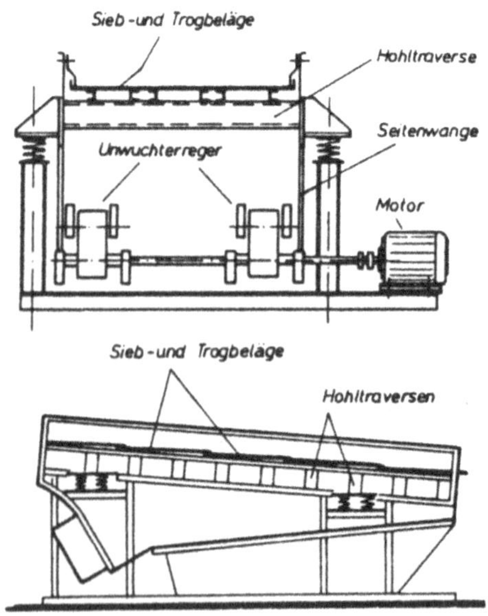

Bild 1: Heißsinter-Siebmaschine

2.2 Tribologische Beanspruchung

Die tribologische Beanspruchung der Beläge von Heißsinter-Siebmaschinen setzt sich aus der thermischen und der mechanischen Beanspruchung zusammen.

Für die thermische Beanspruchung ist die hohe Temperatur des Sinters ursächlich. Messungen ergaben, daß die Oberflächentemperaturen des heißen Sinters auf dem Sieb in allen betrachteten Sinteranlagen zwischen 600 und 1300 °C liegen.

Um Aussagen über die thermische Beanspruchung der Siebbeläge machen zu können, wurden die Temperaturen der Beläge in mehreren Belagtiefen und an der Belagunterseite gemessen [5]. Diese Temperaturmessungen, die mit Thermoelementen durchgeführt wurden, Bild 2, wiesen auf unterschiedliche Maximaltemperaturen in den einzelnen Sinteranlagen hin. Kontrollmessungen mit kalibrierten Temperatur-Meßtabletten, die bei Betriebsversuchen mit unterschiedlichen Belagwerkstoffen über lange Zeitabschnitte durchgeführt wurden, zeigten jedoch, daß man bei allen betrachteten Siebmaschinen von Maximaltemperaturen zwischen 780 und 840 °C ausgehen muß.

Bild 2: Meßstelle mit vier an der Siebunterkante verschraubten Meßpunkten

Bei den mechanischen Beanspruchungen der Belagoberflächen kann man zwischen drei Zonen unterschiedlicher Beanspruchungen - dem Aufgabebereich, dem Trogbereich und dem Siebbereich - unterscheiden.

Die mechanischen Beanspruchungen im Aufgabebereich sind von der konstruktiven Ausbildung des Stachelbrecherraumes bzw. den Leitvorrichtungen für den Sinterstrom vom Stachelbrecher zur Siebmaschine abhängig, Bild 3. Unter Berücksichtigung der untersuchten Anlagen kann je nach Ausbildung der Leitvorrichtungen von einer freien Fallhöhe zwischen 0,5 und 3 m ausgegangen werden. Die Aufprallgeschwindigkeiten des Sinters auf das Sieb betragen demnach zwischen ca. 3 und 7 m/s. Der Aufprallwinkel liegt zwischen 50 und 90°. Als mechanische Beanspruchung liegt somit im Aufgabebereich hauptsächlich Stoßen vor.

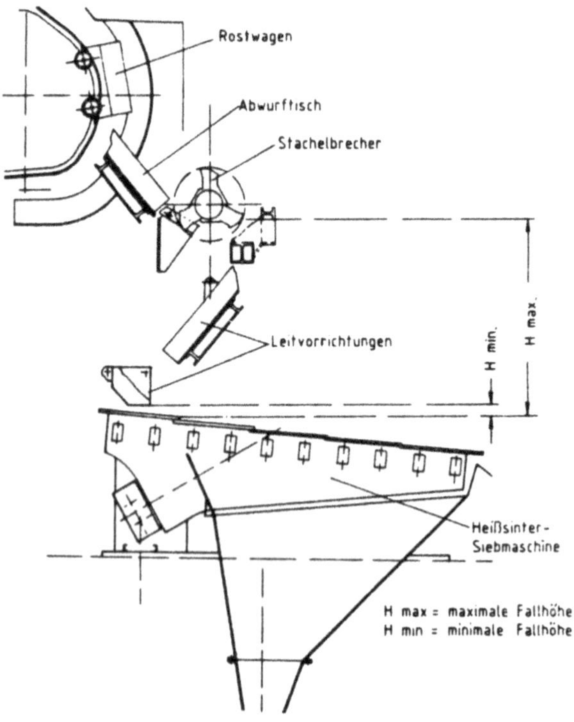

Bild 3: Beispiel einer konstruktiven Ausbildung der Übergabe vom Sinterband auf das Heißsieb

Die mechanischen Beanspruchungen der Oberfläche im Trog- und Siebbereich ergeben sich aus den maschinenspezifischen Kenndaten, die eine rechnerische Abschätzung der Bewegung des Sinters auf den Sieben zulassen [6, 7, 8]. Für die Berechnung der Sinterbewegung auf den Siebmaschinen wurden folgende Vereinfachungen angenommen:

- Das Fördergut kann durch ein einzelnes, als Massepunkt behandeltes Materialkorn dargestellt werden.
- Der Siebbelag ist starr, führt rein harmonische Schwingungen aus und verhält sich beim Aufprallen des Materialkorns vollkommen unelastisch.
- Alle Einflüsse, die durch Reibung, Luftwiderstand, Rollen und Gleiten zustande kommen, werden vernachlässigt.

Für die untersuchten Siebmaschinen wurden u.a. die Aufprallgeschwindigkeiten normal (420 bis 576 mm/s) und parallel (69 bis 182 mm/s) zur Sieboberfläche und der Aufprallwinkel (62 bis 80°) des Sinters auf das Sieb nach dem Mikrowurf sowie die Anzahl der Stöße je m Förderweg (33 bis 58) berechnet. Bei der meßtechnischen Überprüfung der Annahme rein harmonischer Schwingungen ergab sich, daß die Schwingamplituden der Beläge im Bereich der Erregerfrequenzen zum Teil um bis zu 25 % von denen der Seitenwangen abweichen. Ferner sind diesen sowohl niederfrequentere als auch höherfrequentere Schwingungen überlagert. Die niederfrequenten Schwingungen resultieren aus den Nickbewegungen der Siebmaschinen, während die Ursachen für die höherfrequenten Schwingungen in Nichtlinearitäten (evtl. Losen) und Elastizitäten der Siebbeläge liegen dürften.

Kontrollrechnungen, die näherungsweise die überlagerten Schwingungen berücksichtigten, ergaben ebenso wie Einzelbildauswertungen von Filmaufnahmen, die mit ca. 12facher Zeitdehnung durchgeführt wurden, daß die berechneten Aufprallbedingungen nur als eine grobe Abschätzung angesehen werden können. Im Gegensatz dazu wurde die rechnerisch ermittelte Anzahl der Würfe je m Förderstrecke durch die Auswertung der Filmaufnahmen recht gut bestätigt, so daß sie als realistisch angesehen werden kann.

Die mechanische Beanspruchung der Lochwandungen im Siebbereich durch die abgesiebten Feinanteile ist von der Bewegung der Sinterkörner, der Korngrößenverteilung, der Lochweite, der Lochform und der Bewegung des Siebbelages abhängig. Ein Quantifizieren der mechanischen Beanspruchung der Lochwandung ist kaum möglich. Die Aufprallgeschwindigkeit des Feinkorns auf die Lochwandungen dürfte in der gleichen Größenordnung wie die Aufprallgeschwindigkeit des Sinters auf die Oberfläche des Belages liegen. Der Aufprallwinkel ist zufallsbedingt und kann theoretisch jeden Wert annehmen. Bedingt durch die geringe Einzel- und Gesamtmasse der abgesiebten Sinterteilchen ist bei den Lochwandungen von einer gegenüber der Sieboberfläche weitaus geringeren mechanischen Beanspruchung auszugehen.

2.3 Struktur des tribologischen Systems

Die Struktur eines tribologischen Systems umfaßt die am Verschleißvorgang beteiligten Elemente, die tribologisch relevanten Eigenschaften der Elemente und die Wechselwirkung der Elemente untereinander.

Den Grundkörper des tribologischen Systems bilden die Trog- und Siebplatten. Sie sind in Förderrichtung überlappt eingebaut, während quer zur Förderrichtung das Durchtreten von Sinter zwischen den einzelnen Platten durch Deckleisten verhindert wird. Die Größe der einzelnen Platten liegt bei den betrachteten Anlagen je nach Siebmaschine zwischen 700x1150 und 900x1400 mm. Die Solldicke beträgt im Neuzustand 15 oder 20 mm, die Dicke im verschlissenen Zustand zwischen 4 und 18 mm. Die Siebplatten besitzen eine in Förderrichtung versetzte konische Fischgrätlochung in 45°-Anordnung. Die Soll-Lochweiten liegen im Neuzustand zwischen 4x15 und 5x30 mm. Die Lochaufweitung im Betrieb beträgt bis über 4 mm. Die Sieb- und Trogplatten werden bevorzugt aus Stahlguß G-X 25CrNiSi 18 9 (Werkstoffnr. 1.4825) mit auf maximal 0,2 % begrenztem Kohlenstoffgehalt hergestellt. Er weist im Neuzustand eine Härte von ca. 24 HRc auf. Im verschlissenen Zustand konnten Oberflächenhärten von bis zu 37 HRc gemessen werden.

Während des Betriebes bildet sich auf den Oberflächen eine Zunderschicht.

Den Gegenkörper stellt der heiße Sinter dar, Bild 4. Seine Eigenschaften sind u.a. von der mineralogischen Zusammensetzung der Sintermischung und der Betriebsweise der Sinteranlage abhängig. Die Abmessungen der Sinterstücke liegen zwischen 0 und ca. 300 mm. Die Oberfläche des Sinters ist teilweise stark zerklüftet - glasig mit vielen Poren und scharfen Spitzen - teilweise eher kompakt. Die Festigkeit, die mineralogische Zusammensetzung und die Härte des Sinters sind bei den hohen Temperaturen weder bekannt noch repräsentativ meßbar. Bei Raumtemperatur wird die Mikrohärte der einzelnen Sinterbestandteile mit 280 bis 1770 HV angegeben [9, 10, 11, 12, 13, 14]. Die Trommelfestigkeit des Fertigsinters nach ISO 3271-1975(E) lag in den betrachteten Anlagen bei einem Kornanteil größer 6,3 mm bei 65 bis 80 %.

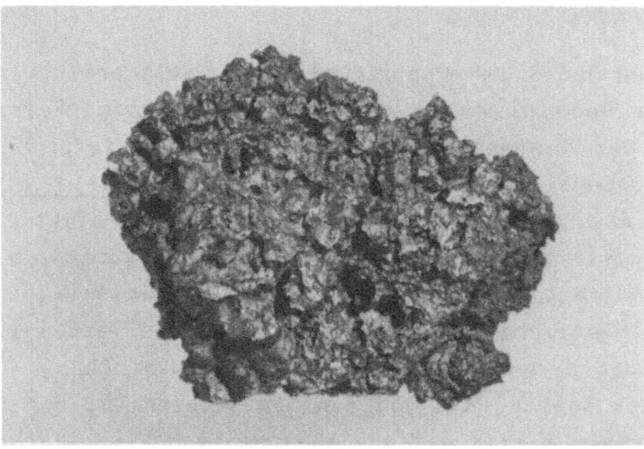

Bild 4: Eisenerzsinterstück

Ein Zwischenstoff zwischen dem Sinter und dem Siebbelag ist nicht vorhanden. Kommt es zum Gleiten eines großen Sinterteiles auf einer Schicht von kleinen Sinterkörnern, so können diese als Zwischenstoff angesehen werden. Das Umgebungsmedium ist Luft, die mit Sinterstaub verunreinigt ist.

2.4 Verschleißkenngrößen

Der Verschleiß in einem tribologischen System, der sich aus der Wirkung der Beanspruchungen und den Verschleißmechanismen ergibt, wird durch die Verschleißkenngrößen beschrieben. Hierzu gehören die Verschleißerscheingungsformen und die Verschleißmeßgrößen.

Zur Ermittlung der Verschleißerscheingungsformen wurden verschlissene Siebbeläge im Elektronenmikroskop untersucht. Der Kantenschliff der tribologisch nicht beanspruchten Siebunterseite zeigt infolge der hohen Temperaturen eine an den Korngrenzen voreilende innere Oxidation, Bild 5. Durch Diffusionsvorgänge bilden sich im Oberflächenbereich Chromoxide, die zu einer Chromanreicherung führen, während in den darunterliegenden chromverarmten Bereichen eine Nickelanreicherung nachgewiesen werden kann. Auf der Oberfläche selbst befindet sich ein chromangereichertes Oxidationsprodukt mit einer geringen Haftfestigkeit.

Die Wandungen der Sieblochung sind neben der thermischen einer mechanischen Beanspruchung durch die abgesiebten Feinanteile ausgesetzt. Der Kantenschliff der Lochwandung zeigt ähnliche Oxidationsvorgänge wie die Plattenunterseite, Bild 6. Meist fehlt hier das chromangereicherte Oxidationsprodukt, da es durch den abgesiebten Sinter abgetragen wird. Weiter zum Grundwerkstoff hin liegt auch hier eine innere Oxidation an den Korngrenzen vor. Hierdurch erfolgt ein Auflösen des festen Kornverbandes, das bei der vorliegenden Schwingbeanspruchung - insbesondere an den Kanten, die von den Sieblöchern und der Siebunterseite gebildet werden - zum Ausbrechen von Einzelkörnern aus dem Kornverband führen kann.

Die Oberfläche der Sieboberseite, die durch den geförderten Sinter tribologisch erheblich höher beansprucht wird, zeigt im Vergleich mit der Lochwandung vollkommen andere Verschleißerscheingungsformen. Hier sind Einschläge und Furchen zu erkennen, Bild 7 und Bild 8. Diese Formen der Oberflächenveränderung bestätigen, daß hauptsächlich eine Stoßbeanspruchung vorliegt.

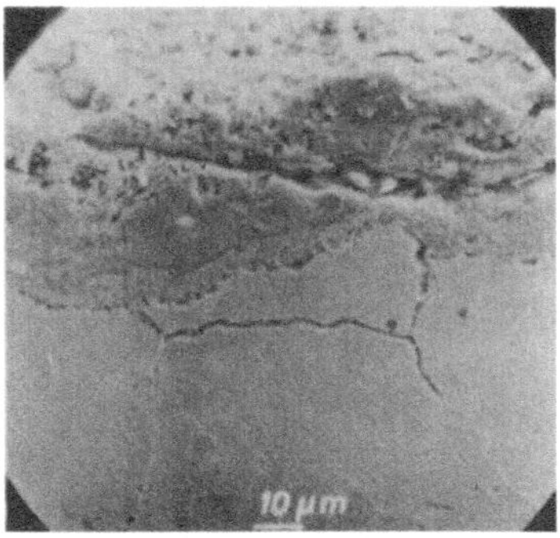

Bild 5:

Kantenschliff der Plattenunterseite; Werkstoff G-X 25 CrNiSi 18 9; innere Oxidation an den Korngrenzen

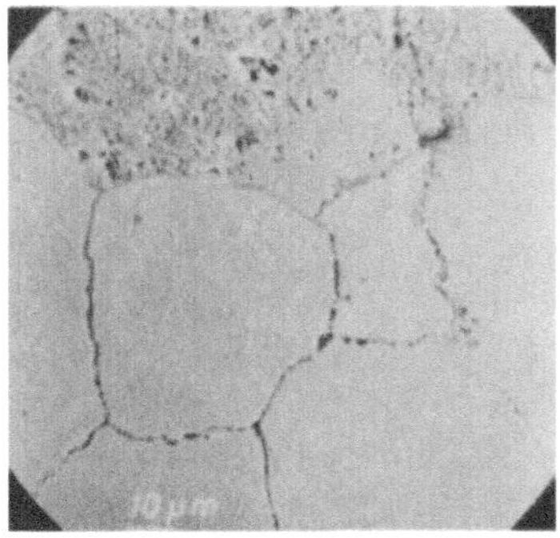

Bild 6:

Kantenschliff der Lochwandung; Werkstoff G-X 25 CrNiSi 18 9; Oxidationsprodukt an der Oberfläche durch tribologische Beanspruchung teilweise abgetragen

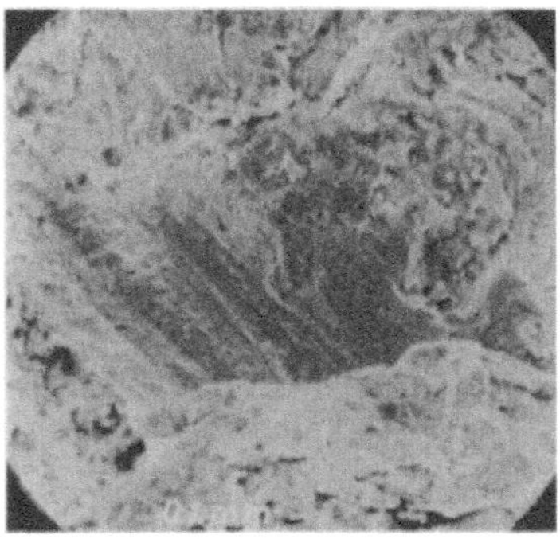

Bild 7:

Oberfläche der Plattenoberseite; Werkstoff X 12 CrNiTi 18 9; Einschlagstelle infolge tribologischer Beanspruchung

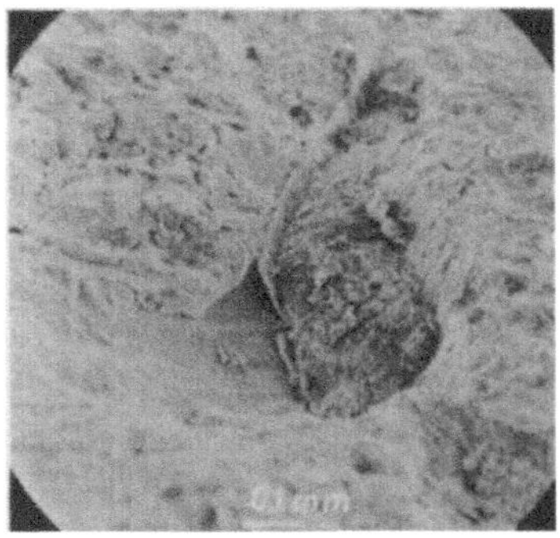

Bild 8:

Oberfläche der Plattenoberseite; Werkstoff X 12 CrNiTi 18 9; Furchung infolge tribologischer Beanspruchung

Beim Aufprall der Sinterstücke nach dem Mikrowurf wird - wie im Bild 9 zu erkennen - die Oxidationsschicht auf der Oberfläche durchbrochen, der Grundwerkstoff plastisch verformt und der Kornverband zerstört. Hierbei wird metallischer Grundwerkstoff freigelegt, der wegen der nun fehlenden Passivschicht einer verstärkten Verzunderung ausgesetzt ist. Ferner werden Teile des zerstörten Kornverbandes abgeschert, Bild 10.

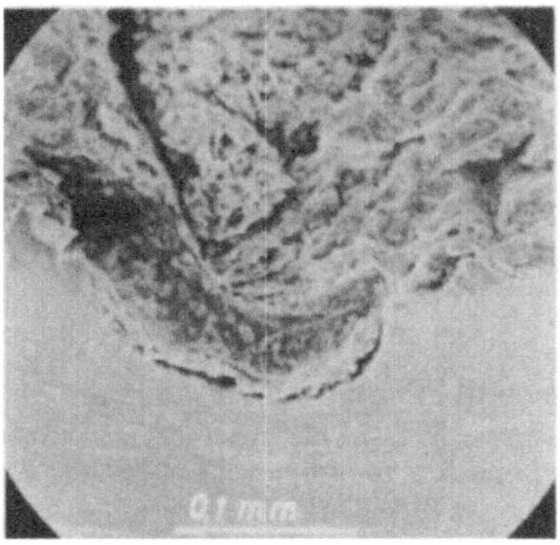

Bild 9:
Kantenschliff der Plattenoberseite;
Werkstoff X 12 CrNiTi 18 9; plastische Verformung durch Stoßbeanspruchung mit Zerstörung des Kornverbandes

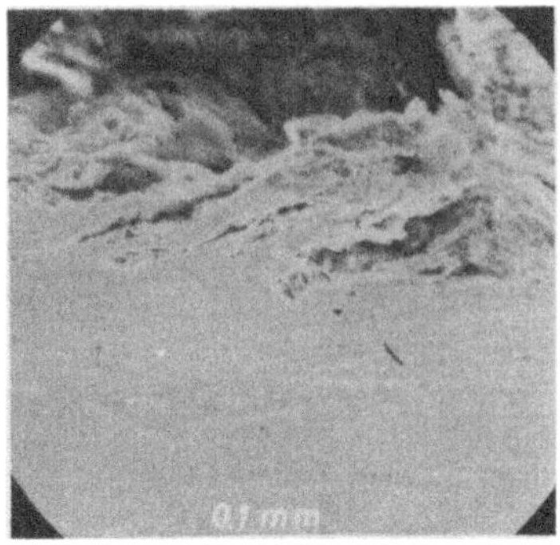

Bild 10:
Kantenschliff der Plattenoberseite;
Werkstoff X 12 CrNiTi 18 9; Abscherung des zerstörten Kornverbandes

Bei den Verschleißmeßgrößen unterscheidet man nach DIN 50321 [15] zwischen direkten, bezogenen und indirekten Verschleißmeßgrößen. Als direkte Verschleißmeßgrößen wurden die Plattendickenabnahme und die Aufweitung der Sieblochung bei zahlreichen Betriebsversuchen ermittelt. Damit der Verschleiß der verschiedenen Anlagen vergleichbar ist, wurden aus den linearen Verschleißbeträgen, den Siebbreiten und dem Sinterdurchsatz als bezogene Verschleißmeßgrößen die Verschleiß-Durchsatzverhältnisse berechnet. Ferner wurden als indirekte Verschleißmeßgrößen für die einzelnen Anlagen die Durchsatzmengen bis zum Ausbau der Beläge über mehrere Jahre bestimmt.

Die direkten Verschleißmeßgrößen zeigten bei den homogenen Gußwerkstoffen einen nahezu linearen zeitlichen Verlauf. Sie sind jedoch ebenso wie die bezogenen Verschleißmeßgrößen auf den einzelnen Siebmaschinen örtlich zum Teil sehr unterschiedlich. Vergleicht man die gemittelten bezogenen Verschleißmeßgrößen, so ergeben sich für die betrachteten Siebmaschinen erhebliche Unterschiede.

Ein verschleißbedingter Ausfall der Beläge liegt vor bei:

- Bruch der Beläge oder größeren Rissen, die zum Bruch führen können
- Undichtigkeit der Beläge im Trogbereich
- Absieben von Sinterkörnern, die größer als eine vorgegebene Korngröße sind

Grundsätzlich sollte man zwischen den Auswirkungen des Verschleißes an der Belagoberfläche und an der Sieblochwandung unterscheiden. Der Verschleiß an der Belagoberfläche vermindert den tragenden Plattenquerschnitt und führt somit zu Rissen und zum Bruch der Beläge. Der Verschleiß der Lochwandung führt zudem zu einer unerwünschten Vergrößerung der Sieblochung und zum Absieben von Sinter einer Korngröße, die für den Hochofeneinsatz geeignet ist. Dadurch wird das Mengenverhältnis Fertigsinter/Rückgutanteil verringert und die Rentabilität der Sinteranlage gesenkt.

Verschleißschwerpunkte sind in vielen Fällen die Deckleisten, Bild 11, die oftmals so weit abgetragen werden, daß Sinterteilchen zwischen den Trogplatten durchtreten. Ferner zeigte sich bei mehreren Siebmaschinen im Bereich der zum Schutz der Hohl-

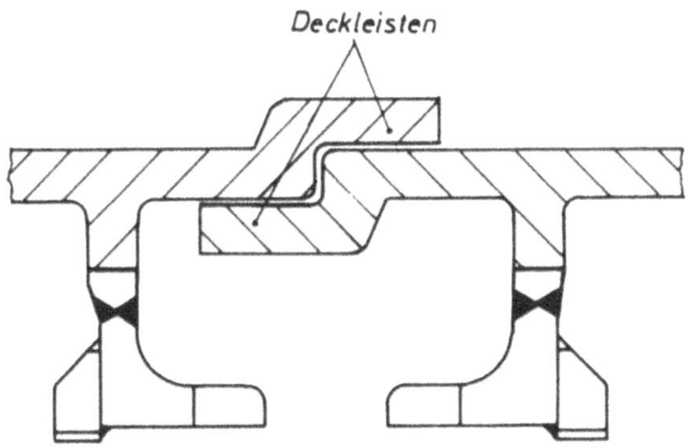

Bild 11: Abdichtung durch Deckleisten

traversen unter den Siebplatten angeschweißten Schutztaschen sowohl eine örtlich erhöhte Plattendickenabnahme als auch eine größere Lochaufweitung, Bild 12.

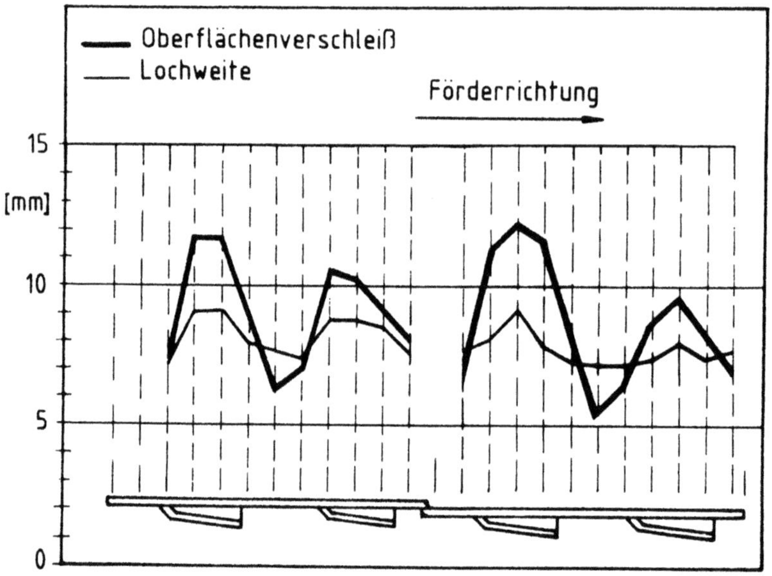

Bild 12: Oberflächenverschleiß und Ausbaulochweite zweier Siebplatten;
Verschleißschwerpunkte im Bereich der Schutztaschen

3. Möglichkeiten zur Senkung der verschleißbedingten Kosten

Aus der Analyse des Systemverhaltens der Heißsinter-Siebmaschinen können Maßnahmen zur Senkung der verschleißbedingten Kosten abgeleitet werden. Hierzu werden die Notwendigkeit der technischen Funktion für den Gesamtprozeß infrage gestellt, die Ursachen der tribologischen Beanspruchungen überprüft und die Struktur bezüglich ihrer Form- und Stoffgrößen im Hinblick auf den Verschleiß bewertet. Dabei ist den Verschleißschwerpunkten besondere Beachtung zu schenken.

Grundsätzlich gibt es folgende Möglichkeiten zur Senkung der verschleißbedingten Kosten:

- Änderung des Gesamtprozesses oder Teilprozesses zum Zwecke der Ausschaltung der Reibstelle,
- Verminderung der tribologischen Beanspruchung durch geänderte Betriebsweise und verschleißgerechte Konstruktion
- Reduzierung der verschleißbedingten Kosten durch Minimierung der durch Verschleiß auszuwechselnden Massen,
- Auswahl von an die Beanspruchungen angepaßten kostengünstigen Werkstoffen.

3.1 Ausschalten der Reibstelle

Bei tribologisch beanspruchten Systemen, die hohe verschleißbedingte Kosten verursachen, muß die Frage erlaubt sein, ob die technische Funktion dieser Systeme für den Gesamtprozeß unbedingt erforderlich ist. Für die Heißsinter-Siebmaschinen resultiert daraus die Frage, ob die Heißabsiebung für den ordnungsgemäßen Ablauf des Sinterprozesses notwendig ist, oder ob ohne eine Heißabsiebung die vom Hochofenprozeß geforderte Sinterqualität kostengünstiger erzeugt werden kann.

Wie schon erwähnt, hat die Heißabsiebung im Sinterprozeß die Aufgabe, durch das Trennen der Feinanteile die Luftdurchlässigkeit der Sinterschüttung bei der anschließenden Kühlung zu steigern und die Sintermischung vor der Aufgabe auf das Sinterband durch das heiße Rückgut zu erwärmen und damit die Permeabilität der Aufgabemischung zu erhöhen.

Aus Gesprächen mit Betreibern einer Sinteranlage ohne Heißabsiebung und Herstellern von Sinteranlagen ergaben sich hierzu die im folgenden dargestellten Gesichtspunkte.

Die Herstellung von hochwertigem Sinter ist auch ohne Heißabsiebung möglich. Die bessere Pereamilität der Sintermischung durch Zugabe von heißem Rückgut kann auch durch geeignete Erzkörnung, durch Rollierhilfen und angepaßten Wassergehalt erreicht werden. Der Verzicht auf die Heißsinter-Siebmaschinen erfordert eventuell eine größere Kühlerkapazität, da mehr Feinanteile in den Kühler gelangen.

In einer Sinteranlage, die nach Umbau ohne Heißsinter-Siebmaschinen betrieben wird, wurde, obwohl die Kühlleistung nicht erhöht wurde, keine Erhöhung der Sintertemperatur hinter dem Kühler festgestellt. Das Gesamtrückgut hat sich um ca. 5 bis 8 % verringert. Dies dürfte darauf zurückzuführen sein, daß bei Betrieb mit Heißabsiebung - bedingt durch Verschleiß der Sieblochung - Sinter abgesiebt wurde, der bezüglich seiner Korngröße für den Hochofeneinsatz geeignet war. Die Reparaturintervalle in der Sinteranlage konnten von 3 bis 4 Wochen auf 6 bis 7 Wochen erhöht werden. Die Kosten für die Heißabsiebung (ca. 0,20 DM/t Sinter) können eingespart werden.

Dies läßt folgende Schlüsse zu:

- Bei Neuanlagen sollte der Einsatz von Heißsinter-Siebmaschinen vermieden werden, wenn von Seiten der Verfahrenstechnik ein qualitativ hochwertiger Sinter gewährleistet werden kann Der Einsatz eines Kühlers mit höherer Kapazität wäre empfehlenswert.
- Bei bestehenden Anlagen mit ausreichender Kühlerkapazität sollten die Kosten für einen Umbau (Ausbau der Heißsinter-Siebmaschinen und Einbau einer anderen Födereinrichtung oder Betreiben der Siebmaschinen als reine Schwingförderer) den Einsparungen durch Verzicht auf die Heißabsiebung gegenübergestellt werden. Ergeben sich Kostenvorteile durch Umbau, so sollten durch versuchsweisen Einbau von Trog- statt Siebplatten die Auswirkungen des Betreibens der Sinteranlage ohne Heißabsiebung zuvor überprüft werden.
- Bei bestehenden Anlagen mit knapper Kühlerkapazität kann in gleicher Weise vorgegangen werden. Es sollte jedoch die offene Siebfläche nur schrittweise verringert und die Auswirkung auf die Temperatur des Sinters hinter dem Kühler verstärkt beobachtet werden, da bei unzureichender Kühlung die Gefahr des Entzündens von Förderbändern besteht.

In allen Fällen muß man - wie schon erwähnt - berücksichtigen, daß bezüglich der Permeabilität der Sintermischung auf dem Sinterband eventuell gesonderte Maßnahmen ergriffen werden müssen. Ferner muß eine ausreichende Kapazität im Kaltsiebbereich vorhanden sein. Eine Voraussage, ob in einer bestimmten bestehenden Sinteranlage auf die Heißabsiebung in Bezug auf die Kühlerkapazität und die Sinterqualität verzichtet werden kann, erscheint nicht möglich.

3.2 Verschleißmindernde Betriebsweise

Die mechanische Beanspruchung der Beläge ist wie schon erwähnt von der Betriebsweise der Siebmaschine abhängig. Die Erregerfrequenz, der Winkel der Erregung, die Schwingweite und die Siebneigung beeinflussen die Bewegung des Sinters auf dem Sieb und somit die Aufprallbedingungen des Sinters nach dem Mikrowurf. Demnach besteht grundsätzlich die Möglichkeit, durch Änderung der Betriebsweise den Verschleiß zu beeinflussen.

Die umfangreichen Betriebsmessungen mit Belägen aus dem Werkstoff 1.4825 lassen gemeinsam mit den theoretischen Betrachtungen eine Aussage über den Einfluß der Betriebsweise zu. Ein Vergleich der Siebmaschinen zeigt, daß bei niedriger Erregerfrequenz und hohen Schwingamplituden die Anzahl der Mikrowürfe je m Förderstrecke kleiner ist als bei hoher Erregerfrequenz und kleinen Amplituden. Die Häufigkeit des Sinteraufpralls auf den Belag bei einer bestimmten durchgesetzten Sintermenge beeinflußt aber den Verschleiß entscheidend. Mittelt man die Ergebnisse aller untersuchten Siebmaschinen, so bewirkte eine um ca. 25 % niedrigere Erregerfrequenz eine Verringerung der Anzahl der Stöße um ca. 33 %. Dies hatte eine Reduzierung des Verschleißes im Trogbereich auf ca. 55 % und im Siebbereich (Oberfläche und Lochwandung) auf ca. 47 %, d.h. in etwa eine Verdoppelung der Standzeiten zur Folge.

Aufgrund dieser Erkenntnisse sollten die Heißsinter-Siebmaschinen hinsichtlich der verschleißbedingten Kosten mit niedriger Erregerdrehzahl und größeren Amplituden betrieben werden.

3.3 Verschleißgerechte Konstruktion

Ziele einer verschleißgerechten konstruktiven Ausbildung verschleißgefährdeter Bauteile sind:

- Senken der tribologischen konstruktionsabhängigen Beanspruchungen
- Beseitigen von lokalen Verschleißschwerpunkten
- Verlängern der Bauteilstandzeiten durch Erhöhen der dem Verschleiß entgegengesetzten Massen
- Verringern der durch Verschleiß nicht abgenutzten auszuwechselnden Massen
- kostengünstig herzustellende, einfache Gestalt der Verschleißteile

Im Aufgabebereich ist die mechanische Beanspruchung von der konstruktiven Ausbildung der Leitvorrichtungen im Schacht vom Stachelbrecher zur Siebmaschine abhängig. Um die Beanspruchung der Beläge gering zu halten, sollte ein möglichst großer Teil der kinetischen Energie des herabfallenden Sinters durch verschränkt angeordnete Materialpolster vor dem Aufprallen des Sinters auf das Sieb in Reibungsenergie umgewandelt werden. Ein direkter Fall des Sinters vom Stachelbrecher auf das Sieb sollte ausgeschlossen werden. Ferner scheint eine den örtlichen Beanspruchungen angepaßte Vergrößerung der Plattendicke eine sinnvolle konstruktive Maßnahme zur Senkung der verschleißbedingten Kosten zu sein. Hierdurch können, wegen der in etwa konstanten erforderlichen Restdicke, bezogen auf die eingesetzte Masse überproportionale Standzeitverlängerungen erreicht werden.

Für den Trogbereich sind ähnliche Maßnahmen zu empfehlen. Eine über den gesamten Bereich vergrößerte Plattendicke, die individuell an die über die Siebmaschinen unterschiedlichen Verschleißverläufe angepaßt ist, erscheint in Bezug auf eine Verringerung der verschleißbedingten Kosten sinnvoll. Bei einer erheblichen Vergrößerung der Masse des Siebbelages muß jedoch der Einfluß auf das Schwingverhalten und die Befestigungselemente beachtet werden.

Im Siebbereich ergibt sich der verschleißbedingte Ausfall sowohl durch unzulässige Lochaufweitung als auch durch Erreichen der Tragfähigkeitsgrenze infolge des Oberflächenverschleißes. Während der Betriebsmessungen wurde festgestellt, daß meist die

Tragfähigkeit der Siebplatten noch lange nicht erschöpft war, wenn sie aufgrund der Lochaufweitung ausgewechselt wurden. Im Hinblick auf eine Minimierung des Werkstoffeinsatzes und damit der verschleißbedingten Kosten sollte eine Anpassung der Plattendicke an die zulässige Lochaufweitung erfolgen. D.h. die Plattendicke sollte so gewählt werden, daß die Ausfallkriterien unzulässige Lochaufweitung und Erreichen der Tragfähigkeitsgrenze zeitlich möglichst eng zusammenfallen. Dadurch wird vermieden, daß Siebplatten ausgewechselt werden, bevor ihre Reserven bezüglich beider Ausfallkriterien weitgehend genutzt wurden. Welche Plattendicke optimal ist, muß durch einen Vergleich der Restdicke mit der minimal zulässigen Plattendicke für jede Maschine individuell ermittelt werden.

Der Bereich der Siebplatten über den Schutztaschen zeigt, wie schon erwähnt, in mehreren Anlagen einen erhöhten Verschleiß. Ursächlich hierfür dürfte die in diesem Bereich behinderte Wärmeabfuhr sein. Wie durch Betriebsversuche bestätigt, kann dieser Verschleißschwerpunkt entschärft werden, indem die Schutztaschen zur besseren Wärmeabfuhr soweit wie möglich abgesenkt werden und auch rückwärtig offen bleiben, (Bild 13).

Bild 13: Siebplatte mit abgesenkter, rückwärtig offener Schutztasche

Gesamtbelag. Bei der z.Z. üblichen konstruktiven Ausbildung der Beläge wird der Durchtritt von Sinterteilchen zwischen den einzelnen Platten quer zur Förderrichtung durch Deckleisten verhindert. Diese Deckleisten unterliegen einem erhöhten Verschleiß, was oft zum vorzeitigen Ausbau der Beläge oder zu häufigen Reparaturschweißarbeiten führt. Durch einen auch quer zur Förderrichtung überlappten Einbau, Bild 14, der Beläge kann dieser Verschleißschwerpunkt, wie in Betriebsversuchen nachgewiesen, vollkommen ausgeschaltet werden. Ferner wird hierdurch die konstruktive Gestalt der Platten vereinfacht, so daß sich insbesondere für aus gewalztem Material hergestellte und/oder auftraggeschweißte Platten bei der Herstellung erhebliche Arbeitserleichterungen und somit Kosteneinsparungen ergeben.

Bild 14: Siebbeläge ohne Deckleisten; überlappter Einbau quer zur Förderrichtung

3.4 Auswahl beanspruchungsgerechter Werkstoffe

Eine weitere Möglichkeit, die verschleißbedingten Kosten zu senken, besteht in der Auswahl von an die Beanspruchungen angepaßten Plattenwerkstoffen. Gemäß der Beanspruchungen und der üblichen Reparaturmaßnahmen sind folgende Anforderungen an den Werkstoff zu stellen:

- Hitzebeständigkeit bis ca. 850 °C
- Warmfestigkeit bezüglich der Schwingbeanspruchung

- Zähigkeit gegen die Stoßbeanspruchung und Rißbildung
- Hohe Härte gegen den Abrasivverschleiß
- Reparatur-Schweißbarkeit zur Behebung von Rissen und Ausbrüchen

Im Rahmen des Forschungsvorhabens wurden alternative Werkstoffe ausgewählt, die eine bessere Erfüllung dieser Anforderungen erwarten ließen. Die ausgewählten Werkstoffe wurden im betrieblichen Einsatz erprobt und ihr Verhalten dem in umfangreichen Betriebsmessungen ermittelten maschinen- und positionsabhängigen Verhalten des Werkstoffes 1.4825 gegenübergestellt.

Gußwerkstoff. Da bereits zahlreiche Versuche der Anlagenbetreiber mit genormten Gußwerkstoffen keine gegenüber dem Werkstoff 1.4825 verbesserte Verschleißbeständigkeit erbrachten, wurden hauptsächlich nicht genormte Gußwerkstoffe bei den durchgeführten Betriebsversuchen eingesetzt. Die Richtanalysen der ausgewählten Werkstoffe sind in Bild 15 zusammengestellt. Faßt man die Ergebnisse dieser Betriebsversuche zusammen, Bild 16, kann festgestellt werden, daß die Werkstoffe G7 und G10 bezüglich der Plattendickenabnahme ein ähnliches und bezüglich der Lochaufweitung ein besseres Verschleißverhalten als der 1.4825 aufwiesen. Insbesondere der Werkstoff G10, der zudem gegenüber dem 1.4825 weniger Risse und keine Ausbrüche zeigte und der somit auf eine geringere Restdicke herunterzufahren sein dürfte, könnte einen kostensparenden Alternativwerkstoff darstellen. Er läßt bei etwa gleichen Materialkosten bezüglich der Lochaufweitung eine Standzeitverlängerung von ca. 20 bis 30 % erwarten.

Auftragschweißwerkstoffe. Unter Berücksichtigung der Erfahrungen aus zahlreichen Versuchen einzelner Hüttenwerke wurde eine Auswahl von Auftragschweißwerkstoffen mit hohem Kohlenstoff- und Chromgehalt getroffen, die durch harte Chromkarbide in einer möglichst zähen Matrix einen hohen Verschleißwiderstand erwarten ließen [16]. Die Versuchswerkstoffe, deren Richtanalysen in Bild 17 zusammengestellt sind, wurden unter Vorgabe der Schweißanleitung des Herstellers oder Vertreibers von Schweißfachfirmen aufgeschweißt. Wie Bild 18 zeigt, verhielten sich die überprüften Auftragschweißwerkstoffe im Vergleich mit

Werkstoff	Legierungsbestandteile in %									
	C	Si	Mn	Cr	Ni	Mo	V	W	Nb	sonst
G 1	0,2	1,5-2	6	21	17			4		
G 2	0,3	~1,2	~0,7	10		7				Co11
G 3	0,25	1-2,5	~1	18	9					
G 4	0,2	1-2,5	~1	18	9				2,5	
G 5	0,2	1-2,5	~1	18	9				1,5	
G 6	0,4	≈2,5	≈1,5	25	8					
G 7	0,4	2	0,5	19	6,6	2,2	0,6			
G 8	0,5	0,8	0,4	26	14			2,3		
G 9	0,4	2,4	0,4	13	6,5	2,3	0,8			
G10	0,05	1,1	0,6	25	7	2,8				Cu2,5

Bild 15: Richtanalysen der in Betriebsversuchen eingesetzten Gußwerkstoffe

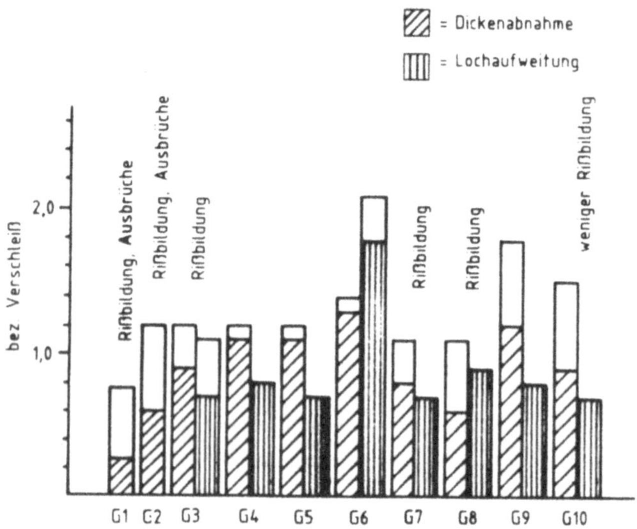

Bild 16: Verschleißverhalten der überprüften Gußwerkstoffe; Verschleißwerte bezogen auf den Verschleiß des Werkstoffes 1.4825 in gleicher Einbauposition

Werkstoff	Legierungsbestandteile in %									
	C	Si	Mn	Cr	Ni	Mo	V	W	Nb	sonst.
A 1	4,5	1	1	33						
A 2	4,5	1	1	33	2	3				
A 3	2,5	1	1	33						
A 4	2	1	1	33						
A 5	1,5	1	1	33						
A 6	1	1	1	33						
A 7	4	~1,2	~0,7	34		1				
A 8	3,8			31						
A 9	5			40						
A 10	5,5	0,8	0,8	22		7	1	2	7	
A 11	5,5	0,9	0,5	21		7	1	2	7	
A 12	5,5	0,7	0,8	22		7	1	2	7	
A 13	5	0,5	0,9	23		7	1	2	7	

Bild 17: Richtanalysen der in Betriebsversuchen eingesetzten Auftragschweißwerkstoffe

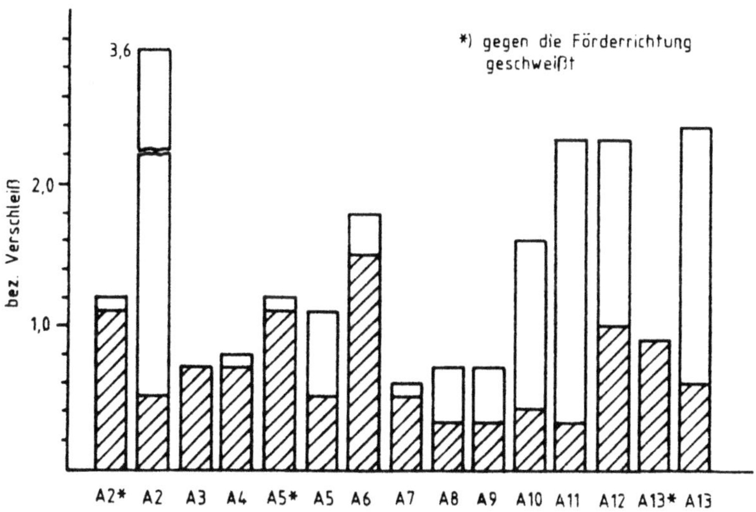

Bild 18: Verschleißverhalten der überprüften Auftragschweißwerkstoffe; Verschleißwerte bezogen auf den Verschleiß des Werkstoffes 1.4825 in gleicher Einbauposition

Werkstoff 1.4825 sehr unterschiedlich. Hierbei schien es wesentlich zu sein, wie der Werkstoff aufgeschweißt wurde und ob nur die oberste Schicht oder die gesamte Auftragschicht bis ins Grundmaterial abgetragen wurde. Da der Preis für aufgeschweißte Trogplatten etwa doppelt so hoch wie für gegossene Platten ist, lassen die überprüften Auftragschweißwerkstoffe bei den in der Heißabsiebung vorliegenden Beanspruchungen von ca. 800 °C kaum eine Senkung der verschleißbedingten Kosten erwarten.

4. Schlußbemerkungen

Die dargestellten Ergebnisse zeigen, daß insbesondere bei komplex beanspruchten Tribosystemen eine Systemanalyse im Sinne der DIN 50320 der Ermittlung von kostensenkenden Maßnahmen vorangestellt werden sollte. Die dadurch gewonnenen Erkenntnisse bezüglich der am Verschleiß beteiligten Elemente, der Verschleißbeanspruchungen und der Verschleißerscheinungsformen erlauben, das Verschleißsystem zu bewerten und Maßnahmen zur Senkung der verschleißbedingten Kosten vorzuschlagen. Hierbei sollte nicht nur eine Optimierung der Werkstoffe angestrebt werden, da in vielen Fällen eine erheblich höhere Kosteneinsparung durch eine verschleißmindernde Betriebsweise und eine verschleißgerechte Konstruktion erreicht werden kann.

Die Definition der Aufgabe der Heißabsiebung im Sinterprozeß führt zwangsläufig zur Frage, ob die kostenintensive Absiebung des heißen Sinters für die Produktion von hochwertigem Sinter bei allen Anlagen unbedingt notwendig ist. Eine diesbezügliche Überprüfung der Sinteranlagen unter Berücksichtigung der dargestellten Gesichtspunkte sollte in Erwägung gezogen werden.

Aufgrund von umfangreichen Betriebsmessungen an verschiedenen Heißsinter-Siebmaschinen und theoretischen Betrachtungen des Bewegungsverhaltens des Sinters auf den Sieben konnte ermittelt werden, daß die Erregerfrequenz und die Amplituden bzw. die unter anderem von der Erregerfrequenz abhängige Anzahl von Mikrowürfen je m Förderstrecke einen entscheidenen Einfluß auf den Verschleiß der Beläge sowohl bezüglich der Dickenabnahme als auch bezüglich der Lochaufweitung hat. Daher wird zu einer Betriebsweise mit möglichst niedriger Erregerdrehzahl bei darauf abgestimmten höheren Amplituden geraten.

Ferner wurden bei den Betriebsmessungen Verschleißschwerpunkte ermittelt, die durch konstruktive Maßnahmen (Siebbeläge ohne Deckleisten; rückwärtig offene, abgesenkte Schutztaschen) weitgehend behoben werden können. Weitere in diesem Bericht dargestellte konstruktive Maßnahmen sowohl bezüglich vorgeschalteter Anlagenteile als auch bezüglich der Siebbeläge lassen eine Senkung der verschleißbedingten Kosten durch Verringerung der Beanspruchungen oder durch bessere Ausnutzung der eingesetzten Werkstoffmasse erwarten.

Bei umfangreichen Betriebsversuchen wurde das Verschleißverhalten unterschiedlicher Werkstoffe erprobt und dem Verschleißverhalten des üblicherweise eingesetzten Werkstoffes G-X25 CrNiSi 18 9 (1.4825) gegenübergestellt.

Bei den Grundwerkstoffen erwiesen sich Werkstoffe mit einem Molybdängehalt von 2,2 bis 2,8 % bezüglich der Lochaufweitung, als am besten geeignet. Insbesondere der Werkstoff G10, der außerdem im Hinblick auf die Plattendickenabnahme eine ähnliche Verschleißbeständigkeit wie der Vergleichswerkstoff 1.4825 zeigte, aber weniger Risse und keine Ausbrüche aufwies, könnte als ein kostensparender Alternativwerkstoff eingesetzt werden.

Für die überprüften Auftragschweißwerkstoffe mußte bei den vorliegenden hohen Temperaturen (ca. 800 °C) festgestellt werden, daß sie kaum eine Senkung der verschleißbedingten Kosten erwarten lassen. Das gleiche gilt im besonderen Maße für die erprobten Plasmaspritzwerkstoffe.

Die erzielten Ergebnisse zeigen, daß im Rahmen des Forschungsvorhabens eine Reihe, zum Teil sehr unterschiedlicher Maßnahmen zur Verringerung der durch Verschleiß der Beläge von Heißsinter-Siebmaschinen verursachten Kosten ermittelt werden konnten. Sie umfassen vor allem die verschleißgerechte konstruktive Ausbildung des Systems, eine verschleißmindernde Betriebsweise und eine beanspruchungsgerechte Werkstoffauswahl.

5. Schrifttum

[1] Lang, O.: Technologische Forschung und Entwicklung. Tribologie (Reibung - Verschleiß - Schmierung); BMFT-Forschungsbericht Nr. TU 76-38, Forschungskuratorium Maschinenbau e.V., Frankfurt/ Main, 1976

[2] Stelzer, R.: Die Bedeutung des Verschleißes für die Instandhaltung in der Stahlindustrie; Stahl u. Eisen 99 (1979) Nr. 18, S. 978/84

[3] Deutscher, O.; Laude, M.; Stelzer, R.: Untersuchungen an Heißsintersieben zur Verbesserung der Standzeit der Siebbeläge. Düsseldorf 1981 (Betriebsforschungsinstitut des Vereins Deutscher Eisenhüttenleute, Bericht Nr. 838), auszugsweise veröffentlicht in Stahl u. Eisen 102 (1982), Nr. 14

[4] DIN 50320: Veschleiß-Begriffe, Systemanalyse von Verschleißvorgängen, Gliederung des Verschleißgebietes; Dezember 1979

[5] Laude, M.: Temperaturmessungen an Heißsintersiebbelägen; Stahl u. Eisen 98 (1978) Nr.4, S.168

[6] Kluge, W.: Neuzeitliche Siebmaschinen für die Aufbereitung; Erdöl u. Kohle 4 (1951) Nr.11, S.705/11

[7] Klockhaus, W.: Fördergeschwindigkeit von Schwingrinnen und Schwingsieben; Erdöl u. Kohle 5 (1952).Nr. 8, S.493/95

[8] Böttcher, S.: Beitrag zur Klärung der Gutbewegung auf Schwingrinnen; Dissertation, Technische Hochschule Hannover, 1957

[9] Euler, R.; Lackmann, H.H.; Schwiete, H.E.: Einfluß der Zuschlagstoffe auf den Mineralbestand und die physikalischen Eigenschaften von Eisenerzsinter; Techn. Mitt. Krupp-Forsch.-Ber. 24 (1966) Nr. 4, S.195/ 203

[10] Vasyutinskii, N.A.: The microhardness of Kerch sinter; Stal (1961) Nr. 2, S. 83/84

[11] Uytenbogaardt, W.; Burge, E.A.J.: Tables for microscopic identification of ore minerals, Elsevier Publishing Company, Amsterdam/London/New York 1971

[12] Livsic, B.A.; Vasilev, G.S.: Änderung der Mikrohärte der basischen Mineralien von Sinter; Cernaja metallurgija (1963) Nr. 10, S. 30/31 (Russ.)

[13] Livsic, B.A.; Vasilev, G.S.: Physikalische Eigenschaften der Agglomerate mit hohem Basengrad; Cernaja metallurgija (1965) Nr. 12, S. 22/28 (Russ.)

[14] Zussmann, J.: Physical Methods in Determinative Mineralogy, Academic Press, London/New York/San Francisco 1977

[15] DIN 50321: Entwurf - Verschleiß-Meßgrößen, Januar 1978

[16] Kretschmer, I.; Wahl, H.; Wahl, W.: Prüfung und Optimierung von Hartauftragschweißungen mit Fülldrahtelektroden bei vorwiegend abrasiver Beanspruchung, Dokumentation Tribologie Band 1, S. 161/196 Springerverlag Berlin Heidelberg New York 1981

Radioaktive Verschleißmessung an zweiwelligen Mischern
(Abrasivverschleiß)

von

Dr.-Ing. J. Föhl

Dipl.-Ing. K-J. Groß

Dipl.-Ing. M.A. Khosrawi

Dr.rer.nat H-D. Dannöhl

Dipl.-Ing. A. Grimminger

Staatliche Materialprüfungsanstalt
Universität Stuttgart

und

Werner und Pfleiderer
Maschinenfabrik Stuttgart

Förderkennzeichen: 01 ZT 077 - ZK/NT/NTS 1009

01 ZT 087 - ZK/NT/NTS 1009

Laufzeit: 01.01.1978 bis 31.12.1981

Gliederung

Kurzfassung

In der Verfahrenstechnik werden für Mischaufgaben Gleichdralldoppelschneckenmaschinen eingesetzt. Insbesondere bei Verarbeitung von plastischen Massen mit Füllstoffen sind das Gehäuse sowie die Knet- und Förderelemente hoher Verschleißbeanspruchung ausgesetzt. Für die Verschleißmessung an Knetblöcken wurde die Radionuklidtechnik angewandt. Nach Vorversuchen unter betriebsähnlichen Bedingungen wurden in einem Produktionsbetrieb Messungen durchgeführt. Die dort verarbeiteten unterschiedlichen Kohlemischungen konnten hinsichtlich ihrer Verschleißwirkung differenziert werden. Aufgrund des komplexen tribologischen Systems gelten die ermittelten Ergebnisse nur für die untersuchte Maschine. Verschleißmessungen an anderen Maschinen sind nach geringfügigen Änderungen an der jeweiligen Maschine zur Aufnahme des Szintillationszählers möglich.

1. Zielsetzung (Aufgabenstellung)

In der Verfahrenstechnik werden für Mischaufgaben außer den diskontinuierlich arbeitenden Trogmischern vielfach kontinuierlich arbeitende Maschinen, wie z.B. Gleichdrall-Doppelschneckenmaschinen eingesetzt [1] . Insbesondere bei der Verarbeitung von Kunststoffen mit Füllstoffen sind Förder- und Knetelemente sowie Gehäuseinnenwand einer hohen tribologischen Beanspruchung ausgesetzt. Die sich dadurch ergebende kurze Lebensdauer der einzelnen Elemente kann häufige Maschinenstillstände für das Auswechseln der Verschleißteile zur Folge haben. Vielfach sind derartige Mischer mit hoher Auslastung direkt in eine Verfahrenskette eingebunden, so daß zusätzlich hohe Folgekosten durch den Produktionsausfall ganzer Anlagenteile auftreten können. Je nach Verschleißwirkung der Produkte kann die Lebensdauer einzelner Teile auf wenige Monate begrenzt und in Fällen, bei denen zusätzlich eine korrosive Komponente mitwirkt, sogar bis auf wenige Wochen weiter verkürzt sein.

Während der Lebensdauer der Verschleißteile werden in solchen Maschinen oftmals verschiedene Produkte mit teilweise stark unterschiedlicher Verschleißwirkung verarbeitet, weshalb sich aufgrund der insgesamt durchgesetzten Produktmenge lediglich integrale Verschleißkosten ermitteln lassen, die jedes

Produkt gleichmäßig belasten. Produktspezifische Verschleißwerte können im allgemeinen nicht ermittelt werden, weil einzelne Produkte oft nur wenige Tage oder Stunden in der Maschine gefahren werden. Die je Charge auftretenden Verschleißbeträge sind mit herkömmlichen Methoden nicht kontinuierlich meßbar. Ein Vermessen der Teile, selbst im ausgebauten Zustand, ist nicht empfindlich genug, um in allen Fällen den je Charge aufgetretenen Verschleiß zu erfassen, da im fortgeschrittenen Verschleißstadium Riefen, Wellen und Mulden auftreten, die eine quantitative Aussage über den Verschleißbetrag unmöglich machen. Zudem ist eine solche Maßnahme aus wirtschaftlichen Gründen in einem Produktionsbetrieb nicht durchführbar.

Diese Schwierigkeiten haben dazu geführt, daß sich auch die Weiterentwicklung der Werkstoffe für Verschleißteile auf nur wenig gesicherte Anhaltswerte stützt, die sich aus der Gesamtlebensdauer im betrieblichen Einsatz ergeben.

In der Verschleißprüftechnik unterscheidet man Prüfkategorien, die, ausgehend vom Betriebsfall (Kategorie I) bis zum Grundlagenversuch (Kategorie VI) verschiedene Stufen der Vereinfachung des tribologischen Systems darstellen [2] . Es wurden zwar Methoden entwickelt, die Verschleißbeanspruchung in einfacheren Modellversuchen zu simulieren, die Übertragbarkeit auf die betriebliche Beanspruchung in der Maschine ist jedoch problematisch und wegen des meist fehlenden Informationsrückflusses aus dem Betrieb auch unsicher. Die Prüfmethode, bei der die Verschleißwirkung von vorverdichtetem Kunststoffgranulat auf eine Metallscheibe untersucht wird [3] , vermittelt zwar einen guten Einblick in die Grundvorgänge, ist jedoch in Kategorie IV einzuordnen und liegt somit relativ weit vom Betriebsfall entfernt. Einige im Betrieb auftretende Beanspruchungsfälle und Verschleißmechanismen bleiben dabei völlig unberücksichtigt.

Ziel des Vorhabens war es, kontinuierliche Verschleißmessungen an einer Produktionsmaschine vorzunehmen, um die kurzzeitig wechselnden Verschleißprozesse kennenzulernen. Die so gesammelten Erfahrungen können als Basis für weitere Untersuchungen dienen, in denen möglicherweise produktspezifische Werkstoff- und Konstruktionsoptimierungen oder Klassifizierungen von Produkten hinsichtlich deren Verschleißwirkung vorgenommen werden.

2. Lösungsweg

Um das Problem einzugrenzen, wurde die Untersuchung an zweiwelligen Mischern der Firma Werner und Pfleiderer durchgeführt (Prinzipbeschreibung siehe Kapitel 3). Obgleich zur Ermittlung des Verschleißfortschrittes des Gehäuses für den langzeitigen Betrieb unter konstanten Produktionsbedingungen bereits Wanddickenmessungen mit Ultraschall mit Erfolg durchgeführt wurden, scheiden solche Methoden wegen ungenügender Empfindlichkeit bei Kurzzeitversuchen aus. Außerdem kann der Verschleiß der Knet- und Förderelemente damit ohnehin nicht erfaßt werden. Als einziges erfolgversprechendes Verfahren kommt die Verschleißmessung mit Hilfe von Radionukliden in Betracht. Dieses Verschleißmeßverfahren, das den kontinuierlichen Nachweis geringer Werkstoffabtragsraten ermöglicht, wird in der Motorenprüftechnik seit mehreren Jahrzehnten angewandt und ist bereits zu einem Standardmeßverfahren geworden [4,5,6] .

Das Hauptproblem bestand darin, das als ausgereift anzusehende Meßverfahren unter den einengenden Randbedingungen eines Produktionsbetriebes an die maschinentechnischen und tribologischen Gegebenheiten dickwandiger Maschinenteile anzupassen.

Bei der Verschleißmessung mit Hilfe von Radionukliden wird in der Regel der Werkstoffabtrag an örtlich begrenzten Stellen ermittelt. Daraus ergibt sich die vordringliche Aufgabe, in vorausgehenden Studien (Systemanalyse) die die Lebensdauer bestimmenden Verschleißteile und an diesen wiederum die relevanten Stellen ausfindig zu machen. Aus diesem Grunde wurde den Versuchen eine ausführliche Analyse der tribologischen Vorgänge vorangestellt. Die Verschleißmessung selbst wurde in zwei Stufen vorgenommen. Zunächst wurden Untersuchungen an einer Produktionsmaschine für Kunststoffaufbereitung unter Laborbedingungen (Kategorie I bzw. II) durchgeführt, die sich nur durch größeren Spielraum in der Wahl der Parameter und größere Flexibilität hinsichtlich Produktdurchsatzmengen und terminlichen Randbedingungen vom Produktionsfall unterschieden. Mit den dabei gewonnenen Ergebnissen konnten die Vorstellungen über das tribologische System weiter entwickelt werden. Im zweiten Schritt wurden Verschleißmessungen an einem zweiwelligen Mischer im Produktionsbetrieb bei Verarbeitung unterschiedlicher Kohleprodukte (Kategorie I) durchgeführt.

3. Analyse des tribologischen Systems

3.1 Funktionsbeschreibung der Maschine

Die untersuchten Mischer sind zweiwellige Gleichdrallmaschinen, die nach dem Baukastenprinzip aufgebaut sind, Bild 1.

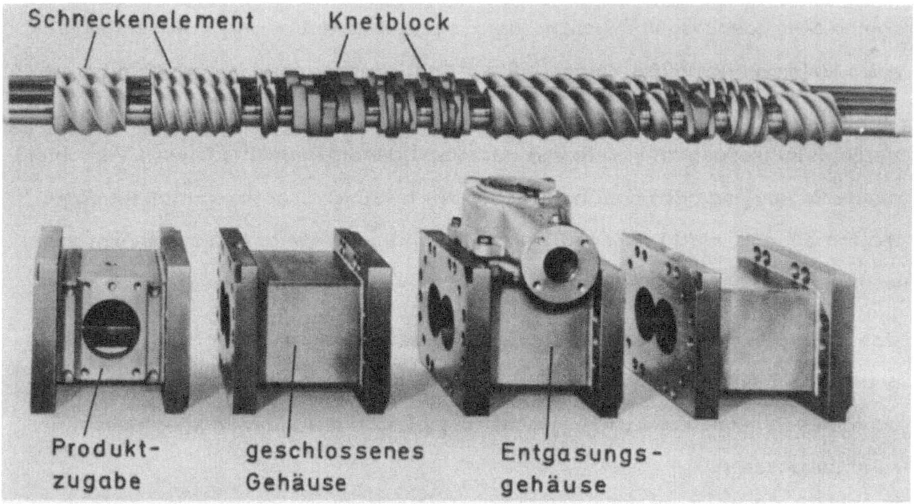

Bild 1 Verfahrensteile einer Gleichdrall-Doppelschneckenmaschine

Das Verfahrensteil besteht aus einzelnen Gehäuseelementen, in denen die zwei Wellen gleichsinnig umlaufen. Auf den Wellen, die üblicherweise einseitig an der Antriebsseite gelagert sind, sind die Förder- und Knetelemente aufgezogen, die sich in der Bohrung des Gehäuses selbst zentrieren. Entsprechend dem Prozessablauf setzt sich die Maschine aus Gehäuseelementen für Produktaufgabe und Entgasung, die jeweils Öffnungen besitzen, sowie geschlossenen Gehäuseelementen zusammen. Die Regelung der Temperatur unter Berücksichtigung der Prozesswärme erfolgt durch Heizen bzw. Kühlen der Gehäuse.

Da erfahrungsgemäß der Verschleiß hauptsächlich im Bereich der Knetelemente auftritt, Beispiel Bild 2, wurden die Untersuchungen auf diesen Bereich konzentriert.

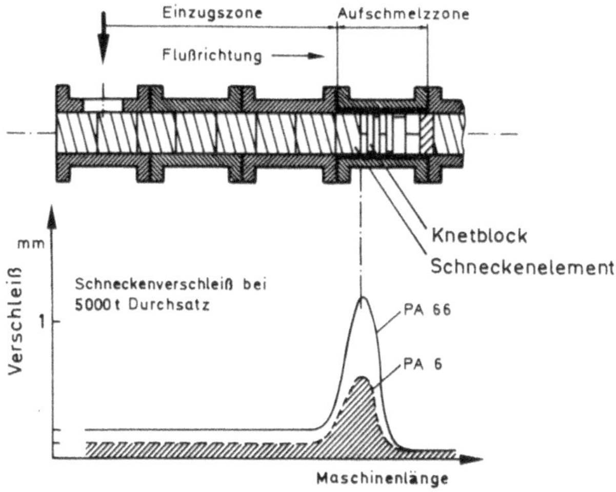

Bild 2 Verschleißverlauf der Schnecken- und Knetelemente längs der Verfahrensstrecke

Von der Aufgabestelle wird das Gut durch Schneckenelemente mit teilweise unterschiedlicher Steigung in den Knetbereich transportiert. Nach einer Verdichtung und entsprechendem Druckaufbau wird durch die eingeleitete Knetenergie und Gehäuseheizung das Gut zum Aufschmelzen gebracht. Die Lage der Zone des Aufschmelzbeginns hängt vom Produkt und den Maschinenbetriebsdaten ab. Deshalb kann auch die Lage des Verschleißmaximums nicht generell exakt definiert werden. Die Verschleißerscheinungsformen deuten jedoch darauf hin, daß in der Regel die ersten beiden Scheiben der Knetblöcke tribologisch am stärksten beansprucht sind. Vom Knetbereich aus wird das aufgeschmolzene und durchmischte Gut durch Schneckenelemente weiter bis zur Austragsstelle gefördert.

3.2 Tribologische Beanspruchung

Die größten Verschleißbeanspruchungen treten auf, wenn das zu verarbeitende Gut Abrasivstoffe enthält. Zur Ermittlung der verschleißgefährdeten Bereiche und wirkenden Verschleißmechanismen wurden die Vorgänge im Knetbereich näher betrachtet.

Schnecken und Knetblöcke werden je nach Aufgabenstellung in zweigängiger und dreigängiger Ausführung eingesetzt, Bild 3.

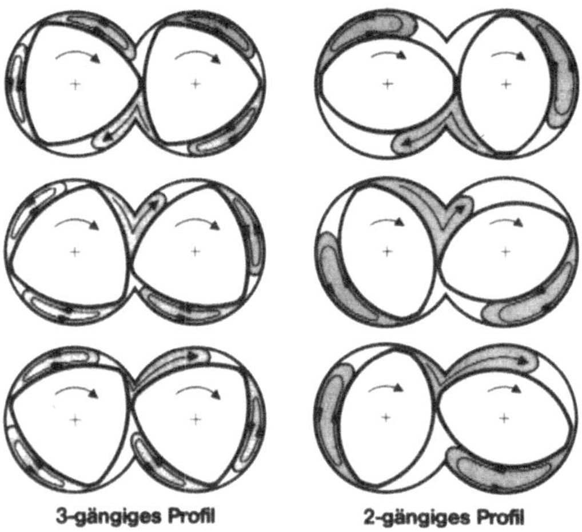

Bild 3
Strömungsverhältnisse des Mischgutes im Knetblockbereich

Aus den Bewegungsverhältnissen der Welle und den Strömungsverhältnissen des Mischgutes ergeben sich unterschiedliche, sich überlagernde Verschleißarten.

Im Neuzustand ist der Knetblock im Außendurchmesser gegenüber den Schneckenelementen zurückgesetzt. Der Bohrungsdurchmesser des Gehäuses wiederum ist größer als der Außendurchmesser der Schneckenelemente. Demzufolge liegt theoretisch an jeder Stelle des Knetblockes ein Spalt zum nächstgelegenen Maschinenteil vor. Diese Spalte sind zwar sehr eng, erweitern sich jedoch durch den fortschreitenden Verschleiß. Das ankommende Material - bei Kunststoff z.B. in Granulatform - wird zwischen den beiden Knetelementen geschert und allmählich aufgeschmolzen, so daß vom vorverdichteten Granulat bis zur Schmelze alle Übergangszustände vorliegen. Die Abrasivpartikel haben zunächst im noch nicht aufgeschmolzenen Kunststoff eine relativ feste Bindung, in der Schmelze sind sie dagegen freier beweglich. Die Strömungsverhältnisse des zu mischenden Materials sind aus Bild 3 ersichtlich. Die Abrasivstoffe überstreichen einen weiten Härtebereich, so daß die Verschleißprozesse sowohl in der Tieflage als auch der Hochlage ablaufen können.

In den "Förderkammern" der Knetelemente kommt es zu einer überwiegend erosiven Beanspruchung durch das unter hohem Schergefälle strömende Gut. Dort wo die Knetelemente Dichtfunktion gegenüber dem Gehäuse bzw. gegeneinander haben, werden das Gut und die Abrasivstoffe durch einen engen Spalt gezogen. Diese Beanspruchung ist vergleichbar mit der Verschleißart Korngleitverschleiß, solange die Spaltweite nur wenige Vielfache des Durchmessers der Abrasivkörner beträgt. Mit zunehmender Abnutzung der Teile kann die Beanspruchung allmählich in Erosion übergehen, was auch aus den Verschleißerscheinungsformen sichtbar wird (vgl. Bild 6).

Diesen beiden Beanspruchungen ist noch eine weitere überlagert. Da im allgemeinen bei Korngleitverschleiß die Verschleißbeträge erheblich größer sind als bei Erosion, kann davon ausgegangen werden, daß zwischen den Knetblöcken und den angrenzenden Schneckenelementen bald ein Durchmesserausgleich erfolgt. Infolge der hohen Scherkräfte im Gut werden die Wellen radial nach außen gedrückt, wodurch der Spalt zwischen Knetblockkamm und Gehäuse sich ändert und sogar Null werden kann. Die dritte Verschleißart ist daher charakterisiert durch eine Gleitbewegung bei direktem Festkörperkontakt unter hohem Druck, wobei das Mischprodukt je nach Eigenschaften eine gewisse "Schmierwirkung" ausüben kann. Die genannten Verschleißarten sind in Bild 4 schematisch dargestellt und machen die unterschiedliche Beanspruchung deutlich.

3.3 Verschleißerscheinungsformen

Die unterschiedlichen Verschleißarten treten in der Praxis nicht immer deutlich zu Tage. Dort werden die Maschinen meist nur geöffnet, wenn der Verschleiß bereits so weit fortgeschritten ist, daß die Spielvergrößerung sich auf den Pro-

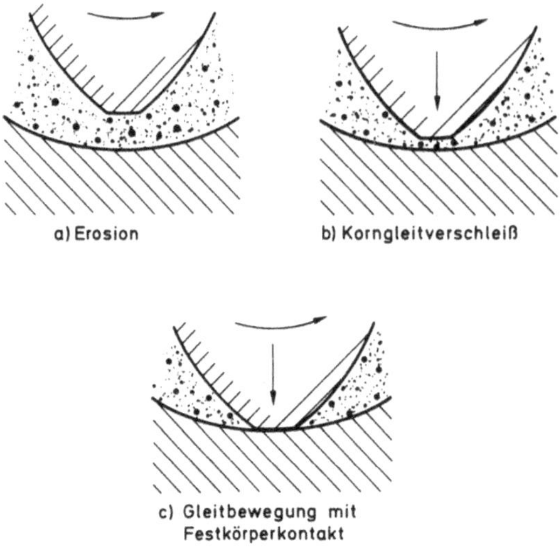

Bild 4

Mögliche Arten der Verschleißbeanspruchung von Gehäuse und Knetelementen

duktfluß (Druckaufbau, Mischqualität) auszuwirken beginnt. An solchen Teilen sind dann unter Umständen Verschleißbeträge von einigen Millimetern festzustellen, Bild 5 und das Erscheinungsbild ist fast ausschließlich durch Erosionsprozesse mit Strömungbildern geprägt. Sind die eingesetzten Teile mit Verschleißschutzschicht versehen, wird die Schicht in der Regel nach dem ersten Durchbruch "unterspült", was einen stark progressiven Verschleißfortschritt zur Folge hat.

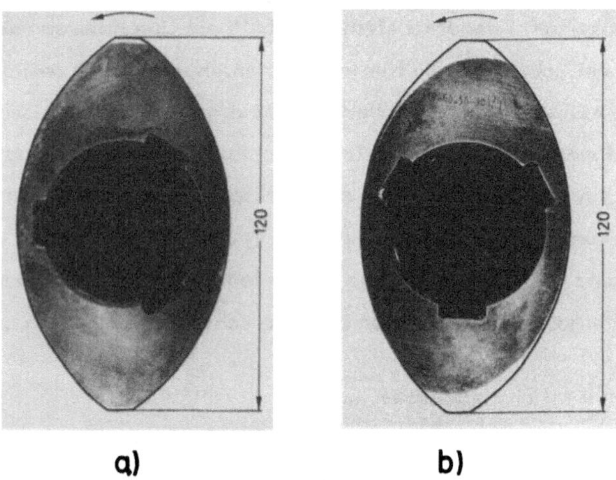

Bild 5 Verschleißerscheinungsbilder von Knetblöcken (1. Scheibe)
a) Verschleiß überwiegend im Kammbereich
b) Verschleiß im Kammbereich und an der Flanke

Der wesentlich stärkere Verschleiß bei Korngleitverschleißbeanspruchung in engen Spalten tritt hauptsächlich in der Anfangsphase auf und ist je nach Härte und Korngröße der Füllstoffe gekennzeichnet durch mehr oder weniger starke Riefenbildung in Umfangsrichtung, Bild 6.

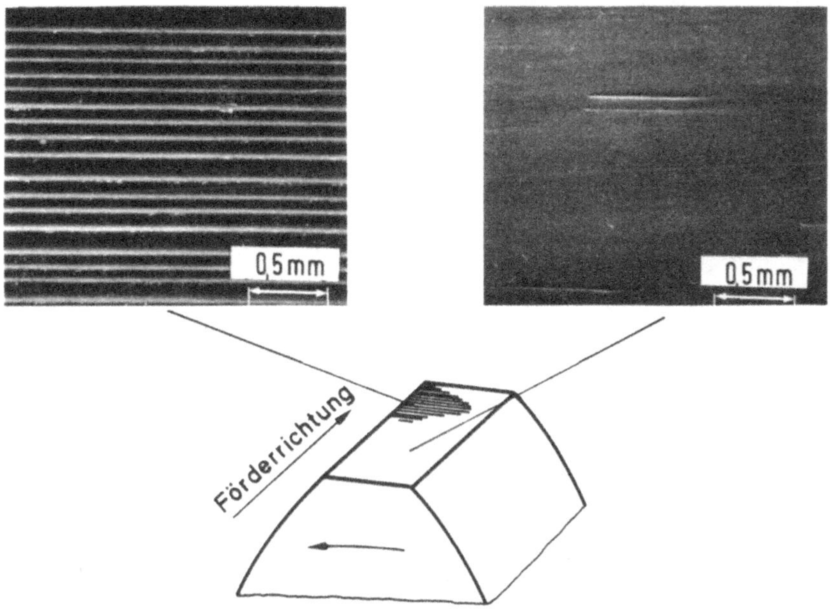

Bild 6 Verschleißerscheinungsbild der ersten Knetblockscheibe bei Verarbeitung von Kohleprodukten; Werkstoff Chromstahl gehärtet

Die Riefung tritt im Grenzfalle, wenn der Spalt gegen Null geht und der Knetblockkamm an der Gehäusewand anläuft, besonders stark hervor. Aufgrund der meist verwendeten verschleißbeständigen Werkstoffe mit hohem Karbidanteil treten die sonst bei metallischen Werkstoffen üblichen Adhäsionserscheinungen in den Hintergrund und das Erscheinungsbild entspricht dem bei Gegenkörperfurchung, d.h. einem Mikroschneideprozess. Solche Erscheinungsbilder sind wegen der Spielvergrößerung bei Ende der Lebensdauer meist nicht zu erkennen, da dieser Effekt dann nicht mehr in dem Maße auftritt.

Ist der Knetblock verschleißbeständiger als das Gehäuse, so kann beobachtet werden, daß der Verschleiß am Gehäuse in scharf begrenzten Bereichen bevorzugt an den Stellen auftritt, die den Knetblockscheiben direkt gegenüberstehen, Bild 7.

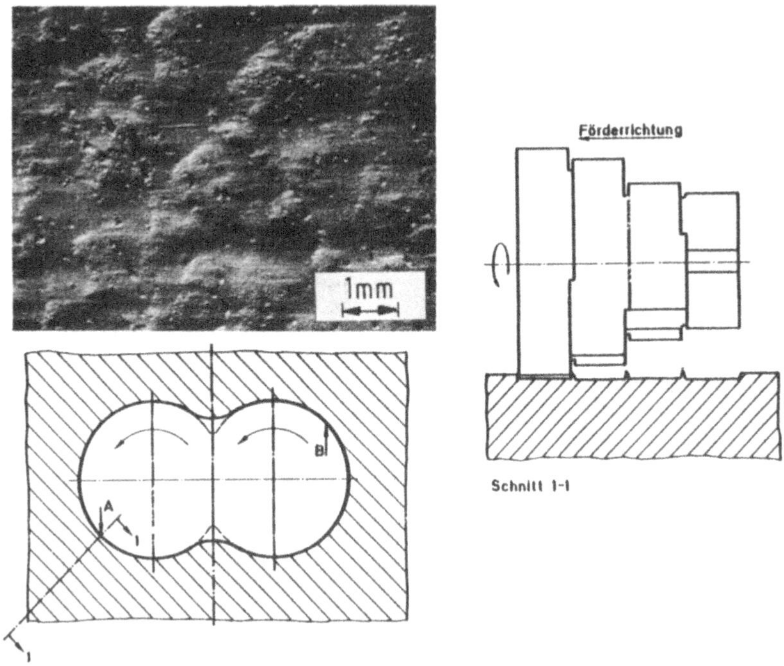

Bild 7 Verschleißerscheinungsbilder an einem Gehäuse aus Cr-legiertem Guß bei Verwendung einer Hartmetall-Knetblockscheibe und Verarbeitung von Kohleprodukten

Möglicherweise übernimmt infolge eines stärkeren Verschleißes der Schneckenteile (Außendurchmesser) der Knetblock mit die Zentrierung der Welle im Gehäuse, was zu engen Spalten und damit zu örtlich hohem Verschleiß des weniger verschleißbeständigen Gehäuses führt.

Der Verschleiß bildet sich in Umfangsrichtung nicht in allen Fällen gleichmäßig aus. In einem untersuchten Fall, bei dem Kohlemischungen verarbeitet wurden, waren deutliche Verschleißmaxima in den Bereichen A und B (vgl. Bild 7) festzustellen.

Die Verschleißerscheinungsformen können je nach Art des Mischgutes und der Verfahrensparameter sehr unterschiedlich sein. Aus diesem Grunde ist es auch schwierig, ohne genaue Kenntnis der tribologischen Gegebenheiten der jeweiligen Maschinen die verschleißrelevante Stelle für die Verschleißmessung unter Anwendung der Radionuklidtechnik festzustellen.

4. Verschleißmessung mit Hilfe der Radionuklidtechnik

Verschleißmessungen unter Anwendung von Radioisotopen (Radionuklidtechnik, RNT) werden auf vielen Gebieten, insbesondere aber im Motorenbau, bereits seit mehreren Jahrzehnten erfolgreich durchgeführt [5,6].

Durch Beschuß mit Neutronen im Kernreaktor oder geladenen Teilchen im Zyklotron können in Bauteilen Radioisotope erzeugt werden, deren Aktivität anhand der ausgesandten Strahlung, bevorzugt γ -Strahlung, gemessen werden kann. Die Aktivierung im Zyklotron kann so geführt werden, daß in eng begrenzten Bereichen die spezifische Aktivität konstant, d.h. die Masse homogen aktiviert ist. Für die Verschleißmessungen können entweder die Verschleißpartikel gesammelt und aus deren Aktivität die abgetragene Masse bestimmt werden, oder es wird die Abnahme der Aktivität des Bauteils gemessen und hieraus der Massenabtrag ermittelt (Dünnschicht-Differenzenverfahren DDV). Das letztgenannte Verfahren wurde bei den folgenden Versuchen angewandt.

4.1 Voraussetzung für die Anwendung der Radionuklidtechnik

Aus dem Meßprinzip ergibt sich zwangsläufig, daß bestimmte Anforderungen an das tribologische System zu stellen sind, um die Verschleißmessung mit RNT überhaupt möglich zu machen.

Meßtechnisch wichtigstes Kriterium ist, daß die Verschleißpartikel ohne äußeren Eingriff in das tribologische System sich vom Ort der Entstehung entfernen. Bei den zweiwelligen Mischern kann diese Forderung mit Sicherheit als erfüllt angesehen werden, da diese Maschinen auf homogene Durchmischung des Gutes ausgelegt sind und somit freie Verschleißpartikel in das Gut eingemischt und ausgetragen werden. Die Konzentration des Radionuklides im anfallenden Granulat ist wegen des hohen Produktdurchsatzes jedoch so niedrig, daß sich die Ausmessung des Produktes auf keinen Fall für eine Verschleißmessung eignet. Für Untersuchungen dieser Art kommen daher nur Messungen in Frage, bei denen der Verschleiß über die Abnahme der Aktivität des Bauteiles ermittelt wird. Dies ist nur bei der sog. Dünnschichtaktivierung möglich. Sie zeichnet sich dadurch aus, daß

- die Aktivierung nur auf eine dünne Schicht von einigen hundertstel bis zehntel Millimeter Dicke begrenzt ist
- diese Schicht hohe spezifische (auf die Masse bezogene) Aktivität haben kann
- die Aktivierung flächenmäßig eng begrenzt durchgeführt werden kann
- die Gesamtaktivität des Bauteiles niedrig ist und daher praktisch keine Maßnahmen hinsichtlich des Strahlenschutzes erforderlich sind.

Um den Verschleiß bei der Dünnschicht-Differenzenmethode kontinuierlich verfolgen zu können, muß die Aktivitätsabnahme von außen durch das Gehäuse hindurch gemessen werden. Die zu untersuchenden Werkstoffe müssen daher in einer Weise aktivierbar sein, daß Isotope mit ausreichend hoher γ -Energie entstehen. Da diese Gehäuse relativ dickwandig sind, liegt zwischen der radioaktiven Stelle und dem Szintillationszähler für die Messung der Aktivität eine erhebliche abschirmende Masse. Damit verbunden ist auch ein relativ großer Abstand (r), der die Impulsrate proportional $1/r^2$ absenkt. Während bei Verschleißmessungen am Gehäuse der Zähler an der Außenseite meist direkt hinter der aktivierten Stelle angebracht ist und Abschirmung und Abstand dadurch klein gehalten werden können, wirken sich diese beiden Effekte bei Verschleißmessungen am Knetblock besonders stark aus. Abstand und Selbstabschirmung durch den Knetblock ändern sich entsprechend der Drehzahl pulsierend. Die Empfindlichkeit für die Messung des Knetblockverschleißes ist, bei gleicher Aktivität wie beim Gehäuse, dadurch entsprechend niedriger.

Um in der erforderlichen Genauigkeit messen zu können, müssen spezifische Aktivitäten und Aktivierungstiefe nicht zuletzt auch aus Kostengründen auf das jeweilige Problem abgestimmt sein.

Aus tribologischer Sicht ist die bereits genannte Forderung zu stellen, daß die verschleißrelevanten Stellen bekannt sein müssen. Bei komplexen Bauteilgeometrien und hohen zulässigen Verschleißbeträgen bis zum Ausfall des Teiles ist die Möglichkeit der Extrapolation von Kurzzeitverschleißmessungen auf die Lebensdauer unter Umständen eingeschränkt, da sich bei großen Geometrieänderungen andere Beanspruchungen einstellen können und der Verschleißverlauf degressiv oder progressiv sein kann. Beim Vergleich des Verschleißverhaltens verschiedener Werkstoffe können gerade bei kritischen Situationen, wie sie später noch erläutert werden (vgl. Kapitel 6.4), Probleme durch die Fertigungstoleranzen entstehen, die dem Einfluß der unterschiedlichen Werkstoffe überlagert sind und diesen teilweise oder ganz überdecken können.

4.2 Aktivierung

Die Aktivierung der Verschleißteile wurde im Kernforschungszentrum Karlsruhe (KFK) am Zyklotron durchgeführt. Für die Aktivierung der verwendeten Nitrierstähle liegen ausreichende Erfahrungen vor. Ausgehend vom Hauptbestandteil Eisen entsteht im Wesentlichen das Isotop Co-56 mit einer Halbwertszeit von 77,3 Tagen mit geringen Anteilen von Mn-52 mit einer Halbwertszeit von 5,7 Tagen, Tabelle 1.

Werkstoff	Isotope	Halbwertszeit Tage	γ Energie keV
Nitrierstahl	Co - 56	77,3 d	511, 847, 1038, 1238, 1770
	Mn - 52	5,7 "	511, 744, 936, 1434
Cr-legierter Guß bzw. Cr-Stahl gehärtet	Co - 56	77,3 d	511, 847, 1038, 1238, 1770
	Co - 57	270 "	122, 136, 692
	Mn - 52	5,7 "	511, 744, 936, 1434
	Cr - 51	27,8 "	320
Hartmetall	V - 48	16,2 d	944, 983, 1312
	Co - 58	71 "	511, 810
	Re - 183	71 "	99, 110, 162, 209, 292
	Re - 184	38 "	111, 792, 895, 903

Tabelle 1 Ergebnisse der Zyklotronaktivierung und Charakterisierung der Isotope

Durch eine Abklingphase von ca. 3 Wochen (≈ 3 Halbwertszeiten des Mn-52) zwischen Aktivierung und Verschleißmessung ist das kurzlebige Mn-52 weitgehend abgeklungen und das Meßisotop Co-56 bleibt relativ rein erhalten. Für jedes aktivierte Bauteil wird eine Kalibrierkurve über den Aktivitätsverlauf in Tiefenrichtung erstellt. Die Gleichmäßigkeit innerhalb der aktivierten Fläche wird mit ± 5% gewährleistet, der Fehler in der Angabe der linear extrapolierten Aktivierungstiefe ist kleiner als ± 12%.

Für die Messung selbst wird nur eine Tiefe von rd. 70% der gesamten Aktivierungstiefe ausgenutzt, um im linearen Bereich zu bleiben, in dem die spezifische Aktivität konstant ist, vgl. Bild 9.

Für die anderen zu untersuchenden Werkstoffe wie Hartmetall und Hartstofflegierung mit Titankarbid wurden in Vorversuchen beim Kernforschungszentrum Karlsruhe die optimalen Bestrahlungsparameter und die Isotope sowie die Aktivitätstiefenverteilung der Hauptisotope ermittelt. Aufgrund des Isotopengemisches von Hartmetall ist danach für diesen Werkstoff eine Abklingphase von ca. 4 Wochen bis zum Versuchsbeginn einzuplanen.

Bei Cr-legiertem Guß verläuft wegen des überwiegenden Eisenanteiles die Aktivierung und der Einsatz für die Messung vergleichbar mit dem o.g. Nitrierstahl und den Baustählen ganz allgemein. Die wichtigen Isotope der zum Einsatz gekommenen Werkstoffe sind in Tabelle 1 zusammengestellt.

4.3 Messung und Auswertung

Die Messung der Aktivität erfolgte mit einem NaJ-Szintillationszähler von der Außenseite des Maschinengehäuses. Wegen der hohen Temperatur der Maschine wurde der Zähler in eine wassergekühlte Aufnahmevorrichtung eingeführt, die mit dem Maschinengehäuse verschraubt war. Um die abschirmende Masse gering zu halten, wurden konstruktive Eingriffe am Gehäuse vorgenommen, die im einzelnen bei der Maschinenbeschreibung aufgeführt sind (vgl. 5.1 und 6.2).

Um eine möglichst hohe Impulsrate zu erhalten, wurde die ausgesandte γ -Strahlung über den gesamten Energiebereich integral gemessen. Lediglich ein Teil des niederenergetischen Compton-Bereiches wurde ausgeblendet. Parallel zu der Messung an der Maschine wurde eine Kalibrierprobe mit einer baugleichen Meßkette und gleicher Verstärkereinstellung mitgemessen, um für das Isotopengemisch die resultierende Halbwertszeit zu ermitteln, mit der die Verschleißmeßwerte korrigiert werden müssen. Ein Blockschaltbild ist in Bild 8 wiedergegeben.

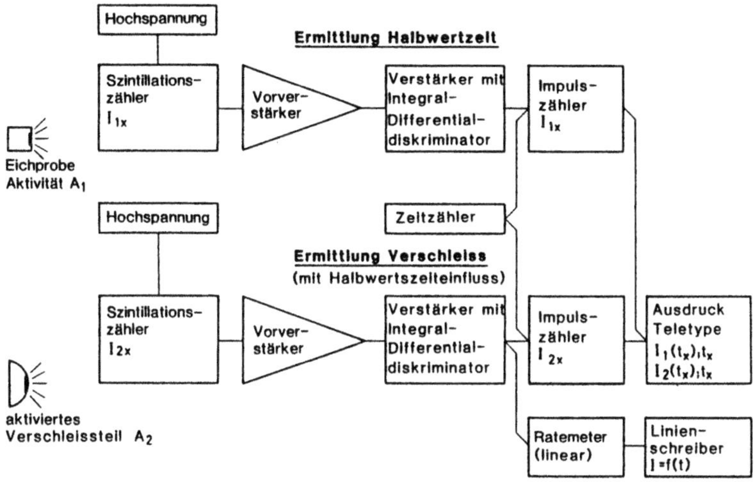

Bild 8 Blockschaltbild der Verschleißmeßeinrichtung unter Verwendung von Radioisotopen; Dünnschicht-Differenzenverfahren

Als Meßwerte werden Impulsrate und zugehörige Zeit erfaßt und von einem Drucker ausgegeben. Mit einem Rechenprogramm kann aufgrund der Halbwertszeit des Isotopengemisches jeder Einzelmeßpunkt auf den Zeitpunkt $t = t_0$ der Kalibrierung umgerechnet und unter Einbeziehung der Kalibrierwerte für den Tiefenverlauf direkt die Höhenabnahme als Funktion der Versuchszeit ermittelt werden. Der Weg der Auswertung ist zur Veranschaulichung in Bild 9 schematisch dargestellt.

Die Verschleißrate ergibt sich aus den Einzelmeßwerten der Höhenabnahme (Wertepaare: Höhenabnahme / Versuchszeit) durch lineare Regression.

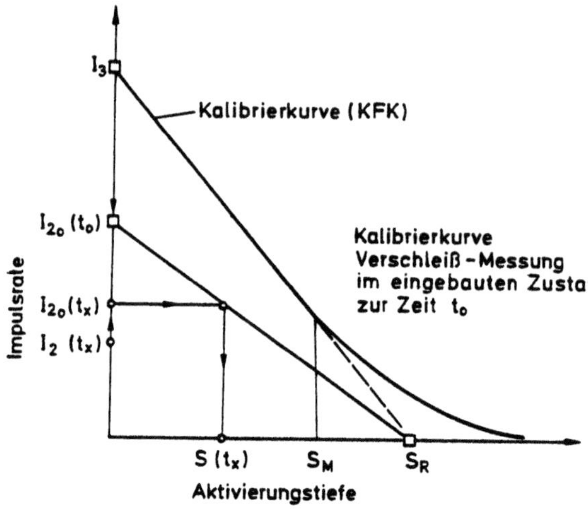

$I_{2o}(t_o)$	Impulsrate Verschleißteil im eingebauten Zustand zum Zeitpunkt t_o
$I_2\ (t_x)$	Impulsrate zum Zeitpunkt t_x
$I_{2o}(t_x)$	Impulsrate des Zustandes t_x, zurückgerechnet auf Zeitpunkt t_o unter Berücksichtigung der Halbwertszeit
I_3	Impulsrate bei Kalibrierung (KFK)
t_o	Zeitpunkt Versuchsbeginn
t_x	variabler Zeitpunkt
S_R	linear extrapolierte Aktivierungstiefe
$S\ (t_x)$	Höhenabnahme zum Zeitpunkt t_x

Bild 9 Beispiel für den Tiefenverlauf der Aktivierung im Zyklotron und schematischer Weg zum Auffinden der Verschleißtiefe

In den nachstehenden Diagrammen wurde nicht die Höhenabnahme sondern zunächst die Impulsrate als primäre Meßgröße dargestellt. Der Grund hierfür sind Randeinflüsse, die sich auf die Impulsrate auswirkten, ihre Ursache aber nicht in einem Materialabtrag hatten. Hauptsächlicher Störeffekt ist der unterschiedliche Füllungsgrad der Maschine in dem Bereich der Meßstelle. Bei der Messung der Knetblockaktivität ändert sich mit dem Füllungsgrad die mittlere Dichte des Raumes zwischen aktivierter Stelle und Zähler, was einen nicht unerheblichen Einfluß auf Schwächung und Rückstreuung der Strahlung hat, weil das γ -Spektrum bis zu relativ niedrigen Energien (Compton-Bereich) mitgemessen wird. Auch bei Gehäuseverschleißmessungen wirkte sich der Einfluß des Füllungsgrades aus, wobei die Ursache hier allein in der rückgestreuten Strahlung zu sehen ist.

5. Vorversuche

In Vorversuchen wurde geklärt, welche Eingriffe an der Maschine zulässig sind, um einerseits eine ausreichende "Zählratenausbeute" bei niedriger Gesamtaktivität zu erhalten, was sich in den Kosten für die Aktivierung ausdrückt, und um andererseits die Maschine und die Qualität des Produktes nicht zu gefährden.

5.1 Maschine

Die Vorversuchsreihe wurde an einer zweiwelligen Gleichdrallschneckenmaschine Z S K 53 (Schneckenaußendurchmesser 53 mm) im Technikum der Fa. Werner u. Pfleiderer, Stuttgart, durchgeführt. Aufgrund einer Überprüfung der Festigkeitsanforderung konnte im Knetblockbereich trotz der dort auftretenden hohen Drücke ein Entgasungsgehäuse (vgl. Bild 1) eingesetzt werden. Die Aktivierung konnte damit am Verschlußstopfen vorgenommen werden, da andernfalls das Gehäuse für eine Aktivierung an dieser Stelle gar nicht zugänglich gewesen wäre. Gleichzeitig war damit ein einfaches Wechseln von Gehäuse- zu Knetblockverschleißmessung möglich, weil lediglich der aktivierte Verschlußstopfen gegen einen nicht aktivierten ausgetauscht werden mußte. Der Verschlußstopfen wurde von der Außenseite her ausgedreht und die Kühlvorrichtung für den Szintillationszähler aufgeschraubt, Bild 10. Die Konstruktion war so ausgelegt, daß zwischen dem gekühlten Zähler und dem geheizten Gehäuse ein Luftspalt blieb, um die thermischen Verhältnisse der Maschine und damit des Produktes an dieser Stelle möglichst nicht zu stören. Gehäuse und Förder- bzw. Knetelemente waren bei dieser Maschine aus Nitrierstahl (nitriert).

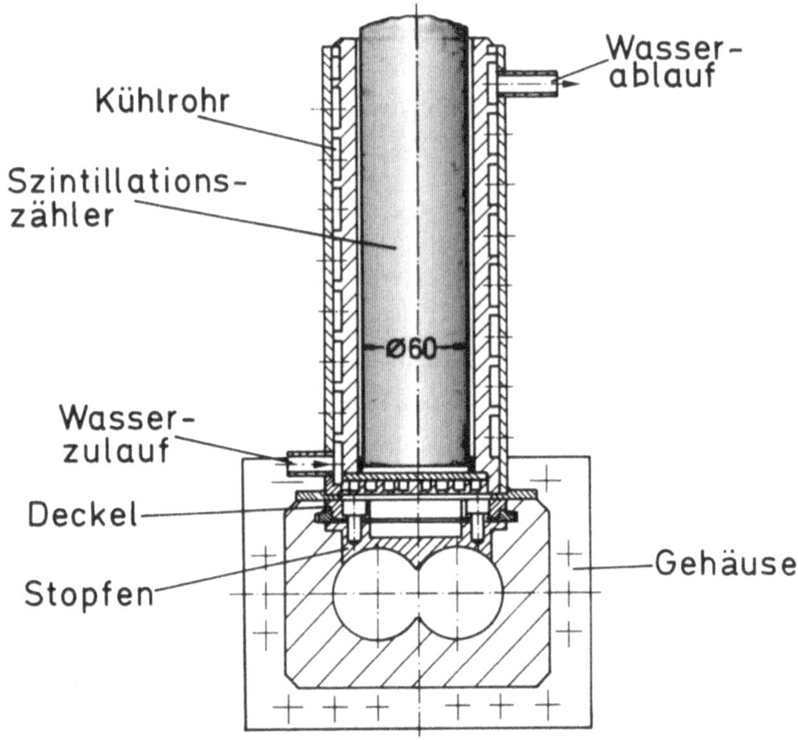

Bild 10 Anordnung des Szintillationszählers am Gehäuse der ZSK 53

Ausgehend von häufig beobachteten Verschleißerscheinungsformen - Abrunden der Knetblockkante, insbesondere der ersten Scheibe und Abrundung des Sattels im Gehäuse - wurden die erste Scheibe des Knetblockes an der förderaktiven Flanke dicht vor dem Kamm und der Verschlußstopfen des Entgasungsgehäuses an der Flanke dicht vor dem Sattel partiell aktiviert, Bild 11 und 12.

Da in diesen Bereichen große Verschleißgradienten zu erwarten sind, wurden die aktivierten Zonen mit 2 mm Breite relativ schmal gehalten. Damit kann die Forderung eines nahezu gleichmäßigen Schichtabtrages innerhalb der aktivierten Zone und demzufolge die Umsetzung der Aktivitätsabnahme in eine Höhenabnahme weitgehend als erfüllt angesehen werden.

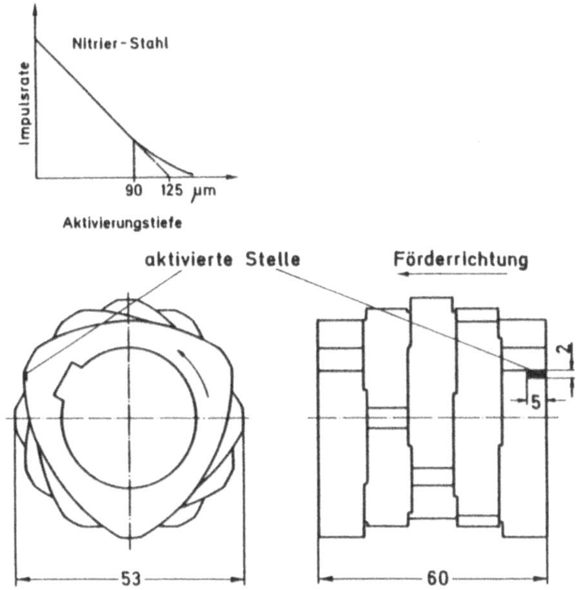

Bild 11 Aktivierung der Flanke des Knetblockes der ZSK 53

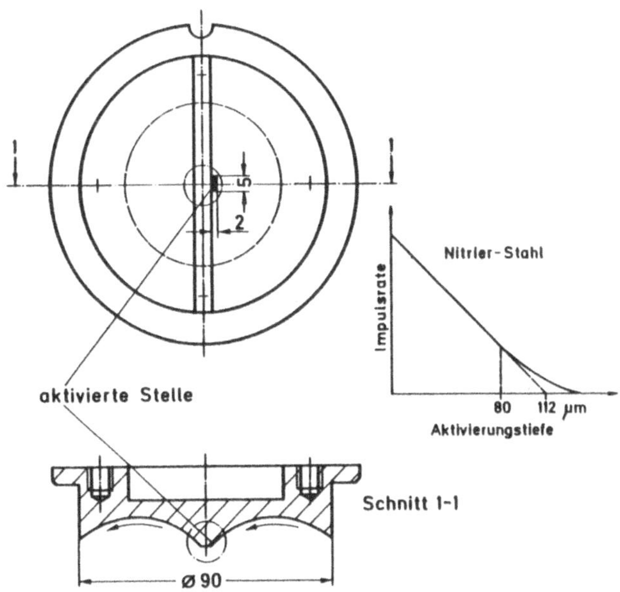

Bild 12 Aktivierung des Gehäusestopfens (Verschleißstopfen) der ZSK 53

5.2 Versuchsdurchführung und Ergebnisse

Die Versuche wurden mit Polyamid PA 6 + Glasfaser durchgeführt. Drehzahl, Temperatur und Durchsatz wurden anfänglich auf die für die Verarbeitung dieses Produktes üblichen Werte eingestellt. Im Laufe der Versuche wurden jedoch Drehzahl und Durchsatz in weiten Grenzen variiert, Tabelle 2. Das durchgesetzte Gut wurde über eine Lochplatte in Strängen ausgetragen und nach Abkühlung im Wasserbad granuliert. Das so erhaltene Regenerat wurde teilweise zusammen mit Neuware wieder verarbeitet.

Werkstoff (Knetblock und Gehäuse)	Nitrierstahl (nitriert)
Produkt	PA6 + Glasfaser
zusätzlicher Abrasivstoff	Al_2O_3 (bis 9 %) d_K = 50 µm TiO_2 (bis 2 %) d_K = 5 µm
Temperatur	250° C
Drehzahl	55 - 500 min^{-1}
Durchsatz	45 - 280 kg · h^{-1}

Tabelle 2 Bedingungen bei den Vorversuchen mit der ZSK 53

Bei Verarbeitung von PA 6 + Glasfaser hat sich weder beim Gehäuse noch beim Knetblock der aus Betriebserfahrung bekannte hohe Verschleiß eingestellt. Die Ursache hierfür ist möglicherweise in einer Abwandlung des Verfahrens zu sehen. Während üblicherweise die Glasfaser als Roving [1)] in die Maschine eingeführt und mit dem PA gemischt wird, wurde für die Versuche Granulat eingesetzt, in das die Glasfasern bereits eingemischt waren.

---

1) Glasfaserstrang

Für das Gehäuse ergaben sich Verschleißwerte im Bereich von 0,05 µm/h, für den Knetblock von 0,1 bis 0,45 µm/h. Die Aktivierung war für die Erfassung so geringer Verschleißbeträge jedoch nicht optimal ausgelegt. Aufgrund von Betriebsverschleißwerten war eher zu erwarten gewesen, daß die aktivierte Schichtdicke abgetragen sein würde, bevor das gesamte Parameterfeld ausreichend untersucht ist.

Um die Anwendbarkeit der Meßmethode bei einer solchen Maschine zu demonstrieren, wurde deshalb auf stärker abrasiv wirkendes Produkt übergewechselt. Hierzu wurde dem Granulat Aluminiumoxid (Al_2O_3) bzw. Titandioxid ($Ti\,O_2$) beigemengt, der Mischprozess in der Maschine vorgenommen und das Produkt als Regenerat erneut mit Ausgangsgranulat in die Maschine eingegeben. Durch unterschiedliche Mischungen von Regenerat und Ausgangsprodukt konnten verschiedene Füllstoffgehalte eingestellt werden. Während bei Glas (ca. 500 HV) der Verschleißprozess bei nitriertem Stahl in der Tieflage abläuft, verursachen Al_2O_3 und $Ti\,O_2$ infolge ihrer hohen Härte Hochlagenverschleiß [7].

Die Zugabe von Al_2O_3 zum Ausgangsgranulat hatte eine drastische Verschleißerhöhung zur Folge, Bild 13.

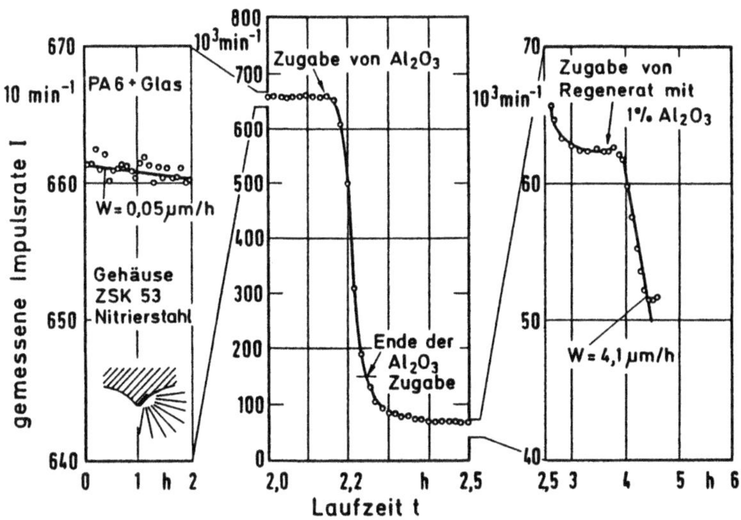

Bild 13 Zeitlicher Verlauf des Gehäuseverschleißes (Impulsrate) bei unterschiedlichen Konzentrationen des zusätzlichen Abrasivstoffes Al_2O_3

Innerhalb von wenigen Minuten trat am Gehäuse ein Verschleiß von über 100 µm auf. Nach dem vollständigen Durchlauf des Al_2O_3 stellte sich wieder der zuvor gemessene niedrige Verschleißzustand ein. Der Verschleiß bei Verarbeitung eines Gemisches aus Al_2O_3-Regenerat und Neuware einer Endkonzentration von ca. 1% Al_2O_3 liegt deutlich höher als der des Ausgangsproduktes (PA 6 + Glasfaser), aber auch deutlich unter dem Wert, der sich bei hohem Al_2O_3-Gehalt (9%) einstellte. Der Al_2O_3-Gehalt wurde jeweils an dem neu erzeugten Granulat der Mischung ermittelt. Der Verschleiß des Knetblockes wurde mit unterschiedlichen Mischungsverhältnissen aus Neuware und Al_2O_3-haltigem Regenerat untersucht. Die Abnahme der Radioaktivität, aus der sich die Höhenabnahme des Verschleißteiles ermitteln läßt, ist für die einzelnen Versuchsphasen in Bild 14 wiedergegeben.

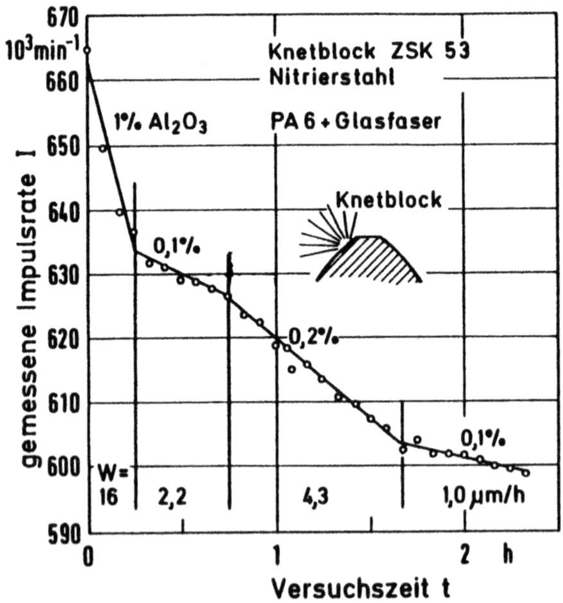

Bild 14 Zeitlicher Verlauf des Knetblockverschleißes (Impulsrate) bei unterschiedlichen Konzentrationen des zusätzlichen Abrasivstoffes Al_2O_3

Durch den Zusatz von Al_2O_3 konnte in kurzer Zeit die Anwendbarkeit der Meßmethode demonstriert werden. Da jedoch sowohl die Korngröße als auch die Konzentration von Aluminiumoxid im Kunststoff unrealistisch hoch waren, wurden Versuche mit feinkörnigem TiO_2 (Korngröße rd. 5 µm), einem üblichen Pigmentierungszusatz, angeschlossen. Bereits bei der geringen Versuchszeit von insgesamt rd. zwei Stunden zeigten sich deutliche Einflüsse der Konzentration auf den Verschleiß, Bild 15.

Die Ergebnisse dieser Vorversuche mit zusätzlich zugemischten Abrasivstoffen verschiedener Konzentrationen sind in Bild 16 ausgewertet. Wenngleich die Durchsatzmengen in den einzelnen Versuchsabschnitten relativ gering waren (minimal 30-40 kg, maximal rd. 150-180 kg) und die Bestimmung der Konzentration am Granulat statistisch nur schwach abgesichert ist, konnte doch demonstriert werden, daß mit dieser Meßmethode Einflußgrößen auf den Verschleiß auch bei diesen dickwandigen Bauteilen quantitativ gut und schnell erfaßbar sind.

Aus den Vorversuchen können folgende Zusammenhänge abgeleitet werden.

- Der Verschleiß nimmt im untersuchten Bereich mit zunehmender Konzentration an zusätzlichen abrasiven Füllstoffen weitgehend linear zu.
- Der Verschleiß durch Aluminiumoxid (Al_2O_3) ist 8 mal so hoch wie der durch Titandioxid (TiO_2). Dies ist vermutlich in erster Linie auf die großen Unterschiede in der Korngröße zurückzuführen.
- Der Verschleiß am Knetblock ist etwa dreimal so hoch wie der am Gehäuse. Dies wird zwar durch Ergebnisse aus Lebensdauerermittlungen in Betrieben, in denen ständig das gleiche Produkt in einer Maschine verarbeitet wird, bestätigt, doch ist zu berücksichtigen, daß dies zunächst nur für das Verhältnis der beiden aktivierten Stellen experimentell zugeordnet werden kann.

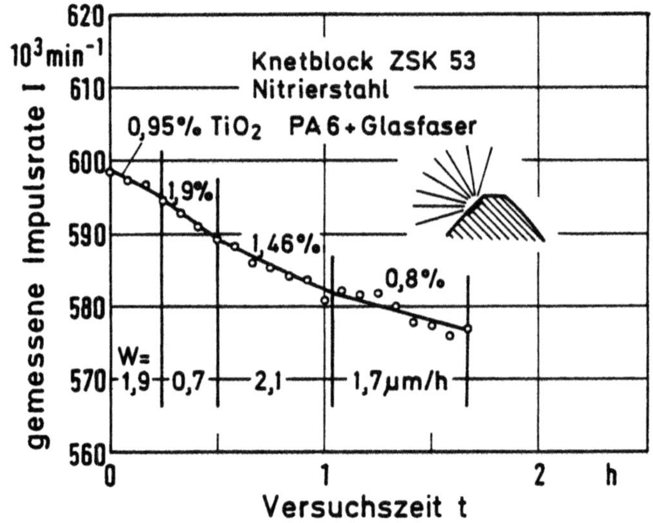

Bild 15 Zeitlicher Verlauf des Knetblockverschleißes (Impulsrate bei unterschiedlichen Konzentrationen des zusätzlichen Abrasivstoffes Ti 0_2

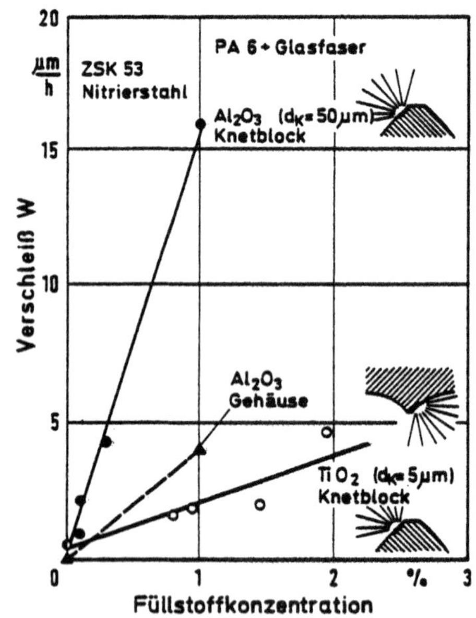

Bild 16

Einfluß der Konzentrationen des zusätzlichen Abrasivstoffes Al_2O_3 bzw. Ti 0_2 auf Gehäuse- und Knetblockverschleiß;
Werkstoff Nitrierstahl

5.3 Konsequenzen für die weiteren Versuche

Die Vorversuche haben gezeigt, daß die Radionuklidtechnik auf der Basis der Dünnschichtdifferenzenmeßmethode auch bei den dickwandigen Gehäusen von zweiwelligen Schneckenmaschinen und sogar für die rotierenden Knetelemente zur kontinuierlichen Verschleißmessung sinnvoll eingesetzt werden kann. Es hat sich bei den Versuchen jedoch gezeigt, daß sich zumindest in der Anfangsphase und bei den hier gewählten Bedingungen Bereiche höherer Verschleißbeanspruchung ergeben, die außerhalb der aktivierten Zone liegen. Bei der Besichtigung der Knetblöcke nach der Verarbeitung von PA 6 + Glasfaser mit zusätzlichem Abrasivstoff war zu erkennen, daß die Kämme der Knetblöcke einer deutlichen Verschleißbeanspruchung ausgesetzt waren. Aufgrund der tribologischen Analyse liegen dort auch die höheren Beanspruchungen vor, vgl. 3.2; die Verhältnisse an diesen Stellen sind jedoch in starkem Maße Schwankungen unterworfen, die sich aufgrund der Fertigungs- und Einbautoleranzen und demzufolge der Spaltgeometrien sowie der Beanspruchungsschwankungen, die zu einem Auseinanderdrücken der Wellen führen, ergeben. Bei der Interpretation der Verschleißergebnisse muß auf jeden Fall analysiert werden, ob die Werte für die Ermittlung der Lebensdauer relevant sein können, was insbesondere dann unsicher ist, wenn die Verschleißbeträge im µm-Bereich liegen, die Verschleißreserve bis zum Ausfall der Teile jedoch mehrere Millimeter beträgt. Mit fortschreitendem Verschleiß können sich andere Verhältnisse einstellen, insbesondere durch Änderung der Form der Verschleißteile, Spaltweite, Strömungsverhältnisse der plastischen Masse und durch Eigenschaftsgradienten im Werkstoff.

Das ursprünglich gesetzte Ziel, die Lebensdauer aufgrund von Kurzzeitversuchen mit einmaliger Aktivierung vorherzusagen, kann daher nicht ohne weiteres erreicht werden. Ausgehend von den Ergebnissen und gesammelten Erfahrungen der Vorversuche konnten die Hauptversuche im Produktionsbetrieb vorbereitet werden. Die Zielsetzung wurde aus den genannten Gründen hauptsächlich auf die Untersuchung der unterschiedlichen Verschleißwirkung verschiedener Produkte auf Knetblock und Gehäuse einer Maschine beschränkt.

6. Verschleißmessungen im Produktionsbetrieb

6.1 Situation im Produktionsbetrieb

Die geplanten Untersuchungen unter Produktionsbedingungen wurden in einem Betrieb durchgeführt, der Kohleprodukte herstellt, die in einer Gleichdralldoppelschneckenmaschine gemischt werden. Der Aufbau der Maschine ist vergleichbar mit dem der ZSK 53, die in den Vorversuchen verwendet wurde.

Der Vorteil bei diesem Betrieb war darin zu sehen, daß relativ häufig Chargenwechsel vorgenommen werden, und die Produkte aufgrund der Zusammensetzung Unterschiede in der Verschleißwirkung erwarten lassen. Außerdem besteht eine gewisse Flexibilität in der Auswahl der zeitlichen Reihenfolge der Produkte, so daß im begrenzten Rahmen Vergleichs- und Reproduktionsversuche durchgeführt werden konnten. Bei einer entsprechenden Produktvielfalt ist es besonders wichtig, die Verschleißwirkung der einzelnen Produkte zu kennen. Bei etwa gleichem Korngrößenkollektiv von $d_K = 0{,}06$ bis $0{,}2$ mm unterscheiden sich die verwendeten Produkte hauptsächlich durch die Mischungsanteile Ruß, Koks, Graphit und Bindemittel. Die Verarbeitungsbedingungen sind insbesondere im Hinblick auf den Durchsatz produktabhängig, so daß unterschiedliche Verschleißergebnisse nicht unmittelbar als unterschiedliche Abrasivität des Produktes gedeutet werden können, sondern die Überlagerung von Produkt- und Verarbeitungseinflüssen wiedergeben.

6.2 Maschine

Die eingesetzte Maschine (Continua 120) hat einen Schneckenaußendurchmesser von 120 mm. Die Gehäuseelemente sind entsprechend dickwandiger, doch konnten nach Überprüfung der Festigkeitsanforderungen ebenfalls konstruktive Änderungen vorgenommen werden, um die abschirmende Masse zu verringern und den Szintillationszähler näher an der aktivierten Stelle anzubringen, <u>Bild 17.</u> Für die Verschleißmessung am Gehäuse wurde wegen der Zugänglichkeit für die Aktivierung ebenfalls wieder ein Entgasungsgehäuse verwendet. Da der Verschlußstopfen bei dieser Maschinengröße relativ groß ist und beabsichtigt war, auch Hartstoffsonderlegierungen zu untersuchen, deren Bearbeitung schwierig und kostenaufwendig ist, wurde in den Stopfen eine kleinere Probe eingesetzt. Diese war jedoch im Vergleich zur aktivierten Zone noch groß genug, so daß Rückwirkungen der Kanten auf den Verschleiß nicht zu befürchten waren, Bild 17. Die Konstruktion war so ausgelegt, daß die aktivierte Zone des Stopfens der zweiten Scheibe des Knetblockes genau gegenüber stand.

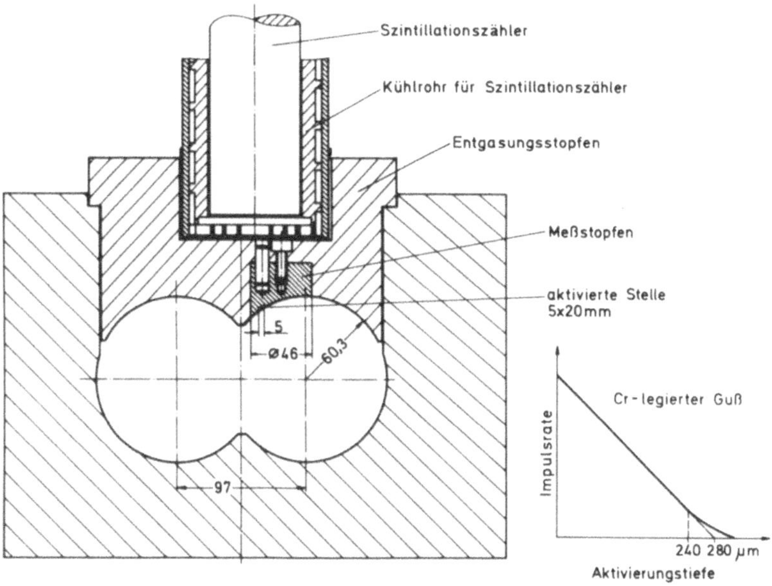

Bild 17 Anordnung des Szintillationszählers am Gehäuse der Continua 120 und Lage der aktivierten Stelle

Knetblöcke, die in dieser Maschine bereits über längere Zeit eingesetzt waren zeigten deutlich, daß die Hauptverschleißbeanspruchung an den Kämmen der Knetblöcke und nicht an den Flanken auftritt, vgl. Bild 6. Entsprechend diesen Verschleißerscheinungsbildern wurde jeweils eine schmale Zone im Kammbereich aktiviert. Der axiale Aufbau der Wellen mit den Förder- und Knetelementen ist so, daß die üblicherweise am stärksten verschleißbeanspruchte erste Knetblockscheibe zu dicht am Gehäuseflansch liegt und die Anbringung des Zählers an dieser Stelle wegen der Flanschverschraubung nicht möglich ist. Aus diesem Grunde wurde der Kamm der zweiten Scheibe des zweigängigen Knetblockes aktiviert, Bild 18, so daß also in axialer Richtung dieselbe Stelle wie bei der Gehäusemessung untersucht wurde.

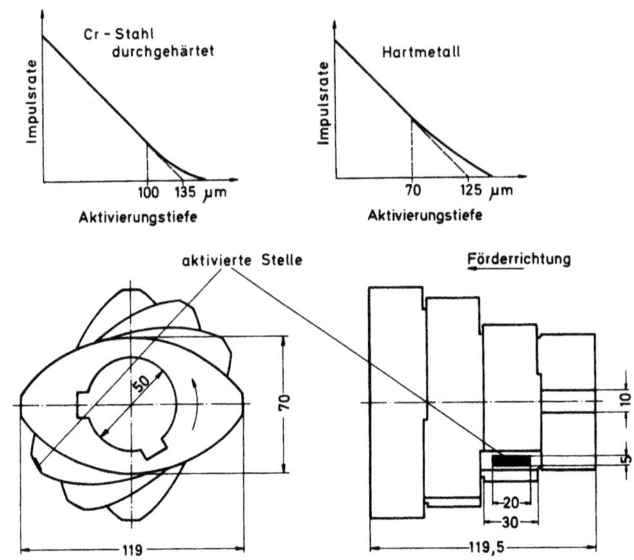

Bild 18 Aktivierung der Knetblöcke aus gehärtetem Chromstahl bzw. Hartmetall der Continua 120

6.3 Durchführung der Verschleißmessung im Produktionsbetrieb und Ergebnisse

Die Verschleißmessungen am Gehäuse wurden mit einem Verschleißeinsatz aus Cr-legiertem Guß durchgeführt. Während dieser Zeit waren Knetblöcke aus gehärtetem Chromstahl eingebaut, die bereits seit etwa 4 Monaten in Betrieb waren. Der Knetblockverschleiß wurde an zwei verschiedenen Werkstoffen gemessen. Ein Knetblocksatz bestand aus durchgehärtetem Chromstahl, der andere hatte im Kammbereich eine eingesetzte Hartmetalleiste, deren Verschleißverhalten interessierte. Aufgrund der firmeninternen Produktplanung konnten bei den drei Versuchsserien nicht jedesmal alle Produkte und vor allem nicht immer in der für eine gesicherte Aussage erforderlichen Gesamtdurchsatzmenge gefahren werden, weshalb der Vergleich der Ergebnisse der untersuchten Produkte (A, A1, A2, B...F) dadurch erschwert ist, vgl. Tabelle 3 und Bild 24.

6.3.1 Gehäuseverschleiß

Die Herstellung des Gehäusestopfens mit dem für die Aktivierung vorgesehenen Meßstopfen war nicht mit der für eine vergleichende Verschleißmessung eigentlich erforderlichen Maßgenauigkeit möglich. Da die Gehäuseteile mit einer Verschleißschutzschicht aufgespritzt sind, die nicht mehr mechanisch nachgearbeitet wird, traten im Hinblick auf die genaue Einpassung Probleme auf. Unter allen Umständen mußte vermieden werden, daß einzelne Konturen der Stopfen in den Mischraum hineinragten, was zu einem Anlaufen des Knetblockes am Gehäuse hätte führen können. Aus diesem Grunde war der aktivierte Meßstopfen gegenüber dem Gehäusestopfen und dieser wiederum gegenüber dem Gehäuse, das einen nicht genau zu definierenden Verschleißzustand aufwies, geringfügig zurückgesetzt.

Für die Ermittlung eines repräsentativen Verschleißes sind diese zusätzlichen Maßnahmen nicht unerhebliche Eingriffe in das System, da gerade bei der Verschleißart "Korngleitverschleiß" die absoluten Spaltweiten von Bedeutung sind. Bezieht man jedoch die Gesamtsituation im Knetblockbereich in die Betrachtung ein, so konnte durch Besichtigung festgestellt werden, daß an einzelnen Stellen Kohleaufbackungen vorliegen, die bis zu 2 mm dick waren. Aus dieser Sicht entsprechen die für das Gehäuse ermittelten Verschleißwerte mehr einem Zustand, der durch Erosion als durch Korngleitverschleiß verursacht wird (vgl. Bild 4). Im Laufe der Lebensdauer der Verschleißteile können jedoch Verschleißzustände auftreten, die mit höherem Verschleiß verbunden sind, wenn der radial Spalt enger ist.

Während einer Meßzeit von vier Tagen wurden zwei verschiedene Produkte A und F verarbeitet. Bei Produkt F, von dem rd. 4000 kg durchgesetzt wurden, wurde ein Verschleiß von 0,1 µm/h bzw. $0{,}28 \cdot 10^{-3}$ µm/kg gemessen.

Bild 19 zeigt die abnehmende Impulsrate (Verschleiß) in Abhängigkeit der Versuchszeit. Ausgehend von der Anfangsimpulsrate dieses Versuchsabschnittes ist die Impulsratenabnahme infolge des radioaktiven Zerfalls mit der Halbwertszeit $T_{1/2}$ eingezeichnet (unterbrochene Linie). Der Unterschied zwischen der Steigung der Mittelwertsgeraden durch die Meßpunkte und derjenigen, die sich aufgrund der Halbwertszeit ergibt, entspricht der Impulsratenabnahme, die durch

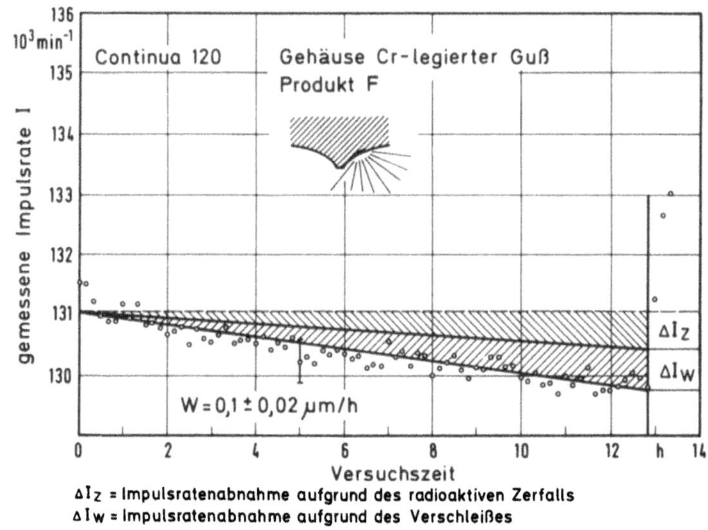

Bild 19 Zeitlicher Verlauf des Gehäuseverschleißes (Impulsrate) bei Verarbeitung des Kohleproduktes F

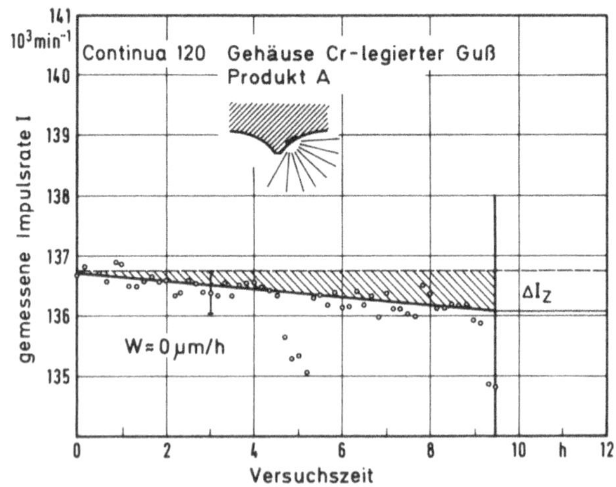

Bild 20 Zeitlicher Verlauf des Gehäuseverschleißes (Impulsrate) bei Verarbeitung des Kohleproduktes A

den Materialabtrag verursacht wurde. Obwohl bei Produkt A in zwei Versuchsserien rd. 7500 kg bzw. 7000 kg durchgesetzt wurden, war kein Verschleiß meßbar, Beispiel Bild 20. Die Gerade, die den radioaktiven Zerfall wiedergibt, fällt mit der Regressionsgeraden zusammen. In diesem Fall ergab sich für die berechnete Steigung sogar ein negativer Verschleißwert, was durch Überschneidung der Fehlerbänder in der Halbwertszeit- und Verschleißermittlung durchaus auftreten kann. Ein genaues Fehlerband läßt sich in diesem Fall nicht angeben, da der Einfluß von Schwankungen des Produktflusses nicht quantitativ erfaßbar ist.

Wegen der Problematik des gegenüber der Gehäusewand zurückgesetzten Verschleißeinsatzes und der Tatsache, daß das Kohleprodukt sich unter Umständen an der Oberfläche anlagert und in diesem Zustand gar kein Verschleiß auftreten kann, wurden die Gehäuseverschleißmessungen abgebrochen.

6.3.2 Knetblockverschleiß

Es wurde ein Knetblock aus durchgehärtetem Chromstahl und ein Knetblock mit eingesetzten Hartmetalleisten (Knetblockkamm) untersucht. Um Geometrieeinflüsse weitgehend auszuschalten, wurde vor und nach dem Knetblock je ein neues Schneckenelement eingebaut, so daß bezüglich der Durchmesserverhältnisse der Neuzustand hergestellt war. In diesem Zustand ist der Außendurchmesser des Knetblockes rd. 1 mm kleiner als der der Schneckenelemente. Es sind also Bedingungen gegeben, bei denen hauptsächlich Verschleiß durch Erosion zu erwarten ist.

Die Verschleißmessung am rotierenden Teil ist allgemein von stärkeren Störungen überlagert, da Füllungsschwankungen und damit verbundene Änderungen der Absorption und Rückstreuung der Strahlung sich auf die gemessene Impulsrate auswirken. In einem Zeitraum von 4 Wochen wurden mehrere verschiedene Produkte verarbeitet, die unter den gegebenen tribologischen Bedingungen zu unterschiedlichen Verschleißraten des Knetblockes führten.

Beispiele des zeitlichen Verschleißverlaufes (Impulsratenabnahme) mit den Produkten A und D sind in Bild 21 und 22 wiedergegeben. Bei Produkt A wurde bei der Gehäuseverschleißmessung praktisch kein Verschleiß festgestellt, vgl. Bild 20. Am Knetblock ist der Verschleiß jedoch relativ hoch, insbesondere bei der Produktvariante A_2.

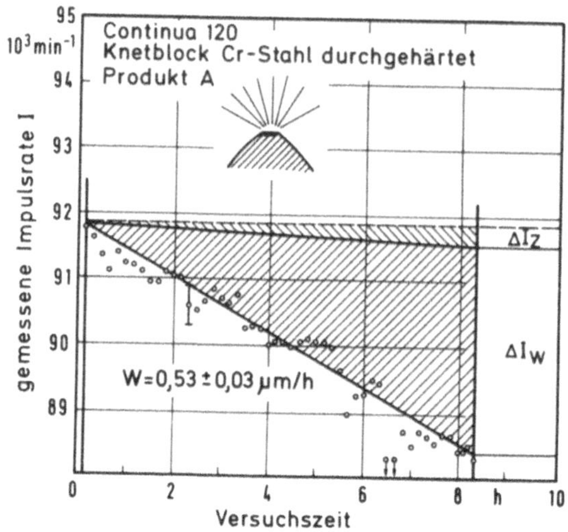

Bild 21 Zeitlicher Verlauf des Knetblockverschleißes (Impulsrate) bei Verarbeitung des Kohleproduktes A

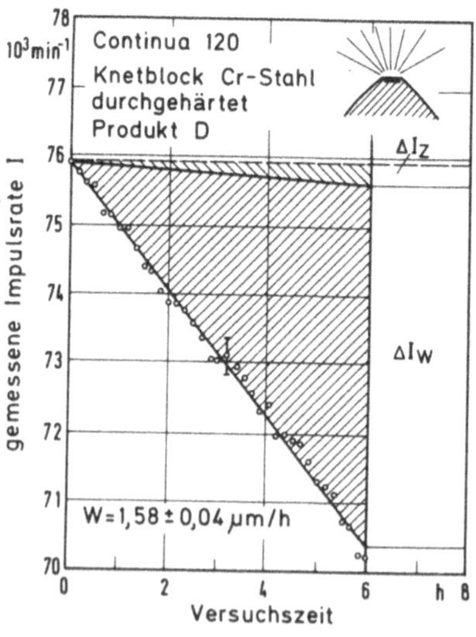

Bild 22

Zeitlicher Verlauf des Knetblockverschleißes (gehärteter Chromstahl) bei Verarbeitung des Kohleproduktes D

Ein Beispiel für den Verschleiß des Hartmetallknetblocks zeigt Bild 23. Eine Übersicht der ermittelten Verschleißwerte der Knetblöcke aus Chromstahl und Hartmetall ist in Tabelle 3 und Bild 24 wiedergegeben. Der Vergleich der Verschleißwerte der beiden Knetblöcke kann anhand der Ergebnisse bei der Verarbeitung von Produkt D und F vorgenommen werden. Eine quantitative Bewertung ist wegen der komplexen tribologischen Verhältnisse nur bedingt möglich, vgl. 6.4.

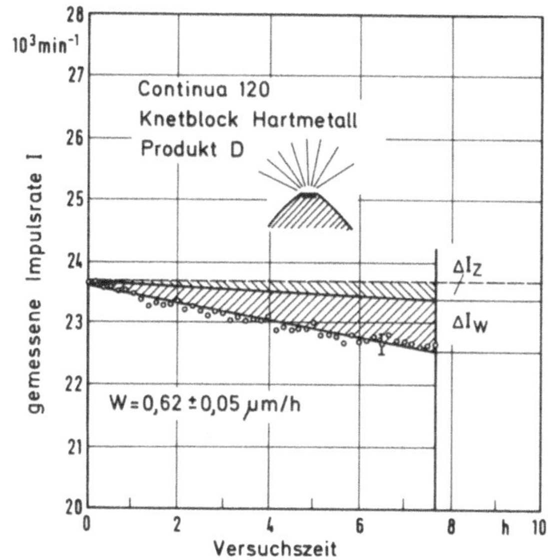

Bild 23 Zeitlicher Verlauf des Knetblockverschleißes (Hartmetall) bei Verarbeitung des Kohleproduktes D

GEHÄUSE

Produkt	Werkstoff	Verschleiß µm/h	Verschleiß 10^{-3} µm/kg	Produkt	Werkstoff	Verschleiß µm/h	Verschleiß 10^{-3} µm/kg
A	Cr-legierter Guß	0	0	F	Cr-legierter Guß	0,1 ± 0,02	0,28
A	"	0,03 ± 0,07	0,06				

KNETBLOCK

Produkt	Werkstoff	Verschleiß µm/h	Verschleiß 10^{-3} µm/kg	Produkt	Werkstoff	Verschleiß µm/h	Verschleiß 10^{-3} µm/kg
A	Cr-Stahl	0,53 ± 0,026	1,18	B	Hartmetall	0,2 ± 0,24	0,44
A	"	0,31 ± 0,1	0,57	B	"	0,22 ± 0,08	0,49
A1	"	1,5 ± 0,1	2,78	B	"	0,29 ± 0,05	0,64
A2	"	6,8 ± 0,15	11,9	B	"	0,23 ± 0,1	0,51
C	"	0,05 ± 0,035	0,09	D	"	0,70 ± 0,18	1,56
D	"	1,59 ± 0,44	3,98	D	"	0,62 ± 0,05	1,38
D	"	1,74 ± 0,1	3,87	D	"	0,73 ± 0,1	1,62
F	"	0,76 ± 0,1	2,8	E	"	0,22 ± 0,06	0,64
				E	"	0,22 ± 0,06	0,67
				F	"	0,17 ± 0,06	0,76

Tabelle 3 Ergebnisse der Verschleißmessungen an einer Continua 120 bei Verarbeitung unterschiedlicher Kohleprodukte

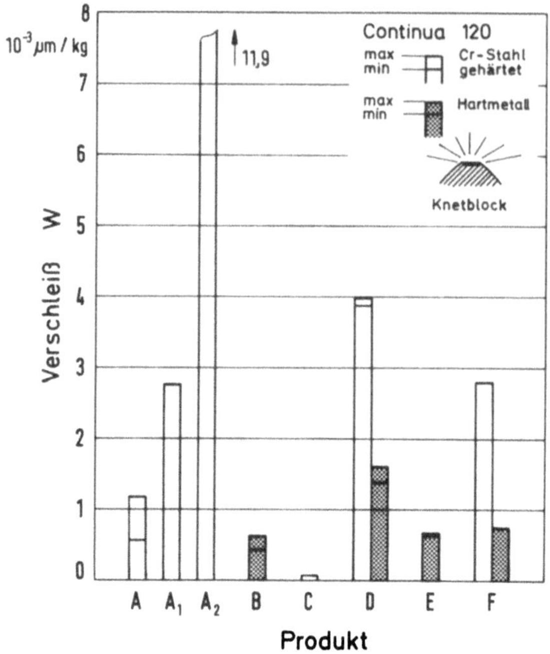

Bild 24 Verschleiß des Knetblocks aus gehärtetem Chromstahl bzw. Hartmetall bei Verarbeitung verschiedener Kohleprodukte

Zur besseren Vergleichbarkeit der Ergebnisse wurde der auf die Versuchszeit bezogene Verschleiß in einen durchsatzbezogenen umgerechnet. Dabei ist jedoch zu berücksichtigen, daß die Durchsatzmengen pro Zeit Nominalwerte darstellen. Eine genaue Messung des zeitlichen Durchsatzes war nicht möglich. In einzelnen Phasen traten stärkere Änderungen im Füllungsgrad auf bzw. wurden nur Chargen mit geringem Gesamtdurchsatz verarbeitet. Aus diesem Grunde konnten nicht alle Versuchsabschnitte ausgewertet werden. Die Ergebnisse zeigen, daß der Verschleiß stärkeren momentanen Streuungen unterworfen ist, daß aber durch entsprechend lange Versuchszeiten von teilweise bis zu 10 h je Charge ein mittlerer Verschleißwert mit einem relativen Fehler von meist unter 10% angegeben werden kann. Unter Berücksichtigung der recht komplexen tribologischen Vorgänge und einer anzusetzenden Streuung der Produktqualität kann auch die Reproduzierbarkeit der Ergebnisse als zufriedenstellend angesehen werden, wie aus Tabelle 3 und der Balkendarstellung Bild 24 zu entnehmen ist, in dem jeweils die maximalen und minimalen ermittelten Verschleißbeträge eingetragen sind. Die Produkte weisen teilweise große Unterschiede in der Verschleißwirkung auf, über deren Ursachen allerdings wenig bekannt ist, da keine Produktanalysen vorliegen, die Aufschluß über die unterschiedliche Abrasivität geben könnten. Bei den hier gegebenen Produktionsverhältnissen wurde mit der Produktart gleichzeitig meist auch die Durchsatzmenge pro Zeit verändert. Hierdurch können sich Unterschiede in der Beanspruchung und demzufolge in der radialen Auslenkung der Wellen ergeben, was zu anderen Spaltweiten zwischen Knetblockkamm und Gehäuse führt, so daß die Verschleißergebnisse von mehreren Parametern bestimmt wurden, deren Einzeleinflüsse nicht getrennt dargestellt werden können.

6.4 Bewertung der Ergebnisse

Die Versuchsserien haben gezeigt, daß die Radionuklidtechnik bei den in Betracht kommenden zweiwelligen Schneckenmaschinen ohne grundsätzliche Probleme zur kontinuierlichen Verschleißmessung eingesetzt werden kann. Für die Messungen selbst waren nur geringfügige konstruktive Änderungen erforderlich, die keinen unzulässigen Eingriff in das tribologische System und den Verfahrensablauf bedeuteten.

Die Hauptprobleme bei den Versuchsreihen ergaben sich aus der Komplexität des tribologischen Systems. An den hauptsächlich dem Verschleiß ausgesetzten Bereichen wirken sich Unterschiede in den geometrischen Verhältnissen (Fertigungstoleranzen, fortschreitender Werkstoffabtrag) in starkem Maße auf den Verschleiß aus, was sogar zu Änderungen im Verschleißmechanismus führen kann. Der aktivierte Bereich der zweiten Knetblockscheibe sowohl des gehärteten Chromstahls als auch des Hartmetalls weist Riefen auf, die ihre Ursache in starker Abrasivbeanspruchung haben und eher charakteristisch für Korngleitverschleiß als für Erosion sind, <u>Bild 25.</u> Die Chromstahloberfläche ist gleichmäßig stärker gerieft als die von Hartmetall. Ob dies im wesentlichen auf die unterschiedlichen Werkstoffe oder vielmehr auf die Wirkung der verschiedenen Kohleprodukte zurückzuführen ist, läßt sich aus diesen Erscheinungsbildern nicht ableiten, da die Oberfläche des Chromstahl-Knetblocks

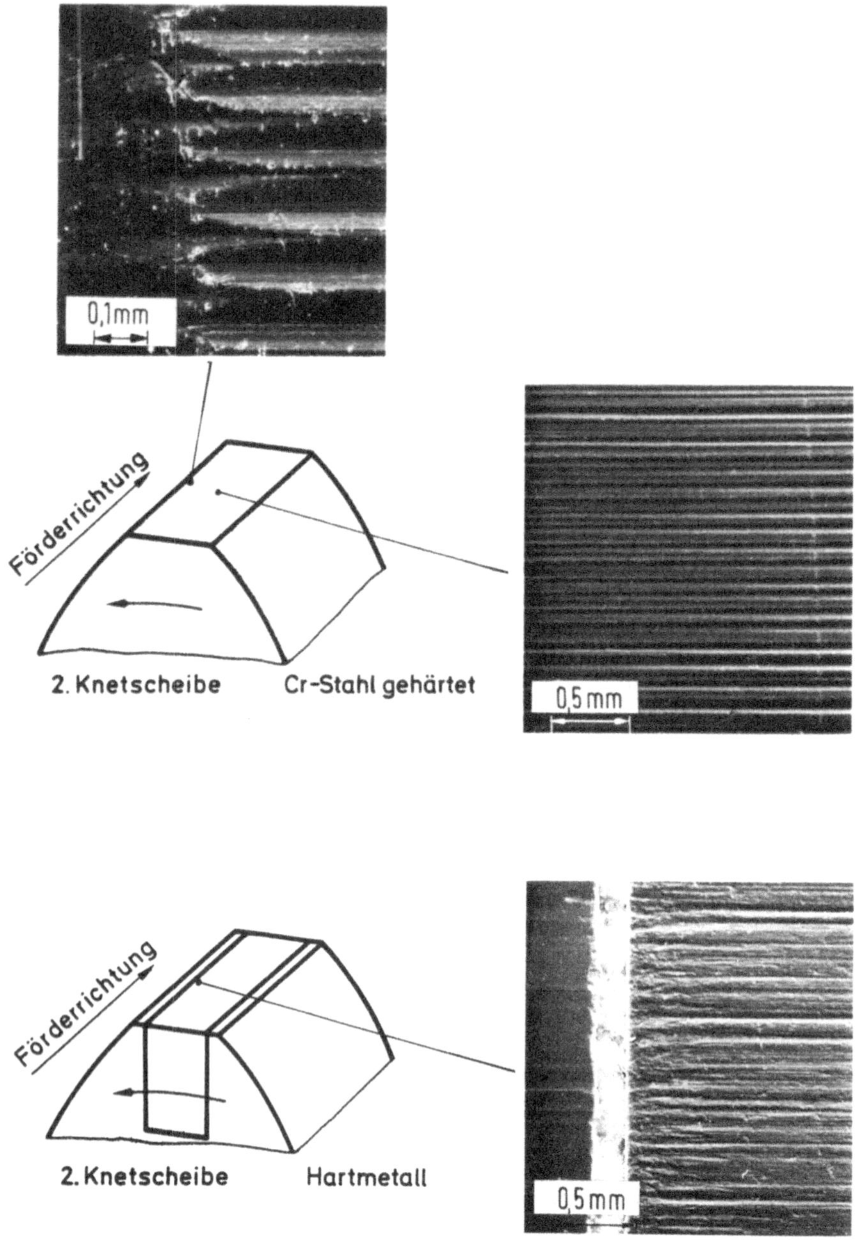

Bild 25 Verschleißerscheinungsbild der aktivierten Bereiche des Knetblocks aus gehärtetem Chromstahl bzw. Hartmetall

nach der Beanspruchung durch das Produkt A 2, das von allen Produkten den höchsten Verschleiß aufwies, die des Hartmetallknetblocks jedoch nach Verarbeitung des Produktes F aufgenommen wurde. Geringfügige Unterschiede in der Spaltweite können das Erscheinungsbild ebenfalls beeinflußt haben. Der starke Einfluß der Spaltweite auf Verschleißart und Verschleißmechanismus läßt sich aus den REM-Aufnahmen der ersten Knetblockscheibe des Chromstahls ableiten, Bild 6. Bei dieser Knetblockscheibe wurden Durchmesserunterschiede des Kammes von 0,2 mm in Förderrichtung festgestellt, Bild 26. Der Übergang von Korngleitverschleiß mit starker Furchung zu der Erosionsbeanspruchung mit überwiegend glatter Oberfläche spielt sich in einem engen Bereich ab. Beim Hartmetallknetblock betrug der Durchmesser einheitlich 118,8 mm und die Kammfläche der ersten Scheibe war in gleichem Maße durchgehend gerieft wie die der zweiten Scheibe, vgl. Bild 25. Hier lag offenbar im gesamten Kammbereich die gleiche enge Spaltweite und somit die Verschleißart Korngleitverschleiß vor.

Für die Unterschiede im Verschleißverhalten zwischen Knetblock und Gehäuse gibt es verschiedene Ursachen, deren einzelne Komponenten sich jedoch mit diesen Versuchsserien nicht trennen lassen. Aus der Tatsache, daß der Knetblockkamm entlang eines längeren Weges dem Korngleitverschleiß ausgesetzt ist als das Gehäuse (Überdeckungsverhältnis) ist zu erwarten, daß der Gehäuseverschleiß niedriger ist als der des Knetblockkammes. Hinzu kommt noch die größere Spaltweite zwischen Knetblock und eingesetztem aktivierten Verschlußstopfen, da dieser aus Sicherheitsgründen zurückgesetzt war. Ferner ist eine direkte Vergleichbarkeit ohnehin nicht möglich, da Knetblock und Gehäuse aus unterschiedlichen Werkstoffen bestehen.

Die ermittelten Verschleißwerte spiegeln nur das Verschleißverhalten für den jeweils vorliegenden Zustand wider und stellen selbst bei ausschließlicher Verwendung von Neuteilen keine Basis für eine Langzeitextrapolation dar. Selbst wenn eingelaufene Teile für eine Aktivierung herangezogen werden, bleibt die Möglichkeit einer Langzeitextrapolation eingeschränkt, da aus Kostengründen nicht die komplette Maschine in der Produktion bis zum Einsatz des aktivierten Teiles stillgelegt werden kann und somit der Verschleiß an den im Betrieb verbliebenen Teilen weiter fortschreitet. Hierdurch ergibt sich wiederum eine neue

Einlaufsituation. Für einen solch komplexen Verschleißzustand, wie er an einem Gehäuse der Continua 120 bei Verarbeitung von Kohle beobachtet wurde, kann die Lebensdauer auf keinen Fall durch eine einmalige Kurzzeitverschleißmessung vorhergesagt werden.

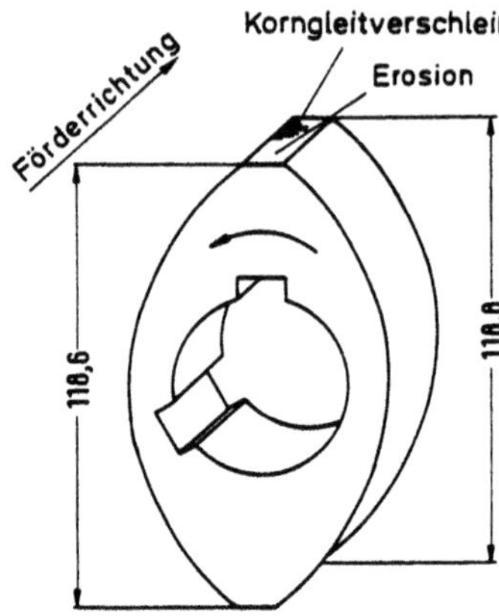

Bild 26 Abmessungen der ersten Scheibe des Knetblocks aus gehärtetem Chromstahl am Ende der Versuchsserie (vgl. REM-Aufnahme Bild 6)

Für die Ermittlung der Gebrauchsdauer der hier untersuchten Maschinenteile stellt die RNT-Meßmethode keinen Lösungsweg dar, zumal für den Ausfall des Maschinenelements durch unzulässig hohen Verschleiß derzeit für solche Maschinenteile keine quantifizierbaren Kriterien angegeben werden können und der Verschleißverlauf nicht als linear abhängig von der Zeit angesehen werden kann.

Das gesetzte Ziel, die Verschleißwirkung verschiedener Produkte zu untersuchen, konnte zum größten Teil erreicht werden. Anhand der Verschleißerscheinungsformen wurde jedoch festgestellt, daß selbst innerhalb eines Knetblockes größere Unterschiede in der Verschleißbeanspruchung vorliegen. Vereinzelt wurden Spuren beobachtet, die darauf hindeuten, daß der Knetblock - jedoch nicht an der aktivierten Scheibe - am Gehäuse angestreift ist.

Im Bereich der aktivierten Zone der Knetblöcke lag überwiegend Riefung infolge Korngleitverschleiß vor, so daß die Verschleißwerte die höhere Beanspruchung repräsentieren. Ob die Produkte an Stellen mit überwiegend erosiver Beanspruchung in gleicher Weise unterschiedliche Verschleißwirkung zeigen, wurde nicht untersucht. Hierzu müßte die Knetblockflanke wie bei den Vorversuchen aktiviert werden, jedoch mit höherer spezifischer Aktivität, um den entsprechend niedrigeren Verschleiß noch erfassen zu können.

7. Zusammenfassung

In der Verfahrenstechnik eingesetzte zweiwellige Gleichdrallschneckenmaschinen unterliegen hohen Verschleißbeanspruchungen, insbesondere wenn Produkte mit hohem Anteil an Abrasivstoffen verarbeitet werden. Über die Verschleißwirkung der einzelnen Stoffe liegen meist keine Ergebnisse vor, da auf vielen Maschinen unterschiedliche Produkte verarbeitet werden und somit die Gebrauchsdauer einen integralen Wert darstellt. In Vorversuchen mit einer Produktionsmaschine (Wellendurchmesser 53 mm) wurde die Anwendbarkeit der Radionuklidtechnik unter betriebsähnlichen Bedingungen zur kontinuierlichen Verschleißmessung von Gehäuse und Knetelementen bei solchen dickwandigen Bauteilen demonstriert.

Aufgrund der Ergebnisse konnten die Kenntnisse über das relativ komplexe tribologische System erweitert werden, was Grundlage für die Vorbereitung der Verschleißmessungen im Produktionsbetrieb war.

Das Betriebsverschleißverhalten wurde an einer Maschine mit einem Wellendurchmesser von 120 mm untersucht, auf der Kohlenmischungen aufbereitet werden. Die Verschleißmessung führte zu einer Differenzierung der Produkte bezüglich ihrer Verschleißwirkung, jedoch sind betriebs- und maschinenbedingte Parameter von starkem Einfluß. Der ermittelte Unterschied im Verschleißverhalten zweier Knetblockwerkstoffe beinhaltet außer dem Werkstoffeinfluß möglicherweise auch noch einen Geometrieeinfluß, da bereits Maßabweichungen in der Größe der Fertigungstoleranzen Auswirkungen auf die tribologische Beanspruchung des Knetblockkammes haben können. Aufgrund der Komplexität des tribologischen Systems und der relativ großen zulässigen Gesamtverschleißbeträge ist eine Lebensdauervorhersage aus diesen Kurzzeitmessungen nicht möglich, da sich die Verschleißmechanismen im Laufe der Lebensdauer infolge von Geometrieänderungen ändern können.

In einzelnen Phasen kann es zum Anlaufen des Knetblockes am Gehäuse kommen (Metall/Metall-Gleitverschleiß), so daß die Verschleißarten Korngleitverschleiß, Erosion und Metall/Metall-Gleitverschleiß mehrfach wechseln können. Die erhaltene Differenzierung der Produkte und Werkstoffe gilt nur für den jeweiligen Zustand der Maschine. Die wesentlichen tribologischen Grundlagen für eine weitere Anwendung dieser Verschleißmeßmethode an solchen Maschinen wurden erarbeitet.

Obwohl sich auch bei diesen Betriebsverschleißmessungen die allgemein bekannten Schwierigkeiten eingestellt haben, die auf Unterschiede und Änderungen in den geometrischen Verhältnissen und Änderungen in den Mechanismen und der Vielfalt der Produktionsbedingungen zurückzuführen sind, können aufgrund der Untersuchungen Anwendungsfälle insbesondere dort gesehen werden, wo verfahrens- und produktspezifische Verschleißwerte ermittelt werden sollen, aber auch unter Berücksichtigung der geometrischen Randbedingungen und Verschleißmechanismen für die Optimierung der Werkstoffe der Verfahrensteile.

8. Schrifttum

/1/ Hermann, H. — Schneckenmaschinen in der Verfahrenstechnik
Springer Verlag (1972)

/2/ Uetz, H., Sommer, K., Khosrawi, M.A. — Übertragbarkeit von Versuchs- und Prüfungsergebnissen bei abrasiver Verschleißbeanspruchung auf Bauteile
VDI Berichte Nr. 354 (1979) S. 107/24

/3/ Mennig, G. — Untersuchungen zum Verschleiß in der Feststoffzone von Kunststoffverarbeitungsmaschinen
BMFT-Vorhaben Tribologie 01 ZT 618/NT/NTS 1009

/4/ Gervé, A.J. — Moderne Möglichkeiten der Verschleißmessung mit radioaktiven Isotopen
Werkstofftechnik 3 (1972) 2, S. 81/86

/5/ Essig, G. — Physikalisch-technische Grundlagen für Verschleißmessungen nach dem Dünnschichtdifferenzverfahren
Bericht des Kernforschungszentrum Karlsruhe
KfK 2517 (Juni 1978)

/6/ Sailer, S. Anwendung der Radionuklid-Verschleißmeßmethode im Fahrzeugbau
Schmiertechnik und Tribologie 27 (1980) 2, S. 57/61

/7/ Wellinger, K.
Uetz, H.
Gürleyik, M.
Gleitverschleißuntersuchungen an Metallen und nichtmetallischen Hartstoffen unter Wirkung körniger Stoffe
Wear (1968) II, S. 173/99

Die Aktivierung der Maschinenteile wurde von dem Kernforschungszentrum Karlsruhe GmbH durchgeführt. Die Verfasser danken den beteiligten Herren für die fachlichen Anregungen und die kostenlose Durchführung von Vorversuchen.

Simulation der tribologischen Beanspruchung an Motorsägenschneidgarnituren

von

Dr.-Ing. B. Lindemann
Dr.-Ing. W. Noll

Andreas Stihl
Abt. Werkstofforschung
Waiblingen

Förderkennzeichen: 01 ZT 298
Laufzeit: 01.01.1979 - 31.07.1981

Zusammenfassung

Im vorliegenden Untersuchungsvorhaben wurde notwendigerweise zunächst das Kennfeld der wichtigsten Einflußparameter auf das tribologische System einer Motorsäge am Beispiel einer Musterschneidgarnitur bei den gebräuchlichsten Methoden des Holzeinschlages ermittelt. Durch gezielte Veränderung der Beanspruchungsgrößen und unter Zuhilfenahme geeigneter Meßmethoden wurde der Verlauf des Verschleißes über dem Gleitweg untersucht, um die so gewonnenen Verschleißraten mit der statistisch abgesicherten Zielgröße Feldeinsatzwerte vergleichen zu können. Daraus ließen sich dann zwei Prüfstandsprogramme entwickeln, mit denen das Tribosystem Schneidgarnitur der Motorsäge einmal unter extremen Bedingungen und zum anderen praxisnah untersucht werden kann. Die Größe der Streubereiche und damit Reproduzierbarkeit der Ergebnisse und die daraus abzuleitenden Signifikanzaussagen sind dabei in großem Maße vom Zerspanungsmedium Holz abhängig. Die Komplexität der Zusammenhänge macht eine Übertragung auf Modellfälle zur Zeit unmöglich.

An zwei Beispielen wurde die Funktionalität der Simulationsverfahren nachgewiesen. Somit ist es nun möglich, den zeitraubenden und kostenintensiven Außeneinsatz zum großen Teil zu ersetzen und damit die Weiterentwicklung des Tribosystems einer Motorsäge werkstoffbezogen und konstruktiv zeitgerecht zu ermöglichen.

Gliederung

1. Aufgabenstellung

Da eine Verschleißprüfung im Rahmen eines Feldeinsatzes eine sehr aufwendige und zeitintensive Untersuchung darstellt, ist es wünschenswert, den Außeneinsatzverschleiß, der sich nach längeren Laufzeiten im Außeneinsatz ergibt, in Form eines Prüfstandsverschleißes nachstellen zu können. Dieser soll die Möglichkeit bieten, in Form einer aussagefähigen Kurzerprobung den statistisch abgesicherten Außeneinsatzverschleiß zu simulieren. Nur auf diesem Wege erscheint eine zeitgerechte und kostengünstige Weiterentwicklung der Schneidgarnitur einer Motorsäge unter Berücksichtigung von konstruktiven, werkstoff- und schmiertechnischen Gesichtspunkten möglich.

2. Prüfobjekt

2.1 Schneidgarnitur einer Motorsäge

Zuerst einmal soll kurz die Schneidgarnitur einer Motorsäge vorgestellt werden. Sie besteht aus der Führungsschiene, der Sägekette und dem Kettenrad. Die Führungsschiene bildet hierbei die Laufbahn der Sägekette. In den Umfang der Schiene ist eine Nut eingearbeitet, die zur seitlichen Führung der Sägekette dient. Auf den beidseitig der Nut verbliebenen Stegen gleitet die Kette über die Führungsschiene, Bild 1. Das zur Verringerung von Reibung und Verschleiß von der Ölpumpe in die Schienennut geförderte Kettenschmiermittel wird durch die Treibglieder der umlaufenden Sägekette über den gesamten Schienenumfang verteilt.

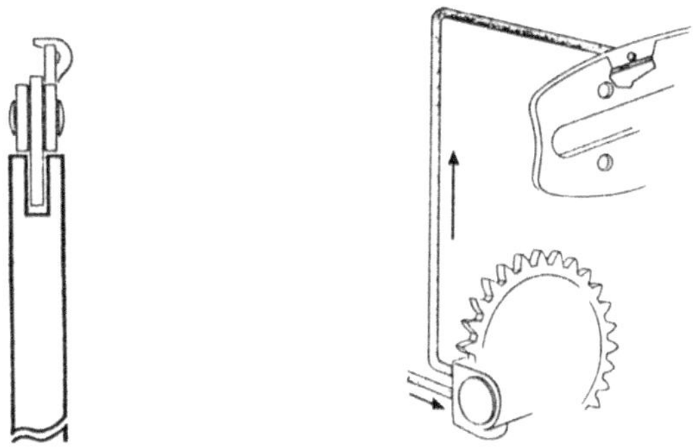

Bild 1: Schematische Darstellung der Sägekette auf der Führungsschiene und der Schmiermittelversorgung

Man unterscheidet zwei verschiedene Arten von Führungsschienen. Die Rollomatic-Schiene, auch Sternschiene genannt, wurde speziell für die modernen Leichtgewicht-Motorsägen entwickelt. Dieser Schienentyp, der einen wälzgelagerten Umlenkstern im Schienenkopf aufweist, hat sein Haupteinsatzgebiet im Entastungs- und leichten Fällbereich.

Hingegen besitzt die Duromatic-Schiene im Bereich der stärksten Beanspruchung, nämlich in der Umlenkung, eine Aufpanzerung aus einer hochverschleißfesten Kobalt-Hartmetallegierung. Dieser Schienentyp ist im Gegensatz zur Rollomatic-Schiene aufgrund seiner Konstruktion sehr robust. Deshalb wird diese Ausführung hauptsächlich zu Fällarbeiten im Starkholz herangezogen.
Alle Maßnahmen, die zur Reduzierung der Reibung und des Verschleißes in der Umlenkung und damit zu höheren Standzeiten führen, stellen deshalb gewünschte Entwicklungsziele dar.
Bild 2 zeigt die unterschiedlichen Schienentypen schematisch im Bereich der Kettenumlenkung.

Bild 2: Darstellung der Kettenumlenkung an der Duro- und Rollomatic-Schiene

2.2 Tribosystem

Das Tribosystem "Schneidgarnitur einer Motorsäge" setzt sich aus der Führungsschiene, der Sägekette und dem Sägekettenhaftöl zusammen. Als zusätzlicher Einflußfaktor muß der Zerspanungswerkstoff Holz angesehen werden, da dieser durch seinen Aufbau, Holzsaft und durch etwaige abrasive Medien, wie z.B. Sand oder Mineraleinschlüsse, entscheidend auf das Tribosystem rückwirkt, Bild 3.

Bild 3: Tribosystem Schneidgarnitur

Weiterhin ist das vorliegende Tribosystem gekennzeichnet durch sehr hohe Gleitgeschwindigkeiten - bis zu 25 m/s - unterschiedlicher Werkstoffpaarung, verbunden mit nur bedingt befriedigender Schmierung. Das nur in geringen Mengen zwischen Kette und Schiene am Schienenkopf zur Verfügung stehende Schmieröl kann in diesem Temperaturbereich keine tragende und trennende Wirkung zwischen den gleitenden Oberflächen erzielen, daher beeinflussen Wechselwirkungen der Reibpartner den Verschleißmechanismus. Da sich die Gleitpartner durchweg in der Mischreibung befinden, muß bei extremen Schnittarten mit großen Schienenkopf- und hohen Temperaturbelastungen gerechnet werden.

3. Prüfverfahren

3.1 Prüfstände

Aus der Vielzahl der im eigenen Hause hergestellten Säge- und Schneidgarniturtypen wurde für die Untersuchungen eine Schneidgarnitur der mittleren Größenordnung, die im Feldeinsatz eine große Anwendungsbreite findet, ausgewählt.

Die verschleißmäßige Untersuchung dieser Schneidgarnitur wird auf zwei im Hause entwickelten, halbautomatischen Sägeautomaten durchgeführt, die es aufgrund ihrer elektronischen und hydraulischen Regelung ermöglichen, unter optimalen Sägebedingungen (Schnittleistung - Vorschubdruck) Holz zu zerspanen, Bild 4.

Bild 4: Sägeautomat

Diese Prüfstände sind mit einer mittelgroßen Motorsäge (3,6 kW) und der repräsentativen Musterschneidgarnitur ausgerüstet. Als Kettenhaftöl wird ein Stihl-Serienprodukt verwendet, das aufgrund seiner Qualitätsüberwachung konstante Eigenschaften garantiert. Zerspant werden ausgesuchte Buchenstämme im Durchmesserbereich von 30 bis 45 cm.

Zur Erreichung von reproduzierbaren Ergebnissen müssen folgende Versuchsbedingungen eingehalten werden:

- konstante Kettenschärfintervalle
- konstantes Haftölfördervolumen
- konstante Ausgangskettenspannung
- Schnittfolgeabstand temperaturgesteuert.

Die Steuerung dieser Prüfstände wurde variabel ausgeführt, so daß es möglich ist, verschiedene Sägearten in Form von Vor- und Rückhandsägeprogrammen zu fahren.

Das Bild 5 zeigt schematisch die Begriffserklärung Vor- und Rückhandsägen mit der Motorsäge. Diese beiden Schnittarten sind auch die in der Praxis am häufigsten angewendeten Belastungsfälle der Schneidgarnitur.

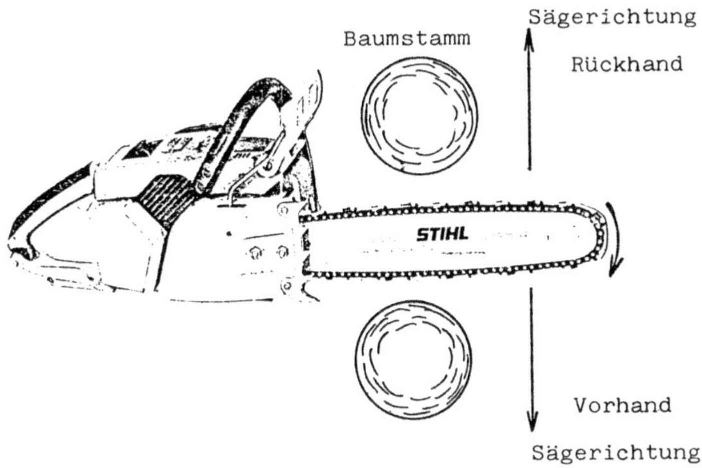

Bild 5: Darstellung der Sägearten: Vorhand - Rückhand

Bei beiden Methoden treten unterschiedliche Reibungsverhältnisse in der Schneidgarnitur auf. Während beim Vorhandschnitt ca. 20 % der angebotenen Antriebsleistung durch Reibung in der gesamten Schneidgarnitur verloren geht, beträgt der Verlust beim Rückhandschnitt ca. 50 %. Dieser erhöhte Reibungsanteil ist auf die Tatsache zurückzuführen, daß die zur Zerspanung benötigte Leistung im Leertrum des Kettentriebes abgegeben werden muß. Daher erhöht sich im Umlenkbereich der Schiene die Kettenspannung und die Normalkraft, mit der die Kette gegen die Schiene gedrückt wird, erheblich.
Diese Leistungsbilanzmessungen wurden auf einem Kettenprüfstand durchgeführt, der in der Lage ist, die wichtigsten Beanspruchungsgrößen der ausgewählten Schneidgarnitur meßtechnisch zu erfassen. Bild 6 zeigt schematisch die Ergebnisse der Reibleistungsmessung bei Vor- und Rückhandschnitt.

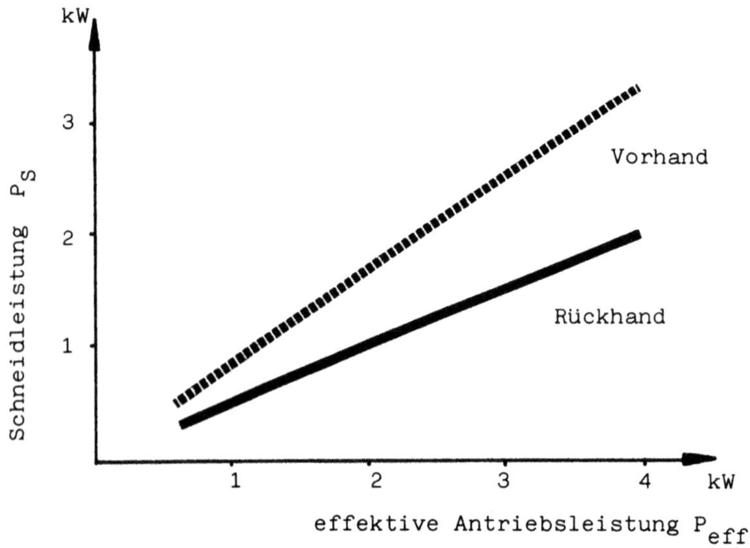

Bild 6: Abhängigkeit der Reibleistung von der Antriebsleistung bei der Duromatic-Vollschiene bei Vor- und Rückhandschnitt

3.2 Meßtechnik

Zur Beurteilung des Verschleißverhaltens einer Motorsägenschneidgarnitur auf den beschriebenen Prüfständen hat es sich als notwendig erwiesen, den Verschleißbetrag in Abhängigkeit des Gleitweges darzustellen. Da die zu erreichende Schneidleistung im Holz entscheidend von den Holzeigenschaften und dem Kettenzustand abhängig ist, wurde eine Gleitwegmeßeinrichtung entwickelt, die es erlaubt, konstante Gleitwege der Kette unabhängig von der Schnittanzahl und der zerspanten Holzfläche auf der Schiene zu fahren.

Für die Erfassung der Verschleißbeträge an der Schneidgarnitur bieten sich unterschiedliche Meßverfahren an. Aus Kostengründen wurde auf eine Weg- und eine Gewichtsmessung zurückgegriffen. Das Bild 7 zeigt den prinzipiellen Aufbau der Verschleißmessung an der Schneidgarnitur.

1. Verschleißerfassung Rückhand:
Längenmessung

2. Verschleißerfassung Vorhand:
Wägung
Schienenkopf, ganze Kette

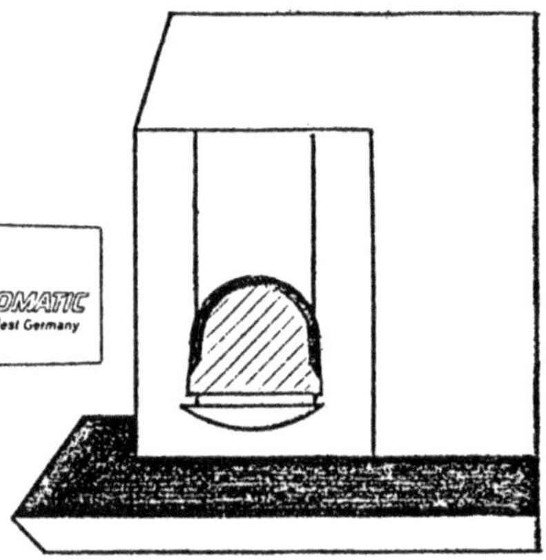

3. Erfassung des Radial- u. Axialspiels der Kette:
Längenmessung

4. Temperaturmessung:
Thermoelement an der Schienenspitze

5. Drehzahlerfassung:
Induktiver Drehzahlaufnehmer

6. Gleitwegerfassung:
Zählung aller Zündimpulse oberhalb der Ketteneinkuppeldrehzahl

Bild 7: Verschleißmeßtechnik an der Schneidgarnitur

Wird ein Rückhand-Sägeprogramm gewählt, so kann aufgrund der relativ hohen Verschleißraten der Abtrag hinreichend genau mit Meßuhren (1/100 mm) ermittelt werden. Hierfür wird der Schienenkopf an drei verschiedenen, aber von vornherein durch die Meßapparatur festgelegten Stellen, ausgehend von einem Nullmaß, vermessen. Der Mittelwert dieser drei Meßstellen gibt dann den entsprechenden Verschleißbetrag an. Der Kettenfußverschleiß wird auf ähnlichem Wege, allerdings nur an einer Stelle, als Mittelwert von 10 Kettengliedern pro Schienenseite ermittelt.

In Bild 8 ist schematisch der Verschleißverlauf eines Prüfstandlaufes graphisch dargestellt. Es wird hier bei beiden Reibpartnern ein linearer Verschleißverlauf erreicht. Im Verlauf des Kettenverschleißes tritt allerdings später ein Knick auf, der auf die konstruktive Gestaltung des Kettenfußes zurückzuführen ist.

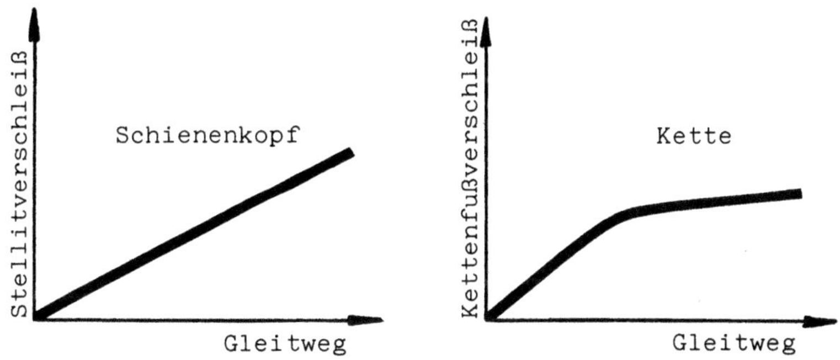

Sägeart: Rückhand

Bild 8: Prinzipdarstellung des Rückhandverschleißes

Wird dagegen die in der Holzeinschlagtechnik üblicherweise angewandte Sägetechnik in Form des Vorhandsägeprogrammes simuliert, so kann aufgrund der geringen Verschleißraten mit Meßuhren kein sinnvolles Ergebnis bei einem vertretbaren Sägeaufwand gewonnen werden. Die hier auftretenden Verschleißraten befinden sich nur noch im μm- oder sogar im 1/10 μm-Bereich. In diesem Fall muß die in der Verschleißtechnik übliche Wiegetechnik zur empfindlicheren Verschleißfindung herangezogen werden. Aufgrund des limitierten Meßbereiches kann jedoch nur der Schienenkopf ausgewogen werden. Er wird hierzu vor der Durchführung des Versuches von der Schiene abgetrennt und über eine entsprechende Verbindung während des Sägevorganges mit der Schiene verbunden. Bei der Auswägung des Schienenkopfes ist auf eine peinlich genaue Reinigung und eine einheitliche Durchführungsprozedur zu achten, da nur so reproduzierbare Ergebnisse zu erhalten sind.

Bild 9 zeigt prinzipiell den Verschleißverlauf über dem Gleitweg.

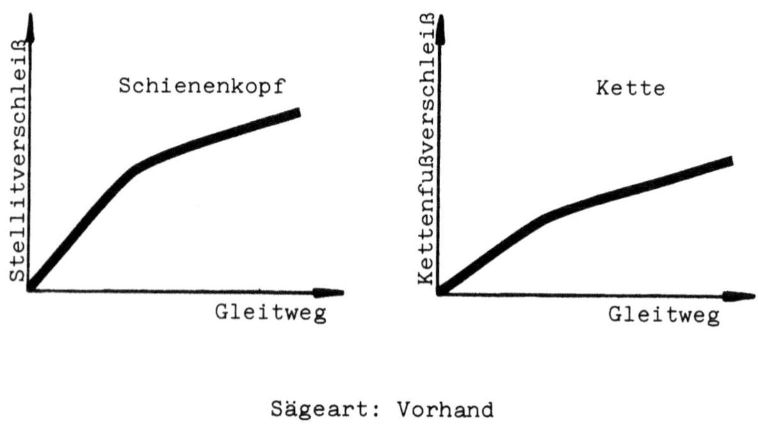

Bild 9: Prinzipdarstellung des Vorhandverschleißes

Es ergibt sich sowohl für die Schiene als auch für die Kette eine ausgeprägte Einlaufphase, an die sich ein linearer Verlauf mit unterschiedlichen Steigungen anschließt. Diese Einlaufphase ist auf die Oberflächenbeschaffenheit der Reibpartner zurückzuführen. Würde die Schienenoberfläche feinstgeschliffen und vielleicht noch geläppt, so könnte dieser Einlaufbereich stark abgekürzt oder sogar vermieden werden. Für die Prüfstandsverschleißuntersuchungen ist dieser Aufwand sinnvoll, da hier nur das lineare Verschleißbild zur Auswertung herangezogen wird.

Die über den Schnitt auftretenden Drehzahl- und Temperaturverläufe werden mit einem induktiven Drehzahlgeber bzw. einem Thermoelement erfaßt und auf Linien-Schreibern dokumentiert. Die effektive Sägezeit und der Gleitweg der Kette werden auf elektronischem Wege über die Zündimpulse der Säge errechnet und auf Zählern angezeigt.

4. Analyse des Tribosystems

4.1 Beanspruchungsprofil

Aufgrund der Tatsache, daß die Führungsschiene der Schneidgarnitur wendbar ausgeführt werden soll, ergibt sich eine kreisförmige Umlenkung an der Schienenspitze. Eine theoretische Berechnung der Normalkraftverteilung zwischen Kette und Schiene nach der Beziehung des Euler'schen Seilreibungsgesetzes

$$F_{Zug} = F_{Leer} \cdot e^{\mu \alpha}$$

und Einbeziehung des Reibungsfaktors μ zwischen Kette und Schiene und der sich aus der Konstruktion ergebenden Winkel α ergab eine Belastungsspitze, die sich im Winkelbereich von ca. 45° zur Schienenspitze im unteren Halbkreis (in Kettenlaufrichtung gesehen) befindet. Diese Überlegung deckt sich mit dem Verschleiß- und dem Temperaturbeanspruchungsprofil, das in Bild 10 dargestellt ist.

Dieser Darstellung liegen umfangreiche Verschleiß- und Temperaturmessungen zugrunde. So konnte mittels mikroskopischer Betrachtungen ein Verschleißwinkel von 165° ermittelt werden. Diese Angabe deckt sich nahtlos mit den in Bild 8 aufgezeigten Temperaturverläufen beim Vor- und Rückhandschnitt, die durch kontinuierliche Temperaturmessungen an der Schienenspitze ermittelt wurden. Hierzu waren 13 Thermoelemente im definierten Abstand von der Laufbahnoberfläche angebracht. Dabei stellen sich bei der extremen Beanspruchung Rückhandsägen die ca. 3-4-fachen Temperaturwerte gegenüber der Normalbelastung Vorhandsägen ein. Diese unterschiedlichen Verhältnisse machen die Belastungsspanne, die die Schneidgarnitur einer Motorsäge auszuhalten hat, deutlich.

Nach dem Verschleißbogen ergibt sich ein kettenaufschlaggefährdeter Bereich, der sich aus einer energetischen Betrachtung der Kette in der Umlenkung erklären läßt. Beim Übergang der Kette vom rotatorischen in den translatorischen Zustand wird Energie frei, die sich durch Aufschlagen der Kette auf die Schiene abbaut. Aus diesem Grunde wird die Panzerschicht der Umlenkung weiter in den linearen Teil der Schiene hineingezogen, um Beschädigungen der Laufbahn in diesem Bereich zu verhindern. Damit ergibt sich ein zusätzliches Belastungskriterium für den eingesetzten Auftragswerkstoff.

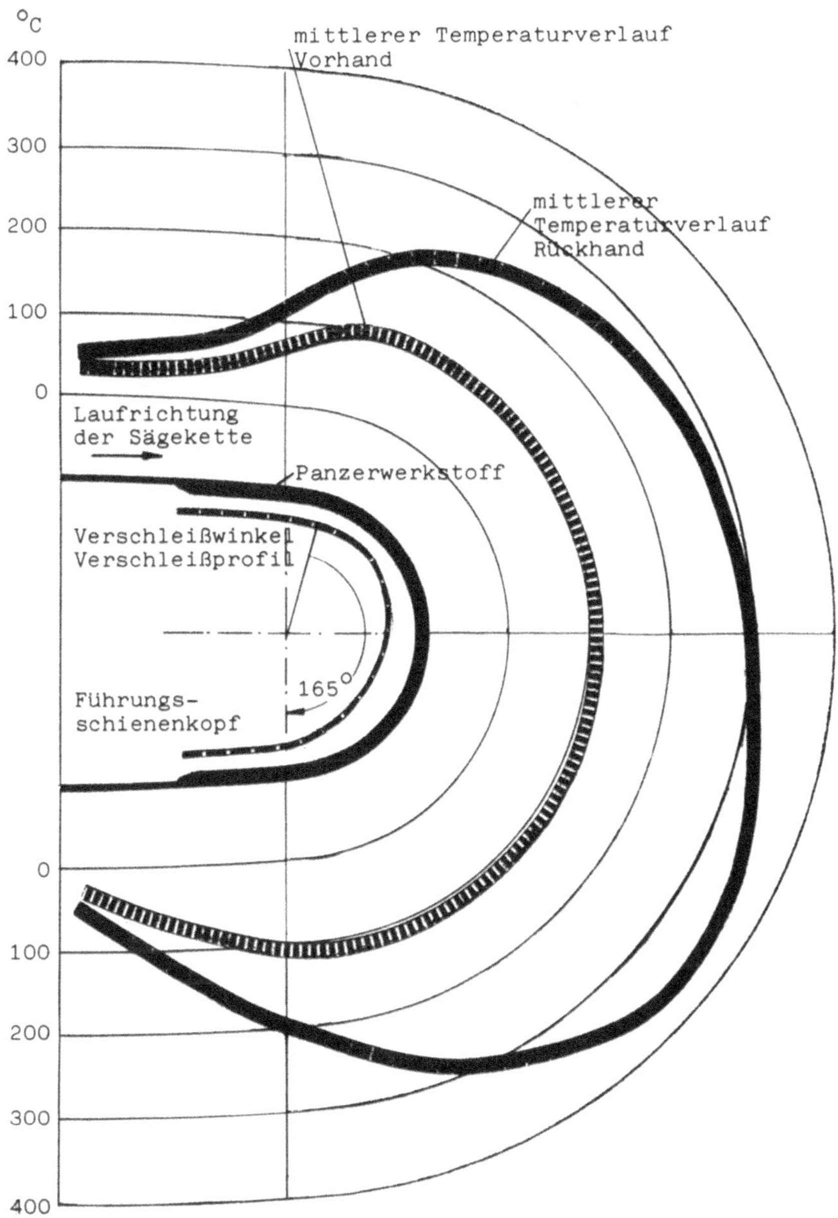

Bild 10: Temperatur- und Verschleißprofil des Führungsschienenkopfes beim Vor- und Rückhandschnitt

4.2 Verschleißbeeinflussende Parameter

Im folgenden soll am Beispiel prinzipieller Darstellungen der Einfluß systemimmanenter Parameter auf das Verschleißverhalten des Tribosystems aufgezeigt werden. Da es möglich ist, die Verschleißraten auf eine zu erwartende Laufzeit umzurechnen, werden die entsprechenden Laufzeiten (Mittelwerte) prozentual verglichen.

Das Bild 11 zeigt den Einfluß der Sägekettenspannung auf den Stellitverschleiß. Man erkennt, daß mit einer zu festen Kettenspannung ein erheblicher Schaden an Kette und Schiene angerichtet werden kann. Dadurch ergeben sich in diesem Fall auch nur relativ geringe Schneidgarniturstandzeiten. Bei extrem geringen Kettenspannungen ergeben sich im Vergleich zu normalen Kettenspannungen zwar theoretisch lange Standzeiten; diese sind jedoch in der Praxis nicht zu erreichen, da die Gefahr des Kettenabspringens sehr groß ist. Des weiteren, wie unter Punkt 4.1 erwähnt, besteht die Möglichkeit, daß die Kette aufgrund der rotatorisch freiwerdenden Energie Beschädigungen am Auslauf der Umlenkung erzeugt.

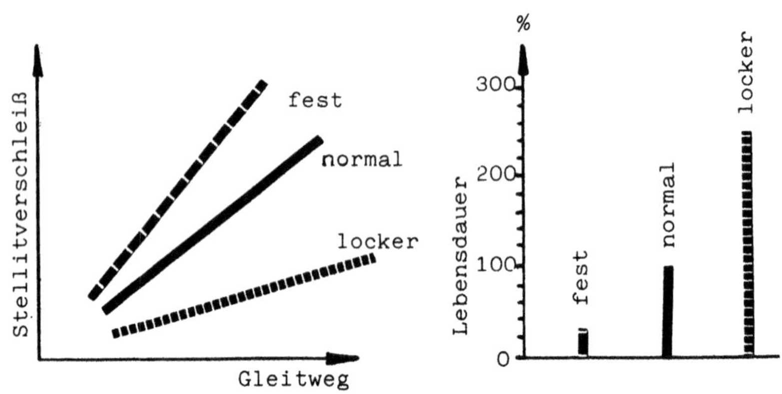

Bild 11: Einfluß der Kettenspannung auf den Schneidgarniturverschleiß

Aufgrund der Tatsache, daß bei den meisten Stihl-Motorsägen die Ölpumpe in der Ölfördermenge regelbar ausgeführt worden ist, scheint gerade die Untersuchung - Abhängigkeit des Schneidgarniturverschleißes von der Ölfördermenge - notwendig. Die Ergebnisse sind im Bild 12 dargestellt. Generell muß man sagen, daß die werksseitig vorgegebene maximale Ölpumpeneinstellung die geringsten Verschleißergebnisse liefert.

Die hier vorliegende Verlustschmierung der Schneidgarnitur stellt in der Praxis einen nicht unerheblichen Kostenfaktor dar. Es ist deshalb im Einzelnen abzuwägen, ob bei kurzen Schneidgarnituren, bzw. bei Sternschienen, vgl. 2.1, die Ölmenge nicht sinnvollerweise den Erfordernissen angepaßt werden kann.

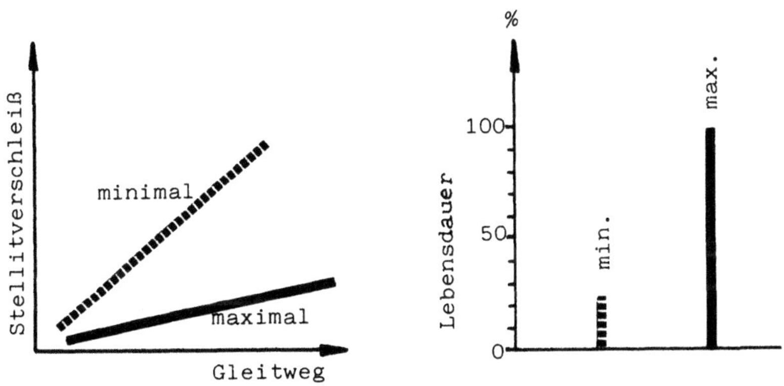

Bild 12: Einfluß der Ölfördermenge auf dem Schneidgarniturverschleiß

Der Zerspanungswerkstoff Holz ist ein gewachsenes, mit unterschiedlichen Eigenschaften behaftetes, Naturprodukt. Es ist daher erklärbar, daß der Schneidgarniturverschleiß von den unterschiedlichen Holzeigenschaften - Härte, Feuchte, Struktur etc. - abhängig ist. Unterschiedliche Zerspanungseigenschaften, bedingt durch verschiedene Härten, Wuchs und Struktur der ausgewählten Baumsorte, werden durch die neuentwickelte Gleitwegerfassung eliminiert. Hingegen ist die Holzfeuchte als einfach erfaßbarer Parameter nur mit großem Aufwand für die zur Verschleißfindung benötigten großen Holzmengen konstant haltbar.

Im folgenden Bild 13 ist daher schematisch die verschleißmäßige Abhängigkeit der Schneidgarnitur von der Holzfeuchte dargestellt. Der verschleißseitige Vorteil des feuchteren Holzes ist mit großer Sicherheit auf den zusätzlichen Schmiereffekt und damit verbunden auf geringere Reibung beim Zerspanungsvorgang zurückzuführen.

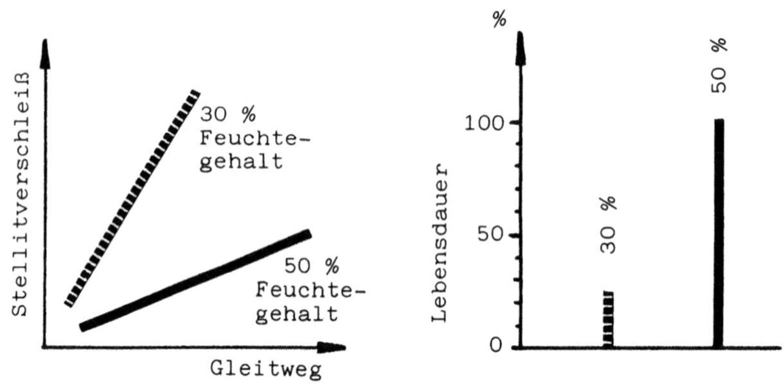

Bild 13: Einfluß der Holzfeuchte auf den Schneidgarniturverschleiß

4.3 Verschleißmechanismen

REM-Untersuchungen am Schienenkopf lassen als charakteristischen Verschleißmechanismus zwischen Kette und Schienenkopf einen ausgeprägten Adhäsivverschleiß erkennen. Treten Verunreinigungen in Form von mineralischen Fremdstoffen hinzu, können zusätzlich abrasive Zustände auftreten. Betrachtet man den Schienenkopf in seiner Abwicklung, so kann man eine gute Übereinstimmung zwischen dem Verschleiß- und Temperaturprofil einerseits sowie der Ausbildung der Verschleißzustände andererseits herstellen.

Beim praxisnahen Vorhandsägetest ist die Temperaturbelastung über den gesamten Schienenkopf gesehen so gering, daß kaum Unterschiede in der Verschleißhöhe und damit verbunden im Erscheinungsbild des Verschleißes zu erkennen sind. Wird dagegen ein Sägeprogramm mit einer hohen Temperaturbelastung am Schienenkopf, z.B. dem Rückhandsägeprogramm, gewählt, so zeigt sich im maximal beanspruchten Schienenkopfabschnitt ein stark zerklüftetes Rissfeld. Bild 14 zeigt eine Übersichtsaufnahme und Bild 15 und 16 Ausschnitte.

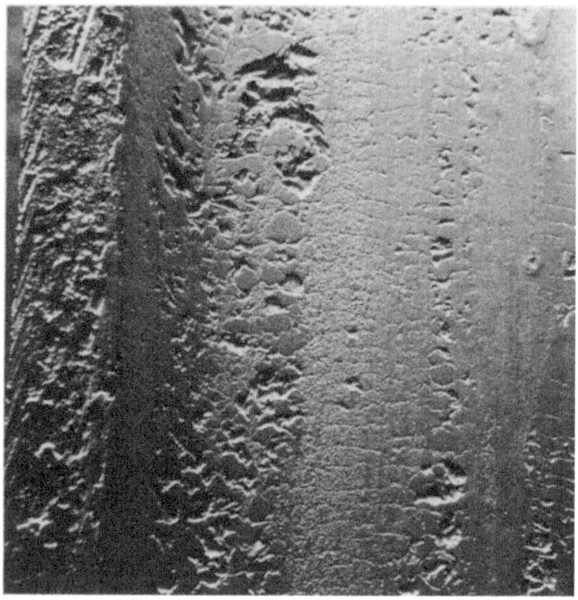

Bild 14: REM-Übersichtsaufnahme einer hochbeanspruchten Zone des Führungsschienenkopfes (V = 68)

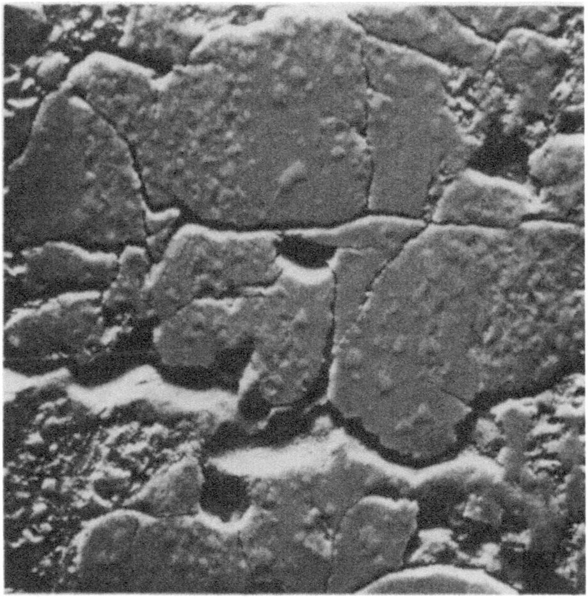

Bild 15: glatter Bereich, aufgeschmierte Stahlplatten
V = 2000, Ausschnittaufnahme aus Bild 14

Bild 16: rauher Bereich, freigelegte Karbide
V = 2000, Ausschnittaufnahme aus Bild 14

Man erkennt deutlich glatte und rauhe Bereiche nebeneinanderliegend. Energiedispersive Mikroanalysen ermitteln im rauhen Bereich in verstärktem Maße Karbide und in den glatten Bereichen Aufschmierungen aus Kettenbandstahl. In den Bildern 17 und 18 sind diese Analysen dargestellt.

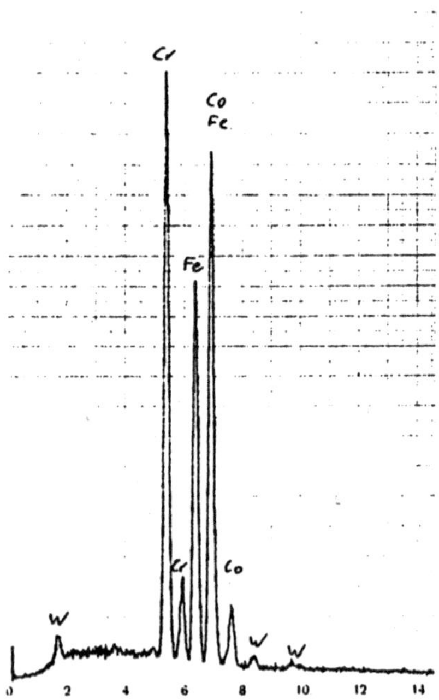

Bild 17: rauher Bereich mit freigelegten Chrom-Karbiden

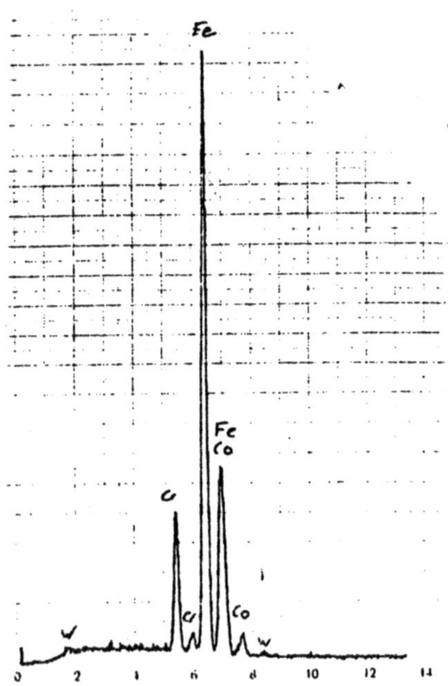

Bild 18: glatter Bereich mit Aufschmierungen aus Kettenbandstahl

In den Bereichen des geringeren Verschleißes am Schienenkopf baut sich dieses starke Rissfeld bis hin zur rissfreien Oberfläche ab, wobei dann nur an Kanten - also Bereichen höherer Flächenpressung - Ansätze von beginnenden Rissfeldern zu erkennen sind. Die restliche Oberfläche weist ein glatteres Aussehen auf, unterbrochen von kleinen Vertiefungen. Bild 19 zeigt eine solche Fläche. Auch hier sind im Bereich der Kontaktflächen Karbid- und Eisenbereiche vorhanden, wie aus der Darstellung der energiedispersiven Analysen in Bild 20 und 21 zu erkennen ist. Der Unterschied im Vergleich mit den Bereichen höheren Verschleißes liegt jedoch in einer deutlich verminderten Stahlplattendicke und somit in einer geringeren Verschleißgeschwindigkeit bei gleichem vorherrschenden Mechanismus.

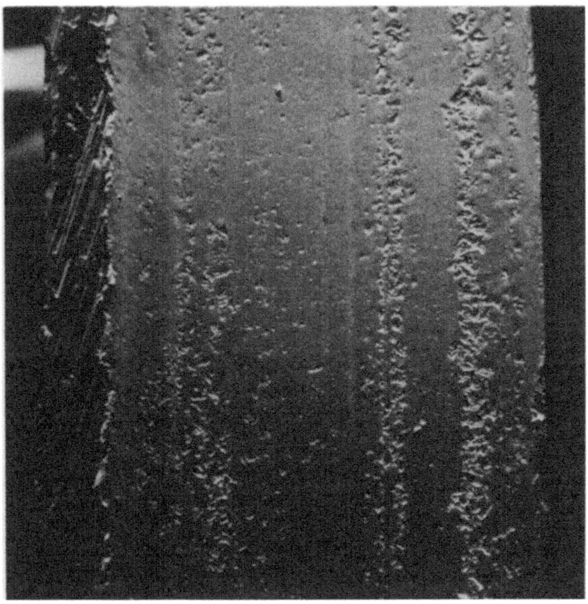

Bild 19: Übersichtsaufnahme im Bereich geringeren Verschleißes (60-fach vergrößert)

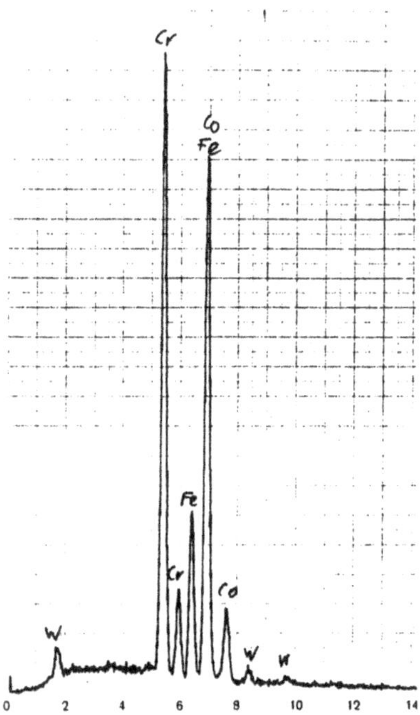

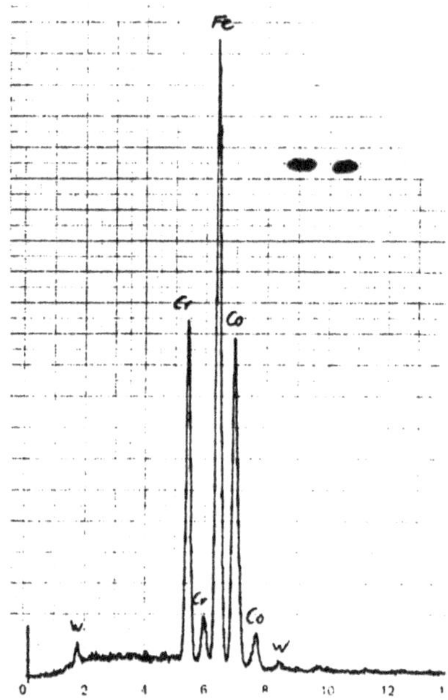

Bild 20: Chromkarbide mit geringerem Fe-Anteil, was auf einen dünneren Fe-Belag hinweist

Bild 21: Aufgeschmierte Stahlplatten mit hohem Anteil an Kobalthartmetallegierung

Das ausgeprägte Erscheinungsbild von rißbehafteten Stahlplatten auf der Kobalthartmetallegierung im Bereich des Verschleißmaximums ist höchstwahrscheinlich auf Temperaturwechselrisse zurückzuführen. Die vorliegenden REM-Ergebnisse, wie auch Temperaturmessungen zeigten, daß offensichtlich Blitztemperaturen in den Kontaktflächen zwischen Schienenkopf und Kettenfuß auftreten müssen. Das Kettenhaftöl kann in diesem Temperaturbereich keine tragende und oberflächentrennende Wirkung mehr aufweisen, so daß Mikroverschweißungen zwischen den Reibpartnern stattfinden können. Diese lassen sich als von der Kette aufgeschmierte Stahlplatten identifizieren. Aufgrund der in der Praxis beobachteten hohen Temperaturwechselbelastungen durch Schneid- und Abkühlphasen treten bei den auf die Stellitoberflächen aufgeschmierten Schichten Mikroanrisse auf. Bei erneuter Belastung werden dann diese Partikel einschließlich eines Teils der Kobaltmatrix aus der Oberfläche des Schienenkopfes herausgerissen, so daß nur noch die harten Karbide, die wie eine Feile wirken, stehen bleiben und den Verschleißprozess erneut einleiten.

Diese Überlegungen finden ihre Unterstützung darin, daß durch eine spezielle EP-Additivierung des Kettenhaftöls dieses beschriebene Verschleißverhalten durch Aufbau von Trennschichten vermindert werden kann. Das hat zu einer entsprechenden Formulierung des Schmiermittels geführt, so daß bei hohen Anforderungen der Verschleiß um ca. 30 % gesenkt werden konnte.

5. Prüfstandssimulation

Nach Kenntnis der wichtigsten Einflußparameter und ihrer Auswirkungen auf den Schneidgarniturverschleiß konnte nun der Ablauf der Verschleißtests konzipiert werden. Grundlage hierfür bildete eine sorgfältige statistische Auswertung aller im Hause vorliegenden Außeneinsatzverschleißwerte der repräsentativen Musterschneidgarnitur. Die hierfür zugrunde gelegte Genauigkeitsschranke für den Vertrauensbereich und die Ausreißeranalyse lag bei 95 %.

Aufgrund der Tatsache, daß die gewogenen und gemessenen Verschleißwerte über die konstruktiven und materialspezifischen Daten jeweils ineinander umgerechnet werden können, wurde der statistisch abgesicherte Außeneinsatzverschleißwert als Zielgröße für den Vorhandverschleißtest herangezogen. Durch die Kenntnis und Variation der im einzelnen beschriebenen Einflußparameter gelang es, die gewünschte Verschleißlage prüfstandsmäßig einzustellen. Bei der vorhandenen Streubreite der Prüfstandswerte bildet auch hier wieder die statistische Auswertung die Grundlage, um Signifikanzaussagen tätigen zu können. Für einen statistisch abgesicherten Prüfstandsverschleißwert wird die Anzahl der Prüfläufe von der Varianz der Meßergebnisse bestimmt. Die Erfahrung zeigt, daß mit einer Anzahl von ca. 15 Meßläufen Signifikanzaussagen möglich sind. Damit ist es möglich geworden, mit einem reinen Sägeaufwand auf dem Prüfstand von wenigen Stunden Ergebnisse zu gewinnen, die bisher im Feldtest mit aufwendiger Überprüfung erst nach Monaten zu erzielen waren.

Zusätzlich zum beschriebenen Vorhandtest wurde ein Rückhandtest entwickelt, der aufgrund seiner sehr guten Reproduzierbarkeit, seines geringeren Aufwandes in der Meßtechnik und seines nahezu unabhängigen Verhaltens gegenüber den Holzbeschaffenheiten und der Kettenspannung einen idealen Härtetest darstellt. Dieser Verschleißtest findet wegen seiner Schnelligkeit und Einfachheit vor allem Anwendung in der Vorauswahl der zu untersuchenden Panzerlegierungen und Kettenhaftöle. Infolge der hohen Verschleißraten und den damit verbundenen geringen Schneidgarniturstandzeiten ist allerdings keine Übertragbarkeit auf den sonst üblichen Waldeinsatz gegeben. Ein Vergleich der beiden Testmethoden Vorhand und Rückhand macht die höheren Belastungen des Rückhandtestes an der Tatsache deutlich, daß die Standzeit einer rückhandgesägten Schneidgarnitur nur noch ca. 6 % der sonst üblichen Lebensdauer beträgt.

Um eine Vorstellung von der Größenordnung des Verschleißverhaltens der Schneidgarnitur einer Motorsäge zu erhalten, wurden die o.g. Prüfstandsergebnisse unter Variation aller genannten Einflußgrößen nach Kapitel 4.2 umgerechnet und in ein entsprechendes (Verschleiß-Weg-Verhältnis) Spektrum eingezeichnet. Bild 22 zeigt dieses Spektrum, in dem die wichtigsten technischen Reibpartner enthalten sind. Der Graphik ist zu entnehmen, daß die statistisch abgesicherte Streubreite aller zur Zeit bekannten Außeneinsatzverschleißraten zum größten Teil den Bereich der Prüfstandssimulation Vorhandprogramm und nur zum geringen Teil den des Rückhandtestes überlappt. Die vorhandenen großen Streubereiche machen folgendes deutlich: nur die genaue Kenntnis und die entsprechende Einstellung der Einflußparameter läßt eine Übereinstimmung der Prüfstandsergebnisse mit dem Mittelwert des Außeneinsatzwertes zu. Darüberhinaus kann eine abgesicherte Erprobung mit Hilfe des Außeneinsatzes nur über eine hinreichend große Anzahl von verwendbaren Rückmeldungen erfolgen.

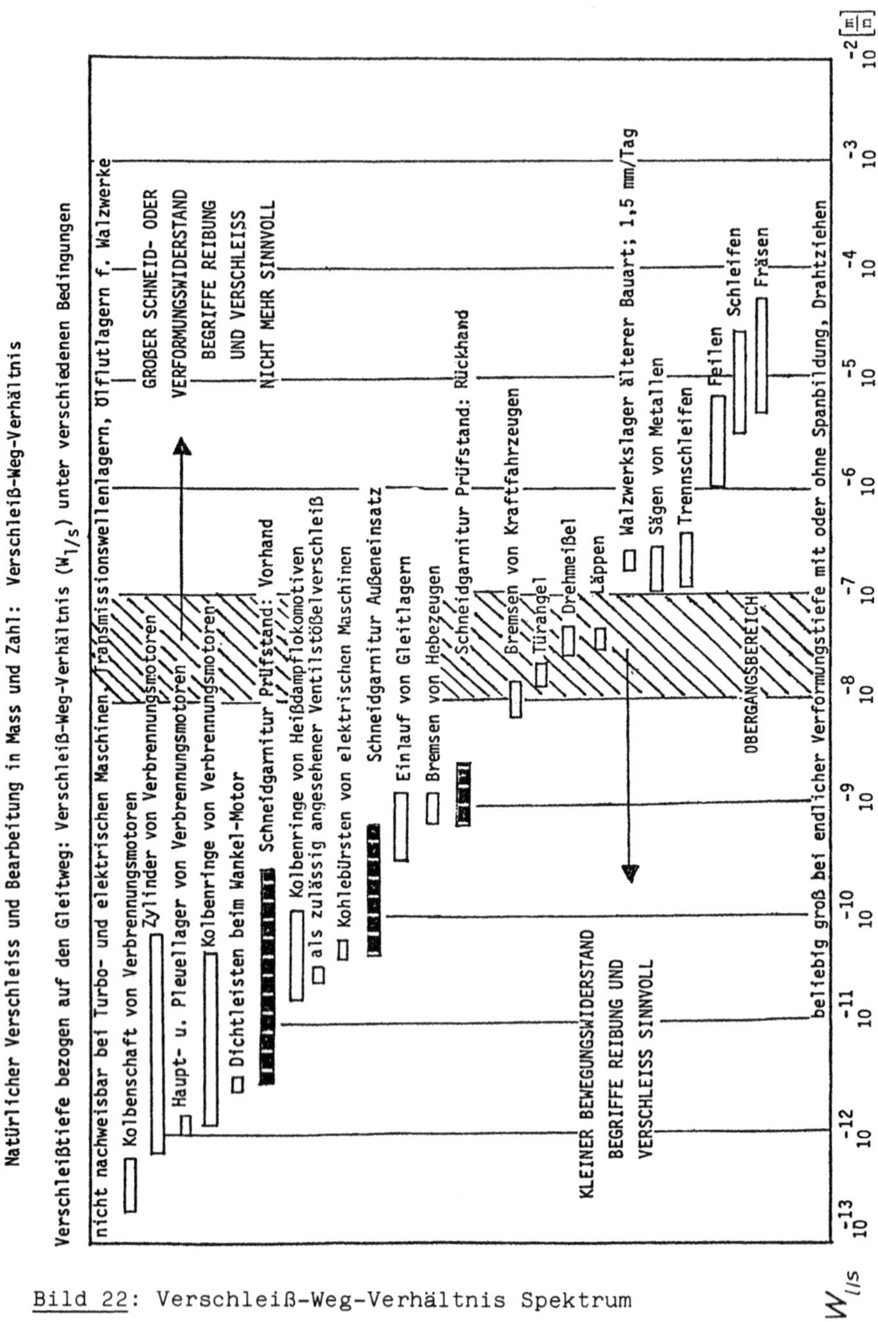

Bild 22: Verschleiß-Weg-Verhältnis Spektrum
Das Verhalten der Motorsägenschneidgarnitur wurde optisch herausgehoben

Im folgenden soll nun die Differenzierbarkeit der neu erarbeiteten Simulationsverfahren am Beispiel von Panzerlegierungen und Haftölen aufgezeigt werden.

In Bild 23 sind die unterschiedlichen Standzeiten zweier verschiedenartiger Kobalthartmetallegierungen dargestellt. Es zeigten sich in der Lebensdauer deutliche Unterschiede, obwohl bezüglich der Legierungsanteile nur geringfügige Änderungen vorgenommen wurden. Das macht deutlich, welchen Stellenwert ein aussagefähiges Kurzprüfverfahren für eine Weiterentwicklung besitzt.

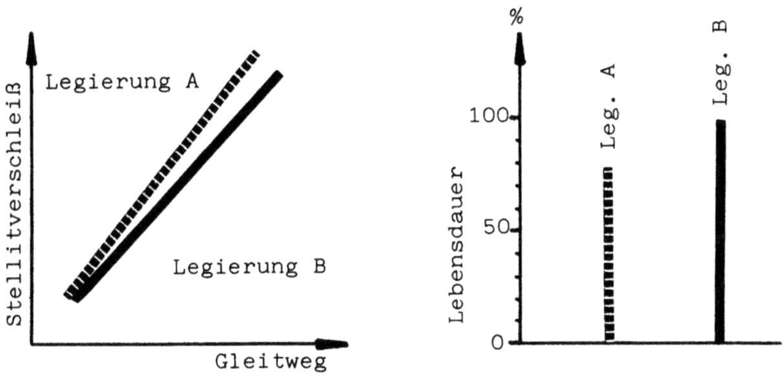

Bild 23: Einfluß der Kobalthartmetallegierung auf den Schneidgarniturverschleiß

Gleiches läßt sich auch beim Test von Kettenhaftölen in Bild 24 demonstrieren. Ein nicht für das vorliegende Tribosystem speziell entwickeltes Schmiermittel mit entsprechender Haftung, EP-Additivierung und Viskositätslage im Vergleich zu einem vom Hause entwickelten Produkt läßt eine Halbierung der Lebensdauer erkennen.

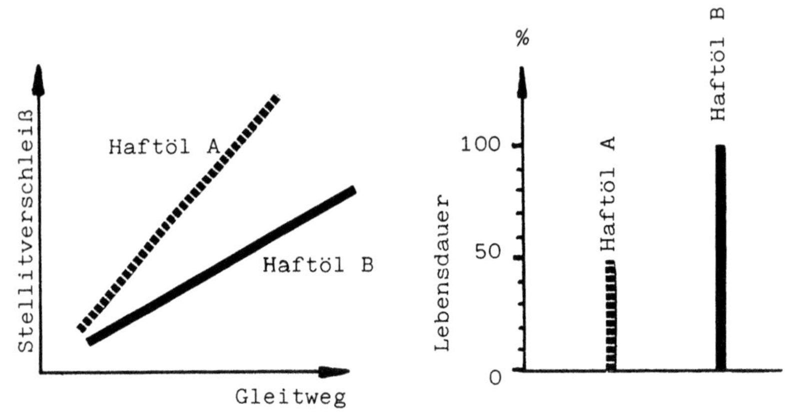

Bild 24: Einfluß der Haftölqualität auf den Schneidgarniturverschleiß

Damit konnte exemplarisch an 2 Fällen nachgewiesen werden, daß mit wesentlich verringertem zeitlichen und finanziellen Aufwand im Vergleich zu einer langwierigen repräsentativen Außenerprobung Lebensdauervorhersagen mittels praxisnaher Simulationstechnik möglich sind.

Die Komplexität des Tribosystems Schneidgarnitur einer Motorsäge zeigt deutlich, daß selbst bei der Simulation der Zerspanung von Holz noch solche Streubereiche auftreten können, daß, wie auch schon aus früheren Versuchen zu erkennen war, eine Übertragung auf Modellfälle zur Zeit unmöglich erscheint.

6. Literatur

1) Brendel, H. — Wissensspeicher Tribotechnik
Wien, New York
Springer Verlag, 1979

2) Buck, K. — Normalkräfte an der Schienenspitze der Stihl-Motorsäge
045 AV - Diplomarbeit FH Saarbrücken, 1980

3) Drapier, J.M.
Davin, A.
Magnee, A.
Contsourradis, D.
Harbraken, L. — Abrasion and corrosion resistant cobalt base alloys for hardfacing Wear, 33 (1975)
p. 271 - 282.

4) Gervé, A.J. — Einsatzmöglichkeiten von Radionukliden zur Untersuchung konstruktiver und schmierstoffabhängiger Einflüsse auf den Verschleiß von Maschinenteilen
VDI-Berichte Nr. 196, 1973,
S. 43 - 47

5) Habig, K.-H.
Evers, W.
Chatterjee-Fischer, R. — Verschleiß- und Versagensuntersuchungen an gehärteten, nitrierten und borierten Stählen in Abhängigkeit von der Wärmebehandlung des Gegenkörpers und der chemischen Zusammensetzung von Schmierstoffadditiven
HTM 33 (1978)5 S. 272-280

6) Habig, K.-H.
Chatterjee-Fischer, R.
Hoffmann, F.

Adhäsiver, abrasiver und tribochemischer Verschleiß von Oberflächenschichten, die durch Eindiffusion von Bor, Vanadin und Stickstoff in Stahl gebildet werden.
HTM 33 (1978) S. 28 - 35

7) Kloos, K.-H.

Tribologische Vorgänge unter Mischreibungsbedingungen, dargestellt an Beispielen
Maschinenmarkt, Würzburg 83 (1979) 84 S. 1654 - 1661

8) Krause, H.
Scholten, J.

Verschleiß-Grundlagen und systematische Behandlung Teil 1 und 2
VDI-Z. 121 (1979) Nr. 15/16
S. 799-806, Nr. 23/24,
S. 1221 - 1229

9) Schröder, M.

Möglichkeiten zur reibungs- und verschleißgerechten Auslegung tribotechnischer Paarungen, besonders durch Beschichtung
Schmierungstechnik 9 (1978) 1
S. 21 - 23

10) Stott, F.H.
Stevenson, C.W.
Wood, G.C.

Friction and wear properties of Stellite 31 at temperatures from 293 to 1073 K
Metals Technology (1977) p. 66-74

11) Storm, R. — Wahrscheinlichkeitsrechnung, mathematische Statistik und statistische Qualitätskontrolle VEB Fachbuchverlag Leipzig,1976

12) Vogelpohl, G. — Verschleiß in Maschinen und die Möglichkeiten seiner Minderung mit Hilfe der auf Ölprüfgeräten gewonnenen Ergebnisse Erdöl und Kohl-Erdgas-Petrochemie, 14. Jahrg. (1961) Nr. 10, S. 824 - 829

13) Vogelpohl, G. — Verschleißmaß und Verschleißspektrum Forschung im Ingenieurwesen Bd. 35 (1969) Nr. 1 S. 1-6

14) Wellinger, K., Uetz, H. — Gleitverschleiß, Spülverschleiß, Stahlverschleiß unter der Wirkung von körnigen Stoffen. VDI-Forschungsheft 449, Düsseldorf, 1955

15) Wiegand, H., Broszeit, E. — Zur Frage der Beanspruchungszeit bei Verschleißuntersuchungen unter Mischreibungsbedingungen. MTZ 34 (1973) 2 S. 33 - 34

Untersuchungen zum Verschleiß in der Feststoffzone von Kunststoffverarbeitungsmaschinen

von

Dipl.-Ing. M. Reinhard
Dr.-Ing. P. Volz
Prof. Dr.-Ing. G. Mennig

Forschungsgesellschaft Kunststoffe e.V., Darmstadt
Deutsches Kunststoff-Institut, Darmstadt

Förderzeichen: 01 ZT 618 ZA/NT/NTS 1009

Inhaltsverzeichnis

0. Die wichtigsten Formelzeichen und Abkürzungen

Zeichen	Benennung	Einheit
A	Fläche der Verschleißspur	mm^2
F_N	Normalkraft	N
F_R	Reibkraft	N
HV	Vickershärte	-
p	Flächenpressung	$N\ mm^{-2}$
$\bar{R}$	integrale relative Standzeit	-
R_a	Mittenrauhwert	µm
R_p	Glättungstiefe	µm
R_t	maximale Rauhtiefe	µm
R_z	gemittelte Rauhtiefe	µm
s	Gleitweg vor dem Probekörper	m
V	Volumen	mm^3
v	Gleitgeschwindigkeit	ms^{-1}
W_m	massenmäßiger Verschleiß	mg
W_m/Z	Verschleißrate	mg
x	Abtrag- bzw. Verschleißtiefe	mm
Z	Zyklenzahl	-
$\bar{Z}$	integrale Zyklenzahl	-
ε	Verschleißwiderstand	mg^{-1}

Zeichen	Benennung	Einheit
ϑ_L	Lufttemperatur im Meßraum	°C
ϑ_S	Scheibentemperatur	°C
μ	Reibungskoeffizient	-
ρ	Dichte	g cm^{-3}
φ	relative Luftfeuchtigkeit im Meßraum	%

Abkürzungen

gas	gasnitriert
ion	ionitriert (plasmanitriert)
ion l	langzeitionitriert
REM	Rasterelektronen-Mikroskop
Stand	Standardwerkstoff

1. Einleitung

Die Konfektionierung von Kunststoffen zu Formmassen sowie deren Verarbeitung zu Halbzeugen und Fertigteilen erfolgt heute überwiegend auf Schneckenknetern, Extrudern, Schneckenspritzgießmaschinen und Hohlkörperblasanlagen. Diese Maschinen werden zunehmend höher belastet, was besonders im Feststoffbereich, d.h. in der Einzugs- und Kompressionszone zu einer Verschärfung der Verschleißproblematik geführt hat [1].

Das ist unter anderem darauf zurückzuführen, daß die Bedeutung dieser Zonen für die Prozeßführung und die Leistungssteigerung von Kunststoff-Plastifiziereinheiten in den letzten Jahren erkannt wurde, was zu einem neuen Einschnecken-Extruderkonzept führte [2 - 5]. Bei diesem sind in der Einzugszone intensiv gekühlte und geriffelte oder genutete Buchsen eingesetzt. Der Durchsatz der Extruder mit solchen förderwirksamen Einzugszonen (Feststoffpumpe) wird nicht mehr wie bei den klassischen Extrudern nur durch die rheologischen Eigenschaften der Schmelze, sondern primär durch den Druckaufbau in der Feststoffzone bestimmt. Im kompaktierten Formmassebett können Drücke bis zu 1800 bar erreicht werden. Dabei sollen auch ungefüllte Kunststoffe, wie z.B. Polyolefine, die unter den bisher üblichen Bedingungen kaum Verschleiß verursachen, zu schwerwiegenden Verschleißschäden führen [6].

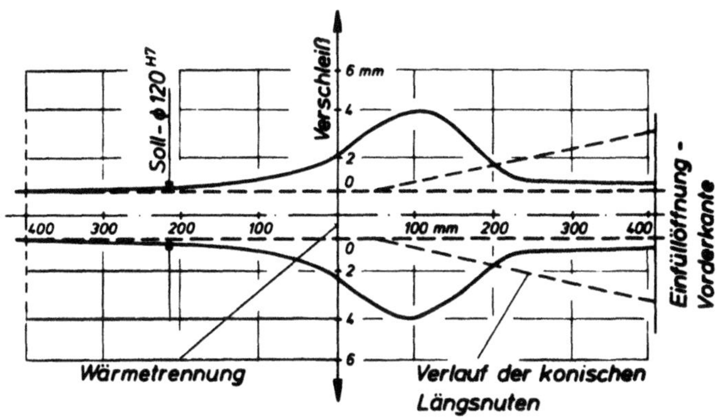

Bild 1: Verschleiß an Nutenbuchse und Zylinder nach [7]

Als signifikante, bei Hochleistungsextrudern immer wieder zu beobachtende Verschleißerscheinung zeigt Bild 1 die durch die Verschleißwirkung der Formmasse verursachte Vergrößerung der Zylinderbohrung des 120 mm Nuten-Extruders einer Blasmaschine. Verarbeitet wurde hochmolekulares Polyethylenpulver mit anorganischer Pigmentpräparation [7].

Ein weiterer Grund für das Ansteigen der Verschleißerscheinungen in der Feststoffzone liegt darin, daß Kunststoffprodukte in zunehmendem Maße mit einer Vielzahl von Zusatzstoffen modifiziert werden, die in vielen Fällen eine sehr hohe Härte aufweisen. Zu dieser Entwicklung haben die Anforderungen des Marktes nach neuen und besseren spezifischen Eigenschaften der Kunststoffprodukte sowie der Einfluß der wachsenden kritischen Rohstoff- und Energiesituation geführt.

Alle diese Maßnahmen bewirken an den Teilen der Verarbeitungsmaschinen, die in Kontakt mit den Formmassen bzw. deren Zusatzstoffen stehen, in unterschiedlichem Ausmaß Verschleißerscheinungen. Dies verursacht erhebliche Standzeitverkürzungen der betroffenen Teile sowie Produktionsausfälle. Allein für die Verschleißteil-Ersatzbeschaffung in der Kunststofftechnologie der Bundesrepublik Deutschland werden nach einer Studie des Bundesministeriums für Forschung und Technologie [8] 500 Millionen DM/Jahr veranschlagt. Schiedrum [9] weist darauf hin, daß die Verschleißwiderstandsfähigkeit von Schnecken und Zylindern im Bereich der Feststofförderung bei Hochleistungsextrudern ein Hauptkriterium für die Wirtschaftlichkeit solcher Einheiten darstellt.

2. Zielsetzung

Werkstoffe bzw. Wärmebehandlungen, die sich in der Schmelzezone von Kunststoff-Verarbeitungsanlagen bewährt haben, sind teilweise aus fertigungstechnischen oder wirtschaftlichen Gesichtspunkten nicht im Bereich der genuteten Einzugsbuchse einsetzbar [7] bzw. versagen aufgrund der geänderten, bisher nicht näher bekannten Verschleißmechanismen in der Feststoffzone. So berichten Lenze [10] und Hall [11] , daß z.B. auch noch beim Einsatz von Bimetallzylindern, die bei der Verarbeitung von glasfaserverstärkten Polyamiden im Bereich der Schmelzezone zu Standzeitverbesserungen bis zum Faktor 10 führen, starke Verschleißerscheinungen in der Einzugs- bzw. Kompressionszone auftreten. Da bisher gesicherte Informationen über die Verschleißursachen im Feststoffbereich fehlen, werden der Werkstoff sowie die Wärme- und Oberflächenbehandlung für solche Bauteile auch heute noch ausschließlich nach empirischen Gesichtspunkten ausgewählt. Dies führt nicht selten, besonders bei immer größer werdenden Einheiten und neuen Kunststoff-Formmassen, zu Fehlinvestitionen und Unsicherheiten bei der Abgabe von Garantieleistungen.

Die durchgeführten Untersuchungen sollen in erster Linie eine anwendungsgerechte und wirtschaftliche Werkstoffauswahl erleichtern. Dazu wurde ein Rechenverfahren entwickelt, das eine quantitative Leistungsbewertung von chemothermisch randschichtbehandelten Werkstoffen für verschleißbeanspruchte Bauteile in der Kunststoffverarbeitung ermöglicht.

3. Das Tribosystem Kunststoff-Plastifiziereinheit

Im Sinne der Systembetrachtung nach DIN 50 320 [12] besteht die technische Funktion einer Kunststoff-Plastifiziereinheit darin, die meist festen, kalten Formmassen in eine unter erhöhtem Druck und erhöhter Temperatur stehende homogene Schmelze zu überführen, um aus dieser Halbzeuge und Fertigteile zu formen. Dabei stellen die in Form von Pulver, Grieß, Granulat und Schnitzeln vorliegenden Kunststoff-Formmassen den Gegenkörper und die Wirkflächen der Plastifiziereinheit den Grundkörper des Tribosystems dar.

Am Beispiel eines Einschneckenextruders soll das tribologische System Kunststoff-Plastifiziereinheit analysiert werden [13] . In Bild 2 ist das übergeordnete tribologische System Einschnekkenextruder dargestellt. Eingezeichnet sind drei Systemgrenzen. Das ortsfeste System S1 umschließt den Extruder. Das ortsfeste System S2 enthält einen Ausschnitt der Zylinderbohrungsoberfläche und die damit in Kontakt stehende Formmasse. Das mit der Schnecke rotierende System S3 umschließt einen Schneckenober-

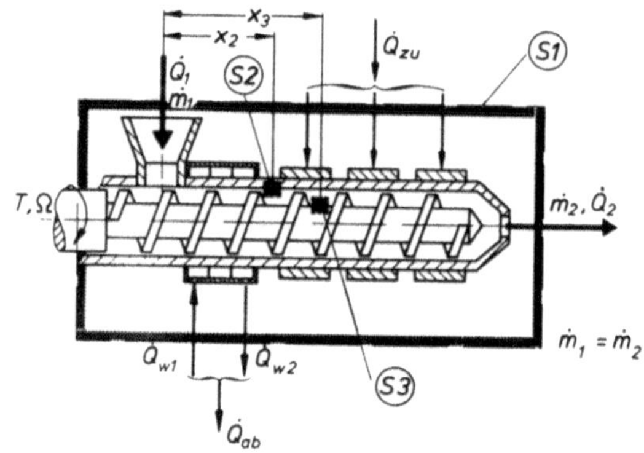

Bild 2: Festlegung der tribologischen Systemgrenzen am Einschneckenextruder nach [13]

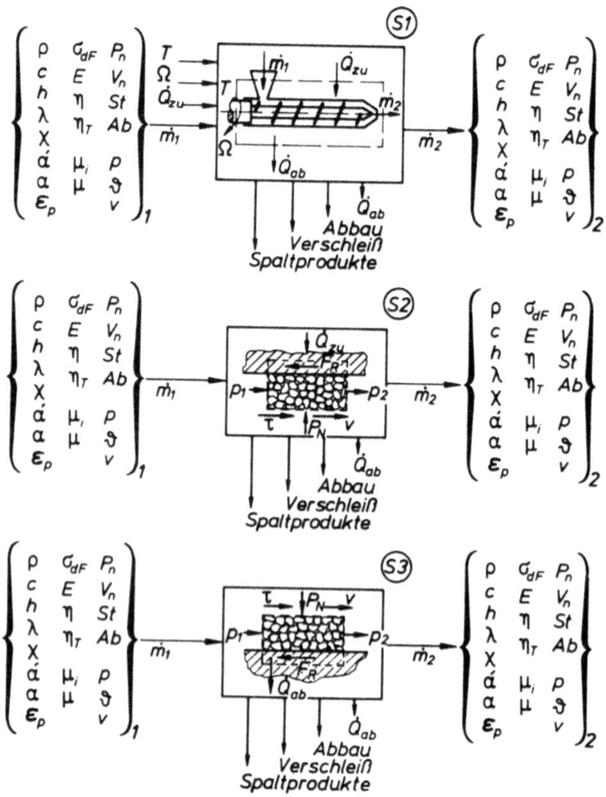

Bild 3: Tribologisches System Einschneckenextruder mit drei Systemgrenzen nach [13]

flächenausschnitt mit der kontaktierten Formmasse. Der Abstand der Systeme S2 und S3 in bezug auf den Einfülltrichter soll durch die Koordinate x definiert sein. In Bild 3 sind die Eingangs-, Ausgangs- und Verlust- bzw. Störgrößen dargestellt. In dem System S1 ist die Funktion des Extruders symbolisiert. Am Systemeingang hat die Formmasse einen bestimmten physikalischen und chemischen Zustand (Index 1), der sich signifikant von dem Zustand (Index 2) am Systemausgang unterscheidet. Diese gravierenden Eigenschaftsänderungen des Gegenkörpers im System machen analytische Betrachtungen und das versuchstechnische Vorgehen im Vergleich zu vielen Tribosystemen besonders problematisch.

Das tribologische Problem wird wesentlich vereinfacht, wenn sich die Betrachtung auf die Untersysteme S2 und S3 beschränkt. Entsprechend der Grundfunktion einer Plastifiziereinheit gilt auch für diese Systeme, daß sich die Stoffzustände der Formmasse am Systemeingang und -ausgang unterscheiden. Wird die Systemgrenze in x-Richtung ausreichend eng gewählt (Δx), so ist die Stoffzustandsänderung gering, und es ist zulässig, die tribologischen Größen, wie z.B. den Reibungskoeffizienten und den Verschleiß, einem mittleren Stoffzustand der in den Systemgrenzen eingeschlossenen Formmasse zuzuordnen.

Die für die vorliegende Arbeit relevanten tribologischen Vorgänge spielen sich an den Wirkflächen zwischen Formmasse und Schnecken- bzw. Zylinderbohrungsoberflächen in den Systemen S2 und S3 ab. Auch die tribologischen Wechselwirkungen, die unmittelbar zwischen Schneckensteg- und Zylinderbohrungsoberfläche unter extremen Betriebszuständen auftreten können, lassen sich widerspruchsfrei mit den gewählten Systemen erfassen. Hierzu muß z.B. das umlaufende System S3 so um den Schneckensteg gelegt werden, daß ein entsprechender Ausschnitt der Zylinderbohrungsoberfläche mit eingeschlossen ist.

Unter der Bedingung $x_2 = x_3$ sind die Systemstrukturen in den beiden gekoppelten Systemen S2 und S3 nahezu identisch. Für alle weiteren Betrachtungen ist daher nur ein System ausreichend, wenn man die Koppelbedingungen berücksichtigt. Die beiden Systeme

Bezeichnung nach		Chemische Zusammensetzung (Richtanalyse in Gew.-%)									
DIN 17007	DIN 17006	C	Si	Mn	P/S	Al	Cr	Mo	Ni	V	W
1.3343	S 6-5-2	0,84- 0,92	-	-	-	-	4,15	4,95	-	1,85	6,35
1.2378	X 220 CrVMo 12 2	2,25	0,25	0,3	-	-	12,5	0,9	-	2,2	-
1.2379	X 155 CrVMo 12 1	1,6	0,4	0,4	-	-	12,0	0,7	-	1,0	-
1.2344	X 40 CrMoV 5 1	0,4	1,0	0,4	-	-	5,3	1,4	-	1,0	-
1.7735	14 CrMoV 6 9	0,11- 0,17	≤ 0,25	0,8- 1,0	≤ 0,02/ ≤ 0,015	-	1,25- 1,50	0,8- 1,0	-	0,2- 0,3	-
1.8550	34 CrAlNi 7	0,3- 0,37	0,25	0,5	≤ 0,025	0,95	1,7	0,2	1,0	-	-
1.8519	31 CrMoV 9	0,26- 0,34	0,25	0,55	≤ 0,025	-	2,5	0,2	-	0,15	-
1.4122	X 35 CrMo 17	0,33- 0,43	≤ 1,0	≤ 1,0	-	-	16,5	1,15	≤ 1,0	-	-

Tabelle 1: Chemische Zusammensetzung der untersuchten Stähle

Lfd. Nr.	Bezeichnung nach DIN 17007	DIN 17006	Wärmebehandlung	Nitrierbehandlung	Verbindungszone µm	Oberflächenhärte HV 0,5
1	1.3343	S 6-5-2	Härten bei 1190°C, Haltezeit 100 sek , Anlassen je 1h bei 600/580/580°C	ionitriert 1,5h/510°C/H_2 6h/530°C/NH_3d	-	1198
2	1.2378	X 220 CrVMo 12 2[x]	Härten bei 1080°C, Haltezeit 20 min , Anlassen 2x bei 540°C-2h	ionitriert 3h/510°C/H_2 24h/520°C/NH_3d	-	1286
3	1.2378	X 220 CrVMo 12 2[xx]	Fehlbehandlung	ionitriert 3h/510°C/H_2 24h/520°C NH_3d	1-2	1065
4	1.2379	X 155 CrVMo 12 1	Härten bei 1040°C, Haltezeit 20 min , Anlassen je 2h bei 540/520/520°C	ionitriert 1,5h/480°C/H_2 24h/490°C/NH_3d	-	1166
5	1.2344	X 40 CrMoV 5 1	Härten bei 1040°C, Haltezeit 20 min , Anlassen je 2h bei 610/580°C	ionitriert 2h/520°C/H_2 36h/530°C/NH_3d	5	1088
6	1.7735	14 CrMoV 6 9	Härten bei 980°C, Haltezeit 30 min , Abschrecken in Öl, Anlassen 2x bei 600°C-3h	ionitriert(langzeit) 60h/530°C/NH_3d	10	744
7	1.8550	34 CrAlNi 7	Härten bei 880°C, Haltezeit 1h, Anlassen 5h bei 620°C	gasnitriert 96h/500°C/NH_3d	30	905
8				ionitriert 24h/530°C/NH_3d	5-10	1116

Lfd. Nr.	Bezeichnung nach DIN 17007	DIN 17006	Wärmebehandlung	Nitrierbehandlung	Verbindungszone µm	Oberflächenhärte HV 0,5
9	1.8519	31 CrMoV 9	Härten bei 860°C, Haltezeit 1h Anlassen 5h bei 600°C	ionitriert (langzeit) 60h/530°C/NH_3 d	2-7/5	873
10				gasnitriert 96h/500°C/NH_3 d	22	500
11				ionitriert 24h/530°C/NH_3 d	1-3	820
12	1.4122	X 35 CrMo 17	Härten bei 1020°C, Haltezeit 1h Anlassen 5h bei 620°C	ionitriert 2h/540°C/H_2 24h/550°C/NH_3 d	-	1092

Tabelle 2: Wärme-, Nitrierbehandlung und Härte der untersuchten Werkstoffe

S2 und S3 sind unmittelbar an ihren Schnittstellen durch die übertragenen Schub- und Normalspannungen gekoppelt. Die Gleitgeschwindigkeiten und damit auch die Gleitwege sind über die kinematischen Verhältnisse im Schneckenkanal verknüpft.

In Abhängigkeit von der Wahl der Koordinate x und der Prozeßführung existieren beliebig viele unterschiedliche Systeme. Eine Bauteilprüfung erscheint angesichts des hohen Zeit- und Kostenaufwands als nicht sinnvoll. Deshalb wurden die Untersuchungen mit einer Modellapparatur durchgeführt, mit der die Beanspruchung an einer Stelle x, bei einem definierten Betriebszustand simuliert werden kann.

4. Untersuchte Werkstoffe

4.1 Metallseite (Grundkörper)

Die Auswahl der untersuchten metallischen Werkstoffe, Tab. 1, sowie ihre Wärme- und chemothermische Randschichtbehandlung, Tab. 2, erfolgte in Abstimmung mit dem Arbeitskreis "Verschleiß in der Kunststoffverarbeitung" des Deutschen Kunststoff-Instituts, (DKI), Darmstadt. Dabei stand das Kriterium der Praxisrelevanz im Vordergrund. Die metallographischen Schliffe der ionitrierten Werkstoffe zeigt Bild 4. (Ätzung mit alkoholischer HNO_3).

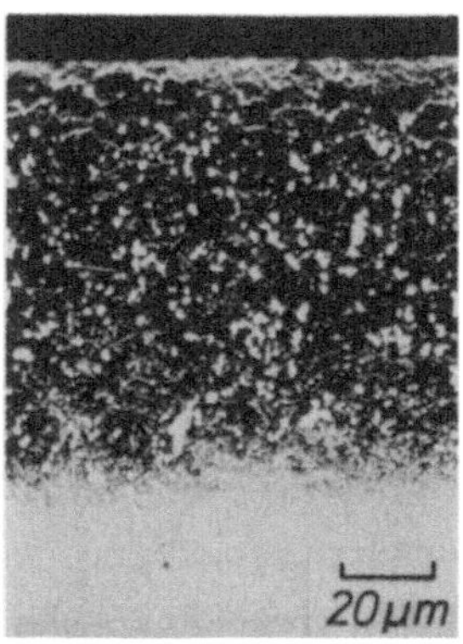

S 6-5-2 ion

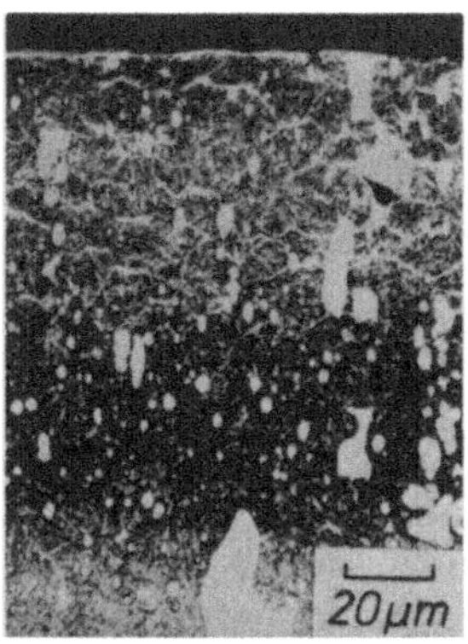

X 220 CrVMo 12 2 ion[xx]

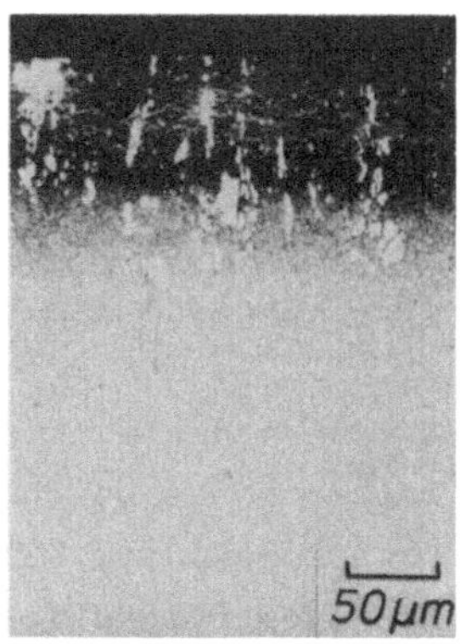

X 155 CrVMo 12 1 ion

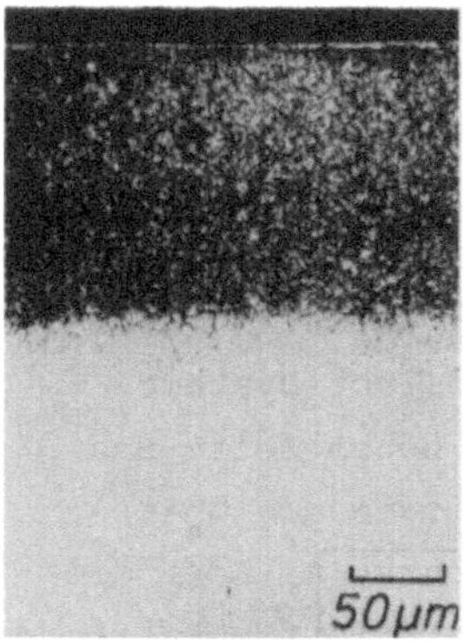

X 40 CrMoV 5 1 ion

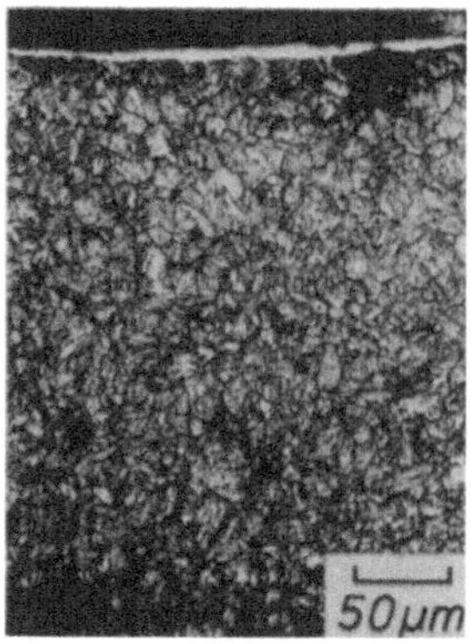

14 CrMoV 6 9 ion 1

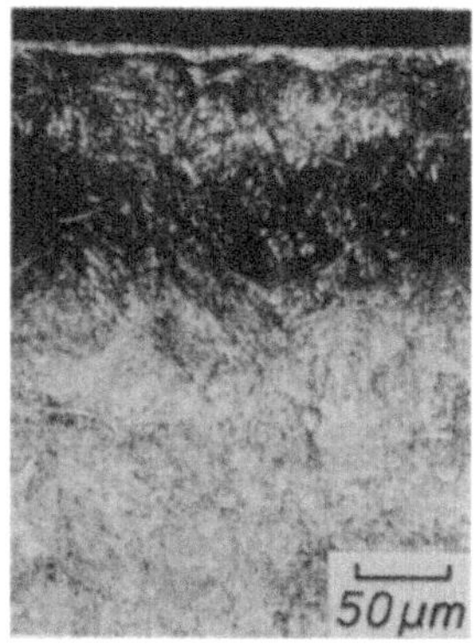

34 CrAlNi 7 ion

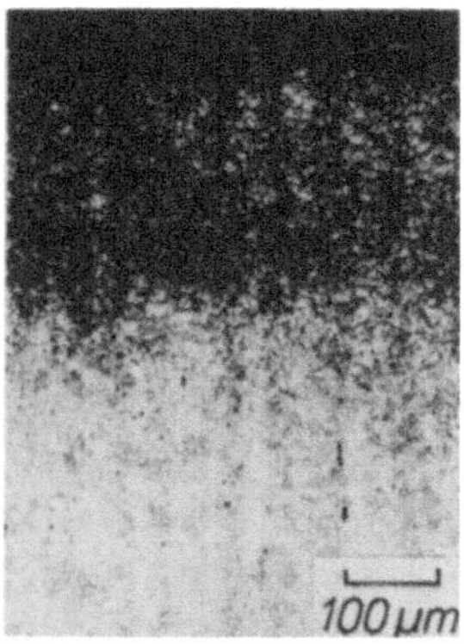

31 CrMoV 9 ion 1

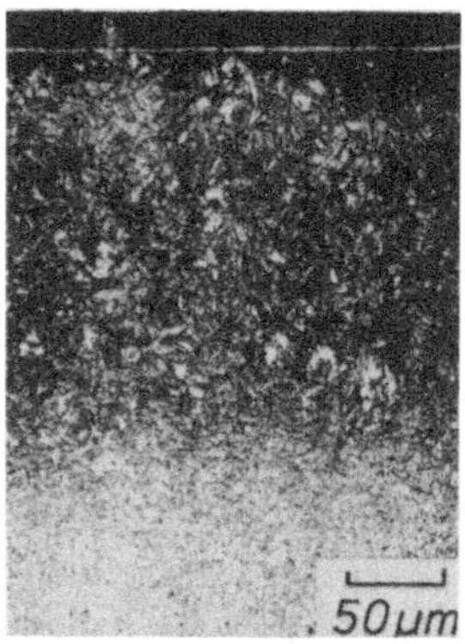

31 CrMoV 9 ion

X 35 CrMo 17 ion

Bild 4: Metallographische Schliffe

4.2 Kunststoffseite (Gegenkörper)

Als verschleißintensive Formmasse wurde ein mineralgefülltes Polycarbonat gewählt, das freundlicherweise von der Bayer AG, Leverkusen, zur Verfügung gestellt wurde. Die Formmasse war speziell für Prüfzwecke eingestellt. Sie enthielt nach Herstellerangaben 30 Gew.-% Quarz als Füllstoff, was durch Kontrolluntersuchungen bestätigt werden konnte.

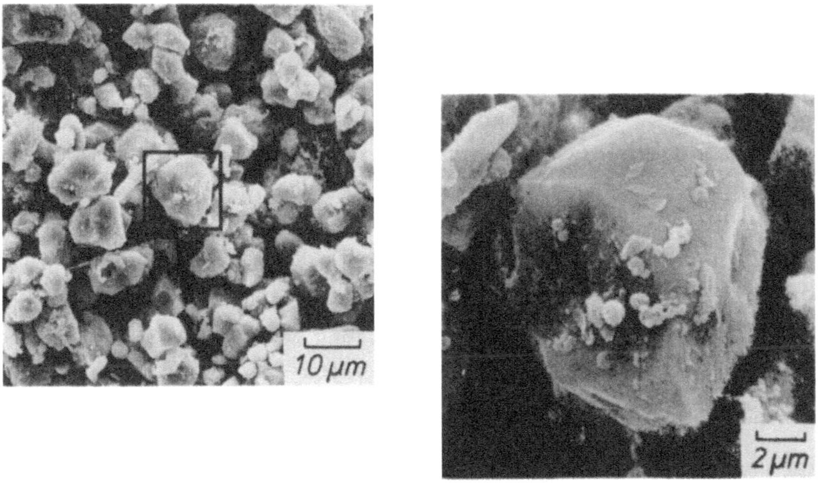

Bild 5: Ausgelöster Füllstoff

Bild 5 zeigt den mit Dichlormethan ausgelösten Füllstoff. Deutlich ist die unregelmäßige und scharfkantige Struktur der Partikel zu erkennen. Die größten Abmessungen liegen bei ca. 10 µm.

Granulatdurchmesser mm	Gewichtsanteil %
2 - 2,5	1,3
2,5 - 3	68,3
3 - 3,5	29,7
3,5 - 4	0,7

Tab. 3: Korngrößenfraktionen der eingesetzten Formmasse

Die Korngrößenfraktionen der Formmasse, Tab. 3, wurde von der Firma Werner & Pfleiderer, Stuttgart, durch Sieben von 100 g Granulat bestimmt. Die Dichte der Formmasse beträgt 1,4 g/cm³, die Schüttdichte 0,77 g/cm³ und das Gewicht pro 100 Granulate 2,78 g.

5. Versuchsapparatur

Die Untersuchungen wurden mittels einer Modellapparatur durchgeführt. Es handelt sich dabei um das von Volz [13] am DKI entwickelte und erprobte Universal-Scheibentribometer. Mit diesem können beliebige Betriebszustände (Flächenpressung, Temperatur, Gleitgeschwindigkeit, Gleitweg) und Oberflächenzustände in der Feststoff- und Übergangszone von Plastifiziereinheiten unter Berücksichtigung des Größeneinflußes der Granulometrie praxisgerecht simuliert werden. Zur Vermeidung von Umgebungseinflüssen wird es in einem klimatisierten Meßraum (Lufttemperatur ϑ_L = 23°C, relative Luftfeuchtigkeit φ= 50%) betrieben.

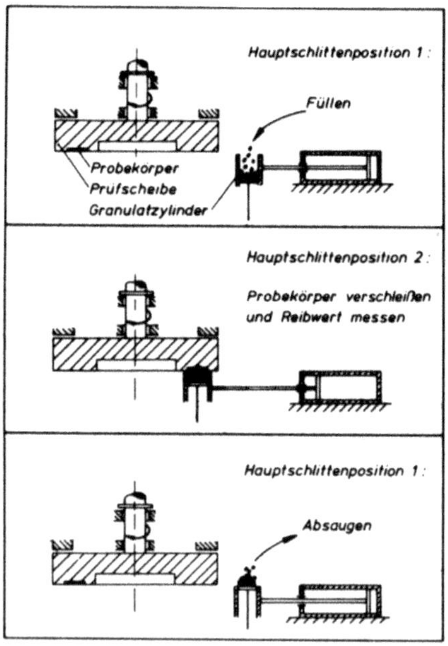

Bild 6: Grundfunktionen des Tribometers

Die Grundfunktionen des Tribometers für Verschleißuntersuchungen sind in Bild 6 skizziert. Für die vorliegende Arbeit wurde folgender Prüfablauf gewählt:

- Der Granulatzylinder, der mit dem Hauptschlitten verfahren wird, steht in Position 1. Hier wird die Formmasse eingefüllt.

- Der Hauptschlitten fährt dann mit dem Granulatzvlinder in die Position 2.

- Hier wird die Formmasse in einem genau festgelegten Punkt, dem sogenannten Aufsetzpunkt, Bild 7, auf der rotierenden Prüfscheibe mit definierter Kraft aufgesetzt.

- Nach dem definiert vorgegebenen Gleitweg s, von Mitte Aufsetzpunkt zu Mitte Probekörper, überstreicht der in der Prüfscheibe eingelassene Probekörper die Formmasse. Dabei wird mit einem Zweikomponenten-Kraftmeßsystem, in dem der Granulatzylinder aufgehängt ist, gleichzeitig die Normalkraft F_N und die Reibungskraft F_R elektronisch gemessen. Der Reibungskoeffizient μ wird mit einem Analogdividierer phasenrichtig aus den Kraftsignalen gebildet.

- Nach dem Übergleiten wird die Formmasse im Abhebepunkt, Bild 7, entlastet und zurückgezogen.

- Der Granulatzylinder wird in die Ausgangsposition 1 gefahren. Hier wird die tribologisch beanspruchte Formmasse gegen neue, unbeanspruchte ausgetauscht.

- Ein Prüfzyklus ist zu Ende.

Der metallische Probekörper wird also bei jedem Zyklus genau wie im Extruder nur einmal mit jeweils frischer, definiert vorbeanspruchter Formmasse überstrichen.

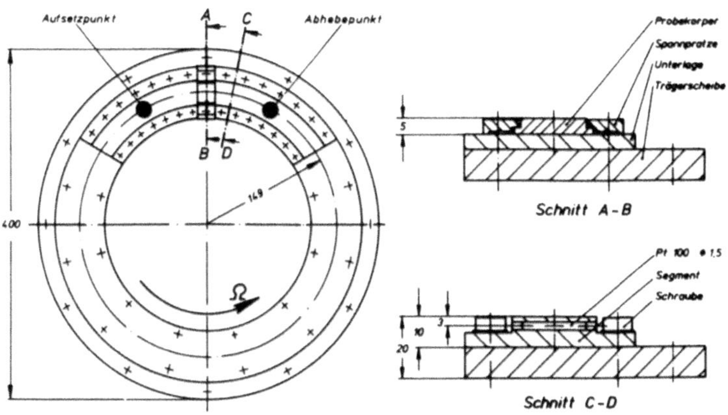

Bild 7: Prüfscheibe mit Hartmetallsegmenten

Bild 7 zeigt die Prüfscheibe mit dem zwischen zwei hochverschleißwiderstandsfähigen Hartmetallsegmenten eingelassenen Probekörper. Die Prüffläche hat einen definierten Überstand von 10 - 15 µm. Zu entnehmen sind auch Aufsetz- und Abhebepunkt für die Formmasse sowie die Temperaturmeßstelle zur Regelung der Scheibentemperatur ϑ_S.

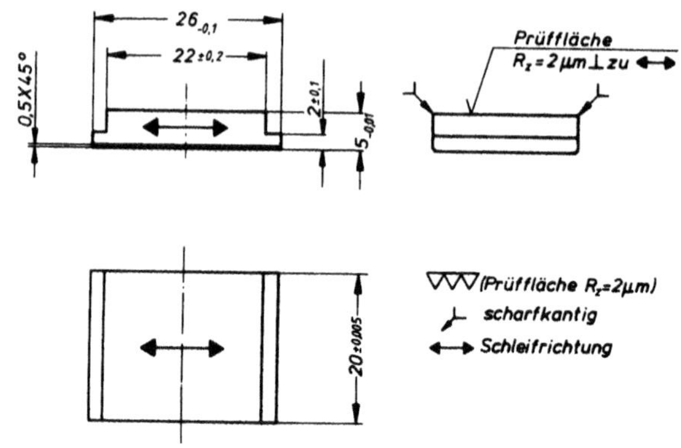

Bild 8: Probekörper für Verschleißuntersuchungen

Die Probekörper, Bild 8, werden so aus Rundstahl von 80-100 mm Ø gefertigt, daß die Verschleißebene senkrecht zur Walzrichtung steht. Um auf der Prüffläche der Probekörper reproduzierbare Oberflächenfeingestalten sicherzustellen, werden sie auf einer Flächenschleifmaschine durch Umfangsschleifen so bearbeitet, daß die Schleifriefen senkrecht zur Verschleißrichtung verlaufen. Die Oberflächenrauheit, gemessen senkrecht zur Schleifrichtung, soll R_z = 2 µm betragen. Gleiche Ausgangsoberflächenfeingestalten müssen eingehalten werden, damit für alle Werkstoffe gleiche Angriffs- bzw. Verhakungsmöglichkeiten der abrasiv wirkenden Füllstoffe sichergestellt sind. Ferner würde z.B. eine Verringerung der Rauheit mit einer Reduzierung der tatsächlich mit Formmasse (und den gegebenenfalls bei der tribologischen Beanspruchung freiwerdenden korrosiven Produkten) in Kontakt stehenden Oberfläche einhergehen, was zu einer Verringerung der korrosiven Belastung pro nomineller Flächeneinheit führen könnte.

6. Versuchsdurchführung

Im Vergleich zu vielen anderen tribologisch beanspruchten Bauteilpaarungen darf häufig das durch Verschleiß verursachte Spiel bei Kunststoff-Plastifiziereinheiten, z.B. zwischen Schnecke und Zylinder in der Feststoffzone, relativ groß sein. Deshalb ist das Werkstoffverhalten bei fortschreitendem Verschleiß von besonderem Interesse. Um dieses bei den nitrierten Stählen rationell untersuchen zu können, wurden die behandelten Probekörper durch Umfangschleifen auf definierte Tiefen abgetragen und somit gewissermaßen vorverschlissen. Die Abtragtiefen betrugen:

x = 0; 0,05; 0,1; 0,2; 0,3; 0,5 mm.

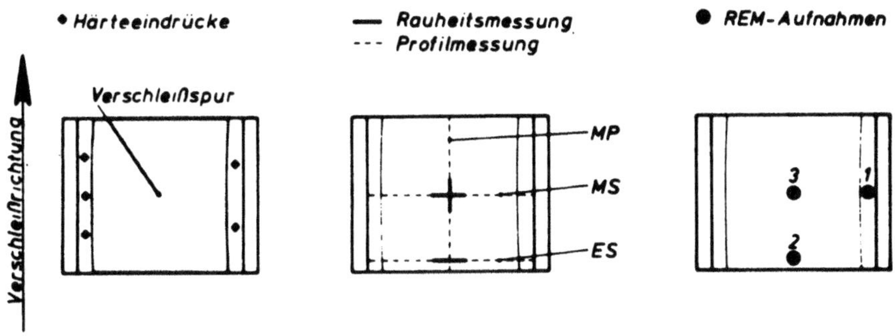

Bild 9: Lage der Meßstellen

MP ≙ Probekörpermitte, parallel zur Verschleißrichtung

MS ≙ Probekörpermitte, senkrecht zur Verschleißrichtung

ES ≙ Einlaufkante, senkrecht zur Verschleißrichtung

Mit einem Kleinlast-Härteprüfgerät wurden die Härte-Tiefenverläufe durch Eindrücke senkrecht in die Prüffläche der verschieden stark abgetragenen Probekörper bestimmt. Die Meßpunkte lagen außerhalb der Verschleißspur, Bild 9. Die angegebenen Werte für HV 0,5 resultieren aus mindestens 5 Einzelmessungen.

Eine komplette Verschleißprüfung für eine Abtragtiefe umfaßte insgesamt 4000 Zyklen, d.h. 4000 Übergleitungen des Probekörpers mit jeweils wieder frisch eingesetzter Formmasse.

Gleitgeschwindigkeit	$v = 0{,}3 \quad m \cdot s^{-1}$
Gleitweg vor dem Probekörper	$s = 0{,}08 \quad m$
Flächenpressung	$p = 50 \quad N \cdot mm^{-2}$
Scheibentemperatur	$\vartheta_S = 40 \quad {}^\circ C$

Tab. 4: Versuchsbedingungen

Die Versuchsbedingungen sind Tab. 4 zu entnehmen. Um das Fortschreiten des Verschleißes mit zunehmender Zyklenzahl beurteilen zu können, war die Prüfung in Teildurchgänge unterteilt. Nach jedem dieser Teildurchgänge wurde der Masseverlust, der als Maß für den Verschleiß gilt, durch Differenzwägung auf einer Analysenwaage mit einer nominellen Genauigkeit von 0,01 mg bestimmt. Dazu mußten die Probekörper ausgebaut und im Ultraschallbad gereinigt werden. Durch Untersuchungen mit dem Stereo-Lichtmikroskop wurde überprüft, ob ein Teil des Gewichtsverlusts nicht von mechanischen Beschädigungen wie z.B. Gratbildung und Ausplatzungen herrührte.

Aufgrund der Vielzahl der untersuchten Werkstoffe und Abtragtiefen konnte zur Absicherung der Ergebnisse nur jeweils ein Reproduzierversuch durchgeführt werden.

Die Veränderung der Oberflächenfeingestalt der Prüfflächen wurde mittels eines elektrischen Tastschnittgeräts mit Freitastsystem dokumentiert. An drei signifikanten Stellen, Bild 9, wurden nach DIN 4768 [14] die Rauheitsmeßgrößen R_a, R_z, R_t und R_p bestimmt und Profilschriebe angefertigt. REM-Aufnahmen der Verschleißflächen und metallographische Schliffe lieferten Informationen zur Beurteilung des Verschleißmechanismus.

7. Ergebnisse

Die Vorgehensweise bei der Auswertung der Verschleißmeßergebnisse soll exemplarisch anhand des Stahls 34 CrAlNi 7 ion dargestellt werden.

7.1 Massenmäßiger Verschleiß

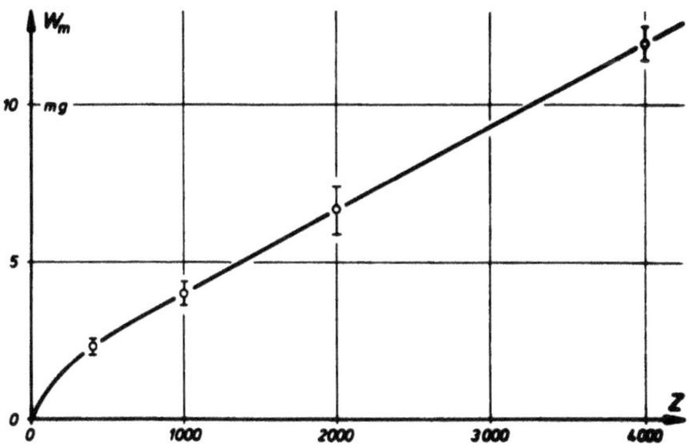

Bild 10: Verschleiß als Funktion der Zyklenzahl

für x = 0,5 mm (34 CrAlNi 7 ion)

Bild 10 zeigt den massenmäßigen Verschleiß W_m in Abhängigkeit von der Zyklenzahl für die Abtragtiefe x = 0,5 mm. Eingetragen sind der Mittelwert und minimaler und maximaler Meßwert. Der Verlauf ist typisch für alle untersuchten Werkstoffe und Abtragtiefen. Zwischen 0 und 1000 Zyklen liegt der degressive Bereich des Einlaufverschleißes. Die Änderung der in Verschleißrichtung ermittelten Rauheitsmeßgrößen, insbesondere die Abnahme der gemittelten Rauhtiefe R_z, zeigen, daß der Einlaufverschleiß durch die Glättung der senkrecht zur Verschleißrichtung verlaufenden Schleifriefen zustande kommt. Ist dieser Vorgang bei etwa 1000 Zyklen abgeschlossen, so nimmt der massenmäßige Verschleiß nur noch linear zu, die Rauheit bleibt dementsprechend nahezu konstant. Die Entwicklung der Rauheit senkrecht zur Verschleißrichtung verläuft anders: Während des Einlaufverschleißes ändern sich die Rauheitsmeßgrößen nur unwesentlich. Die Tastspitze des

Freitastsystems bewegt sich hauptsächlich in den Tälern der Schleifriefen. Sind die Rauheitsspitzen aber abgetragen, und kommt es in Folge fortschreitenden Verschleißes zur Ausbildung von Furchen und Riefen, so steigen die Rauheitsmeßgrößen an.

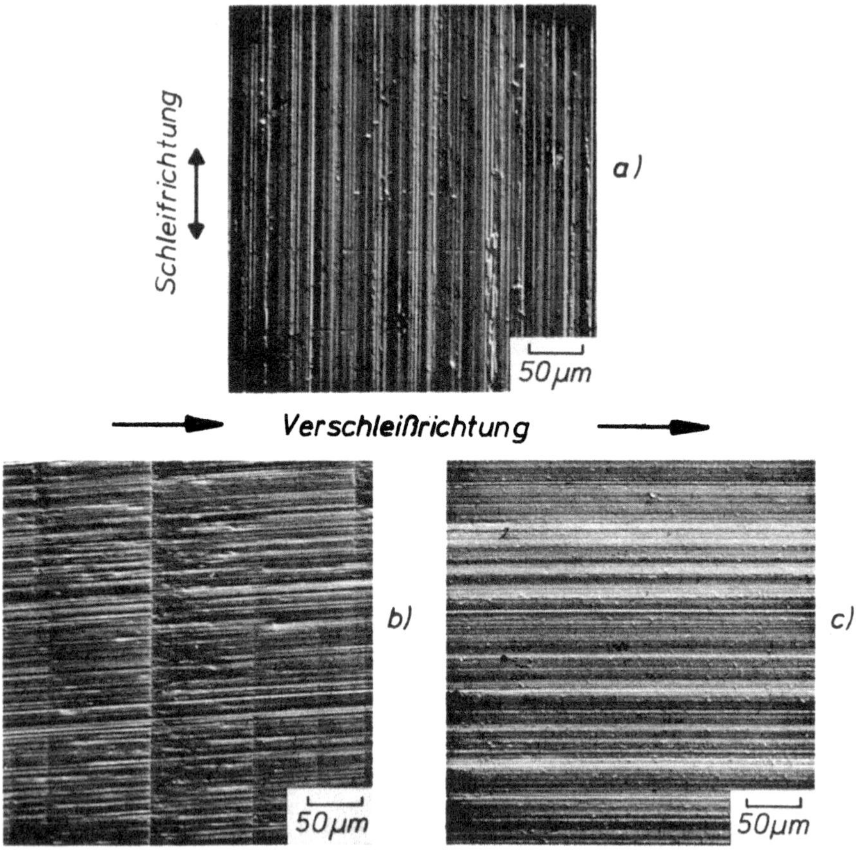

Bild 11: REM-Aufnahmen der Prüffläche (34 CrAlNi 7 ion)

a) Ausgangszustand, x = 0,1 mm

b) nach 4000 Zyklen, x = 0,1 mm

c) nach 4000 Zyklen, x = 0,5 mm

Die beschriebenen Sachverhalte werden auch in den REM-Aufnahmen, Bild 11, deutlich. Sie zeigen eine unbeanspruchte, geschliffene und zwei mit 4000 Zyklen tribologisch beanspruchte Prüfflächen,

alle an der Stelle 2 in Bild 9.
Die durch den Verschleiß hervorgerufenen Riefen und Furchen sind deutlich zu erkennen. Sie sind bei der Abtragtiefe x = 0,5 mm aufgrund des niedrigen Verschleißwiderstands stärker ausgeprägt, als bei x = 0,1 mm, wo gerade noch Schleifriefen sichtbar sind.

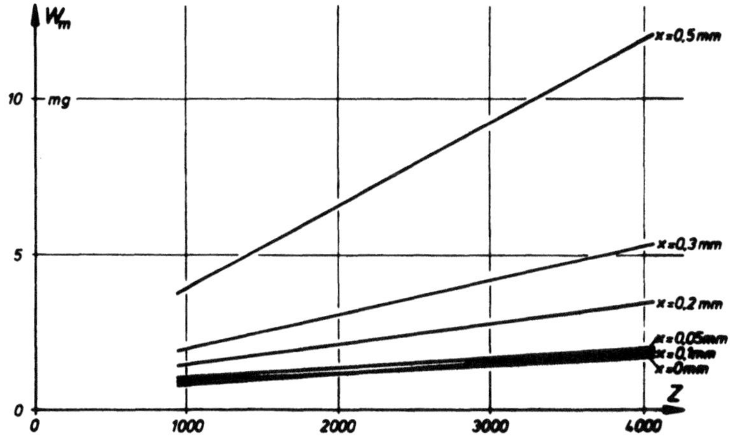

Bild 12: Verschleiß als Funktion der Zyklenzahl für verschiedene Abtragtiefen (34 CrAlNi 7 ion)

Die Ergebnisse für den massenmäßigen Verschleiß bei allen 6 Abtragtiefen sind in Bild 12 dargestellt. Dabei wurden die Bereiche zwischen 1000 und 4000 Zyklen mit Hilfe der linearen Regression beschrieben. Die Lage der Geraden bzw. das Absolutglied der Geradenfunktion ist durch den Einlaufverschleiß bestimmt.

Abweichungen in der Oberflächenfeingestalt der Prüfflächen und in der Einbaulage der Probekörper können einen unterschiedlichen Einlaufverschleiß und somit eine Verschiebung des gesamten Verschleißniveaus bewirken. Daher ist die Steigung der Geraden, die sogenannte Verschleißrate W_m/Z bzw. der Verschleißwiderstand $\varepsilon = (W_m/Z)^{-1}$, aussagefähiger als der Absolutwert W_m. Bei diesen beiden Größen ist der Einfluß des Einlaufverschleißes eliminiert.

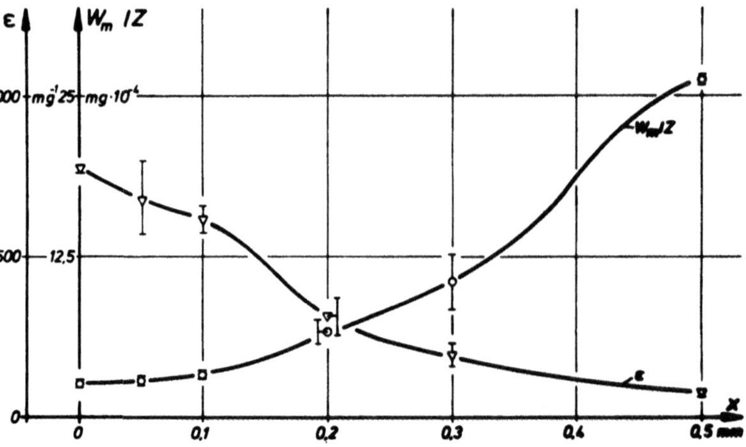

Bild 13: Verschleißrate und Verschleißwiderstand als Funktion der Abtragtiefe (34 CrAlNi 7 ion)

Wird W_m/Z bzw. ε als Funktion der Abtragtiefe aufgetragen, Bild 13, so erhält man eine eindeutig quantifizierbare Aussage über das Verschleißverhalten des Werkstoffs bei fortschreitendem Verschleiß. Die Kurvenverläufe zeigen, daß die Verschleißrate mit fortschreitendem Abtrag stetig ansteigt bzw., daß der Verschleißwiderstand kleiner wird. Dieses Verhalten ist mit dem immer schwächer werdenden Einfluß der Nitrierbehandlung zu erklären.

Nach dem vorgestellten Schema wurden alle Meßergebnisse für den massenmäßigen Verschleiß ausgewertet. Die Ergebnisse für die Verschleißwiderstände ε sind in Form eines Balkendiagramms in Tab. 5 zusammengestellt. Bei den Stählen S 6-5-2 ion, X 220 CrVMo 12 2 ion und X 155 CrVMo 12 1 ion ist mit steigendem Abtrag nur eine relativ geringe prozentuale Abnahme des Verschleißwiderstands zu beobachten. Das bedeutet, daß die Nitrierbehandlung aufgrund der hohen Grundhärte dieser Werkstoffe und des hohen Karbidanteils im Gefüge nur noch in begrenztem Maße zur Steigerung der Leistungsfähigkeit beiträgt. Beim Warmarbeitsstahl X 40 CrMoV 5 1 ion und bei den Nitrierstählen ist das anders. Bei abnehmendem Einfluß der Nitrierschicht, also größeren Abtragtiefen, sinkt der Verschleißwiderstand stark. Ganz ausgeprägt zeigt der rost- und säurebeständige Stahl X 35 CrMo 17 ion

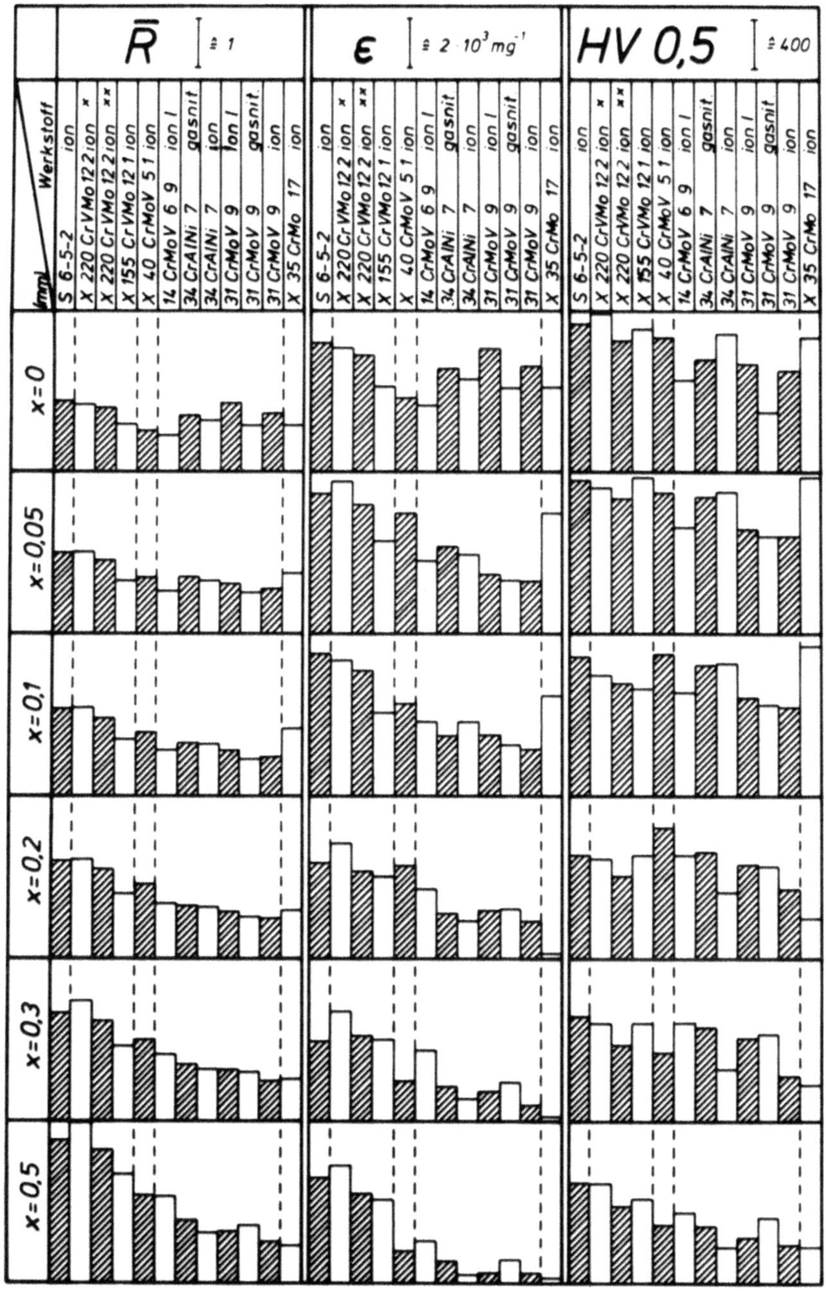

Tabelle 5: Integrale relative Standzeit $\bar{R}$, Verschleißwiderstand ε und Härte HV 0,5 für verschiedene Abtragtiefen x

dieses Verhalten. Bis x = 0,1 mm ist eine relativ konstante Hochlage des Verschleißwiderstands festzustellen, danach ein Sprung in eine Tieflage.

7.2 Härte und Verschleißwiderstand

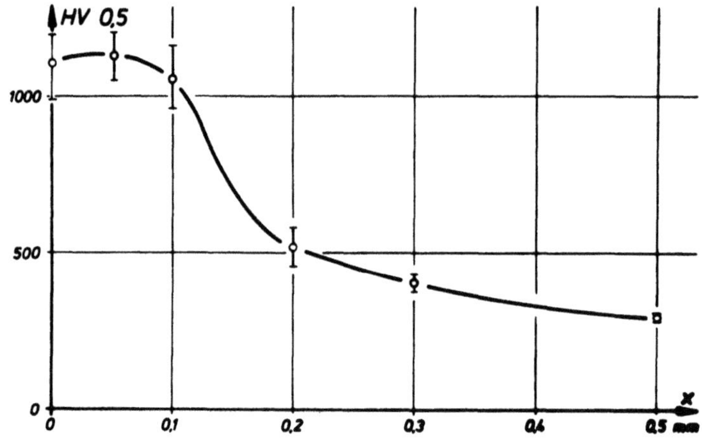

Bild 14: Härte-Tiefenverlauf (34 CrAlNi 7 ion)

Bild 14 zeigt den für den 34 CrAlNi 7 ion ermittelten Härte-Tiefenverlauf. Aufgetragen ist die Härte in HV 0,5 als Funktion der Abtragtiefe x. Im Bereich zwischen x = 0 und 0,1 mm weist der Härteverlauf aufgrund der Nitrierbehandlung sehr hohe Werte auf. Bei weiter steigendem Abtrag läßt deren Einfluß nach. Es kommt zu einem relativ steilen Abfall und anschließend zu einem sanften Übergang bis zur Grundhärte des Werkstoffs. Beim Vergleich mit dem in Bild 13 dargestellten Verlauf für den Verschleißwiderstand zeichnet sich eine Korrelation ab.

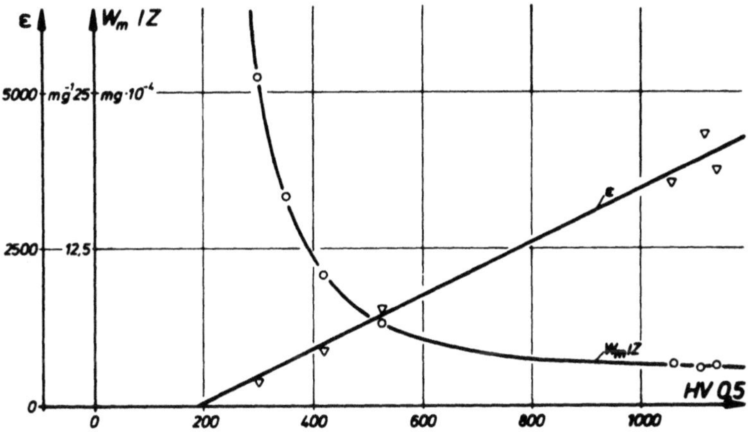

Bild 15: Verschleißrate und Verschleißwiderstand als Funktion der Härte (34 CrAlNi 7 ion)

Den funktionalen Zusammenhang zwischen Härte HV 0,5 und Verschleißwiderstand ε veranschaulicht Bild 15. Das Bestimmtheitsmaß der eingezeichneten Regressionsgeraden beträgt 97%, d.h. es darf ein linearer Zusammenhang zwischen der Härte und dem Verschleißwiderstand angenommen werden. Dementsprechend zeigt die Darstellung der Verschleißrate W_m/Z einen hyperbolischen Verlauf.

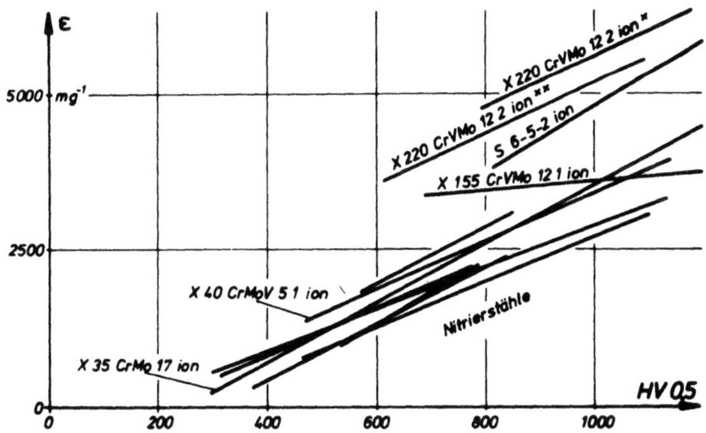

Bild 16: Verschleißwiderstand der untersuchten Werkstoffe als Funktion der Härte

Eine Zusammenstellung aller Regressionsgeraden, ε über HV 0,5, beinhaltet Bild 16. Bei ihrer Berechnung wurden die Wertepaare für die nicht überschliffenen Proben (x = 0 mm) nicht berücksichtigt. Diese Maßnahme erwies sich als sinnvoll, da die Wertepaare für diese Proben das Bestimmtheitsmaß in den meisten Fällen gravierend verringerten. Die Ursachen sind in der Veränderung der Oberflächenmikrogeometrie durch die Nitrierbehandlung zu suchen, was auch dazu führt, daß die Härtemessungen auf diesen Flächen mit Unsicherheiten behaftet und nicht ohne weiteres übertragbar sind.

Die dargestellten Zusammenhänge ε = f(HV) bestätigen die von Khruschov [15] für rein abrasiven Verschleiß aufgestellte Theorie, wonach der Verschleißwiderstand linear mit der Härte ansteigt. Allerdings ergeben sich im vorliegenden Fall je nach Stahl zwei unterschiedliche Tendenzen, die nicht mehr alleine mit dieser grundlegenden Theorie zu erklären sind:
Die Geraden für die niedrig legierten Nitrierstähle, den Warmarbeitsstahl X 40 CrMoV 5 1 ion und den rost- und säurebeständigen X 35 CrMo 17 ion, mit seinem hohen Gehalt an freiem Chrom, liegen in einem relativ schmalen Streuband dicht beisammen und schneiden bei Verlängerung die Abszisse. Eine solche Lage der Geraden im Khruschov-Diagramm fand auch Larsen-Badse [16] für eine Reihe von niedrig legierten Kohlenstoff-Stählen, die bei niedrigen Temperaturen angelassen waren und somit nur über ein geringes plastisches Formänderungsvermögen verfügten. Das geringe plastische Formänderungsvermögen der hier untersuchten Stähle resultierte nicht aus niedrigen Anlaßtemperaturen, sondern war eine Folge der Nitrierbehandlung.

Die hochlegierten Stähle X 155 CrMoV 12 1 ion, x 220 CrVMo 12 2 ion und S 6-5-2 ion weisen bei gleicher Härte einen höheren Verschleißwiderstand auf als die oben genannten. Das ist darauf zurückzuführen, daß sie sehr harte Karbide ausbilden, die in der Matrix eingelagert sind und dem Abrasivverschleiß stark entgegenwirken. Folglich reicht die Angabe der Mischhärte zur Charakterisierung des Verschleißwiderstands nicht aus. Aus Untersuchungen von Diesburg und Borik [17] an Stählen mit unterschiedlichem Gehalt an Karbidbildnern geht hervor, daß nur bei Stählen mit Kohlenstoffgehalten unter 0,3% der Verschleißwiderstand mit steigender Härte zunimmt. Darüber hinaus sind der Karbidgehalt, die Karbidkorngröße, die Eigenschaften der Matrix und die Verankerung der Körner in der Matrix von entscheidender Bedeutung.

Aufgrund des gefundenen Zusammenhangs zwischen Härte und Verschleißwiderstand kann davon ausgegangen werden, daß es sich bei dem vorliegenden Verschleißmechanismus um reine Abrasion handelt Darauf deuten auch die REM-Aufnahmen, Bild 11, hin. Es sind keine Hinweise auf einen korrosiven Angriff zu erkennen. Das deckt sich mit Ergebnissen von Mahler [18] , der bei Untersuchungen in der Schmelzezone nur eine sehr schwache tribochemische Wirkung der Matrix Polycarbonat nachweisen konnte.

7.3 Quantitative Leistungsbewertung der Verschleißwiderstandsfähigkeit

Zur Quantifizierung der Leistungsfähigkeit der untersuchten Werkstoffe bei fortschreitendem Verschleiß wurde das folgende Rechenverfahren entwickelt und angewendet. Dieses baut auf einer Methode auf, deren Übertragbarkeit im Schmelzebereich nachgewiesen werden konnte [19] .

Für den massenmäßigen Verschleiß gilt:

$$W_m = \rho \cdot V \tag{1}$$

Legt man die Annahme zugrunde, daß der Werkstoffabtrag beim Verschleißvorgang gleichmäßig auf der gesamten Prüffläche A erfolgt, so ergibt sich:

$$W_m = \rho \cdot A \cdot x \tag{2}$$

Wird auf die Zyklenzahl Z bezogen, so folgt:

$$\left(\frac{W_m}{Z}\right) = \rho \cdot A \cdot \frac{x}{Z} \tag{3}$$

Diese Beziehung gilt für Oberflächenbereiche mit $(W_m/Z) = f(x) =$ konst., also für nicht randschichtbehandelte Werkstoffe wie z.B. durchgehärtete Stähle, homogene Hartlegierungen und Keramik. Ist jedoch, wie bei allen randschichtbehandelten Werkstoffen, (W_m/Z) eine Funktion der Verschleißtiefe x, dann gilt Gl.(3) mit $(W_m/Z) = f(x)$ nur für infinitesimal kleinen Abtrag dx:

$$\left(\frac{dW_m}{dZ}\right) = \varrho \cdot A \cdot \frac{dx}{dZ} \qquad (4)$$

Aufgelöst nach dZ wird aus Gl.(4):

$$dZ = \varrho \cdot A \cdot \frac{1}{\frac{dW_m}{dZ}} \cdot dx \qquad (5)$$

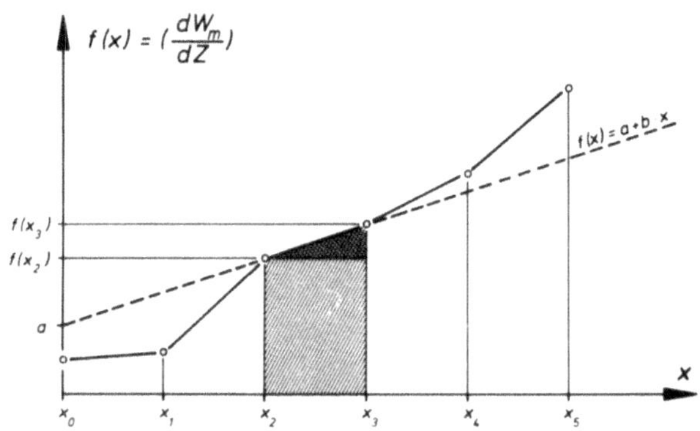

Bild 17: Zerlegung der Verschleißratenfunktion in Geradenabschnitte

Für sechs x-Werte ist (dW_m/dZ) experimentell bestimmt. Es sind die für die 6 Abtragtiefen ermittelten Verschleißraten W_m/Z (z.B. Bild 13). Es bietet sich an, diese Stützstellen mit Geraden $f(x) = a + b \cdot x$ zu verbinden und dann jeweils über die Intervalle zwischen den Stützstellen zu integrieren, Bild 17. Nach Gl.(5) gilt dann für ein Intervall zwischen den Grenzen x_n und x_{n+1} mit $(dW_m/dZ) = f(x) = a + b \cdot x$:

$$Z_{x_n,x_{n+1}} = \int_{x_n}^{x_{n+1}} \varrho \cdot A \cdot \frac{1}{a+b \cdot x} \cdot dx \qquad (6)$$

Mit ρ = konst., A = konst. und b ≠ 0 folgt nach Integration und Einsetzen der Grenzen:

$$Z_{x_n,x_{n+1}} = \rho \cdot A \cdot \frac{1}{b} \cdot \ln \frac{a+b \cdot x_{n+1}}{a+b \cdot x_n} \qquad (7)$$

Mit a + b · x = f(x) gilt:

$$Z_{x_n,x_{n+1}} = \rho \cdot A \cdot \frac{1}{\frac{f(x_{n+1})-f(x_n)}{x_{n+1}-x_n}} \cdot \ln \frac{f(x_{n+1})}{f(x_n)} \qquad (8)$$

Durch Einsetzen der entsprechenden Werte der Verschleißratenfunktion ergibt sich:

$$Z_{x_n,x_{n+1}} = \rho \cdot A \cdot \frac{1}{\frac{\left(\frac{dW_m}{dZ}\right)_{x=x_{n+1}} - \left(\frac{dW_m}{dZ}\right)_{x=x_n}}{x_{n+1}-x_n}} \cdot \ln \frac{\left(\frac{dW_m}{dZ}\right)_{x=x_{n+1}}}{\left(\frac{dW_m}{dZ}\right)_{x=x_n}} \qquad (9)$$

Für ein Intervall x_n bis x_{n+1} mit (dW_m/dZ) = f(x) = konst. folgt b = 0 und a = (dW_m/dZ). Die Integration von Gl.(6) liefert dann:

$$Z_{x_n,x_{n+1}} = \rho \cdot A \cdot \frac{1}{\left(\frac{dW_m}{dZ}\right)_{x=x_n}} \cdot (x_{n+1} - x_n) \qquad (10)$$

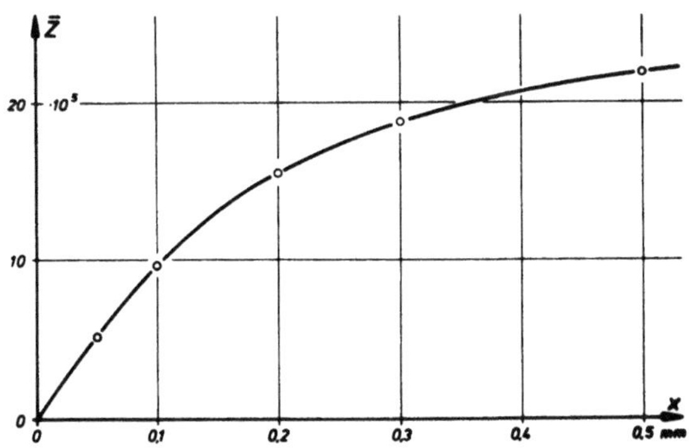

Bild 18: Integrale Zyklenzahl als Funktion der Verschleißtiefe (34 CrAlNi 7 ion)

Bei schrittweiser Auswertung der Verschleißraten nach Gl.(9) bzw. Gl.(10) ergeben sich durch Aufsummieren Stützwerte für den Verlauf der Funktion $\bar{\bar{Z}} = f(x)$. Diese bis zum Erreichen einer bestimmten Verschleißtiefe erforderliche integrale Zyklenzahl $\bar{\bar{Z}}$ ist ein Maß für die zu erwartende Standzeit des Werkstoffes. Bild 18 zeigt wieder für den 34 CrAlNi 7 ion einen solchen Verlauf $\bar{\bar{Z}}$ als Funktion von x. Mit zunehmender Verschleißtiefe wird die Steigung der Kurve und somit die Anzahl von Zyklen, die für einen bestimmten Abtrag notwendig sind, immer kleiner. Diese Tendenz endet in dem Moment, wo die gesamte Nitrierschicht abgetragen ist und nur noch das Grundgefüge mit konstantem Verschleißwiderstand vorliegt. Dann geht der $\bar{\bar{Z}}$-Verlauf in eine Gerade über.

Es ist vorteilhaft, den $\bar{\bar{Z}}$-Verlauf der zu vergleichenden Werkstoffe auf einen Standardwerkstoff zu beziehen, indem die integrale relative Standzeit $\bar{\bar{R}}$ zu:

$$\bar{\bar{R}} = \frac{\bar{\bar{Z}}}{\bar{\bar{Z}}_{Stand}} \qquad (11)$$

eingeführt wird. Für die Verschleißtiefe x = 0 mm wird $\bar{\bar{Z}} = 0$ und somit Gl.(11) zu einem unbestimmten Ausdruck. Die integrale relative Standzeit ergibt sich in diesem Fall unter der Anwendung der Regel von l'Hopital aus Gl.(3) zu:

$$\bar{\bar{R}}_{x=0} = \frac{\left(\frac{dW_m}{dZ}\right)_{x=0\ Stand}}{\left(\frac{dW_m}{dZ}\right)_{x=0}} \cdot \frac{\rho \cdot A}{\rho_{Stand} \cdot A_{Stand}} \qquad (12)$$

Bei der Berechnung von $\bar{\bar{Z}}$ und $\bar{\bar{R}}$ wird im vorliegenden Fall davon ausgegangen, daß ρ und A für alle untersuchten Werkstoffe gleich sind. ($\rho = 7{,}85\ mg/mm^3$; $A = 360\ mm^2$)

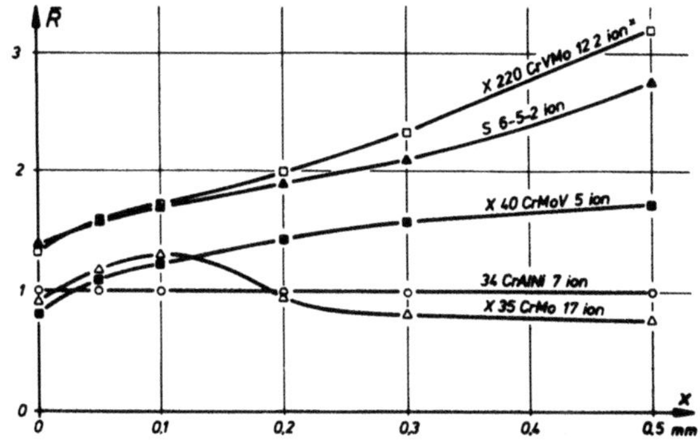

Bild 19: Integrale relative Standzeit als Funktion der Verschleißtiefe

Für je einen Vertreter der untersuchten Stahlgruppen ist in Bild 19 die integrale relative Standzeit $\bar{R}$ als Funktion der Verschleißtiefe dargestellt. Als Standardwerkstoff wurde der 34 CrAlNi 7 ion gewählt. Die Leistungs- bzw. Verschleißwiderstandsfähigkeit kann direkt für jede Verschleißtiefe zwischen x = 0 und 0,5 mm verglichen werden. Eine zusammenfassende Darstellung der Ergebnisse gibt Tab. 5.

Es zeigt sich, daß die Leistungsunterschiede zwischen den untersuchten Stählen erst mit größer werdenden Abtragtiefen stärker ins Gewicht fallen. Ist die höchste bei x = 0 erzielte integrale relative Standzeit um den Faktor 1,9 größer als die niedrigste, so beträgt der Unterschied bei x = 0,5 mm schon den Faktor 4,3. Die besten Ergebnisse erzielte der ledeburitische Kaltarbeitsstahl X 220 CrVMo 12 2 ion. Da Proben mit unterschiedlicher Wärmebehandlung untersucht wurden, ist in einem Vergleich der Einfluß des Grundgefügezustands sehr gut zu verfolgen. Für x = 0 mm zeigen sie ein fast identisches Verschleißverhalten. Der Einfluß der Nitrierschicht dominiert. Das ändert sich mit steigendem Abtrag, wenn die Beschaffenheit des Grundgefüges stärker zum Tragen kommt. Das wirkt sich so aus, daß die relativen Standzeiten der Proben, deren Grundgefüge durch unsachgemäße Wärmebehandlung zu weich war, immer deutlicher hinter denen der rich-

tig behandelten Proben zurückbleiben. Ein ähnlich gutes Verschleißverhalten wie der X 220 CrVMo 12 2 ion zeigt der Schnellarbeitsstahl S 6-5-2 ion. Nur bei größeren Abtragtiefen schneidet er etwas schlechter ab. In der Reihenfolge entsprechend der Leistungsfähigkeit kommen dann der Kaltarbeitsstahl X 155 CrVMo 12 1 ion und der Warmarbeitsstahl X 40 CrMoV 5 1 ion. Im Bereich x = 0,05 bis x = 0,3 mm ist der Warmarbeitsstahl überlegen, ansonsten der Kaltarbeitsstahl. Es folgt die Gruppe der Nitrierstähle. Im nicht abgeschliffenen Zustand sind ihre relativen Standzeiten allerdings noch höher als die des X 155 CrVMo 12 2 ion und des X 40 CrMoV 5 1 ion.
Im Vergleich der Nitrierstähle untereinander schneidet der aluminiumhaltige 34 CrAlNi 7 bis auf Ausnahmen bei x = 0 und x = 0,5 mm sowohl gas- als auch ionitriert besser ab als der gas-, io- und langzeitionitrierte 31 CrMoV 9. Der 14 CrMoV 6 9 ion l liegt, verglichen mit den beiden anderen Nitrierstählen, bis x = 0,1 mm am schlechtesten, bringt aber ab x = 0,2 mm die besten Ergebnisse. Eine pauschale Aussage über die Auswirkungen der unterschiedlichen Nitrierbehandlungen, Gas-, Io- und Langzeitionitrieren ist nicht möglich. Beim 34 CrAlNi 7 erzielen die gasnitrierten Proben für alle Abtragtiefen höhere relative Standzeiten als die ionitrierten. Beim 31 CrMoV 9 trifft das nicht zu. Bis x = 0,2 mm ist die ionitrierte Randschicht leistungsfähiger als die gasnitrierte. Noch besser verhält sich die langzeitionitrierte Randschicht. Erst bei x = 0,5 mm ist die Gasnitrierung überlegen.
Am Schluß steht, zumindest was die Leistungsfähigkeit ab einer Abtragtiefe von x = 0,2 mm betrifft, der rost- und säurebeständige Stahl X 35 CrMo 17 ion. Für x = 0,05 und x = 0,1 mm ist er den Nitrierstählen allerdings überlegen.

8. Zusammenfassung

Mit Hilfe der integralen relativen Standzeit $\bar{R}$ läßt sich die Leistungsfähigkeit verschiedener randschichtbehandelter Stähle bei fortschreitendem Verschleiß quantitativ vergleichen. Aus den Ergebnissen der Untersuchungen kann gefolgert werden, daß eine wirtschaftliche Werkstoffauswahl entscheidend von dem bei der

Anwendung zulässigen Spiel zwischen den Maschinenteilen abhängt.

Bei nur sehr geringem zulässigen Spiel, das heißt bei kleiner Abtragtiefe, bei der die relativen Standzeiten der untersuchten Stähle noch dicht zusammenliegen, würde man die etwas höhere Standzeit des X 220 CrVMo 12 2 ion sicher zu teuer erkaufen. Die preiswertere Alternative wäre ein wesentlich billigerer Nitrierstahl. Das ändert sich mit größer werdendem zulässigen Spiel. Bei großen Abtragtiefen werden die Unterschiede in der relativen Standzeit so erheblich, daß sich die höhere Verschleißreserve eines Kalt- oder Schnellarbeitsstahls auszahlen kann. Aber gerade bei diesen Stählen ist, ausgehend von den vorliegenden Ergebnissen, zu überprüfen, inwieweit es überhaupt anwendungstechnisch und vor allem wirtschaftlich sinnvoll ist, sie in nitriertem Zustand einzusetzen. Eine Vervielfachung des Verschleißwiderstands, wie z.B. beim rost- und säurebeständigen X 35 CrMo 17 ion, ist mit Hilfe einer Nitrierbehandlung nicht mehr zu erzielen.

9. Ausblick

Im Rahmen eines neuen Vorhabens werden die Untersuchungen an anderen Werkstoffen fortgesetzt. Ihre Auswahl erfolgte wiederum in Absprache mit dem schon erwähnten DKI-Arbeitskreis "Verschleiß in der Kunststoffverarbeitung". Zwei Mitglieder des Arbeitskreises sagten zu, bei Verarbeitern des zur Prüfung verwendeten Formmassentyps um Laufdaten der zum Einsatz gekommenen Maschinenteile nachzufragen, damit die Übertragbarkeit der Ergebnisse auf die Praxis gesichert werden kann.

10. Literaturverzeichnis

[1] Volz, P.
Umfrage zum Verschleiß in der Feststoff- und Übergangszone von Kunststoffverarbeitungsanlagen. Bericht zur 2. Sitzung DKI-Arbeitskreis Verschleiß, Darmstadt, 14.12.1976

[2] Fuchs, G.
Über die Verarbeitung von sehr hochmolekularem Polyethylen auf Einschneckenextrudern unter besonderer Berücksichtigung der Einzugszone.
Plastverarbeiter 19 (1968) 10, S. 765-771
20 (1969) 4, S. 237-244

[3] Menges, G., Predöhl, W., Hegele, R., Kosel, U., Elbe, W.,
Untersuchungen zur Gestaltung der Einzugszone eines Einschneckenextruders als Feststoffpumpe.
Plastverarbeiter 20 (1969) 2, S. 79-88

[4] Goldacker, E.
Untersuchungen zur inneren Reibung von Pulvern, insbesondere im Hinblick auf die Förderung in Extrudern.
Dissertation TH Aachen, 1971

[5] Grünschloß, E.
Solids conveying in single screw extruders with helical grooves in the barrel.
S.P.E. Technical Papers (1979), S. 160-165

[6] Domininghaus, H.
Verschleißprobleme bei der Verarbeitung gefüllter und verstärkter Formmassen.
Technische Rundschau Nr. 53 vom 17. Dez. 1971

[7] Fritz, H.G.
Verschleißerscheinungen an Plastifiziereinheiten von Hohlkörperblasanlagen.
Kunststoffe 65 (1975) 4, S. 176-182
65 (1975) 5, S. 258-264

[8] Lang, O. (Projektleiter)
Tribologie; Reibung-Verschleiß-Schmierung.
Bundesminister für Forschung und Technologie
Forschungsbericht T 76-38, 1976

[9] Schiedrum, H.O.
Hochleistungsextrusions-Sonderbauart oder Standardmaschine?
Plastverarbeiter 26 (1975) 1, S. 1-7

[10] Lenze, G.
Verschleiß an Schnecken, Schneckenspitzen, Sperringen und Schneckenzylindern von Spritzgießmaschinen bei der Verarbeitung von Polyamiden mit 50% GF.
Plastverarbeiter 25 (1974) 209 u. 347

[11] Hall, A.
The scores in the liner league bimetal 95, nitride 5 (extruders); bimetal 50, nitride 5 (injection machines).
Modern Plastics International 3 (1973) 1, S. 58-59

[12] N.N.
Verschleiß, Begriffe, Systemanalyse von Verschleißvorgängen, Gliederung des Verschleißgebietes.
DIN 50320, Dez. 1979

[13] Volz, P.
Reibung und Verschleiß in der Kunststofftechnologie.
Fortschritt-Berichte der VDI Zeitschriften (1982), Reihe 5, Nr. 59

[14] N.N.
Ermittlung der Rauheitsmeßgrößen R_a, R_z, R_{max} mit elektrischen Tastschnittgeräten; Grundlagen DIN 4768 T 1, Aug. 1974

[15] Khruschov, M.M.
Resistance of metals to wear by abrasion, as related to hardness.
Proc. Conf. Lubr. and Wear, London, (1957), S. 655-659

[16] Larsen-Badse, J.
The abrasion resistance of some hardened and tempered carbon steels.
Trans AIME 336 (1966) S. 1461-1466

[17] Diesburg, D.E., Borik, F.
Optimizing abrasion resistance and toughness in steels and irons for the mining industry. Materials for the mining industry (Symp. Vail, Colorado, 1974)
Climax Molybdenum Co. (1974)

[18] Mahler, W.-D.
Modelluntersuchungen zur Verschleißwirkung strömender Schmelzen von glasfaserverstärkten Thermoplasten an Metalloberflächen von Kunststoffverarbeitungsmaschinen.
Diss. TH Darmstadt D 17, 1975

[19] Volz, P.
Zur Leistungsbewertung von Werkstoffen für verschleißbeanspruchte Bauteile in der Kunststoffverarbeitung.
Kunststoffe 71 (1981) 1, S. 10-14

Schutzschichten gegen Schwingungsverschleiß im Triebwerksbau

von

Dr.-Ing. P. Adam
M. Paripović
Dr.rer.nat. M. Thoma

MTU-München

Förderkennzeichen: 01 ZT/027/ZK/NT/NTS 1009
Gesamtlaufzeit : 1.11.1979 - 31.3.1982
Berichtszeitraum : 5.1981 - 31.3.1982 (Teil II)

Zusammenfassung

Es wurden Beschichtungen auf dem Werkstoff Ti6Al4V auf ihre Eignung zur Herabsetzung des Schwingungsverschleißes und zur Verringerung des Dauerfestigkeitsverlustes unter Reibbeanspruchung untersucht.
Die Schichten umfassen mehrere Gruppen:

1) Galvanisch abgeschiedene Ni, Co, Al, Ag, Cu-Schichten,

2) Galvanisch aufgebrachte Dispersionsschichten (Hartstoffphasen in Ni-, Co-Schichten),

3) Gas- und badnitrierte TiN-Schichten,

4) PVD- und CVD-Auflageschichten aus TiN und TiO_2.

Die Untersuchungen wurden mit Hilfe mehrerer Prüfstände durchgeführt:

1) Einem speziellem Schwingungsverschleißprüfstand

2) Einem Schwingungsreibverschleißprüfstand nach Lohmeier und

3) einer Dauerfestigkeitsprüfeinrichtung unter Reibungsbeanspruchung (Reibklötzchen-Prüfstand).

Die Ergebnisse, Versuchsbeschreibungen und Detailangaben sind in Teil I und II unterteilt. Der folgende Inhalt stellt den Teil II dar, die Diskussion erstreckt sich auf das Gesamtergebnis.
Die Ergebnisse zeigen, daß TiN-Schichten geeignet sind, um den Schwingungsverschleiß herabzusetzen. Es bleibt noch offen, ob dickere Schichten ($d > 14\,\mu m$), die durch Sputtern oder Bedampfen aufgetragen werden, auch geeignet sind, die Reibdauerfestigkeit wieder in nennenswertem Umfang heraufzusetzen. Alle anderen Schichten sind hierfür nicht geeignet mit einer Ausnahme:

Galvanisch Kupfer, das die Reibdauerfestigkeit ebenso anhebt wie Verfestigungsstrahlen.

Die Ergebnisse lassen sich insgesamt in folgende Modellvorstellung einordnen:

Die Höhe der Grundwerkstoffbeanspruchung im Ermüdungsversuch wird im Reibungsbereich von der Art der gegenseitigen Adhäsion bestimmt, die auch den Verschleißvorgang primär bestimmt.
Etwa vorhandene Eigenspannungszustände sind superponiert zu betrachten, unabhängig von Verschleiß und aufgeprägten Spannungen. Je stärker sich die Adhäsion als Zugspannung auswirkt, die auf den Grundwerkstoff im Reibbereich wirkt, desto höher ist der Dauerfestigkeitsabfall. Beschichtungen können dann als Verbesserung dienen, selbst wenn ihre Adhäsion zum Gegenkörper groß sein sollte, wenn sie weniger Zugspannungen auf den ermüdungsgefährten Teil der Reibpartner übertragen. Daher spielen die Verschleißfestigkeit und Härte der Schichten eine geringere Rolle. Entscheidend ist die Verformbarkeit bei geringer Kaltverfestigung.
Die Herabsetzung des Ermüdungsverschleißes durch eine Schicht führt nicht notwendigerweise auch zu einer Anhebung der Ermüdungsfestigkeit unter Reibbeanspruchung.

Inhalt

1. Einleitung

Die allgemeine Situation, die das Auftreten von Schwingungsverschleiß, seine charakteristischen Merkmale und mögliche Verhinderung kennzeichnet, ist umfangreich beschrieben in /1//2/ und /3/. Schwingungsverschleiß, auch als Fretting und gelegentlich als Passungsrost bezeichnet, stellt eine besonders komplexe Form tribologischer Beanspruchung von Maschinenteilen dar, weil sich Oberflächeneigenschaften mit der Beanspruchungsart im Inneren des Werkstoffes sowie äußere Bedingungen, z.B. die Krafteinleitung, zum Gesamtphänomen überlagern. Es bietet sich für die folgende Darstellung von Versuchsergebnissen und ihre Diskussion an, zwischen "fretting wear" und "fretting fatigue", d.h. Frettingverschleiß und Frettingermüdung, zu unterscheiden, wobei insbesondere die Frage des Zusammenhangs beider zu klären ist.

In Gasturbinen sind heute insbesondere Titanbauteile von Interesse, so daß, besonders im Hinblick auf Fretting an Schaufelfüßen, die folgenden Untersuchungen an der Titanlegierung Ti6Al4V gemacht wurden.

2. Zielsetzung

Die Untersuchungen wurden mit dem Ziel gemacht, mit Hilfe von Schutzschichten auf Titan den Schwingungsverschleiß herabzusetzen und gleichzeitig die erhebliche Verminderung der Dauerfestigkeit unter Reibdauerbeanspruchung zumindestens teilweise wieder wettzumachen.
Die Möglichkeit, beides zu erreichen, ist durch die Ergebnisse an den Stählen Ck 35 und 39 Cr Mo V 139 nahegelegt, wo mit Hilfe der Reibklötzchenmethode nachgewiesen worden ist, daß harte Nitrierschichten eine signifikante Verbesserung ergeben, selbst gegenüber kugelgestrahlten Proben /1/. Aus diesen Gründen

wurden zwei Gruppen von Versuchen ausgeführt:

Verschleißprüfungen an einem Schwingungsverschleiß-Prüfstand und Dauerfestigkeitsprüfungen mit der Reibklötzchenmethode.

3. Durchführung der Versuche

Die Versuche wurden im Anschluß und zum Vergleich mit denselben Probengrundkörpern, Versuchsbedingungen und Versuchseinrichtungen durchgeführt, wie in /3/ detailliert beschrieben wurde.

3.1. Ermüdung unter Reibbeanspruchung (Fretting-Ermüdung)

Für die Reibklötzchenmethode wurden Flachproben verwendet, die im Meßbereich die Abmessungen 40 x 10 x 3,5 hatten und die bei RT und R = 0 mit einachsiger Belastung geprüft wurden. Die Grundkörper wurden gefräst und geschliffen, bevor die Schichten aufgetragen wurden. Die Versuchsmethode wird im einzelnen in /1/ beschrieben.

Die einzelnen Schichtprüfungen wurden mit je 6 Schwingproben durchgeführt, um die Dauerfestigkeit anhand einer unteren Hüllkurve zu ermitteln. Eine statistische Auswertung zur Ermittlung der exakten Überlebenswahrscheinlichkeit wurde nicht gemacht.

3.2. Schwingungsverschleiß (Fretting wear)

Für die Verschleißprüfungen dienten die ebenfalls in /3/ beschriebenen T-Proben sowie dieselben Versuchsbedingungen:

- Normalkraft 5,2 N/mm^2
- Frequenz 50 Hz
- Amplitude 0,2 mm
- Schmierung keine

- Fläche   144 mm^2 (12 x 12 mm)
- Versuchsdauer   3, 6, 9, 12 min mit Zwischenkontrolle
- Läppen der beiden Reibkörper vor dem Versuch mit Diamantpaste, anschließend Reinigung der Oberflächen.

3.3. Messung der Reibkoeffizienten

Messungen des Reibungskoeffizienten f während der Schwingungsverschleißtests waren nicht möglich, so daß der Verlauf f (t) nicht bekannt ist. Ersatzweise wurden jedoch im Fremdauftrag Messungen der Trockengleitreibungskoeffizienten in einer Stift-Scheibe-Anordnung durchgeführt (siehe Bilder 17 bis 22). Für die Ausführung dieser Messungen sei an dieser Stelle Herrn Dr. Habig (BAM-Berlin) herzlich gedankt. Die Belastung wurde mit ca. 5 N/mm^2 so gewählt, daß sie mit der Flächenpressung der Verschleißtests übereinstimmte, wobei dessen mittlere Relativ-Geschwindigkeit 0,02 m/s betrug.

Die gemessenen Werte gelten bis zum Einsetzen von Verschleiß. Vom Auftreten der ersten Verschleißerscheinungen bis zu starkem Verschleiß steigen die f-Werte quasi kontinuierlich an (/3/).

3.4. Beschichtungen

Als Beschichtungen wurden galvanisch aufgebrachte Schichten, PVD-Auflageschichten (TiO_2, TiN) und eine Nitrierschicht (Tiduran) ausgewählt, nachdem sich im ersten Abschnitt der Versuche (/3/) bereits herausgestellt hatte, daß sich thermisch gespritzte Schichten und Dispersionsschutzschichten (Galvanisch Ni und Co mit eingelagerten Hartstoffen wie SiC, Al_2O_3, Cr_3C_2) keine Verbesserung im Verschleißtest ergeben hatten. Die galvanischen Schichten Cu, Ag, Ni und Co wurden aus eigenen Bädern abgeschieden, Al im Fremdauftrag.

Die Auflageschichten wurden im Fremdauftrag hergestellt. Die Herstellungsbedingungen sind im einzelnen nicht bekannt, so daß Proben von mehreren Herstellern mit unterschiedlichen Beschichtungsbedingungen verwendet wurden. Im ersten Abschnitt der Untersuchungen (/3/) hatte sich gezeigt, daß große Unterschiede im Verschleißergebnis auftreten, wenn TiN-Schichten unterschiedlich aufgebracht werden.

Es muß bezüglich der thermisch gespritzten Schichten und anderer, im Verschleißtest nicht bewährter Schichten, jedoch hervorgehoben werden, daß die Aussage ihrer Nicht-Eignung ohne Bauteilversuche unter Systembedingungen mit gewissen Vorbehalten getroffen werden muß (siehe Diskussion der Ergebnisse).

In den Bildern 1 bis 8 sind die Querschliffe und Draufsichten der zusätzlich zu denen in /3/ untersuchten, nicht galvanischen Schichten mit Dickenangaben dargestellt.

Im Bild 9 sind alle Untersuchungen an den nicht galvanisch aufgebrachten Schichten zusammengestellt.
Soweit möglich, wurden alle Schichten im Verschleißversuch, im Ermüdungsversuch und in der Stift-Scheibe-Anordnung untersucht. Die Prüfung der PVD-TiN-Schicht (Hersteller Hydromechanique et Frottement) konnte nicht auf ihre Wirkung gegen Schwingungsermüdung geprüft werden, obwohl sie eindeutig den besten Schutz gegen Schwingungsverschleiß bietet (/3/), da vom Hersteller keinerlei Proben mehr trotz intensiver Bemühungen zu erhalten waren.

In Bild 24 sind alle untersuchten galvanischen Schichten zusammengestellt.

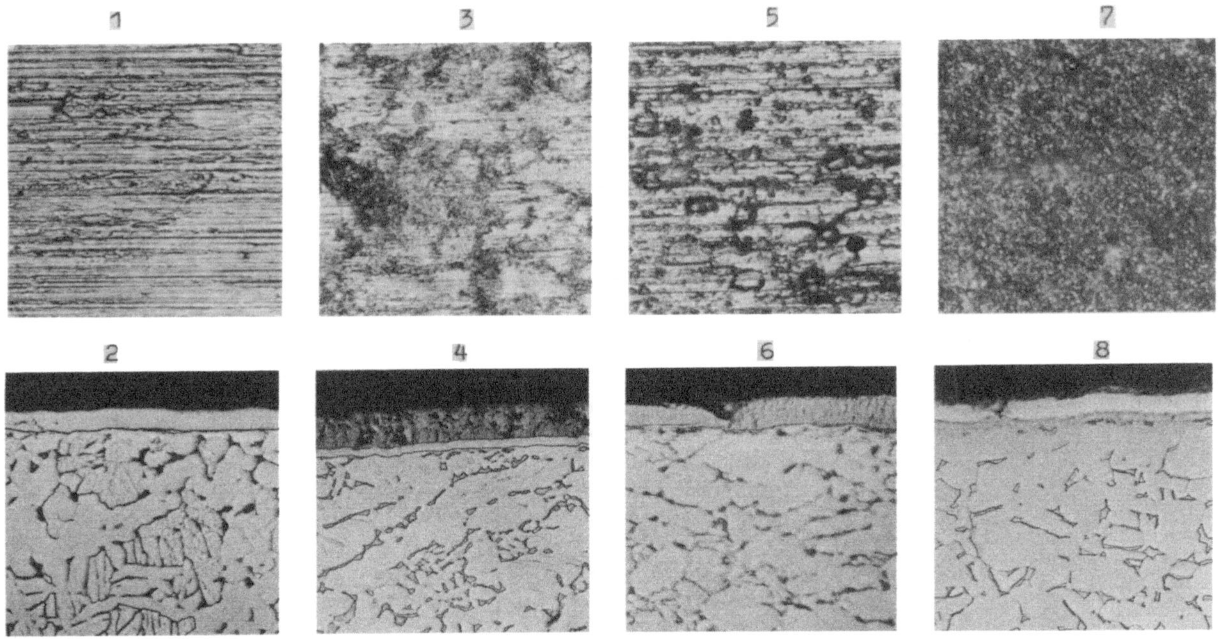

Bilder 1-8: Draufsicht (obere Reihe) und Querschnitte (untere Reihe) der nicht galvanischen Auflageschichten. 1, 2: TiN (Ba);3, 4: TiN (Ba)gestrahlt; 5, 6: TiN (L); 7, 8: TiO_2 (M).

Maßstab obere Reihe ├──┤ = 0,1; untere Reihe ├─┤ = 0,01 mm

U-Reibklötzchen / Flachproben	TiN (Ba) geschliffen beschichtet	TiN (Ba) geschliffen beschichtet gestrahlt	TiN (L) geschliffen beschichtet	TiO_2 (M) geschliffen beschichtet	Tiduran (Td) geschliffen gasnitriert	Titan ohne Schicht außer Reibklötzchen gestrahlt
TiN (Ba) geschliffen beschichtet	FW RK FF				RK FF	FW RK FF
TiN (Ba) geschliffen beschichtet gestrahlt		FW				FW
TiN (L) geschliffen beschichtet			FW FF			
TiO_2 (M) geschliffen beschichtet				FW RK FF		
Tiduran (Td) geschliffen gasnitriert					RK FF	FW
Titan gestrahlt ohne Schicht						FW RK FF

Bild 9: Zusammenstellung der untersuchten Probenpaarungen

FW = Schwingungsverschleißprüfstand (Fretting wear)

FF = Ermüdung unter Reibbeanspruchung (Fretting fatigue)

RK = Messung des Reibkoeffizienten

4. Ergebnisse der Untersuchungen

4.1. Verschleiß TiN-, TiO_2-Schicht

Die nicht galvanisch aufgebrachten TiN- und TiO_2-Schichten wurden im Schwingungsverschleißprüfstand geprüft und makroskopisch sowie mit REM ausgewertet. Aus Platzgründen sind mit den Bildern 10 bis 14 nur die makroskopischen Erscheinungsformen des Schwingungsverschleißes dargestellt. Wie schon im ersten Teil der Untersuchungen (/3/), treten erhebliche Unterschiede in der Zeit bis zum Auftreten von Schwingungsverschleiß auf. Diese Unterschiede erstrecken sich nicht nur auf Schichten verschiedener Hersteller, sondern treten auch unter den Schichten eines Herstellers bei gleicher Schichtdicke auf. Da vorausgesetzt werden kann, daß die Versuchsbedingungen konstant waren,und die Schichten keine signifikanten Unterschiede erkennen lassen, läßt sich das Ergebnis nur mit der Annahme erklären, daß die Unterschiede im Auftragsprozeß liegen, über den jedoch vom Hersteller keine näheren Aussagen gemacht werden.

Der Mechanismus ist ausschließlich Adhäsionsverschleiß, wobei der Anteil von Oxidation geringfügig sein dürfte. Da die Verschleißpartikel im wesentlichen zwischen den Reibflächen bleiben, kommt es außerdem zu deutlicher Furchung und nur allmählicher Abwanderung der Verschleißpartikel an die Ränder.
Die längste Haltbarkeit ohne Verschleiß zeigt die zweischichtig aufgebaute, 2 + 12 µm dicke PVD-TiN-Schicht (/3/). Die REM-Bilder zeigen, daß bei dieser Schicht die abgeriebenen Partikel in die Furchen zurückgedrückt werden und sich dort plastisch anlegen, ohne zu verstärkter Reibpartner-Adhäsion beizutragen. Dieser Mechanismus ist deutlich anders als bei den anderen TiN-Schichten.

10

11

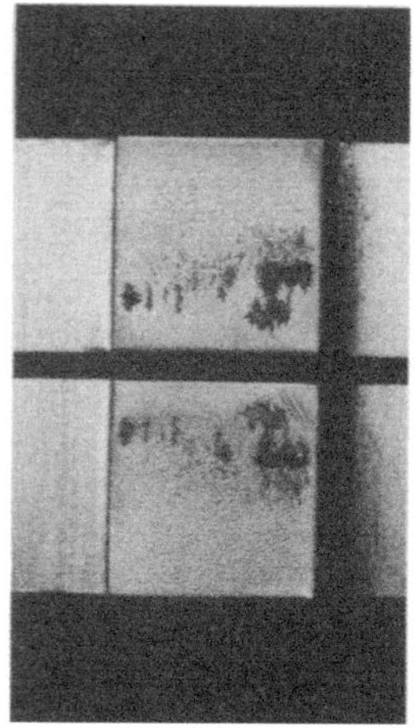

12

13

14

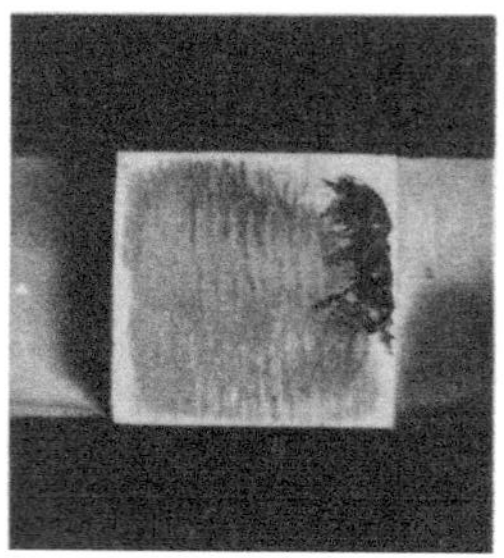

Makroskopisches Erscheinungsbild einiger Probenoberflächen nach Schwingungsverschleiß, aufgetreten nach n Minuten.

Bild 10:	TiN (Ba) / TiN (Ba)	3-9 min
Bild 11:	TiN (Ba), gestrahlt / TiN (Ba) gestrahlt	3 min
Bild 12:	TiN (Ba), gestrahlt / Titan gestrahlt	3 min
Bild 13:	TiN (L) / TiN (L)	3-9 min
Bild 14:	TiO_2 (M) / TiO_2 (M)	3 min

Bei dünnen Schichten unter 8 µm bilden sich flächenartige Verschleißpartikel, die zum Furchungsverschleiß beitragen und verstärktem Adhäsionsverschleiß Vorschub leisten, während bei dickeren Schichten des Typs PVD-Nitrid ein "Selbstglättungs-Effekt" eintritt, wobei von einer gewissen Schmierfähigkeit der Verschleißpartikel gesprochen werden kann. Die Unterschiede sind anhand der REM-Bilder 15 und 16 deutlich zu erkennen.

Deutliche Unterschiede ergaben sich auch beim Kugelstrahlen der Schichten. Während der Typ PVD-Nitrid mit 14 µm abplatzte, ließen sich die Typen Ba, L und M ohne Beschädigung strahlen.

4.2. Reibungskoeffizienten

In den Bildern 17 bis 22 sind die Felder der in der Stift-Scheibe-Apparatur gemessenen f-Werte dargestellt. Sie repräsentieren den Verlauf innerhalb der Zeit ohne Schichtschädigung. Danach nimmt f allmählich auf den Wert des unbeschichteten Titans zu. Sämtliche beschichteten Proben unter 10 µm liegen im Bereich 0,13 - 0,3, während das unbeschichtete Titan 0,33 - 0,6 aufweist.

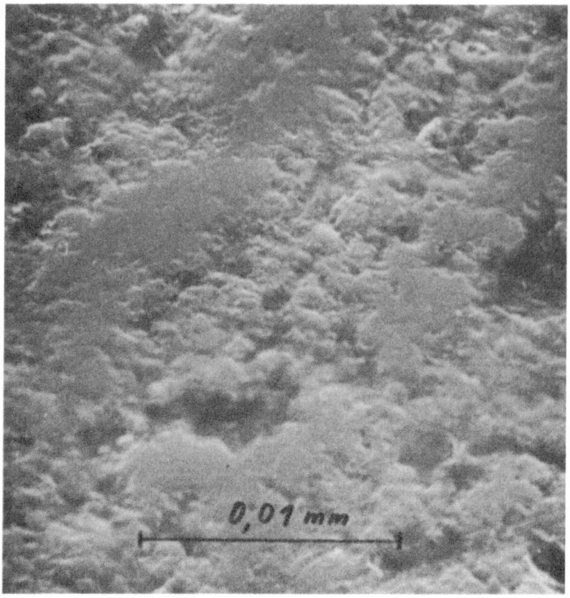

Bild 15:
"Selbstglättungs-Effekt" einer 14 /um starken PVD-Nitrid-Schicht im Schwingungsverschleißtest

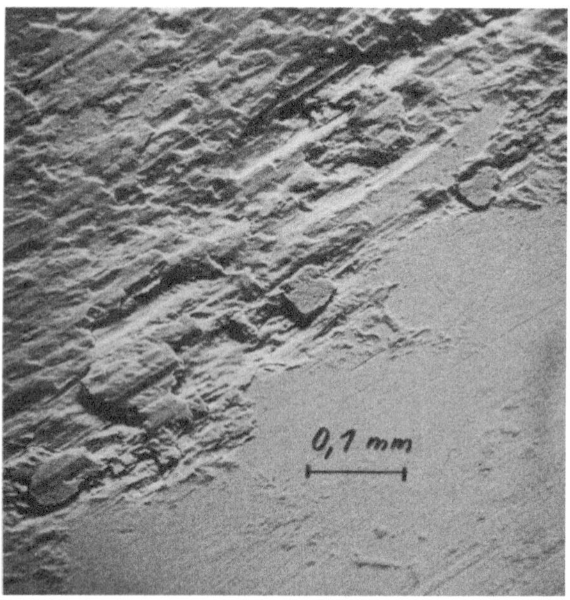

Bild 16:
Badnitrierte Oberfläche mit starkem Furchungs- und Adhäsionsverschleiß

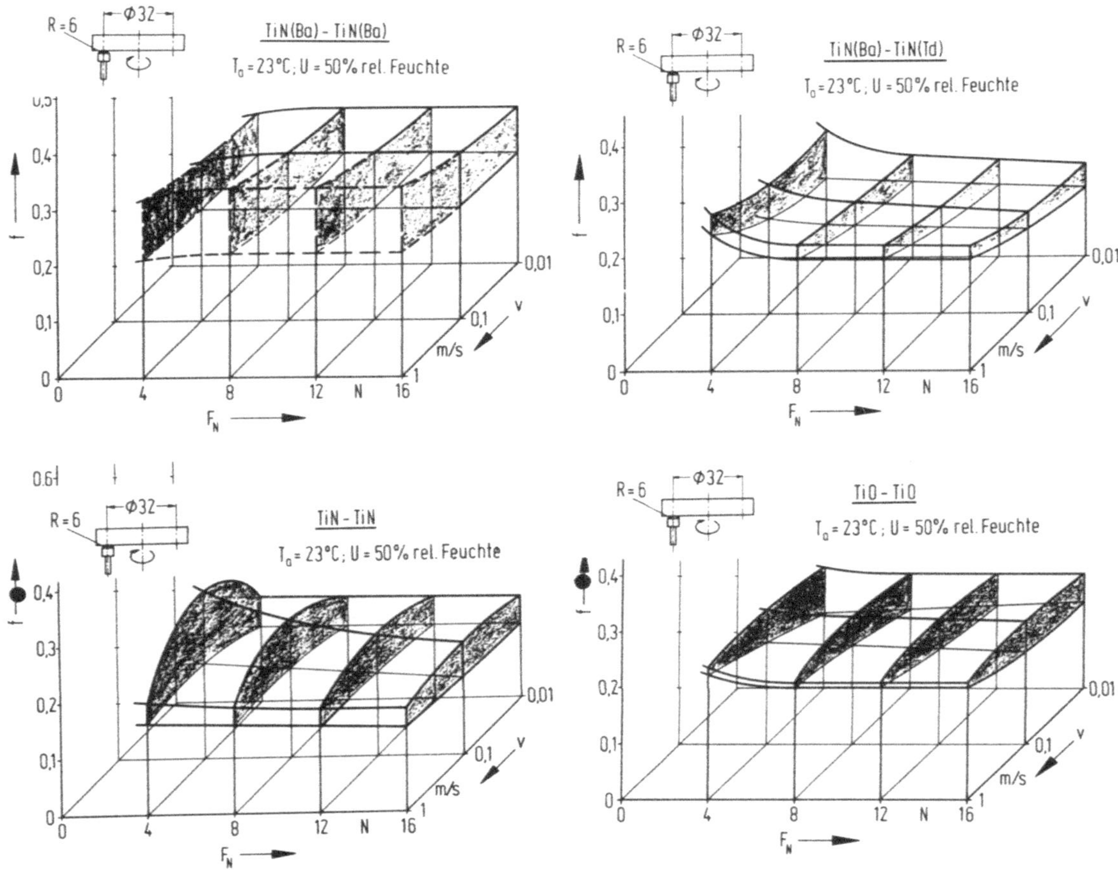

Bilder 17-20: Trockengleitreibungskoeffizienten in der Stift-Scheibe-Anordnung
TiN = Tiduran

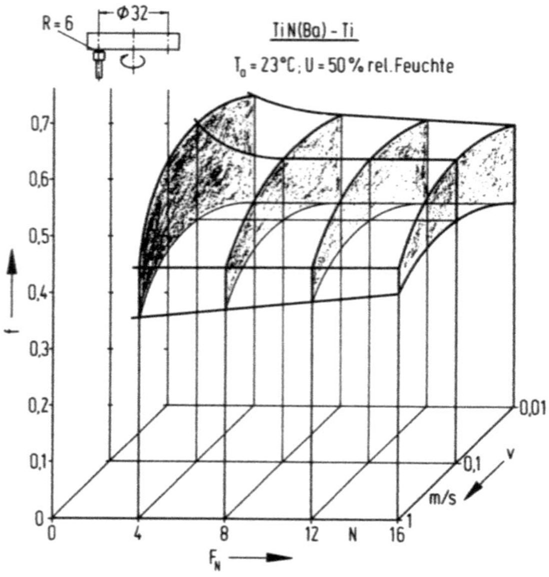

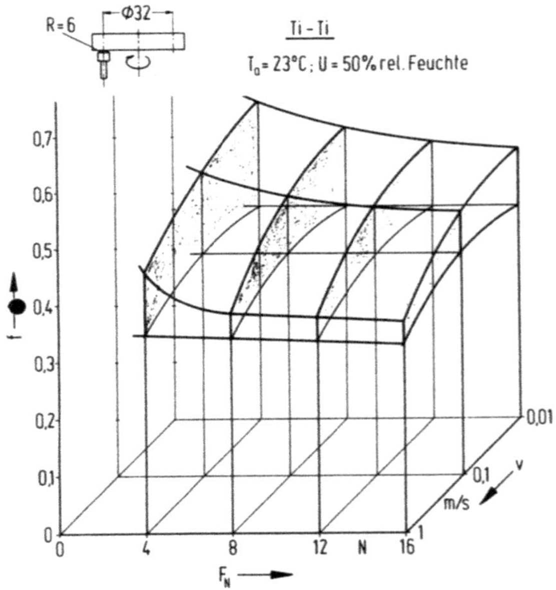

Bild 21 und 22: Trockengleitreibungskoeffizienten bei Beteiligung von unbeschichtetem Titan in der Stift-Scheibe-Anordnung

4.3. Ermüdung unter Reibung bei TiN, TiO_2 (Schichtdicke 3-6 µm)

Die Ergebnisse der Zugschwellversuche mit beschichteten Proben sind in Bild 23 dargestellt. Diese Ergebnisse zeigen erstens, daß keine der Auflageschichten unter 10 µm in zufriedenstellender Weise die Dauerfestigkeit so anheben kann, daß der Zustand des kugelgestrahlten Titans angenähert wird, (σ_D = 330 N/mm^2) und zweitens, daß sogar eine Verschlechterung unter den Wert des ungestrahlten, unbeschichteten Titans auftreten kann (σ_D = 200 N/mm^2).

4.4. Ermüdung unter Reibbeanspruchung bei galvanisch aufgebrachten Schichten

Untersucht wurden Ag, Al, Co, Cu, Ni. Die Aufbringung erfolgte mit Bädern unter serienfertigungstechnischen Bedingungen für galvanische Abscheidung. Die Kombinationen sind zusammen mit den erzielten Werten der Dauerfestigkeit in Bild 24 zusammengestellt. Es wird deutlich, daß sich durch Nickel-, Aluminium- oder Kobalt-Schichten keine signifikante Verbesserung erzielen läßt, während alle Kombinationen mit Kupfer eine deutliche Verbesserung liefern, bis hin zum Wert des strahlverfestigten Titans. Dabei ist zu berücksichtigen, daß die Aufbringung noch optimiert werden kann.

Bild 23: Ergebnisse der Ermüdungsversuche mit TiN-, TiO_2-Schichten

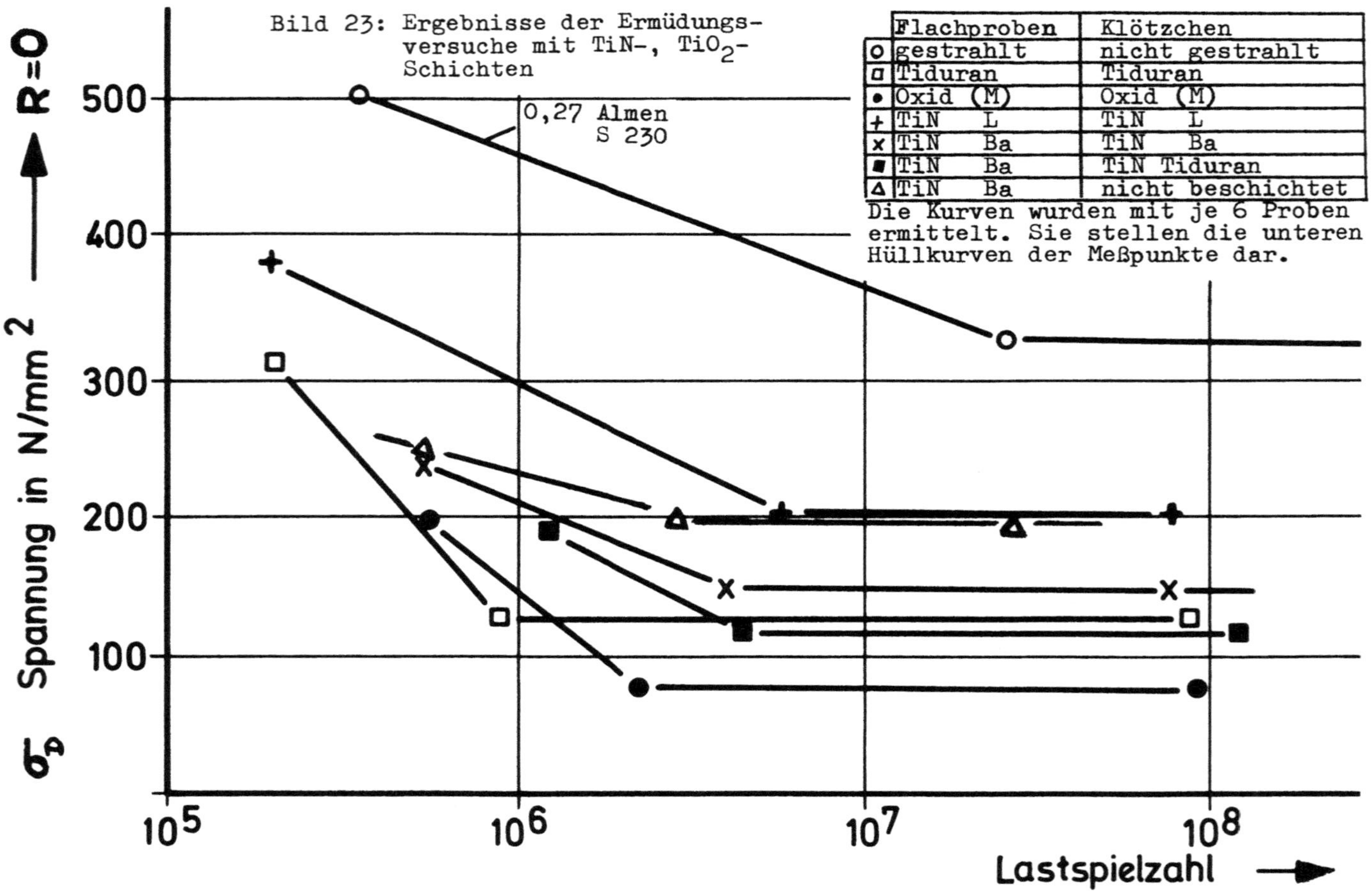

	Flachproben	Klötzchen
o	gestrahlt	nicht gestrahlt
□	Tiduran	Tiduran
•	Oxid (M)	Oxid (M)
+	TiN L	TiN L
x	TiN Ba	TiN Ba
■	TiN Ba	TiN Tiduran
Δ	TiN Ba	nicht beschichtet

Die Kurven wurden mit je 6 Proben ermittelt. Sie stellen die unteren Hüllkurven der Meßpunkte dar.

Beschichtung		Schicht-dicke	Dauerfestigkeit
Flachprobe	Klötzchen	μm	σ_D = N/mm^2
-	-	-	200
-	Al		280
Al	-	$\simeq$ 40	220-280 *
Ni/Ag	-	5+30	275
-	Ni/Ag	5+20	220
Cu ohne Aktivierung	-	50	470
Ni/Cu	-	5+50	300
Cu	-	50	350
-	Ni/Cu	5+25	400
gestrahlt	Ni/Cu	5+25	500
-	Ni	30	300
Ni	-	50	100
NiMnS	-	50	200
-	Co	25	160

* abhängig von der Vorbehandlung (Aktivierung)

Bild 24: Galvanische aufgetragene Schichten mit den Ergebnissen der Ermüdungsfestigkeit bei Reibbeanspruchung von Ti6Al4V.

5. Diskussion der Ergebnisse

Der Ausgangspunkt für die Bewertung und Einordnung der Einzelergebnisse in eine möglichst widerspruchsfreie Modellvorstellung ist die Tatsache, daß Titanlegierungen eine erhebliche Herabsetzung der Reibdauerfestigkeit gegenüber ihrer Dauerfestigkeit ohne Reibbeanspruchung aufweisen ($\sigma_D : \sigma_{D\ Reibung} = 6 : 2$). Weiterhin ist bekannt, daß das Kugelstrahlen eine Anhebung unter Reibbeanspruchung ermöglicht ($\sigma_D : \sigma_{D\ Reibung}^{gestrahlt} = 6 : 5$). Die Ergebnisse der Verschleiß- und Dauerfestigkeitsprüfungen mit beschichteten Proben haben gezeigt, daß beschichtetes Titan in den meisten Fällen gleiches oder sogar schlechteres Verhalten zeigt wie unbeschichtetes. Ausnahmen sind die galvanisch aufgebrachten Kupferschichten sowie TiN-Schichten mit einer gewissen "Schmierfähigkeit".
Die Verschlechterung durch bestimmte Beschichtungen wird darauf zurückgeführt, daß mit dem Beschichtungsprozeß Gefügeveränderungen hervorgerufen worden sind, die sich ungünstig auf die Dauerfestigkeit auswirkten.

Berücksichtigt man, daß sich Kupfer insbesondere in Gleitlagern bewährt hat und daß die Verschleißversuche den Adhäsionsverschleiß mit nachfolgender Furchung als Mechanismus ergeben haben, so zeichnet sich folgendes Modell für die Wirkung von Beschichtungen unter Reibdauerbeanspruchung ab.

Die Herabsetzung der nominellen, d.h. im einachsigen Schwellversuch gemessenen Reibdauerfestigkeit $\sigma_{D\ Reibung}$ erfolgt durch die zusätzliche Zugspannung im Reibbereich, die durch die Normalkraft (Anpreßkraft) hervorgerufen wird, wenn der Schlupf $<$100% beträgt. Die Werkstoffbeanspruchung (Dehnung) ist dann lokal erheblich größer als ohne Reibung. Je geringer der Schlupf ist, desto größer wird die lokale Werkstoffbeanspruchung. Dieser hängt jedoch entscheidend von der Fähigkeit der Oberfläche ab, trotz Adhäsion in Mikrobereichen eine "Schmierfähigkeit" durch plastische Verformung beizubehalten. Dabei spielt offenbar die Oberflächenhärte eine untergeordnete Rolle, was sich dadurch erklären läßt, daß die Adhäsion aufgrund der Reibung in jedem Fall stark ist, und nur das Verhalten der Verschleißpartikel entscheidend ist. Solange diese durch plastische Verformbarkeit oder Wiederaufnahme in den Schichtwerkstoff größeren Schlupf ermöglichen, wird die Beanspruchung des Grundwerkstoffes dadurch herabgesetzt.

Es ist nicht anzunehmen, daß die Kerbwirkung der verschleißenden Oberfläche dabei eine wesentliche Rolle spielt. Zwar kann eine Stelle bereits ermüdeten Grundwerkstoffes durch Rißfortschritt eines Anrisses der verschleißenden Oberfläche versagen, aber die Grundwerkstoffermüdung erfolgt in Abhängigkeit von der schlupf-bestimmten Grundwerkstoffbeanspruchung ohne Rißfortschritt. Aus diesem Grunde konnte bisher an Verdichterschaufeln auch kein Zusammenhang zwischen den Verschleißerscheinungen und den Ermüdungsrissen festgestellt werden /4/.

Den beschriebenen Vorgängen unter Reibbeanspruchung superponiert sich ein Eigenspannungszustand, hervorgerufen durch Strahlen, Rollen oder andere Kaltverfestigung.

Zusammenfassend lassen sich die Verhältnisse so darstellen: Das tribologische Verhalten der Grenzschicht bestimmt die aufgeprägte lokale Spannung und damit die Werkstoffbeanspruchung im Grundwerkstoff auf dem Wege des Schlupfes, der wiederum durch die Höhe des Mittelwertes der Adhäsion bestimmt wird.

Es bleiben bezüglich dieser Modellvorstellung noch zahlreiche Fragen offen, so z.B. inwieweit der Reibungskoeffizient noch ein Maß für die tatsächliche, lokale Werkstoffbeanspruchung ist und warum sich Ag und Cu trotz ihrer Verwandtschaft stark unterscheiden. Auch dieser Unterschied ist möglicherweise nur im Adhäsionsverhalten zu suchen, wahrscheinlich aber auch im Oxidationsverhalten.

An Beschichtungen von Titan-Oberflächen sind folgende Anforderungen zu stellen.

- Dicke >15 µm
- Gute plastische Verformbarkeit
- Aufbringung ohne Grundwerkstoffbeeinflussung

Fortführende Untersuchungen müssen klären, unter welchen Voraussetzungen(Aufbringungstemperatur, Dicke) auch TiN-Schichten geeignet sein können. Ohne Zugriff auf die Auswahl der Beschichtungsparameter scheint eine Weiterführung der Untersuchungen nicht empfehlenswert.

6. Literatur

1. L. Kreitner und H.W. Müller, Die Auswirkung der Reibdauerbeanspruchung auf die Dauerhaltbarkeit von Maschinenteilen.
   Konstruktion 28, 209 - 216 (1976)

2. K.H. Kloos, Werkstoffauswahl und Oberflächenbehandlung unter tribotechnischen Gesichtspunkten.
   Z. Werkstofftechnik 10, 456 - 466 (1979)

3. P. Adam, E. Broszeit, K.H. Kloos, Schwingungsverschleiß im Triebwerksbau.
   Tribologie Bd. 1, Springerverlag, S. 409 (1981)

4. P. Adam, A. Platz, Technischer Werksbericht
   MTU-M (1980)

Verbesserung des Verschleiß- und Korrosionswiderstandes durch Mehrkomponentenborieren

von

Dr.-Ing. R. Chatterjee-Fischer

Bremen

Stiftung

Institut für Härterei-Technik

Bremen

Förderkennzeichen: 01 ZT 308 S

Laufzeit: 01.08.1978 - 31.12.1981

Gliederung

1. Einleitung

Bauteile und Werkzeuge werden sehr unterschiedlichen Beanspruchungen unterworfen. Nur in den seltensten Fällen unterliegen sie lediglich einer Beanspruchungsart, meist handelt es sich um ein Beanspruchungskollektiv. Um nicht nur eine gute Funktionsfähigkeit, sondern auch eine ausreichende Lebensdauer für ein Werkstück gewährleisten zu können, müssen bei der Auswahl von Werkstoff und Wärmebehandlung (oder anderen Maßnahmen) diesen verschiedenen Beanspruchungen und ihrer Überlagerung Rechnung getragen werden.

Einige Beanspruchungen, z.B. Verschleiß, Korrosion, wirken nur an der Oberfläche bzw. in den oberflächennahen Bereichen. Bei derartigen Beanspruchungen ist es oft nicht notwendig, das ganze Werkstück aus einem den hohen Anforderungen an die Oberfläche genügenden Werkstoff zu fertigen. Hier reicht es aus, das Werkstück selbst aus einem Werkstoff herzustellen, der den Anforderungen an die Kerneigenschaften genügt oder ihnen speziell gerecht wird und für die Oberfläche Maßnahmen zu treffen, die zu Randschichteigenschaften führen, die für jene Beanspruchungen besonders geeignet sind.

Zu den wichtigsten Maßnahmen zur Erzielung von Randschichten mit spezifischen Eigenschaften gehören

- die thermochemischen Behandlungen (Aufkohlen, Nitrieren, Borieren, Aluminieren, Chromieren usw.)

- die Beschichtungsverfahren (CVD-, PVD-, IVD-Schichten, galvanische und chemische Beschichtungen, Aufspritzschichten usw.)

Eines der neueren industriell genutzten thermochemischen Behandlungen zur Erzielung von Randschichten hohen Verschleißwiderstandes ist das Borieren, wobei Bor in die Oberfläche des Werkstückes eindiffundiert wird [1]. Die sich hierbei bildenden Boridschichten weisen eine hohe Härte (Fe_2B etwa 1500 HV 0,2) auf und damit einen guten Abriebwiderstand bei abrasiver Verschleißbeanspruchung auf. Die Eisenboridschichten neigen ferner nicht zum Kaltschweißen und sind in etlichen korrosiven Medien korrosionsbeständiger als der unbehandelte Werkstoff [2].

Bild 1 zeigt den Abrieb bei Metall-Metall-Verschleißbeanspruchung (Faville-Test) in Abhängigkeit von der Umdrehungszahl (≙ Versuchsdauer) für Proben aus C 45 in verschiedenen Wärmebehandlungszuständen. Hieraus geht deutlich der günstige Einfluß des Borierens auf den Abriebwiderstand hervor.

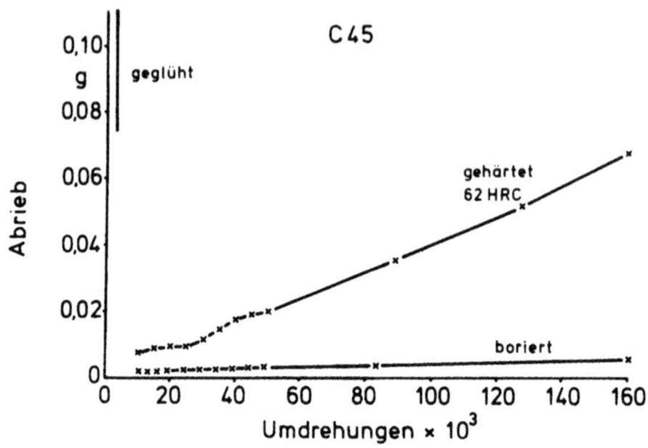

Bild 1:
Einfluß des Borierens auf den Abrieb bei Metall-Metall-Verschleißbeanspruchung (Faville-Test)

Dieses sehr günstigen Verschleißverhaltens wegen hat das Borieren in den verschiedensten Industriezweigen Eingang gefunden [3]. Es hat dort nicht nur zur Erhöhung der Lebensdauer etlicher Werkstückgruppen sondern auch zur Lösung besonders schwieriger Verschleißprobleme beigetragen.

Leider ist die Boridschicht jedoch sehr unbeständig gegen atmosphärischen Korrosionsangriff. Nun ist bekannt, daß durch Mehrkomponentendiffusion von zwei oder mehreren Elementen in die Oberfläche bisweilen Schichten erhalten werden können, die sehr viel günstigere Eigenschaften aufweisen als es bei der jeweils einkomponentigen Schicht der Fall ist. Deshalb wird in jüngster Zeit den Mehrfach- und Mehrkomponenten-Schichten besonders großes Interesse entgegengebracht.

Es lag nahe, neben dem Bor andere Elemente einzudiffundieren, die insbesondere die Korrosionsbeständigkeit erhöhen, wenn möglich auch andere Eigenschaften verbessern. An erster Stelle stand bei diesem Gedanken die zusätzliche Eindiffusion von Chrom.

Das Mehrkomponentenborieren zur Erzielung bestimmter Randschichteigenschaften wurde vor allem durch Veröffentlichungen aus der UdSSR bekannt. Hier sind insbesondere die Arbeiten von G.V. Zemskov und Mitarbeiter zu nennen [4]. Seit etwa 14 Jahren wird über den technischen Einsatz der verschiedenen Mehrkomponentenboridschichten und immer neue Verfahrensvarianten berichtet. Über den günstigen Einfluß eines Kupferzusatzes zum Borierpulver (2 - 4 %) auf die Duktilität der Boridschicht berichten V.I. Pokhmurskii und Mitarbeiter. Derartige Boridschichten würden ein günstiges Verhalten bei Verschleiß unter höheren Drücken aufweisen [5]. V.P. Bezruchko et al. haben hierdurch die Lebensdauer von Preßformen für Kohleelektroden, wo hohe Drücke erforderlich sind, nennenswert heraufsetzen können [6]. G.V. Samsonov führte Versuche zur Erzielung von bortitanierten Schichten durch [7] und N.G. Kaidash et al. untersuchten die Kinetik und Bildung von borsilizierten und boralumierten Schichten, erzeugt in Pulvergemischen. Ferner prüften sie die Hitze- und Korrosionsbeständigkeit sowie die Korrosionsermüdung dieser Schichten auf Eisen und auf unlegierten Stählen mit 0,2; 0,45 und 0,8 % C. Die Ergebnisse werden mit den Eigenschaften nur borierter Proben verglichen [8] . G.V. Zemskov et al. berichten, daß der Verschleißwiderstand des 13 %igen Chromstahles (etwa X 20 Cr 13) durch Bortitanieren um den Faktor 3, durch Borchromieren sogar um den Faktor 8 gegenüber dem unbehandelten Stahl verbessert werden konnte [9]. P.I. Mel'nik führte Versuche zur Erhöhung der Lebensdauer von Gießformen für Aluminiumteile durch. Das günstigste Verhalten zeigten Bor-Beryllim-Schichten. Bormanganieren verhindert ebenfalls die Benetzung der Form durch Aluminium, jedoch ist der Verschleißwiderstand geringer als bei den Bor-Beryllium-Schichten [10].

Neben den Versuchen, Mehrkomponentenboridschichten in geeigneten Pulvergemischen herzustellen, wird in neuerer Zeit vermehrt über das Erzeugen der verschiedenen Mehrkomponentenschichten in Schmelzen oder mit Pasten berichtet. Insbesondere der letztgenannten Variante werden auch in verfahrenstechnischer Hinsicht große Chancen eingeräumt [11]. Das Mehrkomponentenborieren mittels Pasten kann in geschlossenen Behältern oder unter Argon durchgeführt werden. O.I. Ignatenko et al. berichten über erfolgreiche Versuche, durch Borchromieren, Bortitanieren oder Borchromtitanieren mittels Pasten unter Argonatmosphäre Teilen aus C 45 einen Korrosionswiderstand zu verleihen, der sich bei bestimmten Beanspruchungen in der Petrochemie ähnlich wie derjenige nichtrostender Chromnickelstähle verhält [12]. Die Erzeugung von Schichten, die neben Bor mehr als ein anderes Element enthalten, gewinnt offensichtlich immer mehr an Interesse, wie die steigende Zahl von Veröffentlichungen auf diesem Gebiet andeutet [13].

Das Mehrkomponentenborieren war bis zu Beginn des vorliegenden Forschungsvorhabens in der westlichen Hemisphäre praktisch unbekannt. Die Berichte aus der UdSSR beschränkten sich keineswegs auf Laborversuche, sondern gaben den erfolgreichen Einsatz der Schichten in verschiedenen Industriezweigen an. Bei den großen Bemühungen in unserem Lande, Möglichkeiten zur Verminderung des Verschleißes und der Korrosionsschäden zu erforschen, konnte die Verfahrenstechnik des Mehrkomponentenborierens nicht außer Acht gelassen werden. Im Rahmen dieses Forschungsvorhabens sollten verfahrenstechnische Aspekte des Mehrkomponentenborierens am Beispiel Bor + Chrom, in Tastversuchen auch am Beispiel Bor + Vanadin überprüft, das Abriebverhalten bei abrasiver und bei Metall-Metall-Verschleißbeanspruchung sowie die Korrosionsbeständigkeit im Schwitzwasserwechselklima-Test (DIN 50 017) ermittelt werden. Die Eigenschaften dieser Schichten sollten mit den entsprechenden von unbehandelten sowie borierten Proben verglichen werden.

Aufgrund der interessanten Ergebnisse wurde das Forschungsvorhaben über den vorgesehenen Rahmen hinaus erweitert. Es sind neben Bortitanieren vor allem des Erzeugen und Untersuchen von borchromtitanierten und borchromvanadierten Schichten vorgesehen.

2. Versuchsdurchführung

Eine Mehrkomponentendiffusion kann grundsätzlich simultan oder konsekutiv erfolgen, d.h. die Eindiffusion der verschiedenen Elemente in die Oberfläche des Werkstückes geschieht in einem einzigen Wärmebehandlungsvorgang oder in zwei (oder mehreren) Behandlungen. Im ersten Fall enthält des Spendermedium alle einzudiffundierenden Elemente, im zweiten weist jedes Spendermedium dasjenige Element auf, das gerade eindiffundiert werden soll. In beiden Fällen kann das Spendermedium in Form von Pulver(-gemischen), Pasten oder Schmelzen vorliegen. Prinzipiell kann, zumindest in einigen Fällen, die Behandlung auch in gasförmigen Spendermedien oder im Plasma durchgeführt werden.

Der langjährigen eigenen Erfahrungen mit dem Borieren und Diffusionsmetallisieren in Pulvergemischen wegen, wurden für diese Versuche feste Spendermedien vorgesehen. Das Borieren sollte in erster Linie in handelsüblichen Borierpulvern, das Diffusionsmetallisieren in Pulvergemischen, bestehend aus reinem Metallpulver oder der wesentlich billigeren Ferro-Legierung, Al_2O_3 als inertem Füllmaterial und NH_4Cl als Aktivator, durchgeführt werden. Im Rahmen der vorhandenen Möglichkeiten wurden einige Tastversuche auch mit Pasten und Salzschmelzen vorgenommen.

Aufgrund der Vorversuche wurden folgende Behandlungstemperaturen als die zweckmäßigsten ermittelt: Borieren bei 900°C, Chromieren und Vanadieren bei 1000°C und Borchromtitanieren bei 1050°C.

Die Behandlungsdauern wurden beim Borieren zwischen 1 und 5 Stunden variiert, beim Diffusionsmetallisieren zwischen 3 und 5 Stunden.

Die Behandlung in den Pulvergemischen erfolgte in Kästen, die in einem Kammerofen auf die gewünschte Temperatur gebracht und für die vorgegebene Dauer auf dieser Temperatur gehalten wurden. Danach wurden die Kästen aus dem Ofen gezogen und an Luft abgekühlt.

Für das Borieren sind keine besonderen Maßnahmen erforderlich.

Das Diffusionsmetallisieren, insbesondere das Chromieren in Pulvergemischen bereitet jedoch erhebliche Schwierigkeiten, da bereits die geringsten Sauerstoffanteile nicht nur zu einem Zusammenbacken des Pulvergemisches führen, sondern auch Ansinterungen an der Werkstückoberfläche zur Folge haben. Versuche zur Behebung dieser Schwierigkeiten ergaben, daß durch einen sehr geringen Durchfluß von Argon durch das Pulvergemisch, beginnend mindestens 1 Stunde vor Einstellen des Kastens in den Ofen bis zum vollständigen Abkühlen, das Gemisch locker bleibt und Ansinterungen praktisch vermieden werden können [14]. Der Kasten muß dabei luftdicht verschlossen sein. Die durchströmende Argonmenge muß so gering als möglich gehalten werden, um nicht die Wirkung des Aktivators zu beeinträchtigen.

In Bild 2 ist das Pulver nach einem Chromieren in einem luftdicht verschlossenen Kasten ohne weitere Maßnahmen, in Bild 3 bei Argonspülung wiedergegeben. Während bei letzterem das Pulver locker ist, ist es ohne Argonspülung fest zusammengesintert.

Ist das Durchspülen eines Kastens nicht möglich oder durch die Anordnung nicht so wirksam wie erhofft, können die Proben in einem dünnen Film aus Al_2O_3-Wolle (handelsüblich) gewickelt werden. Hiermit können Chromcarbidschichten ohne jede Ansinterung erzeugt werden, auch dann, wenn der Kasten nicht mit Argon gespült wird. Bild 4 zeigt links die Oberfläche einer in Al_2O_3-Wolle gewickelten Probe, rechts eine nicht eingewickelte Probe, die erhebliche Ansinterungen aufweist. Bei diesem Versuch wurde der Kasten nicht gespült.

Entsprechende Untersuchungen zeigten, daß zumindest beim Chromieren die Eindiffusion des Chroms durch die Wolle nicht behindert wird.

Zuvor borierte Proben weisen nach dem Diffusionsmetallisieren in der Regel keine Ansinterungen auf, meist auch dann nicht, wenn keine zusätzlichen Maßnahmen getroffen werden. Bei Stählen mir hohen Kohlenstoffgehalten ist es schwieriger das Ansintern zu vermeiden als bei Stählen mit niedrigem C-Gehalt.

Bild 2:

Chromierpulvergemisch nach 5 Stunden bei 1000°C ohne Argonspülung

Kästen luftdicht verschlossen

Bild 3:

Chromierpulvergemisch wie oben, jedoch mit Argonspülung

mit ohne

Al_2O_3-Wolle-Film

Bild 4:

Einfluß eines Al_2O_3-Wolle-Films auf die Oberflächengüte

(luftdicht verschlossener Kasten, ohne Argonspülung)

Die Versuche wurden mit Proben aus Armcoeisen und unlegierten Stählen mit unterschiedlichen C-Gehalten (Ck 10, C 45, C 100) durchgeführt. Die erhaltenen Schichten wurden metallographisch untersucht, teilweise mit Hilfe des Elektronenmikroanalysators die chemische Zusammensetzung ermittelt und die Härte der Schichten gemessen.

Das Korrosionsverhalten wurde nach DIN 50 017 geprüft. Die Korrosionsbeständigkeit wurde optisch ermittelt, der Befund nach verschiedenen Zyklen fotographisch festgehalten, sowie der Gewichtsverlust nach jedem Zyklus festgestellt.

Das Abriebverhalten wurde bei Metall-Metall-Verschleißbeanspruchung im Faville-Test bestimmt. Die Versuchsanordnung ist in Bild 5 wiedergegeben.

Bild 5:

Versuchsanordnung zur Ermittlung des Abriebverhaltens bei Metall-Metall-Verschleißbeanspruchung, Faville-Test

Bei diesem Versuch rotiert ein Zylinder unter vorgegebener Belastung in einem Prisma. Nach bestimmten Umdrehungszahlen (≙ Versuchsdauern) wird der Gewichtsverlust gemessen. Bei diesen Versuchen lagen Prisma und Zylinder stets im gleichen Wärmebehandlungszustand vor. Die Belastung betrug 50 N, die Maschine lief mit 500 U/min. Aufgetragen wurde stets der Gewichtsverlust, gemessen am Zylinder.

Das Abriebverhalten unter abrasiver Verschleißbeanspruchung wurde im Schleifteller-Test ermittelt. Die Versuchseinrichtung ist in Bild 6 wiedergegeben. Hierbei wurden 5 behandelte Scheiben mit je 7,4 N belastet und im Gegenlauf (250/50 Umdrehungen pro Minute) auf SiC-Papier der Körnung 220 rotiert. Der Abrieb wurde alle 6 Minuten gravimetrisch gemessen und das Papier erneuert.

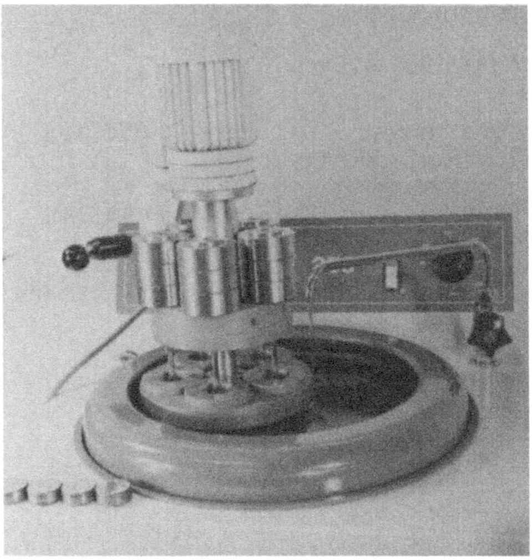

Bild 6:

Versuchsanordnung zur Ermittlung des Abriebverhaltens bei abrasiver Verschleißbeanspruchung, Schleifteller-Test

Ferner wurden für die Proben der Hauptserie (Borchromieren) die Maßänderungen nach den verschiedenen Behandlungen ermittelt und die verfahrenstechnisch bedingte Aufrauhung feinbearbeiteter Oberflächen festgestellt.

3. Versuchsergebnisse

3.1 Borchromieren

Dombrovskaya et al. hatten bereits vor 15 Jahren gezeigt, daß eine simultane Eindiffusion von Bor und Chrom in Pulvergemischen nicht möglich ist, da sich die stabile Verbindung CrB bildet. Je nach Pulverzusammensetzung entsteht entweder eine Boridschicht oder eine Chromcarbidschicht [15]. Da es diesbezüglich auch andere Auffassungen gab, zudem eigene Erfahrungen gesammelt werden sollten, wurden einige Versuche in verschiedenen Pulvergemischen durchgeführt.

Bei der konsekutiven Eindiffusion von Bor und Chrom wurde sowohl die Reihenfolge zuerst chromiert, anschließend boriert als auch zuerst boriert, anschließend chromiert eingehend untersucht.

3.11 Versuche zur simultanen Eindiffusion von B + Cr

Diese Versuchsreihe wurde durchgeführt mit

- handelsüblichem Borierpulver und unterschiedlichen Anteilen an Chrompulver (reines Metallpulver, Ferrochrom)
- handelsüblichem Borierpulver und unterschiedlichen Anteilen an Chromdioxid (Tastversuche)
- in Boraxschmelzen unterschiedlicher Zusammensetzung (Tastversuche)
- Borierpasten und Chrompulverzusatz (Tastversuch)

3.11.1 Versuche mit handelsüblichem Borierpulver und chromhaltigen Zusätzen

Die Chrompulver- bzw. Ferrochrompulverzusätze wurden zwischen 1,5 und 30 % variiert. Die Temperaturen betrugen 900 und 1000°C.

Die in diesen Gemischen behandelten Proben wiesen in der Regel ein helleres Aussehen auf, als die nur in Borierpulver borierten Proben. Untersuchungen mit Hilfe des Elektronenstrahlmikroanalysators zeigten jedoch, daß eine nennenswerte Eindiffusion von Chrom in die Boridschicht nicht stattgefunden hat. Die metallographische Untersuchung ergab, daß die Boridschichtdicke mit steigendem Chromgehalt abnahm. Bei hohen Chromanteilen war kaum noch eine Boridschicht zu erhalten. Ferner wurde beobachtet, daß mit zunehmenden Chromzusätzen der FeB-Anteil geringer wurde. Ein Zusatz von Chrompulver in Höhe von 2 - 5 % kann bei un- und niedriglegierten Stählen zu einer praktisch FeB-freien Boridschicht führen. Der Chromzusatz wirkt hier nicht nur als Verdünnung wie z.B. der Zusatz von SiC [16] , sondern setzt die Borierwirkung des Pulvers auch dadurch herab, daß sich offensichtlich CrB bildet.

3.11.2 Versuche mit Borierpulver und unterschiedlichen Anteilen an Chromdiboridpulver

In dieser Versuchsreihe sollte in einigen wenigen Versuchen geprüft werden, ob Bor und Chrom gleichzeitig eindiffundieren, wenn anstelle des Pulvergemisches eine beide Elemente enthaltende Komponente verwendet wird. Die Anteile an CrB_2 wurden zwischen 10 und 60 % variiert. Chromdiborid enthält etwa 70 % Cr. Die Behandlungstemperatur betrug 1000°C, die Behandlungsdauer 3 Stunden.

Bei einem Zusatz von 10 % CrB_2 wurde keine Eindiffusion von Chrom festgestellt. Bei den höheren Anteilen entstand eine sehr ungleichmäßige Anreicherung an Chrom in der äußersten Randschicht. Da in diesem Bereich auch der Boranteil höher ist als in der Fe_2B-Schicht, liegt die Vermutung nahe, daß sich an diesen Stellen ein Chrom-haltiges Borid gebildet hat.

Die industrielle Nutzung dieser Variante scheint jedoch fraglich aus zweierlei Gründen: erstens sind die Schichten ungleichmäßig in ihrem Chromgehalt und zweitens ist das Chromdiborid verhältnismäßig teuer.

3.11.3 Versuche in Boraxschmelzen unterschiedlicher Zusammensetzung

In den UdSSR wird das Borieren (im Gegensatz zu Deutschland, den USA und anderen westlichen Ländern, wo das Pulverborieren vorherrscht) häufig in Salzschmelzen mit und ohne Elektrolyse durchgeführt. Zudem zeigte Arai, daß durch Zusatz von Metallpulver (bzw. den entsprechenden Ferrolegierungen) in Borax-haltigen Schmelzen Carbidschichten erzeugt werden können [17] . Deshalb wurde im Rahmen der vorhandenen Möglichkeiten versucht, borchromierte Randschichten in Schmelzen zu erhalten. Borax wurde auf 1050°C erwärmt, ein oder zwei Metallpulver in verschiedenen Anteilen dazugegeben und die Proben 4 Stunden darin behandelt. Im allgemeinen mußten die Proben aus dem Schmelzbad abgeschreckt werden, um das Anbacken der Schmelze an der Oberfläche zu verhindern (dieses kann aber auch durch andere Maßnahmen erreicht werden).

In Bild 7 sind die auf Proben aus C 100 erzielten Chromcarbidschichten, links erzeugt in einem Pulvergemisch, rechts in einer Boraxschmelze mit 30 % Chrompulverzusatz, wiedergegeben. Hieraus ist ersichtlich, daß die Schichten durchaus vergleichbar sind. Trotz des Abschreckens von der hohen Temperatur wurden keine Abplatzungen beobachtet. Auch konnten Chrompulveransinterungen an der Oberfläche der in der Boraxschmelze behandelten Proben nicht festgestellt werden.

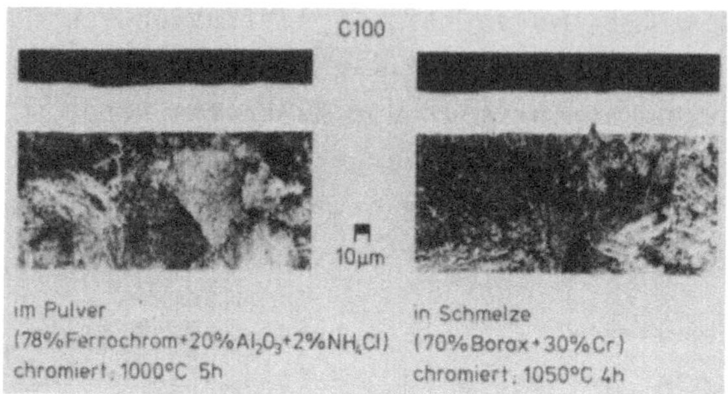

Bild 7:
Chromcarbidschichten auf C 100, erzeugt unter verschiedenen Bedingungen

Ähnliche Resultate wurden erzielt, wenn anstelle Chrompulver Ferro-Vanadin oder Ferro-Chrom + Ferro-Vanadin zugegeben wurde. Im Falle der Vanadincarbidschichten wurden monophasige Schichten von erstaunlicher Duktilität erhalten.

Werden der Boraxschmelze neben Metallpulver Komponenten zugegeben, die eine Borierung zur Folge haben (z.B. B_4C oder SiC), so werden (zumindest im Rahmen der untersuchten Zusammensetzungen) entweder Carbidschichten ohne Bor oder Boridschichten mit bestenfalls begrenzten Chromanreicherungen in der äußersten Randschicht erreicht. Welche Schichtart vorliegt, hängt von der Zusammensetzung des Schmelzbades ab.

In Bild 8 sind als Beispiel aus dieser Versuchsreihe die Randschichten und die Chromverteilung in den Schichten von Proben aus C 45 wiedergegeben, die links in einer Boraxschmelze mit 30 % Ferrochrompulver- und 20 % SiC-Zusatz, rechts in einer

Boraxschmelze mit 20 % Ferrochrom und 10 % B_4C behandelt wurden. Die Behandlung erfolgte 3 Stunden bei 1050°C.

Im ersteren Falle wird eine Boridschicht mit einer sehr dünnen chromhaltigen äußersten Randschicht erhalten (max. Chromgehalt 16 %). Im zweiten Falle liegt eine Chromcarbidschicht vor, in der kein Bor nachgewiesen werden konnte.

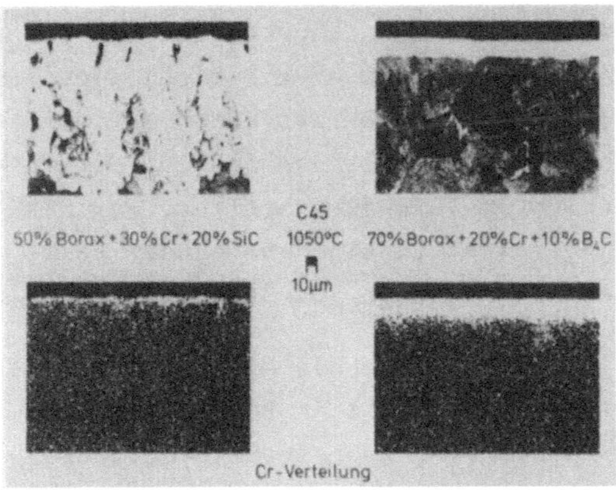

Bild 8:

Randschichten und Chromverteilung von in Boraxschmelzen unterschiedlicher Zusammensetzung behandelten Proben aus C 45

Auch mit dieser Verfahrensvariante scheint es nur sehr bedingt möglich zu sein, Mehrkomponentenboridschichten zu erzeugen. Die Versuche bestätigen aber eine neue Verfahrenstechnik zur Herstellung von Carbidschichten, die in Zukunft möglicherweise an Bedeutung gewinnen könnte.

3.11.4 Versuche mit handelsüblichen Borierpasten und Chrompulver

Bei diesen Tastversuchen wurde Borierpaste mit etwa 30 % Chrom- bzw. Ferrochrom-Pulver gemischt oder auf die aufgestrichene Borierpaste Chrompulver aufgestreut (teilweise mehrlagig). Die Versuche wurden unter Argon bei 1000 und 1100°C durchgeführt.

Da die Pasten in der neueren Literatur insbesondere beim Mehrkomponentenborieren sehr oft erwähnt werden, wurden neben Chrom auch andere Elemente zugegeben, z.B. Si, Al, Ti. Sie wurden ebenfalls entweder mit der Borierpaste vermischt oder auf die Paste aufgestreut.

Die hierbei erzielten Schichten (auch wenn sie nur tastweise und sicher mit unzureichenden Variationen durchgeführt wurden) deuten daraufhin, daß hierbei interessante Schichten erzielt werden können, die aber mit den angestrebten Mehrkomponentenboridschichten nur sehr wenig zu tun haben. Oft wurde eine glatt aufliegende Schicht erhalten, unterhalb der mehr oder weniger scharf ausgeprägt Boridzähne zu erkennen sind. Die Härte der glatt aufliegenden Schicht war in der Regel sehr niedrig (im Mittel um 350 HV 0,5). Die Härte der Boridzähne entsprach den für Eisenborid üblichen Werten. Die glatt aufliegende Schicht wies teilweise nur Eisen auf, teilweise aber auch das neben Bor eindiffundierte Element. Der Kohlenstoffgehalt der Schicht war in der Regel niedriger als derjenige des Grundwerkstoffes. Für die jeweilige Ausbildung der Randschicht scheinen neben der Paste auch die Temperatur und die Behandlungsdauer von Bedeutung zu sein.

Aus dieser Versuchsreihe ist in Bild 9 die Randschicht einer Probe aus C 45 wiedergegeben, die zuerst in Borierpaste getaucht, anschließend mit Chrompulver überstreut 3 Stunden bei 1000°C unter Argon behandelt wurde.

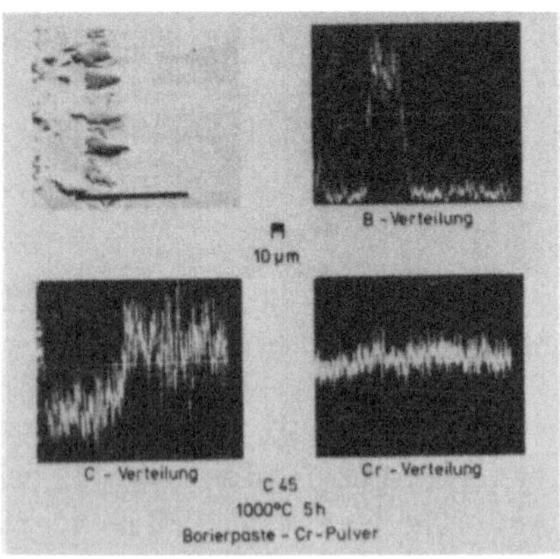

Bild 9:
Randschicht und Elementverteilung einer in Borierpaste getauchten und anschließend mit Cr-Pulver betreuten Probe aus C 45

Ein derartiger Schichtaufbau könnte möglicherweise dadurch bedingt sein, daß das zunächst eindiffundierte Bor bei längerer Behandlungsdauer wieder ausdiffundiert und mit dem Chrom reagiert.

Im Prinzip ähnliche Ergebnisse wurden erhalten, wenn das Chrompulver (30 %) mit der Borierpaste gemischt und die Behandlung bei 1100°C 3 h durchgeführt wurde.

Hieraus kann gefolgert werden, daß zumindest im Rahmen der untersuchten Variationen eine simultane Eindiffusion von Bor und Chrom zur Erzeugung von Mehrkomponentboridschichten mit ausreichend hohem Chromgehalt (Korrosionsbeständigkeit) nicht erreicht werden konnte.

3.12 Versuche zur konsekutiven Eindiffusion von Bor und Chrom

Bei der konsekutiven Eindiffusion von Bor und Chrom (oder allgemein von zwei oder mehreren Elementen) gibt es grundsätzlich zwei Möglichkeiten:

- zuerst Borieren, anschließend Chromieren
- zuerst Chromieren, anschließend Borieren

Aufgrund eingehender Vorversuche wurden für diese Versuchsreihen folgende Behandlungsdaten festgelegt:

- Borieren in handelsüblichem Borierpulver (Ekabor 2), bei 900°C, meist 5 Stunden (später auch kürzere Behandlungsdauern)
- Chromieren in einem Gemisch aus 78 % Ferrochrom + 20 % Al_2O_3 + 2 % NH_4Cl, bei 1000°C, meist 5 Stunden

3.12.1 Borieren, anschließend Chromieren

Die Proben aus den hier zu untersuchenden Werkstoffen Armcoeisen, Ck 10, C 45 und C 100 wurden nach dem Borieren funkenerosiv getrennt, die Trennfläche geschliffen und anschließend chromiert. Für die metallographische Untersuchung wurde die Probe jeweils derart getrennt, daß drei Seiten borchromiert und eine Seite nur chromiert vorlag. Hierdurch war es möglich, praktisch bei jeder untersuchten Probe alle Wärmebehandlungsvorgänge zu kontrollieren.

In Bild 10 sind die Randschichten der bei 900°C 5 Stunden borierten und anschließend 5 Stunden bei 1000°C chromierten Proben aus den vier Werkstoffen wiedergegeben.

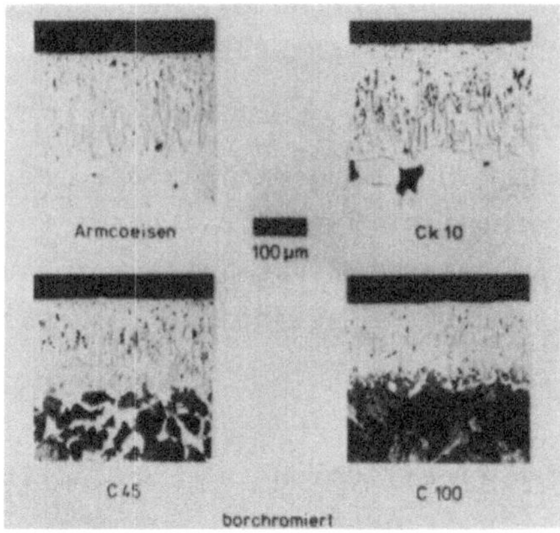

Bild 10:

Randschichten der borchromierten Proben
900°C 5 h boriert
1000°C 5 h boriert

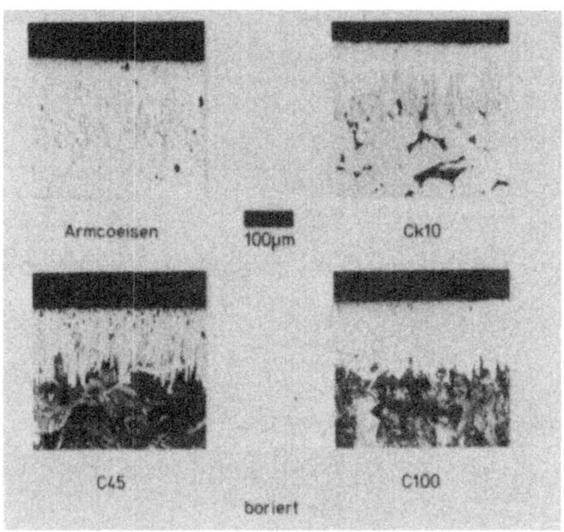

Bild 11:

Randschichten der borierten Proben

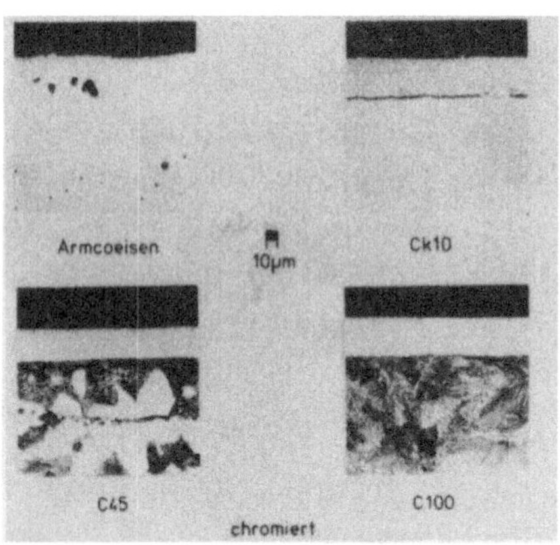

Bild 12:

Randschichten der chromierten Proben

Zum Vergleich sind in Bild 11 die Boridschichten, in Bild 12 die Carbidschichten zusammengestellt. Hieraus geht hervor, daß die borchromierten Randschichten im äußeren Bereich dichter sind als die Boridschichten. Diese Beobachtung läßt vermuten, daß während des Chromierens tatsächlich Chrom in die Boridschicht eindiffundiert ist. Im Schliffbild ist dieses sehr schlecht zu erkennen. Die Untersuchungen mit Hilfe der Elektronenstrahlmikroanalyse deuten jedoch darauf hin, daß sich eine etwa 0,005 - 0,008 mm dicke Chrom- und Bor-haltige Schicht im äußersten Bereich gebildet hat, wie Bild 13 zeigt.

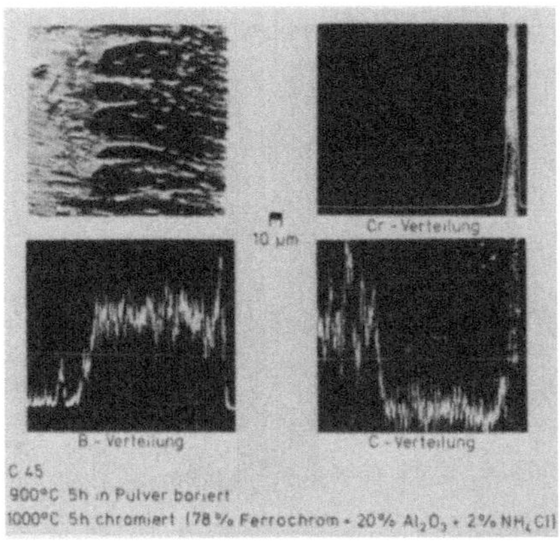

Bild 13:
Randschicht und Elementverteilung einer borchromierten Probe aus C 45

Die Elementverteilung läßt vermuten, daß zumindest teilweise auch Chromcarbid in der äußersten Schicht vorhanden ist. Eine röntgenographische Phasenanalyse war der sehr dünnen Schichtdicke wegen mit den vorhandenen Einrichtungen nicht möglich.

Die Härte der Boridschicht war bei allen Proben etwa gleich (etwa 1500 HV 0,2). Die Härte der Chromcarbidschichten differierten je nach Werkstoff. Für die Proben aus C 45 lag sie bei 1700 - 1800 HV 0,025. Die Härte der borchromierten Schicht war der geringen Dicke und der schlechten Abgrenzung gegen die Boridschicht wegen nicht ausreichend genau zu bestimmen.

Die teilweise orientierte Ausbildung der Carbidschicht bei der Probe aus Ck 10 kann des öfteren beobachtet werden, wenn γ-Gebiet einschnürende Elemente eindiffundiert werden und es während der Eindiffusion zu einer γ- α-Umwandlung kommt.

Die hier gezeigten Schichten können bei Beachtung der angegebenen Faktoren ohne Schwierigkeit und reproduzierbar hergestellt werden.

3.12.2 Chromieren, anschließend Borieren

Das Chromieren erfolgte in der Regel in der eingangs angegebenen Weise. Das Borieren wurde meist in Ekabor 2 durchgeführt, in einigen orientierenden Versuchen auch in amorphem Bor.

Beispiele für die hierbei erhaltenen Randschichten sind in den nächsten Bildern zusammengestellt. Bild 14 zeigt die Randschichten von zuerst chromierten, anschließend in Ekabor 2 borierten Proben aus den vier Werkstoffen.

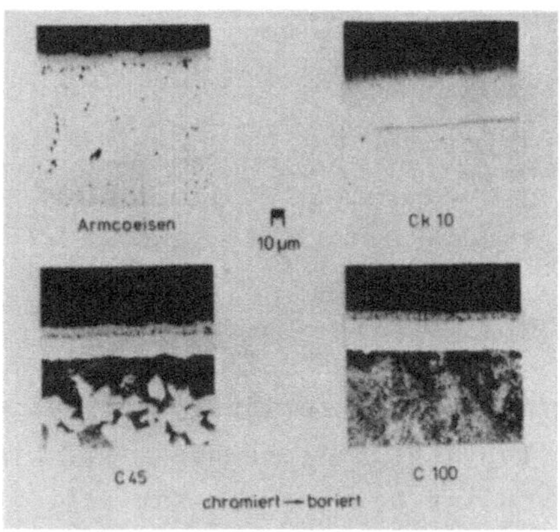

Bild 14:
Randschichten der vier Werkstoffe nach Chromieren im Pulvergemisch bei 1000°C, 5 h und anschließendem Borieren in Ekabor 2 bei 900°C, 5 h

Die Härte der äußeren Chrom- und Bor-haltigen Schicht liegt bei den Proben aus Armcoeisen und Ck 10 bei über 1900 HV 0,015. Hieraus ist ersichtlich, daß durch das anschließende Borieren die Härte der Chrom-haltigen Schicht erheblich erhöht werden kann. Bei den höher Cr-haltigen Werkstoffen ist der Unterschied zwischen der chromierten und der borchromierten Probe geringer, da die Chromcarbidschicht bereits eine hohe Härte aufweist.

Die Elementverteilung einer zuerst chromierten, anschließend borierten Probe aus C 45, aufgenommen mit Hilfe des Elektronenstrahlmikroanalysators, enthält Bild 15.

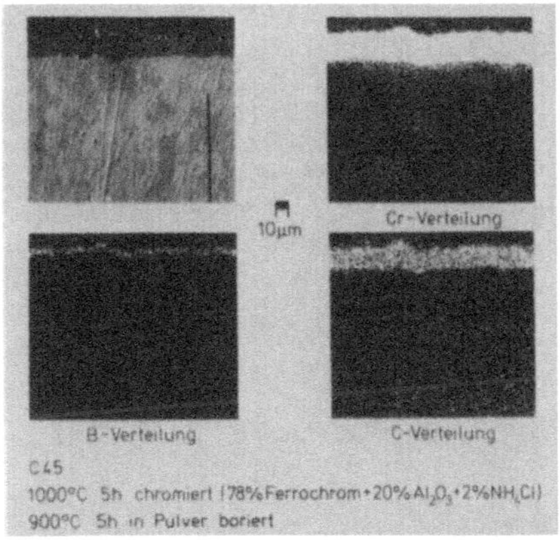

Bild 15:

Randschicht und Elementverteilung einer zuerst chromierten, anschließend borierten Probe aus C 45

Diese Schichten sind ebenfalls reproduzierbar und ohne nennenswerte Schwierigkeiten (bei Berücksichtigung der angeführten Hinweise) zu erzeugen.

3.13 Korrosionsversuche

Die Eindiffusion von Chrom und Bor wurde in erster Linie zur Verbesserung des Korrosionsverhaltens, in zweiter Linie zur Erhöhung des Verschleißwiderstandes ins Auge gefaßt. Hierbei war insbesondere das Korrosionsverhalten unter atmosphärischen Bedingungen von Interesse, da borierte Proben sehr rasch zu rosten beginnen. Daher wurde für die Korrosionsversuche der Schwitzwasserwechsel- und Schwitzwasserkonstantklima-Test nach DIN 50 017 gewählt (40°C, 100 % rel. Feuchtigkeit).

Der optische Befund des Korrosionsangriffes im Schwitzwasserwechselklima-Test wurde fotographisch festgehalten und ist für den Ausgangszustand, nach 5 und nach 20 Zyklen (≙ Tage) für Proben aus C 45 in unterschiedlichen Wärmebehandlungszuständen in Bildreihe 16 zusammengestellt.

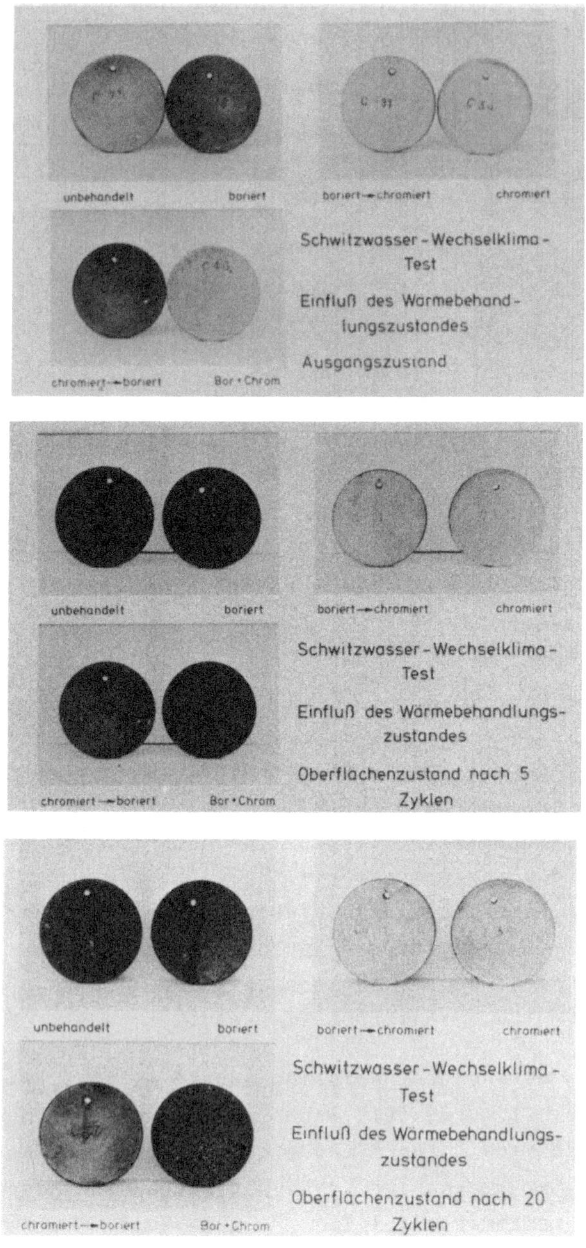

Bildreihe 16: Korrosionsverhalten von Proben aus C 45 in verschiedenen Wärmebehandlungszuständen im Schwitzwasserwechselklima-Test (DIN 50 017)

Hieraus geht hervor, daß die konsekutiv borchromierten Proben, vor allem die zuerst borierten, anschließend chromierten Proben, eine ähnlich gute Korrosionsbeständigkeit unter den genannten Bedingungen aufweisen wie die nur chromierten Proben. Die borierte Probe beginnt praktisch sofort bei Versuchsbeginn über die gesamte Oberfläche einen Rostansatz zu zeigen. Das gleiche gilt für die in einem Borier-Chrom-Pulver-Gemisch behandelte Probe. Die unbehandelte Probe weist einen festen Oxidbelag auf.

Die gravimetrische Auswertung dieser Versuchsreihe ist in Bild 17 wiedergegeben.

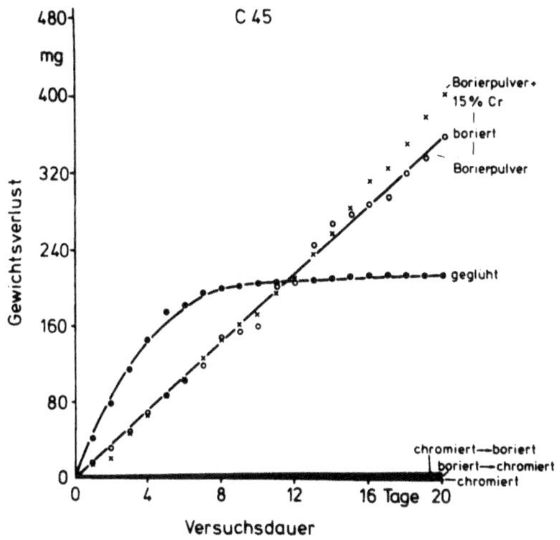

Bild 17:

Einfluß des Wärmebehandlungszustandes auf das Korrosionsverhalten von Proben aus C 45 im Schwitzwasserwechselklima-Test (DIN 50 017)

Diese Darstellung zeigt, daß die konsekutiv borchromierten Proben praktisch keinen Gewichtsverlust aufweisen und sich sehr ähnlich wie chromierte Proben verhalten. Der Gewichtsverlust der borierten Proben nimmt linear zu. Die unbehandelten Proben zeigen zunächst eine sehr starke Gewichtsabnahme, die dann später praktisch nicht mehr größer wird. Es bildet sich im Gegensatz zu den borierten Proben, bei denen der Rost leicht entfernt werden kann, eine festhaftende Oxidschicht. Es wird vermutet, daß diese Schicht eine weitere Eindiffusion von Sauerstoff erschwert, wenn nicht gar verhindert.

Diese festhaftende Oxidschicht führt zu einer starken Aufrauhung der Oberfläche. Die Oberfläche der borierten Probe ist dagegen glatt. Dieser Unterschied geht recht deutlich aus der Aufnahme in Bild 18 hervor.

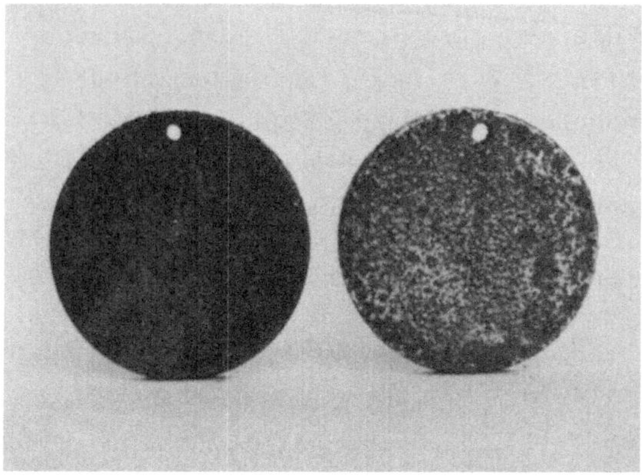

Bild 18:
Oberfläche einer borierten (rechts) und einer unbehandelten Probe (links) aus C 45 nach 20 Zyklen im Schwitzwasserwechselklima-Test

Diese Versuchsreihe hat gezeigt, daß durch Borchromieren das Korrosionsverhalten, zumindest unter atmosphärischen Bedingungen, wesentlich verbessert werden kann. Es wird eine den chromierten Proben vergleichbare Korrosionsbeständigkeit erzielt.

3.14 Verschleißversuche

Das Abriebverhalten der borchromierten Probe wurde sowohl unter Metall-Metall- als auch unter abrasiver Verschleißbeanspruchung untersucht und mit borierten sowie chromierten Proben verglichen.

3.14.1 Metall-Metall-Verschleißbeanspruchung

Die im Faville-Test erhaltenen Ergebnisse sind in Bild 19 zusammengestellt. Hierin ist der Gewichtsverlust in Abhängigkeit von der Umdrehungszahl (≘ Versuchsdauer) für Proben aus C 45 in den vier verschiedenen Wärmebehandlungszuständen dargestellt. Die Kurven geben die Mittelwerte von mehreren Versuchsreihen mit jeweils drei Proben an.

Hieraus geht hervor, daß die zuerst borierten, anschließend chromierten Proben auch ein sehr gutes Abriebverhalten bei

Metall-Metall-Verschleißbeanspruchung aufweisen.

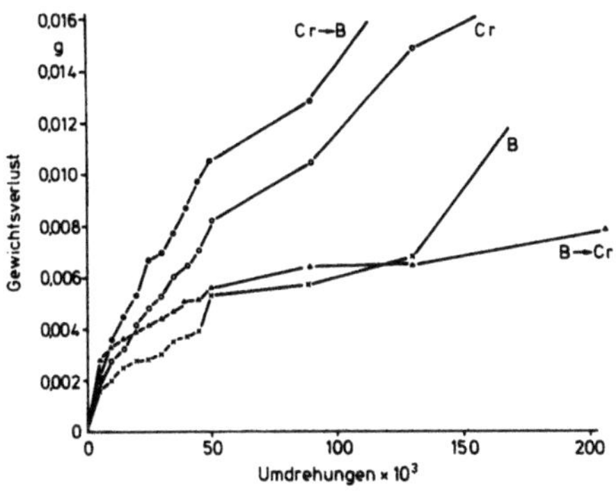

Bild 19:

Abriebverhalten von Proben aus C 45 in verschiedenen Wärmebehandlungszuständen, ermittelt im Faville-Test

3.14.2 Abrasive Verschleißbeanspruchung

Die Ergebnisse des im Schleifteller-Test ermittelten Abrieverhaltens sind in Bild 20 zusammengestellt. Es sind hier jeweils die Mittelwerte von 5 (teilweise 10) Proben wiedergegeben. Die zuerst borierten, anschließend chromierten Proben weisen ein eindeutig günstigeres Verschleißverhalten auf als die borierten oder gar die chromierten Proben. Die zuerst chromierten, anschließend borierten Proben waren eindeutig schlechter als die der erst genannten Reihenfolge.

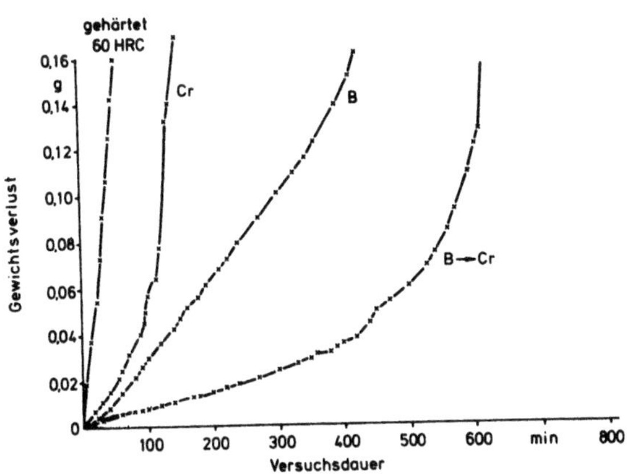

Bild 20:

Abriebverhalten von Proben aus C 45 in verschiedenen Wärmebehandlungszuständen, ermittelt im Schleifteller-Test

Hieraus kann gefolgert werden, daß die borchromierten Proben, und zwar in erster Linie die zuerst borierten, anschließend chromierten Proben nicht nur eine sehr gute Korrosionsbeständigkeit, sondern auch ein mindest gleich gutes Verschleißverhalten aufweisen wie die borierten Proben.

3.15 Maßänderungen

Thermochemische Behandlungen sind im allgemeinen mit einer Änderung der Abmessungen verbunden, in der Regel mit einer Zunahme derselben. Um die zu erwartenden Maßänderungen bei der konsekutiven Eindiffusion von Bor und Chrom abschätzen zu können, wurden Scheiben, 7 mm dick, aus den vier Werkstoffen borchromiert, und zwar in beiden Sequenzen. Die Dicke der Scheiben wurde vor der Behandlung sowie nach jedem Behandlungsschritt auf einem Meßtisch mit einer Meßuhr (Tausendstel Millimeter-Anzeige) vermessen. Die Ergebnisse sind in Bild 21 für den Fall der zuerst borierten, anschließend chromierten Proben, in Bild 22 für die in umgekehrter Reihenfolge behandelten Proben wiedergegeben.

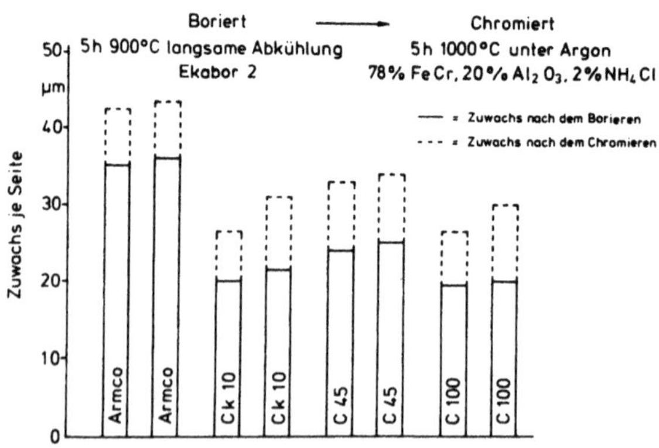

Bild 21: Dickenzunahme je Seite für borierte und borchromierte Proben aus vier verschiedenen Werkstoffen

Die Boridschichtdicke betrug z.B. beim C 100 etwa 0,120 mm, die Chromcarbidschicht war 0,028 mm dick. Das bedeutet, daß die Dickenzunahme der Scheibe durch Borieren (0,020 mm) 16 % der Boridschichtdicke ausmacht, durch das Chromieren (0,012 mm) aber Maßänderungen von etwa 43 % der Schichtdicke (0,028 mm) vorliegen.

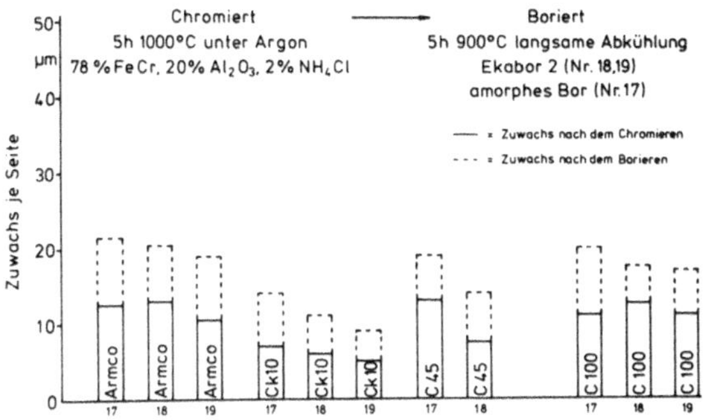

Bild 22:

Dickenzunahme je Seite für chromierte und borchromierte Proben aus vier verschiedenen Werkstoffen

Die Dickenzunahme je Seite nach dem Chromieren der borierten Schicht beträgt etwa 20 % der borchromierten Schicht.

Die Dickenzunahme nach dem Chromieren der borierten Schicht ist größer als die Chrom-haltige Schicht. Diese Diskrepanz ist dadurch zu erklären, daß die Proben nach dem Borieren FeB aufweisen. Diese Phase löst sich beim Chromieren auf, das überschüssige Bor wandert nach innen und vergrößert die Dicke der Fe_2B-Schicht. In Bild 23 ist die Randschicht einer Probe aus C 100 nach dem Borieren und nach dem Borchromieren wiedergegeben.

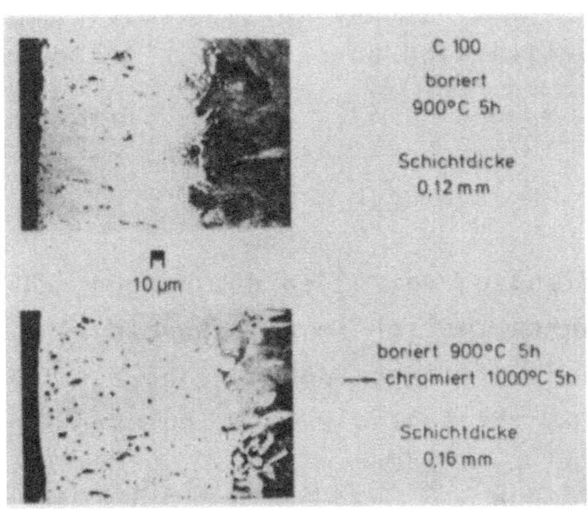

Bild 23:

Aufbau und Dicke der Randschicht einer Probe aus C 100 nach Borieren (mit FeB) und nach Borchromieren

Die Dicke der Boridschicht beträgt etwa 0,120 mm. Nach dem anschließenden Chromieren ist die Schicht FeB-frei und die Dicke der Schicht auf etwa 0,160 mm angewachsen.

Ist jedoch die Boridschicht FeB-frei, wie im vorliegenden Beispiel bei einer Probe aus C 45, so ist nach dem anschließenden Chromieren keine nennenswerte Zunahme der Boridschicht mehr zu verzeichnen (Bild 24).

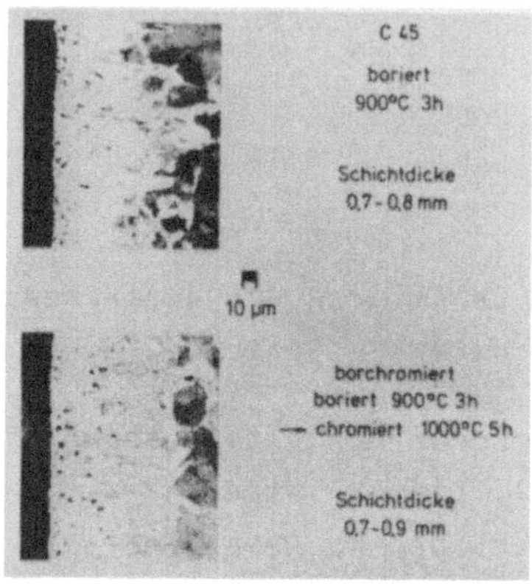

Bild 24:
Aufbau und Dicke der Randschicht einer Probe aus C 45 nach Borieren (FeB-frei) und nach Borchromieren

Nach dem Chromieren (oder einer anderen Behandlung bei hohen Temperaturen) sind die Boridzähne weniger stark ausgebildet und die Zwischenräume füllen sich mit Ferrit auf.

Die durch das Borchromieren entstehenden Maßänderungen können durch ein entsprechendes Untermaß berücksichtigt werden. Nach Angaben aus der Industrie sollen sich borchromierte Schichten gut polieren lassen.

3.16 Aufrauhung

Die thermochemischen Behandlungen, vor allem diejenigen, die zu einer Verbindungsschicht führen, weisen im allgemeinen eine Aufrauhung der Oberfläche auf, die insbesondere dann zum Tragen kommt, wenn die Rauhtiefe vor der Behandlung gering war.

In Bild 25 sind die Rauhtiefen R_a, R_z und R_t (R_{max}) vor der

Behandlung, nach dem Borieren und nach dem anschließenden Chromieren zusammengestellt. Bild 26 gibt diese Werte für die andere Reihenfolge des Borchromierens wieder.

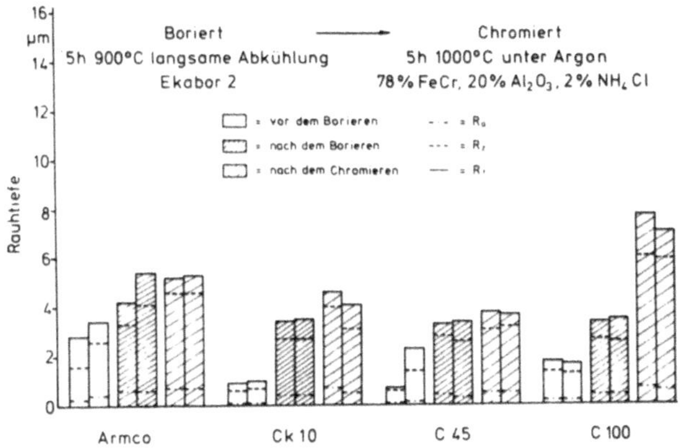

Bild 25:

Rauheiten von Proben aus den vier Werkstoffen im Ausgangszustand, nach Borieren und nach anschließendem Chromieren

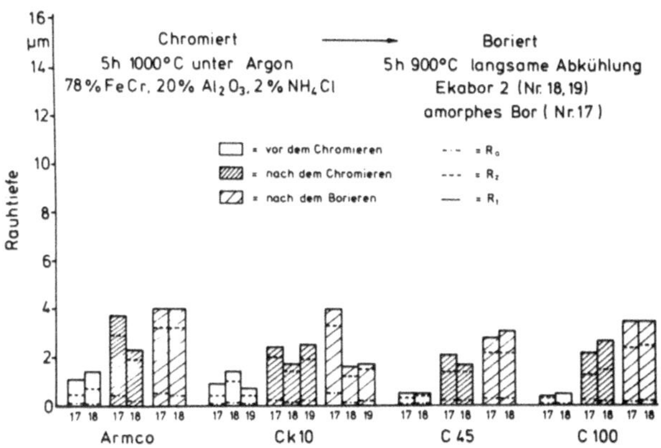

Bild 26:

Rauheiten von Proben aus den vier Werkstoffen im Ausgangszustand, nach Chromieren und nach anschließendem Borieren

Bild 25 ist zu entnehmen, daß die Rauhtiefe R_t durch Borieren weitgehend unabhängig vom Werkstoff um 0,002 bis 0,003 mm zunimmt. Durch das anschließende Chromieren wird die Oberflächenrauheit im allgemeinen nur wenig verändert. Die große Zunahme beim C 100 kann nicht erklärt werden.

Die Aufrauhung durch Chromieren beträgt bei sehr feingeschliffenen Oberflächen etwa das Dreifache der Ausgangsrauhtiefe. Durch das anschließende Borieren wird die Rauhtiefe weiter erhöht.

3.2 Borvanadieren

Die Eindiffusion von Bor und Vanadin wird in der Literatur nur sehr selten angeschnitten. Aufgrund der eigenen guten Erfahrungen mit Vanadin-reichen Randschichten, sollte auch das Borvanadieren im Rahmen des Mehrkomponentenborierens zumindest tastweise untersucht werden.

In Vorversuchen wurde für das Vanadieren folgendes Pulvergemisch als das günstigste ermittelt: 60 % Ferrovanadin + 37 % Al_2O_3 + 4 % NH_4Cl. Das Borieren erfolgte in Ekabor 2. Temperaturen und Behandlungsdauern wurden ähnlich wie beim Borchromieren gewählt.

Die Versuche wurden zwar mit allen vier Werkstoffen durchgeführt, die Diskussion der Ergebnisse soll jedoch auf die Proben aus C 45 und C 100 beschränkt bleiben, da sie die praktisch interessanteren Varianten darstellen.

Aufgrund der Erfahrungen hinsichtlich der simultanen Eindiffusion von Bor und Chrom blieben die Versuche bei diesen Varianten auf die konsekutive Eindiffusion dieser beiden Elemente beschränkt. Es wurde sowohl die Variante zuerst Borieren, anschließend Vanadieren als auch diejenige zuerst Vanadieren anschließend Borieren untersucht.

3.21 Vanadieren, anschließend Borieren

Ein Beispiel aus dieser Versuchsreihe zeigt Bild 27. Es gibt die Randschicht einer Probe aus C 45 sowie die Bor-, Vanadin- und Kohlenstoffverteilung in der Randschicht wieder. Obwohl im metallographischen Schliffbild kaum erkennbar, weist die Elektronenstrahlmikroanalyse eine dünne, borreiche Schicht nach.

3.22 Borieren, anschließend Vanadieren

Die Randschicht einer zuerst borierten, anschließend vanadierten

Probe aus C 100 sowie die Vanadin- und die Bor-Verteilung enthält Bild 28. Den äußeren Randschichtbereich bildet eine 0,008 bis 0,010 mm dicke Vanadin-reiche Schicht, die einen höheren Borgehalt aufweist als das Fe_2B. Vermutlich handelt es sich hierbei um ein Borid der Konstitution VB mit 17,52 % B. Die Härte dieser Schicht wurde zu etwa 2350 HV 0,015 bestimmt.

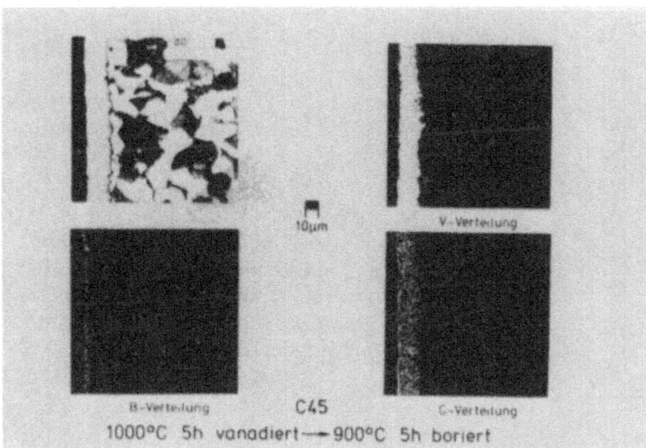

Bild 27:

Randschicht und Elementverteilung einer borvanadierten Probe aus C 45 (vanadiert — boriert)

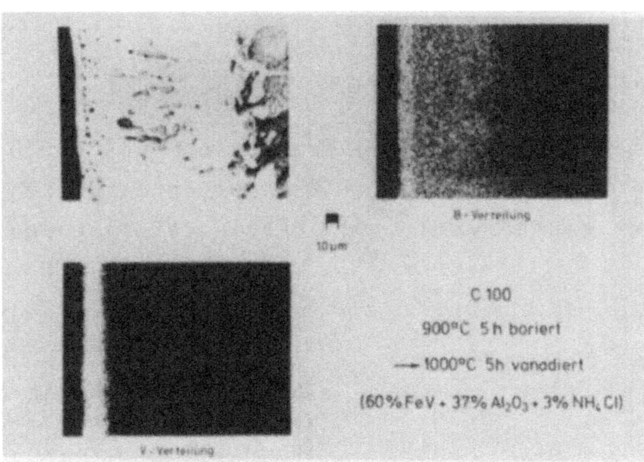

Bild 28:

Randschicht und Elementverteilung einer borvanadierten Probe aus C 100 (boriert — vanadiert)

Borchromierte und Borvanadierte Proben können anschließend gehärtet und vergütet werden, ohne Abplatzen der Schicht befürchten zu müssen (zumindest gültig für die untersuchten Stähle).

Trotz der hohen Härte sind die Mehrkomponentenschichten offensichtlich recht duktil. Eine borvanadierte Probe wurde mit der Hammerfinne "bearbeitet". Es traten Vertiefungen, Dellen, auf, aber kein Abplatzen der Schicht.

3.23 Verschleißversuche

Die borvanadierten Proben wurden den gleichen Verschleißprüfungen unterworfen wie die borchromierten Proben und mit borierten bzw. vanadierten Proben verglichen. In Bild 29 ist der Gewichtsverlust in Abhängigkeit von der Versuchsdauer für Proben aus C 45 in vier verschiedenen Wärmebehandlungszuständen wiedergegeben, und zwar bei Metall-Metall-Verschleißbeanspruchung. Es ist das günstigste Verschleißverhalten, das bisher in unserem Hause beobachtet wurde.

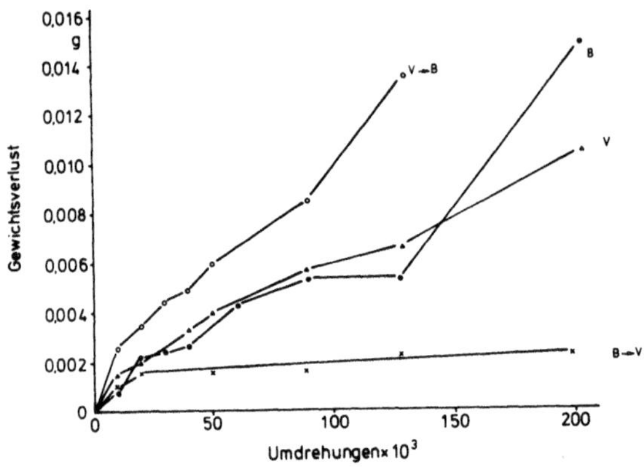

Bild 29:
Abrieb in Abhängigkeit von der Umdrehungszahl für Proben aus C 45 in verschiedenen Wärmebehandlungszuständen, gemessen im Faville-Test

Das bei abrasiver Verschleißbeanspruchung ermittelte Verschleißverhalten enthält Bild 30. Auch bei dieser Beanspruchung weisen die borvanadierten Proben ein hervorragendes Abriebverhalten auf.

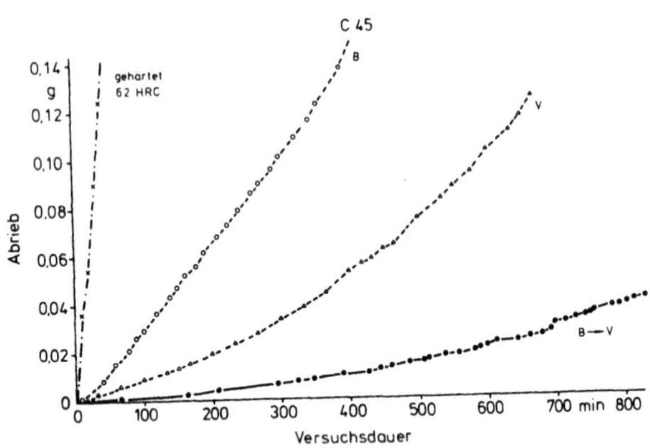

Bild 30:
Abrieb in Abhängigkeit von der Versuchsdauer für Proben aus C 45 in verschiedenen Wärmebehandlungszuständen, ermittelt im Schleifteller-Test

3.24 Korrosionsversuche

Die borvanadierten Proben wurden ebenfalls nach DIN 50 017 auf ihre Korrosionsbeständigkeit hin geprüft. Die Ergebnisse sind - hier im Vergleich mit anderen Randschichten - in Bild 31 zusammengestellt.

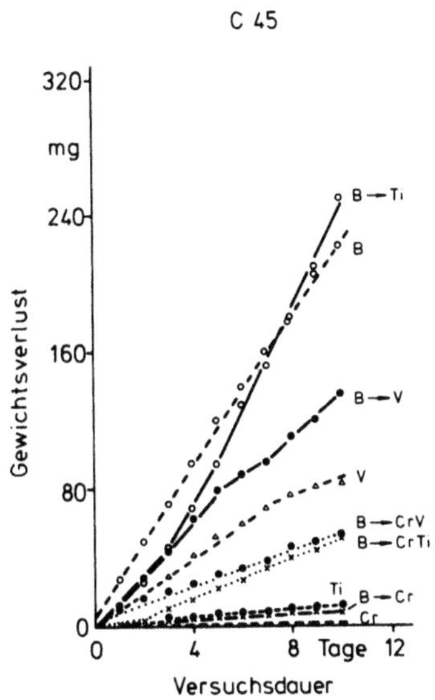

Bild 31:

Gewichtsverlust von Proben aus C 45 in verschiedenen Wärmebehandlungszuständen im Schwitzwasser-Konstantklima-Test (DIN 50 017)

3.3 Erweiterte Versuche (andere Schichtkombinationen)

Aufgrund der sehr interessanten Schichten, die durch Borchromieren und Borvanadieren erzielt wurden, wurde das Versuchsprogramm auf andere Schichtkombinationen erweitert. Von diesen teilweise nur tastweise durchgeführten bzw. zur Zeit noch laufenden Untersuchungen sind nachstehend die wichtigsten der bisherigen Ergebnisse wiedergegeben.

3.31 Bortitanieren

Das Borieren erfolgte in Ekabor 2, das Titanieren in einem Pulvergemisch, bestehend aus 68 % Titanpulver (bzw. Ferrotitan) + 30 % Al_2O_3 + 2 % NH_4Cl. Behandlungstemperatur und -dauer waren denjenigen in den vorangegangenen Versuchen vergleichbar.

Bei einer 5 Stunden borierten Probe aus C 45 wurde nach dem Titanieren eine vierschichtige Randschicht beobachtet. Zwischen den beiden äußeren Titan-haltigen Schichten (aufgrund einer Auger-Analyse wird vermutet, daß die äußerste Schicht Titan, Eisen und Kohlenstoff enthält, die darunter befindliche grau anätzende Schicht aus TiB_2 besteht) und der Eisenboridschicht liegt eine Eisenmischkristall-Schicht sehr geringer Härte. Einen ähnlichen Schichtaufbau beobachteten auch Zemskov et al. sowie Greiner et al.. Die Bildung der Eisenmischkristall-Zwischenschicht wird auf eine "Entborierung" zurückgeführt, da Titan besonders stark mit Bor reagiert[1)].

Das Verschleiß- und Korrosionsverhalten der bortitanierten Proben aus C 45 ist in Bild 34 und 35 bzw. in Bild 31 wiedergegeben. Das Verschleißverhalten ist günstiger als dasjenige der Titancarbidschichten (erzeugt durch Eindiffusion von Titan).

3.32 Borchromtitanieren

Die weiche Eisenmischkristall-Zwischenschicht braucht nicht, aber könnte für einige Beanspruchungen infolge der mangelnden Stützwirkung nachteilig sein. Diese Schicht könnte - ebenso wie die Bor-arme äußerste Schicht - nach Zemskov et al. vermieden werden, wenn in die Boridschicht Chrom und Titan gleichzeitig eindiffundiert werden. Das zuerst eindiffundierende Chrom soll die Eisenboridschicht stabilisieren und auf diese Weise das "Entborieren" durch das Titan verhindern. Bei der Eindiffusion des Titans bilden sich Titancarbid und Titandiborid.

Das Borchromtitanieren wurde mit zwei verschiedenen Werkstoffen durchgeführt. Das Borieren erfolgte bei 900°C, die Borierdauern wurden zwischen 1 und 5 Stunden variiert. Als besonders günstig erwiesen sich Borierdauern von 1 - 3 Stunden. Das Chromtitanieren erfolgte in einem Gemisch, bestehend aus Ferrochrom-Ferro-Titan im Verhältnis 2:1 und 2 % NH_4Cl. Bei Anwendung von Behandlungstemperaturen oberhalb 1000°C werden dickere Schichten er-

1) Wenn auch nur wenige Versuche durchgeführt wurden, ist es nicht ganz unwahrscheinlich, daß die jeweilige Schichtausbildung durch die Boridschicht und die Behandlungsparameter beim Chromtitanieren beeinflußt werden kann

zielt als bei niedrigeren Temperaturen. Für das Borchromtitanieren erwies sich eine Temperatur von 1050°C als recht zweckmäßig. Die Behandlungsdauern sollten mindestens 3 Stunden betragen.

Als Beispiel aus den zur Zeit noch laufenden Untersuchungen sind in Bild 32 die Randschichten von drei borchromtitanierten Probenwerkstoffen wiedergegeben. Die borchromtitanierte Schicht hebt sich deutlich von der Boridschicht ab. Die Härte dieser Schichten ist extrem hoch. Sie beträgt bei richtiger Durchführung der Behandlung mindestens 3500 HV und kann sogar in einzelnen Fällen bei mehr als 4500 HV 0,015 liegen. Die unmittelbar darunter befindliche Schicht weist eine deutlich höhere Härte als die Eisenboridschicht auf.

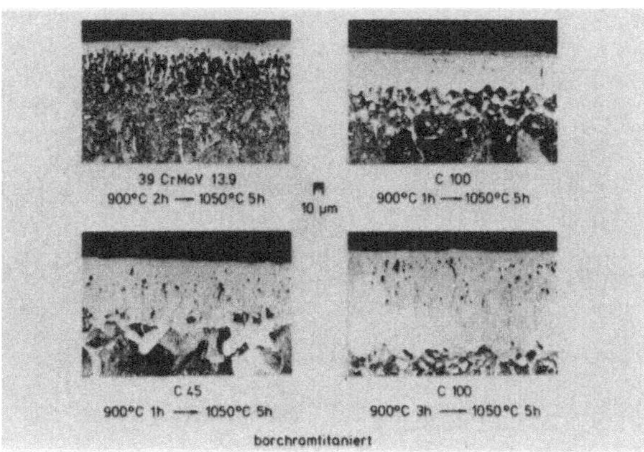

Bild 32:

Randschichten borchromtitanierter Proben

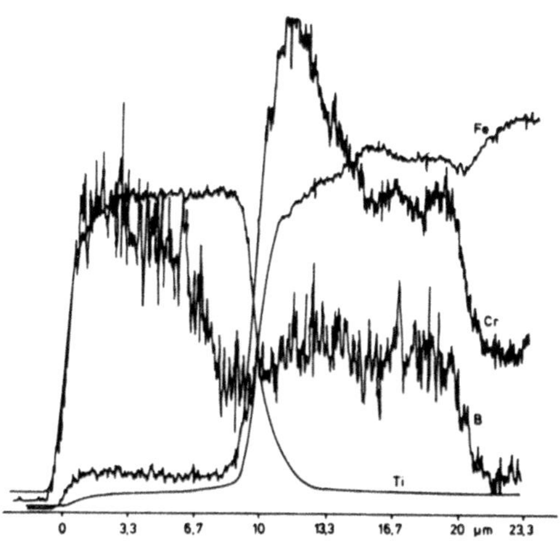

Bild 33:

Elementverteilung der borchromtitanierten Probe aus 39 CrMoV 13.9

Bild 33 gibt die Elementverteilung in der äußersten Randschicht der borchromtitanierten Probe aus 39 CrMoV 13.9 wieder. Hieraus geht hervor, daß in der äußersten Schicht vor allem Titan, Bor und (nicht eingetragen aber gemessen) Kohlenstoff vorhanden sind. Chrom befindet sich erst unterhalb der Titan-reichen Schicht, die vorwiegend aus Titancarbid und Titanborid (röntgenographische Phasenanalyse) besteht. Der unmittelbar darunter liegende Teil der Eisenboridschicht ist stark mit Chrom angereichert, worauf die hier gemessene hohe Härte zurückzuführen sein dürfte.

Die ersten Ergebnisse der Verschleiß- und Korrosionsversuche mit borchromtitanierten Proben aus C 45 sind in Bild 34 (Faville-Test) und Bild 35 (Schleifteller-Test) bzw. in Bild 31 enthalten.

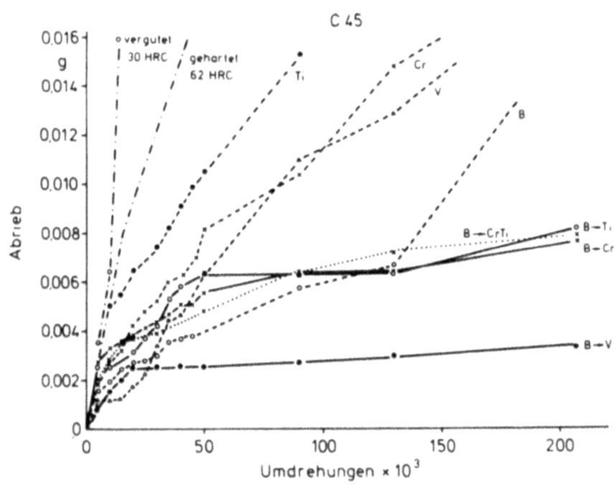

Bild 34:

Abriebverhalten von Proben aus C 45 in unterschiedlichen Wärmebehandlungszuständen, gemessen im Faville-Test

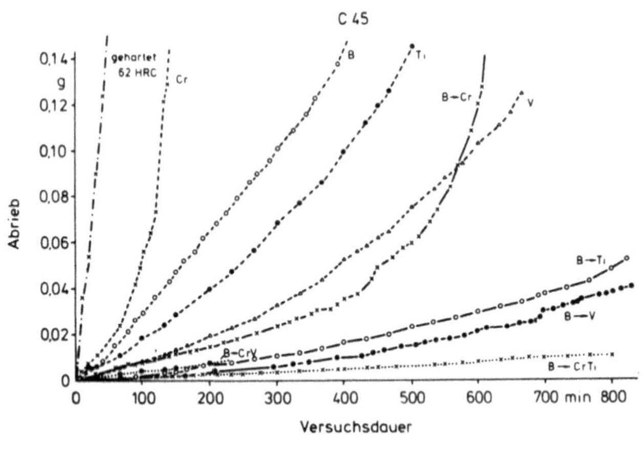

Bild 35:

Abriebverhalten von Proben aus C 45 in unterschiedlichen Wärmebehandlungszuständen, gemessen im Schleifteller-Test

Die borchromtitanierten Proben weisen einen hervorragenden Abriebwiderstand bei abrasiver Verschleißbeanspruchung auf.

3.33 Borchromvanadieren

Das Korrosionsverhalten der borvanadierten Proben im Schwitzwasserklima-Test ist nur wenig besser als dasjenige der borierten Proben. Es ist zu vermuten, daß durch die gleichzeitige Eindiffusion von Chrom und Vanadin das Korrosionsverhalten verbessert werden kann, ohne den Abriebwiderstand - verglichen an den borvanadierten Proben - nennenswert zu beeinträchtigen.

Die ersten Versuche zeigen zwar eindeutige Mehrkomponentenboridschichten, die auch ein gutes Verschleiß- und Korrosionsverhalten aufweisen (Bild 31 und 35), jedoch wurden hier Phänomene beobachtet, die u.a. einem Kirkendall-Effekt ähneln. Die metallographischen Befunde werden zur Zeit durch Elektronenstrahlmikroanalysen untersucht. Ferner werden andere verfahrenstechnische Parameter geprüft.

3.34 Borsilizieren

In der russischen Fachliteratur wird besonders häufig das Borsilizieren erwähnt, das auf verschiedene Weise durchgeführt wird. Borsilizierte Schichten sollen sich besonders günstig bei Abrasivverschleiß in wäßrigen Medien verhalten.

Das Borsilizieren wurde - jedoch nur im Rahmen von Tastversuchen - mit verschiedenen Verfahrensvarianten durchgeführt. Bei der ersten Variante wurden Proben aus C 45 in reinem Siliziumpulver 5 Stunden bei 900°C siliziert und anschließend in handelsüblichem Borierpulver behandelt. Die Randschichten nach dem Silizieren und nach dem anschließenden Borieren sowie die Verteilung der Elemente Bor und Silizium in der borsilizierten Probe gibt Bild 36 wieder. Hieraus ist ersichtlich, daß das Silizium durch das Bor aus der Randschicht verdrängt wird und sich unterhalb der Boridschicht und zwischen den Boridzähnen bis zu einem Gehalt von über 5 % anreichert. Der Siliziumgehalt in der Boridschicht wurde zu etwa 0,1 % ermittelt und ist, wie die topographische Verteilung zeigt, niedriger als im Grundwerkstoff.

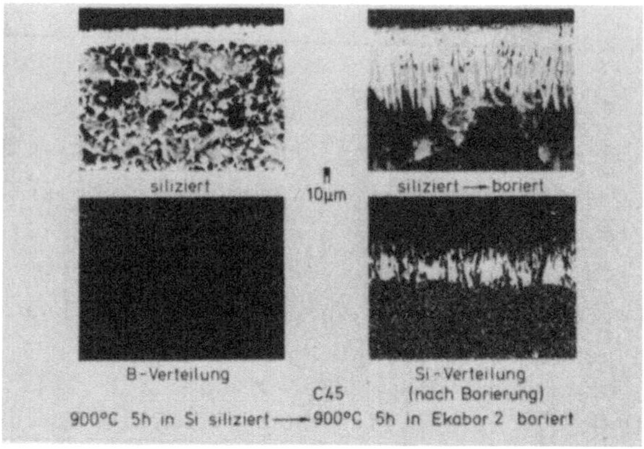

Bild 36:
Randschicht und Elementverteilung in einer borsilizierten Probe aus C 45 (siliziert — boriert)

Die Randschicht und die Elementverteilung einer zuerst borierten und anschließend silizierten Probe aus C 45 ist in Bild 37 enthalten. Die Siliziumanreicherung unterhalb der Boridschicht ist mit an Sicherheit grenzender Wahrscheinlichkeit auf die Verdrängung des Siliziums des Grundwersktoffes durch das eindiffundierende Bor zurückzuführen. Dieses Phänomen ist bekannt und kann bei höher legierten (vor allem Chrom enthaltenden) Stählen sogar zu einer ferritischen Zwischenschicht führen [18]. In der äußersten Randschicht ist eine ungleichmäßige Anreicherung an Silizium festzustellen. Dieses Silizium dürfte mit Sicherheit

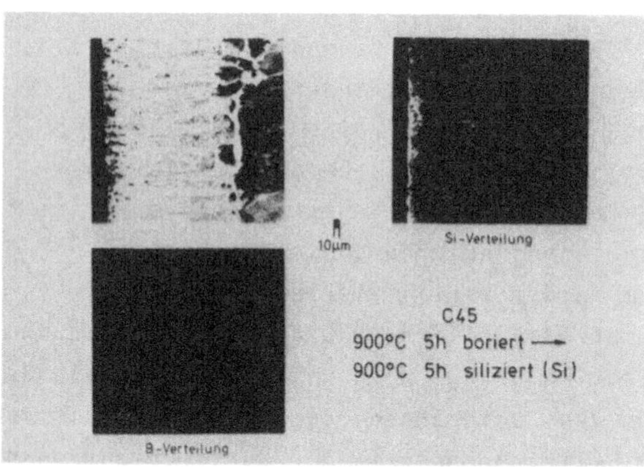

Bild 37:
Randschicht und Elementverteilung einer borsilizierten Probe aus C 45 (boriert — siliziert)

aus dem Siliziumpulver stammen. Diese Eindiffusion ist schwer zu erklären bei dem bisher beobachteten Verhalten der beiden Elemente. Möglich (jedoch nur als Vermutung ausgesprochen) wäre das Vorhandensein einer "entborierten" Schicht im äußersten Randschichtbereich. Es wurde bei früheren Versuchen bisweilen α-Eisen in dem oberflächennahen Bereich nachgewiesen.

Beim Pastenborsilizieren, bei dem die Probe aus C 45 zuerst in die Borierpaste getaucht und anschließend mit Siliziumpulver bestreut wurde, zeigte sich nach einer fünfstündigen Behandlung bei 1000°C die in Bild 38 wiedergegebene Randschicht. Hier ist Bor nur unterhalb der Silizium-haltigen Randschicht vorhanden (siehe auch 3.11.4).

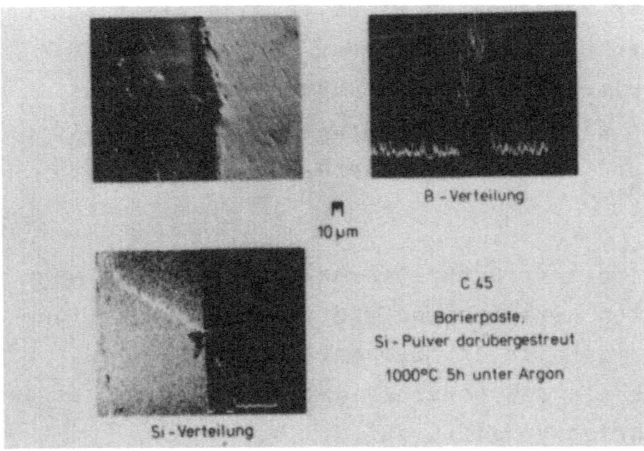

Bild 38:

Randschicht und Elementverteilung einer Pasten-borsilizierten Probe aus C 45

Ein Versuch in einem Pulvergemisch (gemäß [15]) führte zu Proben mit einer praktisch undiskutablen Oberflächenbeschaffenheit.

4. Schlußfolgerung

Die im Rahmen dieses Forschungsvorhabens durchgeführten bisherigen Untersuchungen zeigen, daß durch Mehrkomponentenborieren, insbesondere durch die konsekutive Eindiffusion von zuerst Bor, anschließend einem oder zwei metallischen Elementen, technisch interessante Schichten erzeugt werden können. Es wurden bisher folgende Mehrkomponentenboridschichten erzeugt und untersucht:

- Schichten durch Borchromieren
- Schichten durch Borvanadieren
- Schichten durch Bortitanieren (Tastversuche)
- Schichten durch Borchromtitanieren (noch nicht abgeschlossen)
- Schichten durch Borchromvanadieren (begonnen)

Im Rahmen des vorliegenden Vorhabens wurden die verfahrenstechnischen Daten und Maßnahmen zur Erzeugung geeigneter Schichten ermittelt. Das Abriebverhalten dieser Schichten bei Metall-Metall- und bei abrasiver Verschleißbeanspruchung untersucht und ihre Korrosionsbeständigkeit im Schwitzwasserklima-Test (DIN 50 017) bestimmt.

Die Behandlungen wurden in pulverförmigen Spendermedien durchgeführt. Bei Beachtung der angegebenen Hinweise sind diese Schichten ohne Schwierigkeiten und reproduzierbar herzustellen. Die Borierdauern sollten zwischen 1 und 5 Stunden betragen. Das Diffusionsmetallisieren wird zweckmäßigerweise bei Temperaturen von mindestens 1000°C und Behandlungsdauern von mindestens 3 Stunden durchgeführt.

Bei abrasiver Verschleißbeanspruchung verhalten sich alle Mehrkomponentenboridschichten hervorragend und eindeutig günstiger als die reinen Eisenboridschichten. Bei Metall-Metall-Verschleißbeanspruchung weisen die borvanadierten Proben bisher das eindeutig günstigste Abriebverhalten auf.

Das im Schwitzwasserklima-Test ermittelte Korrosionsverhalten deutet darauf hin, daß die meisten Mehrkomponentenboridschichten einen höheren Korrosionswiderstand besitzen als die Eisenboridschichten. Das trifft insbesondere für die borchromierten Proben zu, die eine Korrosionsbeständigkeit aufweisen, die nahezu derjenigen der chromierten vergleichbar ist.

Die Mehrkomponentenboridschichten sind trotz ihrer hohen Härte recht duktil. Es besteht keine Abplatzgefahr. Das gilt auch für das nachträgliche Härten und Vergüten.

Bei den Versuchen wurden ferner folgende praktisch interessante Erfahrungen gesammelt: a. Die Zugabe von Chrompulver (etwa 2-5 %)

zum handelsüblichen Borierpulver erlaubt für un- und niedriglegierte Stähle die Erzeugung von FeB-freien Boridschichten; b. durch Zusatz von Metallpulvern in Borax-haltigen Schmelzen lassen sich einphasige Vanadincarbidschichten und Vanadin-Chrommischcarbidschichten herstellen.

Die Mehrkomponentenboridschichten werden bereits industriell erprobt und sind für einige Teile, die sowohl auf Korrosion als auch auf Verschleiß (Metall-Metall- und Abrasiv-Verschleiß) beansprucht werden, erfolgreich eingesetzt worden.

Für eine komplexe Verschleiß-Korrosionsbeanspruchung sind in erster Linie die Chrom-haltigen Mehrkomponentenboridschichten geeignet. Bei auf vorwiegend reinen Verschleiß beanspruchte Teile dürften die borvanadierten Schichten besonders interessant sein.

Anmerkung: Auf Schalenhartguß können die für Stahl ermittelten geeigneten Verfahrensparameter für das Mehrkomponentenborieren nicht unbedingt übertragen werden. Es wurden hier Abplatzungen beobachtet, die darauf zurückzuführen sind, daß sich im Übergangsbereich Boridschicht-Grundwerkstoff Hohlräume bilden, ähnlich einem Kirkendall-Effekt [19]. Zur Zeit wird geprüft, ob durch verfahrenstechnische Maßnahmen (z.B. Anwendung tieferer Temperaturen beim Diffusionsmetallisieren) dieses Phänomen vermieden werden kann.

5. Schrifttum

[1] Chatterjee-Fischer, Ruth: Borieren; Veredlung von Metalloberflächen, Haus der Technik Nr. 374, S.70-78

Matuschka, Adolf Graf v.: Borieren; München, Hanser-Verlag 1977

Kunst, Helmut; Schaaber, Otto: Beobachtungen beim Oberflächenborieren; Härterei-Tech. Mitt. 22 (1967) S.275-292

[2] Chatterjee-Fischer, Ruth: Borieren von Eisenwerkstoffen - Verfahrenstechnik, Eigenschaften, Anwendung - XVII. Internationales Gespräch über Wärmebehandlungsfragen; Tratermat' 78, Barcelona, 1978, Bd. 2

Fichtl, Walter: Über neuere Erkenntnisse auf dem Gebiet des Oberflächenborierens; Härterei-Tech. Mitt. 29 (1974), S.113-119

Zöllner, H.: Verminderung des Adhäsiv- und Abrasiv-Verschleißes durch Anwendung des Borierens; Metalloberfl. 32 (1978) Nr. 10, S.455-458

Kunst, Helmut: Borieren; Neuere Anwendungsbeispiele; Z. f. wirtsch. Fertig. 71 (1976)Nr. 8, S.361-362

[4] Zemskov, G.V.; Kaidash, N.G.: Borosiliconizing iron and steel; Metal Sci. & Heat Treatm. (1964) Nr. 3/4, S.179-181

Zemskov, G.V. et al.: Combined diffusion saturation of alloys; Metal Sci. & Heat Treatm. (1967) Nr. 3/4, S.282-284

[5] Pokhmurskii, V.I. et al: Einfluß der oberflächlichen Legierung von Kohlenstoffstahl mit B und Cu auf die Festigkeit und Verschleißbeständigkeit; Fiz.-chim. mech. mater. 6 (1970) Nr. 2, S.18-21

Pokhmurskii, V.I. et al: Effect of boron copper plating on the strength and wear resistance of medium-carbon steel; Protective Coatings on Metals, 5 (1973), S.236-239, Hersg.: G.V. Samsonov, Acad. of Sci. of the Ukrainian SSR, Kiev, USSR

[6] Bezruchko, V.P.; Kortya, A.S.: Effect of the size of abrasive particles on wear of boron, boron-copper, and boron-aluminium coatings on steel 45; Metal Sci. & Heat Treatm. (1977) Nr. 3/4, S.237-239

[7] Samsonov, G.V.; Glokhov, V.P.: Diffusion impregnation of carbon steels with titanium and boron; Protective Coatings on Metals 3 (1971), S.75-82; Hersg.: G.V. Samsonov, Acad. of Sci. of the Ukrainian SSR, Kiev, USSR

[8] Kaidash, N.G. et al: Multicomponent diffusion impregnation of iron and steel with boron, silicon, and aluminium; Protective Coatings on Metals 4 (1972), S.149-155; Hersg.: B.V. Samsonov, Acad. of Sci. of the Ukranian SSR, Kiev, USSR

[9] Zemskov, G.V. et al: Wear-resistant, multi-component diffusion coatings on chromium steels; Izv. VUZ Chernaya Metall. (1978) Nr. 1, S.153-156

[10] Mel'nik, P.I.: Thermal diffusion impregnation as a means of increasing metal mold life; Protective Coatings on Metals 3 (1971), S.156-161; Hersg.: G.V. Samsonov, Acad. of Sci. of the Ukrainian SSR, Kiev, USSR

[11] Zemskov, G.V. et al: Untersuchung der Technologie zur Herstellung von mehrkomponentigen Borid-Diffusions-Schichten; Zaščitnye prokrytija na metallach (1977) Nr. 11, S.66-69

[12] Ignatenko, O.I.; Dyadina, V.M.: Structure and corrosion resistance of multicomponent diffusion coatings on steel 45; Metal Sci. & Heat Treatm. (1980) Nr. 5/6, S.406-408

[13] Zemskovs, G.V. et al: Das Oberflächenlegieren von Stahl mit Bor, Chrom und Titan; Zaščitnye pokr. na metallach (1978) Nr. 12, S.41-43

[14] Chatterjee-Fischer, Ruth: Thermochemical treatment in powdered media; Proceedings of the VIII. International Conference on Chemical Vapour Deposition (1981), The Electrochemical Society, Inc. 10 South Main St., Pennington, NJ 08534, Proceedings Vol. 81-7, S.508-515

[15] Dombrovskaya, E.V. et al: Boron-base diffusion coatings on nickel-chromium-alloys; Metal Sci. & Heat Treatm. (1967) Nr. 3/4, S.39-42

[16] Chatterjee-Fischer, Ruth: Schaaber, Otto: Boriding of steel and non-ferrous metals; Heat Treatment'76 (1976), S.27-30, Metals Society, London

[17] Arai, Thoru: Carbidbeschichtung im Borax-Schmelzbad; DRAHT 32 (1981) Nr. 3, S.115-117 und Nr. 4, S.203-205

Chatterjee-Fischer, Ruth: Vanadieren; DRAHT 31 (1980) Nr. 5, S.345

[18] Fiedler, H.C.; Hayes, W.J.: The formation of a soft layer in borided hot work die steel; Metallurgical Trans., Vol. 1 (1971) Apr., S.1071-1073

[19] Chatterjee-Fischer, Ruth: Haftprobleme bei Diffusionsschichten; Symposium "Haftung als Basis für Stoffverbunde und Verbundwerkstoffe", DGM, 6. u. 7. Mai 1982

Verschleißschutz verzugsempfindlicher Teile durch Borieren

von

Dr. mont. Friedrich Riedl

Krauss-Maffei AG
München

Förderkennzeichen: 01 ZT 328
Laufzeit: 01.01.1979 bis 31.12.1981

Inhaltsverzeichnis

0. Zusammenfassung

Eine wesentliche Erkenntnis dieser Arbeit besteht darin, daß ein zu borierendes, sperriges Teil eine entsprechende Unterstützung haben muß, damit es bei der Behandlungstemperatur zu keiner Deformation durch das Eigengewicht kommen kann. Weiters ist zu berücksichtigen, daß das Eindiffundieren von Bor in die Oberfläche des Stahles keinen singulären Vorgang darstellt, sondern daß hierdurch komplexe Vorgänge ausgelöst werden. Beispielsweise wird Silizium aus der Boridzone verdrängt, unter dieser Zone wieder angereichert und verändert dort die Eigenschaften des Werkstoffes. Außerdem sollte eine Boridschicht wegen ihrer geringen Dicke einen tragfähigen und harten Haftgrund besitzen, um ein Durchdrücken der Schicht zu vermeiden.

Genau wie für das Nitrieren oder Einsatzhärten spezielle Stähle entwickelt wurden, ist es nötig, für das Borieren entsprechende Werkstoffe zu entwickeln. Sie sollten so zusammengesetzt sein, daß eine weiche Zone unter der Boridschicht nicht entstehen kann und sollten aus der Boriertemperatur bei den erzielbaren Abkühlungsgeschwindigkeiten härten oder vergüten, um den entsprechenden tragfähigen Haftgrund herzustellen und entsprechende Gebrauchseigenschaften liefern zu können.

Bei den 12 %igen Chromstählen ergab sich eine Chromverarmung und Siliziumanreicherung unter der Boridschicht. Dadurch entsteht auch bei höheren Kohlenstoffgehalten eine weiche Zone, die zufolge der Chromverarmung auch korrosionsanfällig ist. Wie die Chromverarmung zustandekommt, muß noch näher untersucht werden. Zusätzlich besteht die Möglichkeit, diese Verarmung durch eine Diffusionsglühung wieder auszugleichen, wobei gleichzeitig die FeB-Schicht in Fe_2B umgewandelt wird.

Feldversuche ergänzten oder bestätigten Laborergebnisse.

1. Aufgabenstellung

Zur Trennung von Niederschlägen von der Lösung werden in der chemischen Industrie Zentrifugen eingesetzt.

Die zu trennende Mischung flüssig/fest wird in die rotierende Siebtrommel eingebracht und die Flüssigkeit durch die Zentrifugenkraft abgetrennt. Auf dem Spaltsieb wächst dann der Filterkuchen an. Mit einer Austragvorrichtung wird der Kuchen intermittierend vom Sieb abgeschoben. Durch eine dauernde Relativbewegung des Filterkuchens auf dem Sieb unter der Einwirkung eines Vielfachen der Erdbeschleunigung kann es, je nach Art des abgetrennten Feststoffes, zu einem erheblichen Verschleiß am Sieb kommen.

Zentrifugen dienen also der Trennung von fest/flüssig. Auch hat die Flüssigkeit, die auf diese Art und Weise abgetrennt wird, oftmals korrosive Eigenschaften. Der korrosionsbeständige Siebwerkstoff sollte durch eine entsprechende Verschleißschutzschicht geschützt werden, wobei aber nicht die Korrosionsbeständigkeit des verwendeten Siebwerkstoffes in Mitleidenschaft gezogen werden sollte.

Eine Nitrierbehandlung fiel von vorn-herein aus, obwohl diese Methode auch bei 12 %igen Chromstählen und austenitischen Stählen möglich ist, wenn man die Behandlung im Plasma durchführt. Jedoch wird die Korrosionsbeständigkeit durch den Stickstoff so stark gestört, daß eine praktische Anwendung nicht infrage kommt.

Da beim Borieren die Verhältnisse etwas günstiger liegen, wurde versucht, dieses Verfahren einzusetzen. Das Borieren muß jedoch bei Temperaturen zwischen 900 und 1000°C vorgenommen werden, um bei vernünftigen Zeiten eine ausreichende Schutzschicht zu bekommen. Es besteht deshalb die Gefahr, daß sperrige Teile einen derartigen

Verzug erleiden, daß ein späterer Einbau unmöglich wird.

Es war nun die Aufgabe dieses Vorhabens,

- die Borierbarkeit der ins Auge gefaßten Stähle zu überprüfen und
- ein Verfahren zu entwickeln, das die Behandlung sperriger Teile verzugsarm ermöglicht.

2. Borieren allgemein

Ähnlich wie beim "Einsetzen" der Kohlenstoff durch ein entsprechendes Kohlungsmittel in den Stahl zum Eindiffundieren gebracht wird, erfolgt beim Borieren eine Eindiffusion des Bors aus einem entsprechenden Borträger in die Oberfläche des Metalles. Dabei wandert das Bor in den Stahl und bildet an der Oberfläche Eisen-Bor-Verbindungen, die einerseits im Material eine gute Haftfestigkeit haben und andererseits eine hohe Härte und Verschleißfestigkeit besitzen. Diese Eisen-Bor-Verbindungen weisen auch eine ausreichende Zähigkeit auf, damit sie bei einer entsprechenden Beanspruchung nicht abplatzen. Ähnlich wie der Kohlenstoff besitzt das Bor erst bei Temperaturen oberhalb 900°C eine wirklich interessante Diffusionsgeschwindigkeit, so daß man erst bei Anwendung dieser Temperaturen zu technisch anwendbaren Behandlungszeiten kommt. Während man beim Nitrieren oder auch Einsatzhärten die Verbindungsschichten so dünn als möglich hält, oder überhaupt vermeiden möchte, liegt beim Borieren auf diesen Verbindungsschichten gesteigerter Wert, da sie eine besonders hohe Härte aufweisen und dadurch dem Eindringen von Partikeln in eine so harte Oberfläche entsprechenden Widerstand entgegensetzen. Durch die relativ hohe Anwendungstemperatur war das Verfahren bisher auf relativ kleine und kompakte Teile begrenzt [1 bis 7] . Die Verbindungsschichten selbst sind in zwei Modifikationen bekannt [8] :

Die eisenreichere Fe_2B-Schicht ist hart und zäh, während die borreichere FeB-Schicht wohl sehr hart, aber auch sehr spröde ist.

Beide Schichten stehen unter Druckeigenspannungen, wobei diese bei der FeB-Schicht größer als bei der Fe_2B-Schicht sind [9]. Die Höhe der Druckeigenspannungen ist auch von der Dicke der ausgebildeten Schichten abhängig. Aus diesem Grund wäre es ratsam, keine allzu dicken Schichten abzuscheiden, sonst besteht die Gefahr, daß sie durch die Druckeigenspannungen wieder abplatzen.

Bei kleinen Teilen aus unlegiertem Stahl hat sich in der Praxis ergeben, daß eine Schichtstärke zwischen 80 und 100 µm ausreicht, um bemerkenswerte Verbesserungen zu erzielen. Dies läßt sich nicht für alle Stähle verallgemeinern, da die Ausbildung der Schicht vom Legierungsgehalt des Stahles stark beeinflußt wird [10].

3. Eingeschlagene Wege der Untersuchungen

Zum Erreichen des Zieles haben wir zwei Wege beschritten:

Einmal wurden im Laboratorium an den vorgesehenen Werkstoffen die Bedingungen studiert, die zur Erreichung einer entsprechenden Boriertiefe notwendig sind.
Zum zweiten wurden im Betrieb Siebe boriert, wobei verschiedene Methoden zur Anwendung kamen. Diese kamen anschließend zum Einsatz und wurden im Vergleich zu unbehandelten Sieben in ihrem Verschleißverhalten beobachtet.

Die im Laboratorium borierten Proben wurden metallographisch untersucht und die Härte bestimmt. Zu den Laboratoriumsuntersuchungen kam dann eine Anzahl weiterer Stähle hinzu, die eventuell auch für das Borieren infrage kommen könnten.

Da die Verschleißbeanspruchung auf einem Zentrifugensieb nur sehr schwer simuliert werden kann, haben wir an den Laboratoriumsproben keine Verschleißuntersuchungen vorgenommen. Aus den Untersuchungen, z. B. von Dr. Habig vom Bundesamt für Materialprüfung in Berlin [11], ist bekannt, daß es sehr schwierig ist, aus Laboratoriumsergebnissen auf das tatsächliche Verhalten in der Praxis Rückschlüsse zu ziehen. Das war auch der Grund, weshalb wir von vorn-herein einsatzfähige Siebe behandeln wollten, um für die Praxis aussagefähige Ergebnisse zu bekommen.

4. Borierverfahren

4.1 Pulverborieren

Zuerst wurde das Pulverborieren entwickelt. Die zu borierenden Teile werden hierbei in ein Pulver eingepackt (ähnlich wie man das beim Aufkohlen im Pulver vornimmt). Dazu ist es notwendig, daß man entsprechende Behälter verwendet, in die das Pulver eingebracht wird und die auch verschlossen werden können. Die Behandlung erfolgt anschließend in einem normalen Ofen bei Temperaturen zwischen 900 und 1000°C. Bei dieser Methode ist die ganze Oberfläche boriert.

Die Hantierung mit dem Pulver ist umständlich und mit Staubentwicklung verbunden. Man muß das Pulver nach einmaligem Gebrauch wieder mit frischem Pulver durchmischen, damit seine Wirkung nicht verlorengeht. Ebenso macht das Reinigen der borierten Teile von den Pulverresten Schwierigkeiten [12 und 13]. Aus diesem Grund wurde eine andere Variante entwickelt.

4.2 Pastenborieren

Hierbei wird eine pastöse Masse auf die zu borierende Oberfläche aufgetragen und trocknen gelassen. Die so vorbereiteten Teile werden dann unter Schutzgas (am besten Argon) der Behandlungstemperatur ausgesetzt. Das hat den großen Vorteil, daß eben nur jene Stellen boriert werden, an denen die Beschichtung mit der Paste vorgenommen wurde. Außerdem gibt es keine Schwierigkeiten, die Reste der Paste nach der Behandlung wieder zu entfernen. Notwendig ist allerdings ein Ofen mit entsprechendem Schutzgas (Argon) [12 und 13].

Das Borieren im Plasma hat derzeit noch keine praktische Bedeutung [14] .

5. Versuche im einzelnen und Untersuchungsergebnisse

Die ersten Behandlungen haben wir in unserem Hause im Pulver durchgeführt. Nach Bekanntwerden des Pastenborierens wurde sofort versucht, auch dieses Verfahren zur Anwendung zu bringen. Im Laboratorium sind Vergleichsversuche durchgeführt worden, um festzustellen, ob sich mit der Pastenbehandlung die gleichen Ergebnisse erzielen lassen wie im Pulver. Die Hantierung mit der Paste war natürlich sehr viel umweltfreundlicher als mit dem Pulver, das immer Staub entwickelt. Die Ergebnisse dieser Versuche waren befriedigend.

Die Übertragung dieses Verfahrens auf die Behandlung von Sieben wurde zunächst in einem Blindversuch durchgeführt. Es war uns bewußt, daß die Behandlung im Pulver eine gewisse Korsettwirkung auf das zu behandelnde Teil bewirkt und dadurch ein Zusammensacken durch das Eigengewicht verhindert werden kann. Bei der Behandlung mit der Paste fällt diese Stützwirkung weg. Daher wurde ein Teil auf die entsprechenden Temperaturen gebracht und beobachtet, wie die Deformationen erfolgen. Trotz der hohen Warmfestigkeit des behandelten Stahles (12 %iger Chromstahl) war der Verzug so groß, daß eine Weiterverwendung eines solchen Teiles in der Praxis nicht mehr gegeben wäre. Es mußte also eine Vorrichtung entwickelt werden, die bei den entsprechenden Temperaturen ein Zusammensacken der zu behandelten Teile verhindert.

5.1 Ergebnisse eines im ersten Feldversuch erprobten Siebes

Nachdem die ersten borierten Siebe zum Einsatz gekommen waren und eine Standzeit von 2 Monaten aufwiesen (das gleiche Material nicht boriert nur 1 Monat) wurde eines eingehend untersucht; vgl. dazu Bild 1.

Es stellte sich heraus, daß unter der Boridschicht eine Zone vorliegt, die einen wesentlich geringeren Korrosionswiderstand besitzt als das Grundmaterial oder die Eisen-Bor-Verbindungen an der Oberfläche. Die Schicht ist stellenweise unterkorrodiert. An Stellen, wo die Boridschicht abgehoben ist, entstanden starke Auskohlungen, wie sie auf Bild 2 zu sehen sind. Korrosion und Abtrag an der noch vorhandenen Boridschicht sind unbedeutend (Bild 3 und 4). Das Bild 5 zeigt die Unterkorrosion der Boridschicht. Die weiße Hülle von ca. 15 µm besteht aus einem Nickelüberzug; rechts kann man die Auskohlung erkennen. Die Unterkorrosion ist bereits 100 µm weit vorangeschritten.

Es war nun festzustellen, wodurch diese empfindliche Schicht zustandekam und was sie für Eigenschaften und Zusammensetzungen besitzt. Die weiteren Untersuchungen galten also dem Umstand, welche Maßnahmen zu ergreifen wären, damit eine solch anfällige Schicht unterhalb der Schutzschicht vermieden werden kann. Außerdem wurde vermutet, daß der relativ weiche Grundwerkstoff nicht die optimale Unterlage für die doch sehr harte und verschleißfeste Boridschicht ist.

5.2 Versuche an verschiedenen Stählen

Um die Untersuchungen auf eine breite Basis zu stellen, wurden die Laborversuche auf eine ganze Reihe von Werkstoffen ausgedehnt, wobei auch Korrosionsuntersuchungen sowie Beständigkeitsuntersuchungen gegen Verzunderung miteingeschlossen wurden. Ein Teil der Ergebnisse, die in Zusammenarbeit mit dem Elektroschmelzwerk Kempten durchgeführt wurden, sind bereits 1981 beim Härtereikolloquium in Wiesbaden vorgestellt worden. Die Ergebnisse dieser Versuche seien hier kurz dargestellt:

Zur Behandlung kam ein Ck 45 bei 900°C/4 h in Ekabur I. Zusätzlich wurde eine Aluminium-Diffusion bei 800°C/1 h im Argon durchgeführt. Der Salzsprühtest mit 5 %iger NaCl-Lösung von 200 h bei 35°C ergab folgende Gewichtsverluste:

Behandlung	g/m^2h	relativ
Probe 1 unbehandelt	0,975	100
Probe 2 boriert	0,463	47
Probe 3 boriert + Aluminiumdiffusion	0,198	20

Die Zunderversuche an Luft zeigten, daß borierte Proben bis zu einer Temperatur von 800°C beständig sind. Wird zusätzlich Aluminium eindiffundiert, steigt die Beständigkeit bis 1000°C [15].

Das Studium der Boridschichten an den verschiedenen Werkstoffen wurde sowohl in der Zusammensetzung als auch in der Härte genauestens durchgeführt. Die Feststellung der Konzentrationen der verschiedenen Elemente und deren Veränderung nach der Tiefe hin erfolgte mit der Mikrosonde. Als Charakteristikum für die mechanischen Eigenschaften wurde die Härte herangezogen. Die Härte der verschiedenen Gefügebestandteile wurde, ebenfalls wieder in Abhängigkeit von der Oberflächenentfernung, durch

Mikrohärtemessungen ermittelt.

5.3 Metallographische Untersuchungsverfahren

Es ist an dieser Stelle angebracht, einige Worte zu der metallographischen Technik zu sagen, die eine Kontrolle und Überprüfung der erhaltenen Schichten ermöglicht. Das Ausmessen der Schichten kann praktisch nur metallographisch erfolgen. Damit aber das Präparat wirklich genau ausmeßbar ist, muß ein solcher metallographischer Schliff randscharf sein. Zur Erreichung einer brauchbaren Randschärfe bedarf es besonderer Maßnahmen.

Unser erster Schritt war, die Proben vor der Präparation mit einem Nickelüberzug zu versehen. Das stromlose Vernickeln hatte sich hierbei sehr gut bewährt. Die Anwendung einer speziellen Läppscheibe und eines Dosiergerätes für die Zugabe des Diamant-Poliermittels trugen wesentlich zum Erfolg bei. Erst nach Schaffung dieser Voraussetzungen war es möglich, die Auswertung der erhaltenen Schichten vorzunehmen.

5.4 Ergebnisse der Untersuchungen an verschiedenen Stählen

Untersucht wurden folgende Werkstoffgruppen:

Stähle mit 1 bis 5 % Chrom
Stähle mit 12 bis 17 % Chrom
Einsatzstähle
Nitrierstähle
Austenitische Stähle

Die letzte Gruppe wurde nach den ersten Testversuchen aus der Betrachtung herausgenommen, da die erreichbaren Schichten sehr dünn waren und der weiche Werkstoff diesen Schichten keinen belastbaren Untergrund lieferte.

Die erhaltenen Ergebnisse sind auf den Bildern im einzelnen und in der Tabelle 1 zusammengefaßt dargestellt.

Alle untersuchten Werkstoffe wurden bei der gleichen Temperatur und gleicher Zeit dem Boriervorgang ausgesetzt.

1. Bild 6 zeigt ein Elektronenbild der Boridschicht an einem Einsatzstahl. Sie liegt zweiphasig und viel dicker als beim 12 %igen Chromstahl mit gleicher Behandlungsdauer vor (Bild 2 bis 4).
2. Unter einem schematischen Gefügebild (Bild 7) eines borierten 12 %igen Chromstahles sind die Konzentrationsprofile der verschiedenen Elemente aufgezeichnet, die entlang der im Gefügebild gestrichelten Linie gemessen wurden. Bei Bor ist genau der unterschiedliche Gehalt der beiden Eisen-Boride zu erkennen. Silizium ist im Bereich der Boridnadeln deutlich angereichert und Chrom unter der Boridschicht deutlich verarmt.
3. Bei dem auf Bild 8 dargestellten 5 %igen Chromstahl tritt die Siliziumanreicherung besonders stark auf. Er besitzt im Grundmaterial ca. 1 % Silizium. Auch er zeigt zwischen den Karbiden unter der Boridschicht eine Chromverarmung.
4. In den folgenden Bildern 9 bis 20 sind bei den schematischen Gefügebildern die Mikrohärtewerte eingezeichnet. Ebenso ist das Siliziumprofil, gemessen entlang der strichlierten Linie im Gefügebild sowie die Werkstoffbezeichnung, Werkstoffnummer und die am Stück festgestellte chemische Analyse auf den Bildern aufgeführt. Die Härteverlaufskurven HV 0,2 und HV 0,05 zeigen die Bilder 21 bis 32.

Beim X 8 Cr 17 haben wir festgestellt, daß die Konzentrationsänderungen, die sich unter der Boridschicht feststellen ließen, die Korrosionsbeständigkeit stark beeinträchtigen (Bild 7). Bei den Vergütungsstählen konnten wir ebenfalls Veränderungen beobachten (Bild 8).

Werkstoffe, die bei der Abkühlung aus der Boriertemperatur härten, zeigen an jenen Stellen, wo das Silizium angereichert wurde, eine weiche Zone. Dies ist umso ausgeprägter, je höher der Siliziumgehalt des Werkstoffes ist. Das ist besonders gut am Beispiel des X 40 CrMoV 5 1 zu sehen. Hier haben wir zwei Varianten:

einmal einen Werkstoff mit etwa 1 % Silizium und
einmal mit 0,44 % Silizium (Bild 15 und 27).

Unterhalb der Boridschicht fällt die Härte auf 376 HV 0,05 ab, wenn der Siliziumgehalt etwa 1 % beträgt. Bei 0,44 % Silizium wird der Härteabfall unterhalb der Schicht wesentlich kleiner. Wir erhalten 418 HV 0,05. Der Wert liegt also nur etwa 100 HV niedriger als bei der Kernhärte (Bild 15, 16, 27 und 28).

Ähnlich liegen die Verhältnisse bei den Chromstählen 1.4034 und 1.4007. Der Stahl 1.4034 mit dem höheren Siliziumgehalt (0,45 %) besitzt unter der Boridschicht eine Härte von 277 HV gegenüber 450 HV im Kern, während der Stahl 1.4007 mit dem niedrigeren Siliziumgehalt (Bild 9 und 21) unter der Schicht nur etwa 20 bis 30 HV-Einheiten weniger als im Kern aufweist. Daraus ist zu sehen, daß innerhalb der Boridschicht die Löslichkeit für andere Metalle sehr niedrig sein dürfte. Auch der Kohlenstoff (Bild 8), der ähnliche Diffusionsmöglichkeiten besitzt wie das Bor, wird aus der Boridschicht verdrängt und in das Material hineingeschoben. Wie wir gesehen haben, geschieht dies ebenso mit dem Silizium, das eine wesentlich kleinere Diffusionsgeschwindigkeit besitzt [12, 16, 17] . Auch das Element Mangan wird etwas verdrängt. Chrom sitzt in der Regel an irgendwelchen Karbiden fest und seine Diffusionsgeschwindigkeit ist relativ klein. Die erwarteten Anreicherungen unter der Boridschicht sind nicht zu erkennen.

Beim Stahl X 40 CrMoV 5 1 sieht es sogar so aus, als wäre unterhalb der Boridschicht eine Chromverarmung eingetreten (Bild 8).

Auch beim Stahl X 8 Cr 17 (Bild 7) sitzen in der Boridschicht etliche Chromkarbide, und unmittelbar unter der Boridschicht ist der Chromgehalt deutlich niedriger als im Kern. Das mag damit zusammenhängen, daß Kohlenstoff und Chrom aus der Boridschicht verdrängt werden, sich teilweise zu Chromkarbiden umbilden und anschließend in der Umgebung dieser Karbide eine Chromverarmung zu beobachten ist.

Im Falle des Stahles X 40 CrMoV 5 1 hat die Chromverarmung nur die Folge, daß unterhalb der Schicht eine weichere Zone entsteht und die Anreicherung mit Silizium diese Wirkung verstärkt.

Beim X 8 Cr 17 jedoch wirkt sich eine Chromverarmung verschlechternd auf den Korrosionswiderstand aus. Das konnten wir auch in der Praxis erleben, wo die Boridschicht des X 8 Cr 17 unterkorrodiert wurde (Bild 5). Vermutlich ist das der Hauptgrund, weshalb die Haltbarkeit der Siebe nicht dem entsprach, was wir uns vorgestellt hatten.

5.5 Folgerungen

5.5.1 Chromstähle (mind. 12 % Chrom)

Aus diesen Erkenntnissen heraus müßte der Chromstahl, der für Siebe verwendet werden sollte, einen höheren Kohlenstoffgehalt besitzen, damit eine Härtung möglich ist. Andererseits sollte sein Siliziumgehalt möglichst niedrig sein, um die weiche Zone unterhalb der Boridschicht möglichst klein zu halten; vgl. Bild 33 und 34. Die Bilder 33 und 34 zeigen die Gefügeausbildungen von zwei verschiedenen Chrom-Stählen.

Gegenüber dem kohlenstoffarmen X 8 Cr 17 besitzt der Stahl X 46 Cr 13 eine harte Matrix. Sein Siliziumgehalt ist jedoch noch zu hoch, um eine schmale und weiche Zone unter der Boridschicht zu vermeiden, wie es beim X 35 Cr 14 gelingt (Bild 9 und 21 sowie Tabelle 1). Der Chromverarmung unterhalb der Boridschicht, die zweifellos mit der Kohlenstoffdiffusion im Zusammenhang steht, kann nur durch eine entsprechende Diffusionsglühung nach dem Borieren begegnet werden. Demnach ist also erforderlich, nach dem Borieren noch eine Wärmebehandlung durchzuführen. Dies kann zweckmäßigerweise mit der Härtung der Teile kombiniert werden. So wurde der abschließende Versuch auch konzipiert.

Nur leider wurde in der Härterei durch eine Unachtsamkeit der für diese Behandlung vorgesehene Siebsatz zerstört und konnte nicht mehr zum Einsatz gebracht werden. In der Zwischenzeit wurde wieder entsprechendes Material besorgt. Doch lag es zum Zeitpunkt der Abfassung dieses Abschlußberichtes noch nicht vor.

5.5.2 Einsatz- und Vergütungsstähle

Bei allen übrigen Stählen, die in diesem Rahmen zur Untersuchung kamen, muß man feststellen, daß die Borierbarkeit recht gut ist. Sämtliche in den Diagrammen festgehaltenen Werkstoffe sind der gleichen Behandlung unterworfen worden, nämlich 930°C/4 h. Weiters ist bei den Einsatzstählen bemerkenswert, daß die borreichere Zone (FeB) sehr schmal ausfällt (Bilder 11, 12, 23 und 24). Bei den zwei Nitrierstählen fällt die Dicke der Boridschicht etwas geringer an (Bilder 13, 14, 25 und 26) (75 µm gegenüber 90 µm bei den Einsatzstählen). Die FeB-Schicht ist auch hier relativ schmal.

Diese 4 Stähle (Einsatz- und Nitrierstähle) liegen im Siliziumgehalt alle sehr niedrig. Bei keinem der Stähle kann unter der Boridschicht ein Härteabfall der Kernhärte beobachtet werden.

Die Vergütungsstähle verhalten sich je nach Legierungsgehalt unterschiedlich. Erstaunlich ist die große Dicke der Boridschichten beim 50 CrV 4 bei gleichzeitig sehr dünner FeB-Schicht (vgl. Bild 18 und 30). Trotz der relativ dicken Schicht ist fast keine Siliziumanreicherung zu verzeichnen, was allerdings noch zu überprüfen wäre.

5.6 Zusammenfassung der Versuchsergebnisse

Die Ergebnisse dieser ziemlich umfangreichen Untersuchungen können wie folgt zusammengefaßt werden:

1. Sperrige Teile müssen beim Borieren unterstützt werden, um einen Verzug zu vermeiden.
2. Die Boridschicht muß einen möglichst harten Haftgrund besitzen, damit sie bei Belastung nicht durchgedrückt werden kann.
3. Eine dünne Boridschicht ist oftmals wirkungsvoller als eine dicke. Die hohen Eigenspannungen dicker Schichten von mind. 200µm können zu Rissen und Abplatzungen führen.
4. Grundsätzlich lassen sich alle Fe-Werkstoffe borieren. Bei gleicher Behandlungszeit und Temperatur erreicht man beim unlegierten Stahl die größten Boriertiefen; mit steigendem Legierungsgehalt werden die Schichten dünner.
5. Die Ausbildung der Boridschichten bei legierten Stählen ist in der Regel zweiphasig.
6. Die borreichere Phase FeB hat eine schlechtere Korrosionsbeständigkeit als die borärmere Fe_2B-Schicht. Sie besitzt auch die höheren inneren Spannungen, was bei der Präparation für die metallographischen Untersuchungen leicht zu Rissen führt.
7. Bei der Bildung von Boriden beim Eindiffundieren des Bors in die Oberfläche werden andere Elemente (wie Kohlenstoff und Silizium) verdrängt. Dadurch ändern sich die Eigenschaften des Werkstoffes unter der Schicht.

8. Bei Chromstählen mit mind. 12 % Chrom wird unter der Boridschicht eine Chromverarmung festgestellt, die eine Verminderung des Korrosionswiderstandes nach sich zieht. Sie kann durch eine Diffusionsglühung wieder weitgehend ausgeglichen werden.

6. Allgemeine Forderungen für Stähle, die boriert werden sollen

Genau wie für das Einsatzhärten und Nitrieren Stähle entwickelt wurden, die sich besonders für diese Verfahren eignen, wird man für das Borieren Stähle entwickeln müssen, die für dieses Verfahren besonders gute Eigenschaften mitbringen. Als erste Forderung muß man für solche Stähle einen möglichst niedrigen Siliziumgehalt festlegen. Es hat sich nämlich herausgestellt, daß das Silizium in erster Linie Schuld an der relativ weichen Unterschicht trägt. Des weiteren sollte der Stahl bei der gegebenen Abkühlungsgeschwindigkeit aus der Behandlungstemperatur einen möglichst hohen Härtewert erreichen, damit ein tragfähiger Untergrund für die doch sehr dünne Boridschicht vorhanden ist.

Der Idealzustand wäre, wenn ein Material zur Verfügung stehen könnte, das durch die Veränderungen, die sich bei der Eindiffundierung des Bors ergeben, die oberflächennahe Schicht so ändert, daß diese Schicht bei der nachfolgenden Abkühlung in die martensitische Stufe umgewandelt wird, während der tieferliegende Kern lediglich eine entsprechende Vergütungsfestigkeit bekommt.

Einen solchen Werkstoff zu entwickeln, wäre eine denkbare Aufgabe für ein Edelstahlwerk.

7. Feldversuche allgemein

Die borierten Siebe für Zentrifugen wurden an 2 Stellen praktisch erprobt:

- in der Kalisalzgewinnung (dort wird der Abraum entwässert, um ihn lagerfähig zu machen) und
- in der Phosphatgewinnung (wo ebenfalls ein Entwässerungsvorgang vorgenommen wird).

Bei den Verfahrensschritten werden die Siebe in den Schubzentrifugen starken Verschleißbeanspruchungen ausgesetzt, woraus eine sehr kurze Lebensdauer der Siebsätze resultiert. Die kurzen Standzeiten ließen hoffen, in der vorgegebenen Zeit gute und vergleichbare Ergebnisse zu erhalten.

Wie bereits erwähnt, konnte die Version "boriert und gehärtet" im Rahmen dieses Vorhabens nicht mehr zur Erprobung gelangen. Die bisherigen Ergebnisse der Feldversuche sind der Tabelle 2 zu entnehmen.

8. Weitere Feldversuche

Aus den Erkenntnissen, die diese Ergebnisse brachten, war für die Praxis weiterer Feldversuche folgendes zu schliessen:

> Die Siebstäbe unserer Siebe müssen aus einem härtbaren Chromstahl bestehen, der möglichst niedrig im Siliziumgehalt sein sollte.

Diese Forderung konnte mit landläufig zur Verfügung stehenden Materialien, die auch in der Form vorliegen, wie es für die Erzeugung von Sieben notwendig ist, nur teilweise erfüllt werden. Es wurden zuletzt nur Siebe aus Werkstoff 1.4034 hergestellt. Sie wurden einmal gehärtet sowie einmal boriert und gehärtet gefertigt. Leider wurden ausgerechnet die Siebe, die für das Borieren und Härten vorgesehen waren, durch eine Unachtsamkeit in der Fertigung so beschädigt, daß sie im Rahmen dieses Vorhabens nicht mehr zum Einsatz kommen konnten.

Schrifttum

[1] Kunst H. und Schaaber O.: Beobachtungen beim Oberflächenborieren, Härterei-techn. Mitt. 22 (1967) Nr. 1, Seite 1/25

[2] Kunst H. und Schaaber O.: Beobachtungen beim Oberflächenborieren, Härterei-techn. Mitt. 22 (1967) Nr. 4, Seite 275/292

[3] Kunst H. und Schaaber O.: Borieren von Eisenwerkstoffen und Titan, Härterei-techn. Mitt. 26 (1971) Nr. 1, Seite 18/20

[4] Chatterjee-Fischer R.: Borieren von Stahl, Blech Rohre Profile 24 (1977) Nr. 1, Seite 18/20

[5] Benninghoff H.: Borieren und Nitrieren, Ind.-Anz. 98 (1976) Nr. 34, Seite 592/594

[6] Fichtl W.: Aus der Praxis des Oberflächenborierens, Härterei-techn. Mitt. 33 (1978) Nr. 1, Seite 13/20

[7] Gluchov V. P.: Borieren von Stahl, Poroškovaja Metallurgija (1969) Nr. 4, Seite 26/33
Soviet Powder Metallurg. (1969) Nr. 4, Seite 278/283 (engl. Übersetzung)

[8] Fichtl W.: Über neue Erkenntnisse auf dem Gebiet des Oberflächenborierens, Härterei-techn. Mitt. 29 (1974) Nr. 2, Seite 113/119

[9] Riehle M.: Untersuchung der Eigenspannungen in Boridschichten, Wiss. Z. Techn. Hochsch. Schwermasch.-Bau Magdeburg 15 (1971) Nr. 5, Seite 485/489

[10] Hutterer Klaus und Krainer Ekkehart: Einfluß der Legierungselemente beim Borieren von Stahl, Berg- und hüttenm. Mh. 121 (1976) Nr. 5, Seite 187/192

[11] Habig Karl-Heinz: Verschleiß und Härte von Werkstoffen, Carl Hanser Verlag München Wien 1980, Seite 11/276

[12] Matuschka Graf von A.: Borieren mit pulver- und pastenförmigen Boriermitteln - Stand der Technik, Werkst. und Veredl. 3 (1981) Nr. 5, Seite 205/209

[13] Galibois A., Boutenko O. und Voyzelle B.: Mechanismus der Festphasen-Borierung von Stählen mit hohem Kohlenstoffgehalt. I. Pastenverfahren, II. Pulververfahren, Acta metallurg. Elmsford 28 (1980) Nr. 12. Seite 1753/1763 und 1765/1771

[14] Vilsmeier J., Casadesus P., Schmitt-Thomas Kh. G. und Gantois M.: Untersuchung über die Elementverteilung in legierten Stählen beim Borieren, Härterei-techn. Mitt. 35 (1980) Nr. 1, Seite 24/28

[15] Fichtl, Holderied und Riedl: Vortrag beim Härterei-Kolloquium vom 07. bis 09.1981, Härterei-techn. Mitt. 36 (1981) Nr. 6, Seite 330/331 (Kurzfassung) Originalarbeit erscheint demnächst in der HTM

[16] Hutterer K. und Krainer E.: Das Borieren von Edelstählen, Metall 27 (1973) Nr. 1, Seite 10/13

[17] Woska Rainer: Borieren hochlegierter Kaltarbeitsstähle, Bänder Bleche Rohre 22 (1981) Nr. 6, Seite 154/155

Werkstoff Nr.	Werkstoff Bezeichnung	Chemische Analyse in Gew.-% C	Si	Mn	Cr	Ni	Mo	V	Boridschicht gesamt µm	Boridschicht FeB µm	Behandlung Temp. °C	Behandlung Zeit h	Härte in HV 0,05 Borid-schicht	Härte in HV 0,05 Kern	Härte in HV 0,05 weiche Zone	Dicke weiche Zone µm	Bild Nr.
		12 %ige Cr-Stähle															
1.4007	X 35 Cr 14	0,45	0,37	0,54	12,9	0,30	0,12		25	2	930	4	~1300	510	480	3	9, 21
1.4034	X 46 Cr 13	0,35	0,54		13,0				30	15	930	4	~1300	450	277	8	
1.4016	X 8 Cr 17	0,08	max. 1,0		16,0				25	10	930	4	~1200	160	174	10	10, 22
		Einsatzstähle															
1.5752	14 NiCr 14	0,13	0,19	0,42	0,76	3,60			90	15	930	4	~1200	265	429	-	11, 23
1.7147	20 MnCr 5	0,19	0,15	0,97	0,90	0,15			90	15	930	4	~1200	165	214	-	12, 24
		Nitrierstähle															
1.8519	31 CrMoV 9	0,29	0,20	0,58	2,35	0,22	0,26	0,15	75	14	930	4	~1200	407	460	-	13, 25
1.8550	34 CrAlNi 7	0,31	0,22	0,42	1,66	0,94	0,28		75	15	930	4	~1300	390	462	-	14, 26
		Vergütungsstähle															
1.2344 So	X 40 CrMoV 51	0,40	0,45	0,48	5,06	0,12	1,33	0,32	65	30	930	4	~1300	550	418	5	15, 27
1.2344	X 40 CrMoV 51	0,38	1,07	0,41	5,15	0,15	1,30	0,94	60	30	930	4	~1200	575	376	20	16, 28
1.8523	39 CrMoV 13 9	0,42	0,28	0,47	2,95	0,18	0,84	0,18	75	25	930	4	~1300	575	418	3	17, 29
1.8159	50 CrV 4	0,52	0,35	0,80	1,1			0,15	100	8	930	4	~1300	381	381	-	18, 30
1.7765	32 CrMoV 12 10	0,35	0,22	0,50	3,35	0,17	0,82	0,14	65	8	930	4	~1300	460	353	(5)	19, 31
1.6741	32 NiCrMo 846	0,33	0,45	0,62	1,15	1,65	0,42		100	50	930	4	~1400	400	362	(5)	20, 32

Tabelle 1 Zusammenfassung Boriergebnisse

Siebbehandlung	Siebwerkstoff 1.4016	1.4034	Einsatzort
unbehandelt	1 Monat	-	Kalibergbau
gehärtet	-	3 Monate	Kalibergbau
boriert	2 Monate	-	Kalibergbau
boriert und gehärtet	-	---	
unbehandelt	200 Stunden	-	Phosphatbergbau
gehärtet	-	600 Stunden	Phosphatbergbau
boriert	450 Stunden	-	Phosphatbergbau
boriert und gehärtet	-	---	

Tabelle 2
Haltbarkeitsergebnisse von Sieben bei Feldversuchen

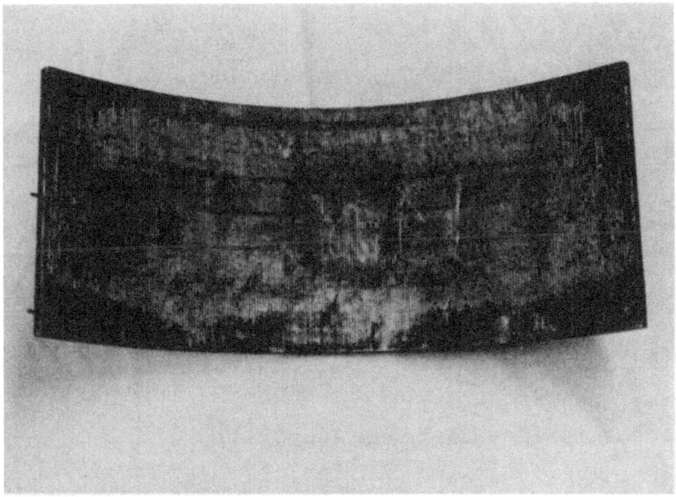

Bild 1

Siebsegment einer Schubzentrifuge nach
2-monatigem Betrieb

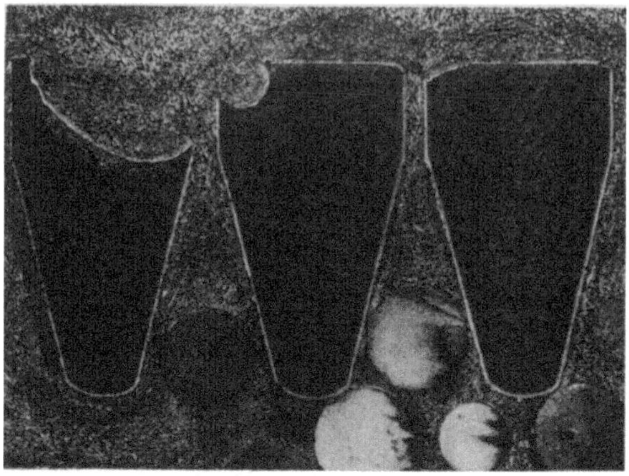

Bild 2 Ätzung: Lichtenegger

Verschlissenes Sieb aus X 8 Cr 17 nach zweimonatigem Betrieb; Auskohlungen an den Stellen, wo die Boridschicht verschwunden ist

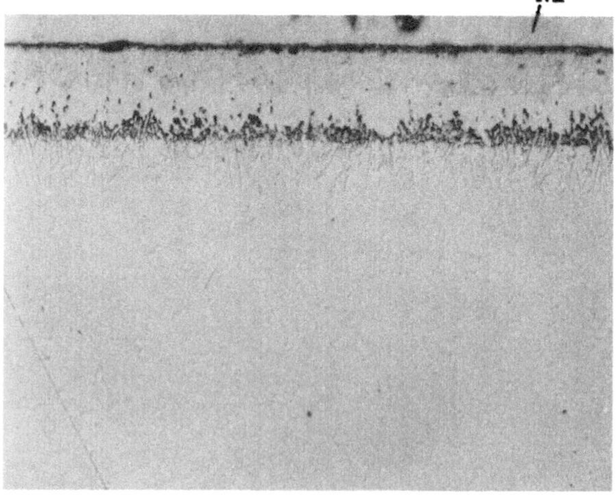

Bild 3 Ätzung: Lichtenegger

Unverbrauchte Boridschicht ca. 40 µm stark; zwei Phasen erkennbar
(Borierbehandlung: 930°C/4 h/Pulver)
(Werkstoff X 8 Cr 17)

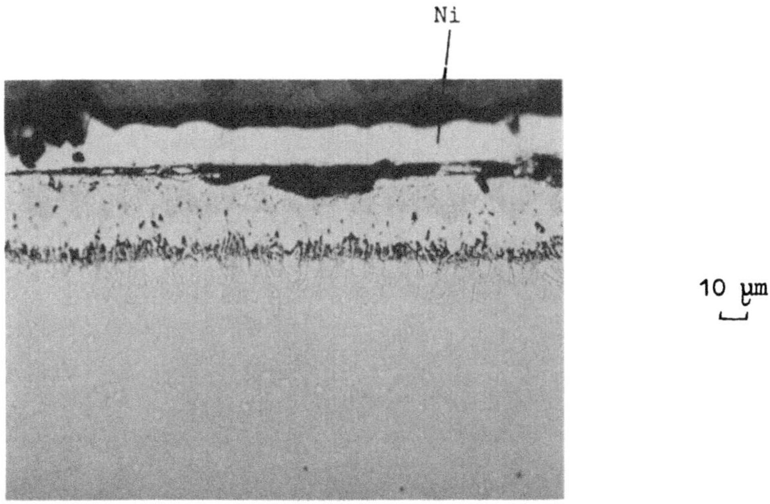

Bild 4 Ätzung: Nital Pikral

Korrosionsnarbe an der Boridschicht;
die FeB-Schicht ist angegriffen
(Werkstoff X 8 Cr 17)

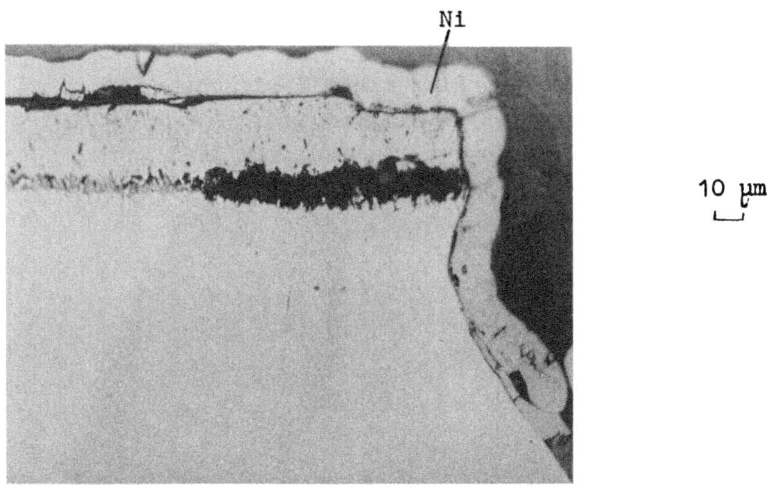

Bild 5 Ätzung: Nital Pikral

Verschleißstelle mit Auskohlung;
Unterkorrosion der Boridschicht, an der noch
kein Verschleiß zu beobachten ist
(Werkstoff X 8 Cr 17)

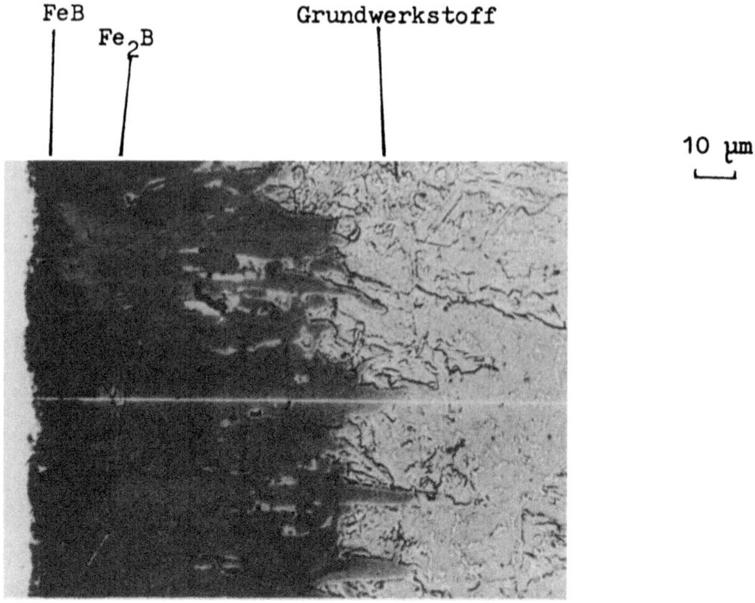

Bild 6

Elektronenoptisches Bild einer Boridschicht auf dem Einsatzstahl 14 NiCr 14; die beiden Phasen unterscheiden sich deutlich; die Dicke der Schicht ist viel größer als bei einem 12 %igen Cr-Stahl

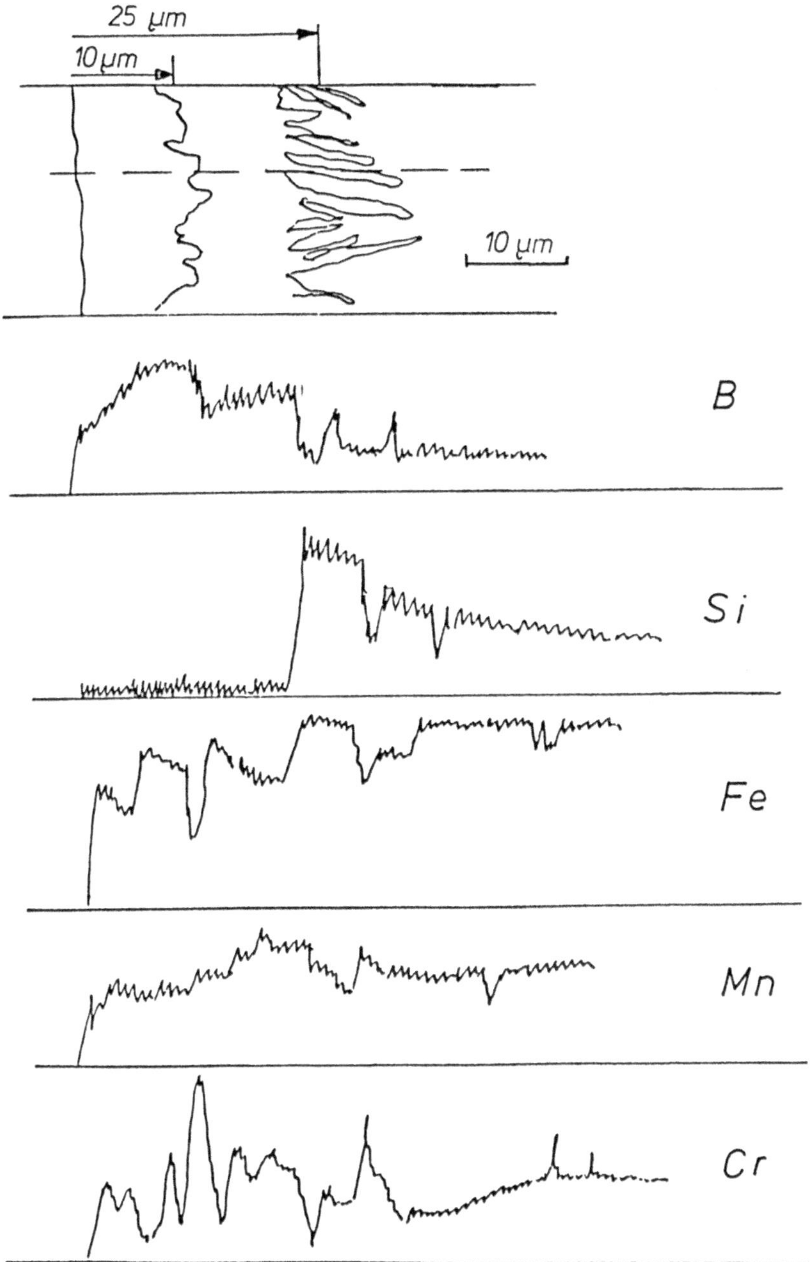

Bild 7
Werkstoff X 8 Cr 17
Konzentrationsprofile in der Randschicht

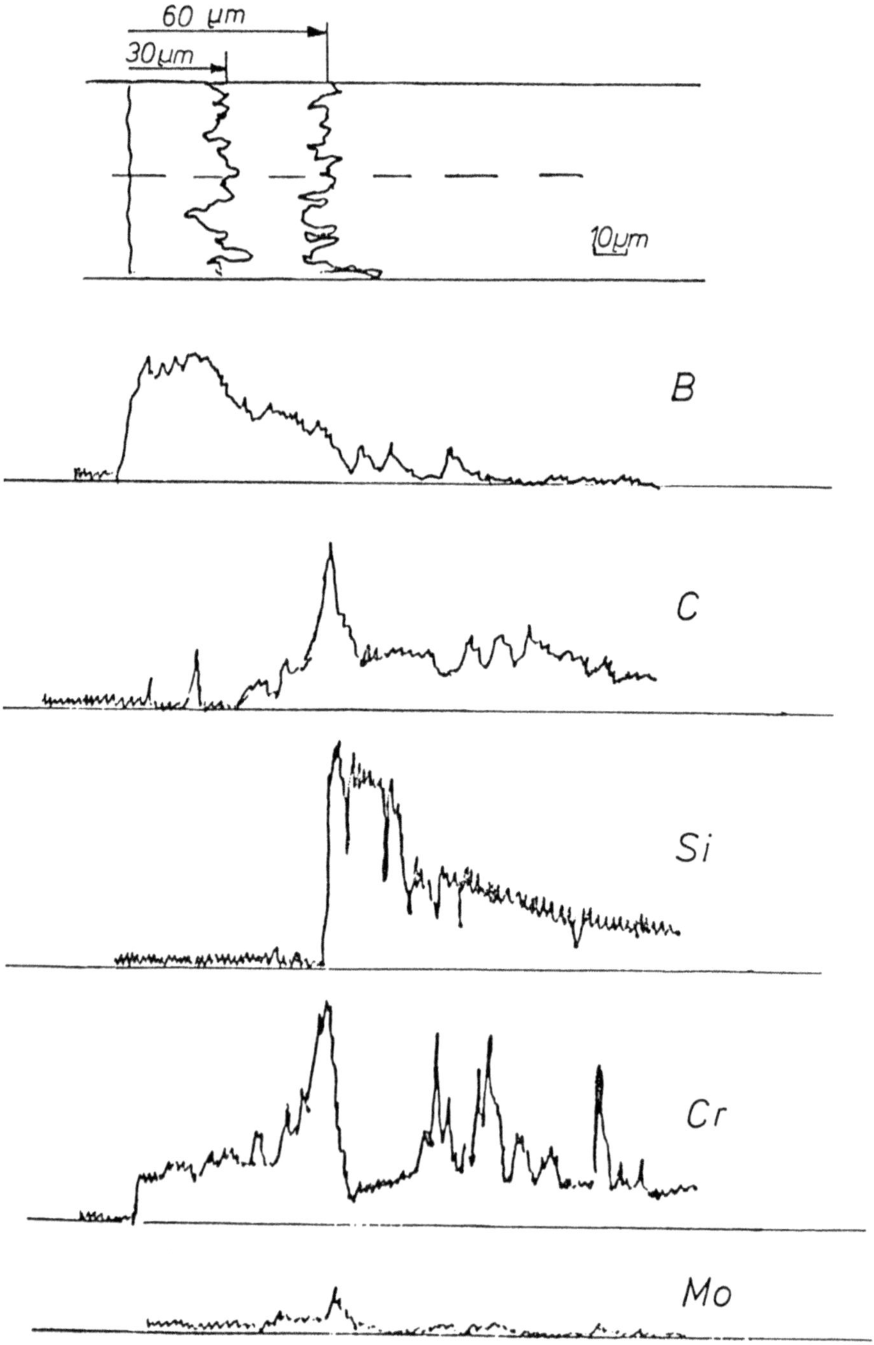

Bild 8 Werkstoff X40CrMoV51
Konzentrationsprofile in der Randschicht

Werkstoff: X 35 Cr 14

Werkstoff-Nr.: 1.4007

Chem. Zusammensetzung in Gew.-%:

C	Si	Mn	Cr	Ni	Mo	V	Al
0,45	0,37	0,57	12,90	0,30			

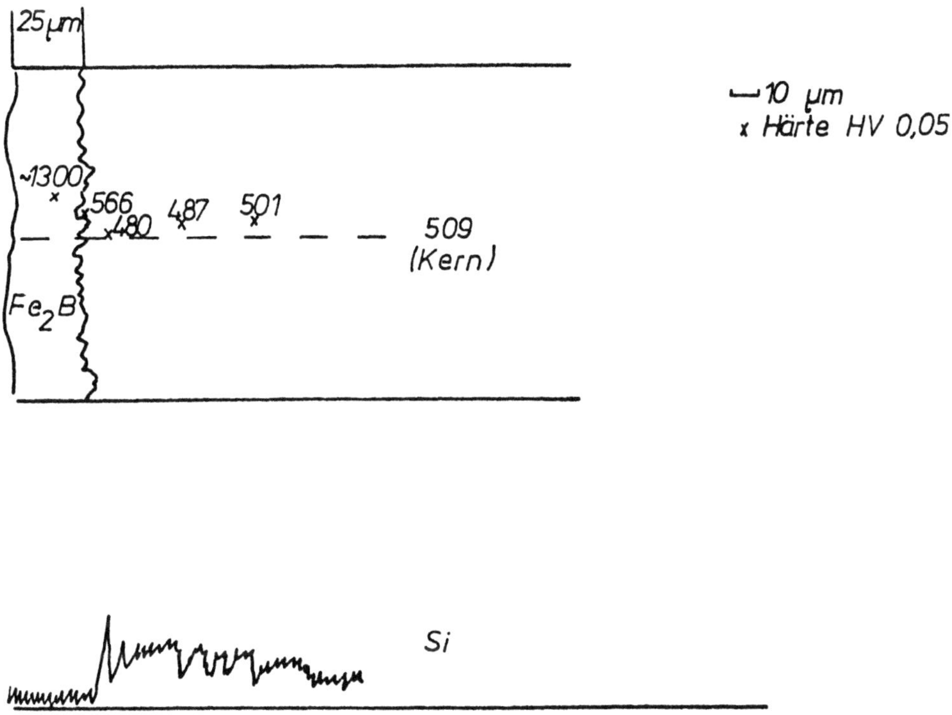

Bild 9
Schematisches Gefügebild mit Konzentrationsprofil des Si

Werkstoff: X 8 Cr 17

Werkstoff-Nr.: 1.4016

Chem. Zusammensetzung in Gew.-%:

C	Si	Mn	Cr	Ni	Mo	V	Al
max. 0,08	max. 1,0	max. 1,0	15,5 - 17,5				

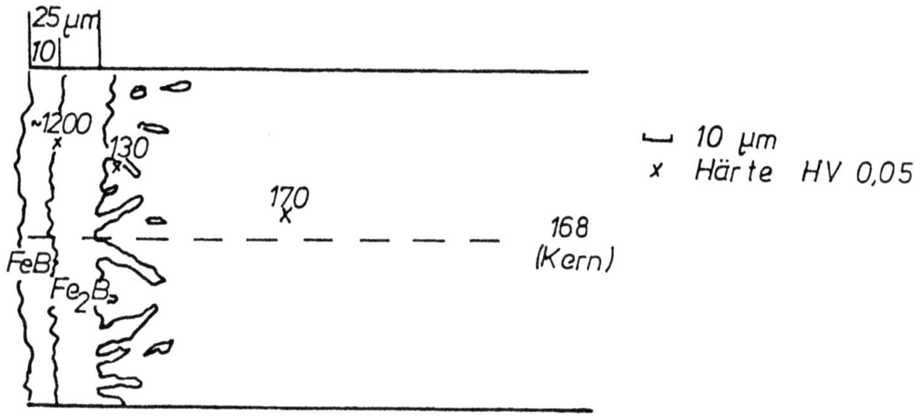

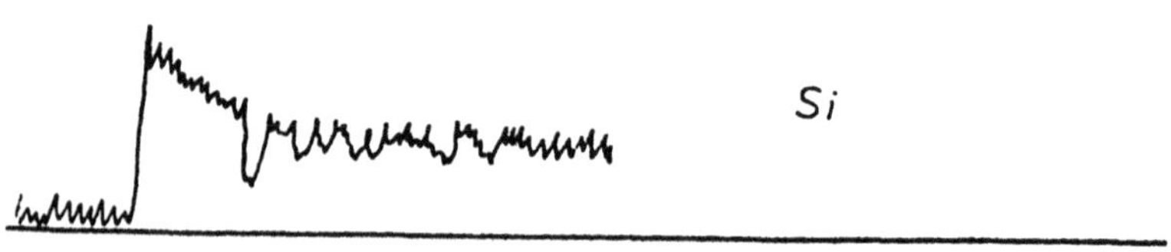

Bild 10
Schematisches Gefügebild mit Konzentrationsprofil des Si

Werkstoff: 14 NiCr 14

Werkstoff-Nr.: 1.5752

Chem. Zusammensetzung in Gew.-%:

C	Si	Mn	Cr	Ni	Mo	V	Al
0,13	0,19	0,42	0,76	3,60			

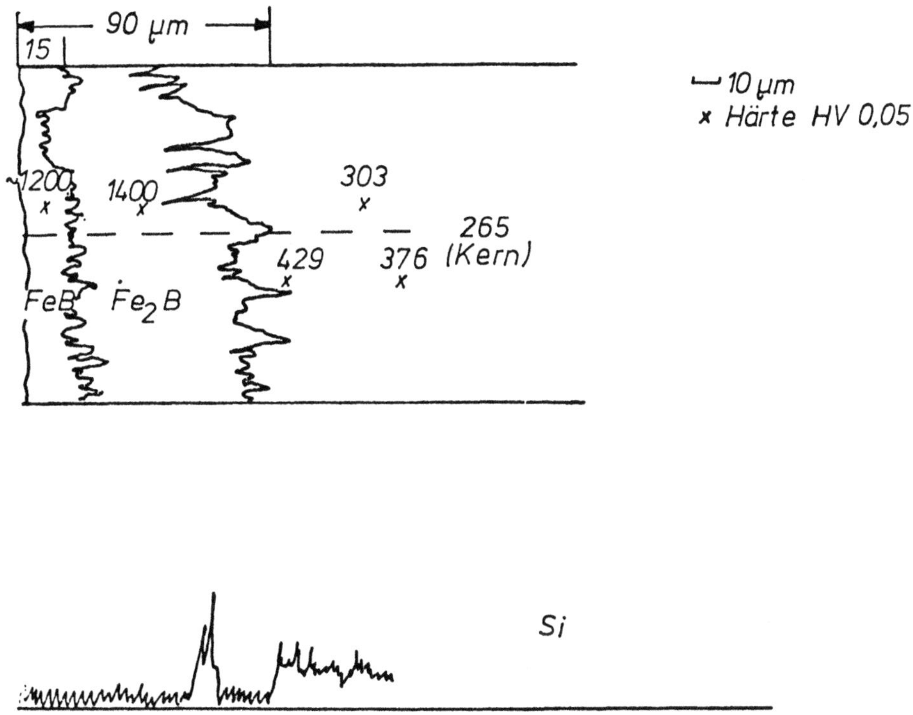

Bild 11
Schematisches Gefügebild mit Konzentrationsprofil des Si

Werkstoff: 20 MnCr 5

Werkstoff-Nr.: 1.7147

Chem. Zusammensetzung in Gew.-%:

C	Si	Mn	Cr	Ni	Mo	V	Al
0,19	0,15	0,97	0,90	0,15			

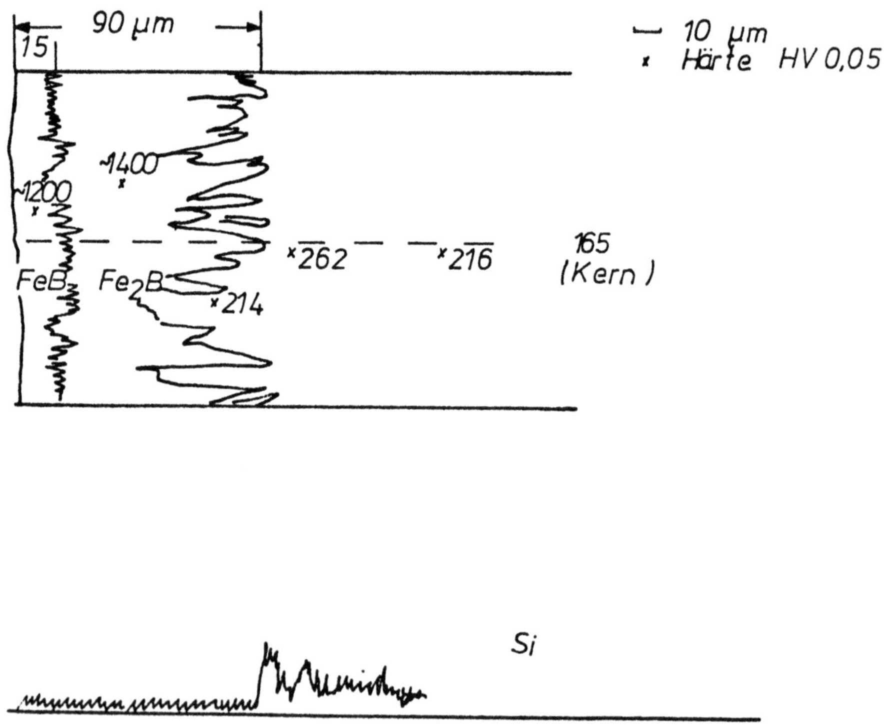

Bild 12
Schematisches Gefügebild mit Konzentrationsprofil des Si

Werkstoff: 31 CrMoV 9
Werkstoff-Nr.: 1.8519
Chem. Zusammensetzung in Gew.-%:

C	Si	Mn	Cr	Ni	Mo	V	Al
0,29	0,20	0,58	2,35	0,22		0,15	

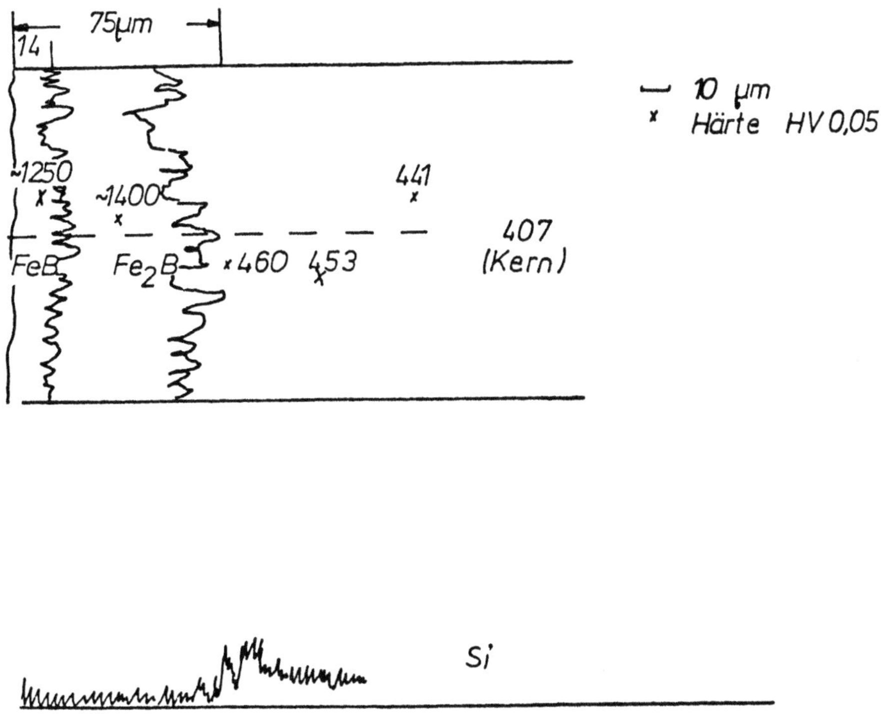

Bild 13
Schematisches Gefügebild mit Konzentrationsprofil des Si

Werkstoff: 34 CrAlNi 7
Werkstoff-Nr.: 1.8550
Chem. Zusammensetzung in Gew.-%:

C	Si	Mn	Cr	Ni	Mo	V	Al
0,31	0,22	0,42	1,66	0,94			0,95

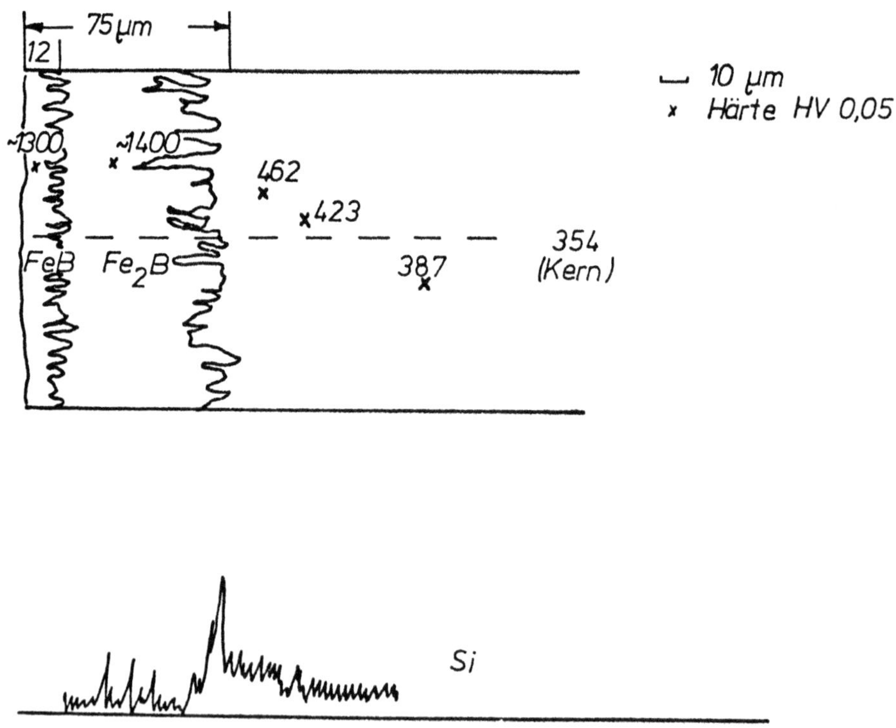

Bild 14
Schematisches Gefügebild mit Konzentrationsprofil des Si

Werkstoff: X 40 CrMoV 51 So
Werkstoff-Nr.: 1.2344 So
Chem. Zusammensetzung in Gew.-%:

C	Si	Mn	Cr	Ni	Mo	V	Al
0,40	0,44	0,50	5,0	0,12	1,34	0,32	

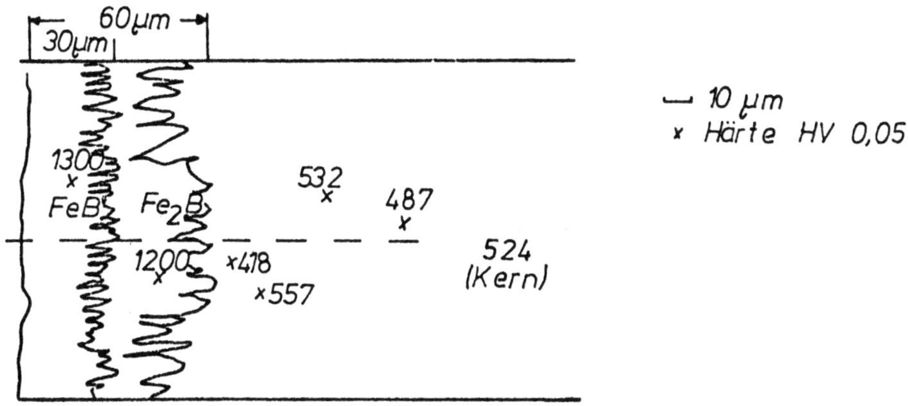

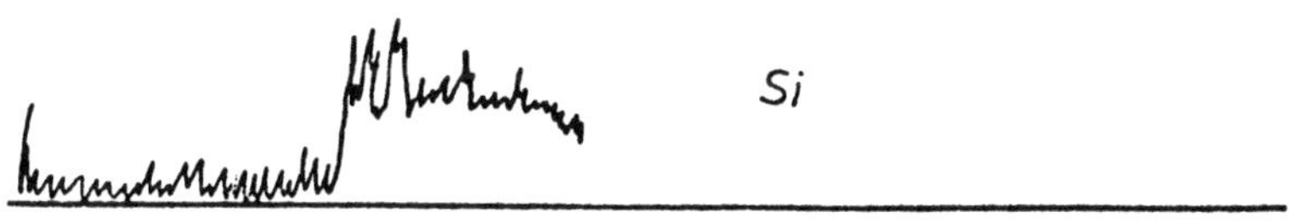

Bild 15
Schematisches Gefügebild mit Konzentrationsprofil des Si

Werkstoff: X 40 CrMoV 51
Werkstoff-Nr.: 1.2344
Chem. Zusammensetzung in Gew.-%:

C	Si	Mn	Cr	Ni	Mo	V	Al
0,38	1,07	0,41	5,15	0,15	1,30	0,94	

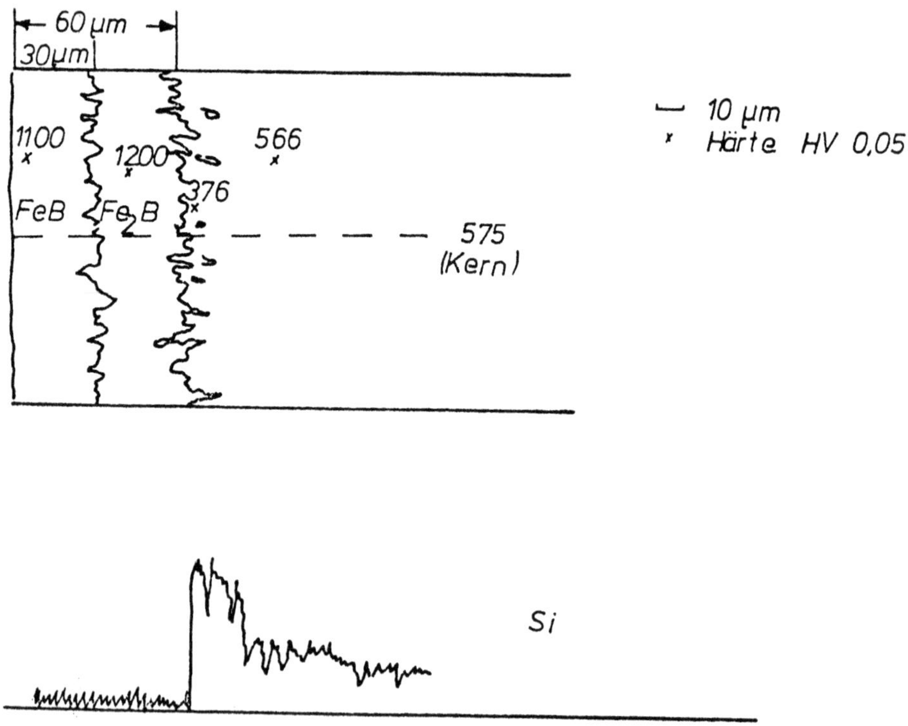

Bild 16
Schematisches Gefügebild mit Konzentrationsprofil des Si

Werkstoff: 39 CrMoV 13 9
Werkstoff-Nr.: 1.8523
Chem. Zusammensetzung in Gew.-%:

C	Si	Mn	Cr	Ni	Mo	V	Al
0,42	0,28	0,47	2,95	0,18	0,84	0,18	

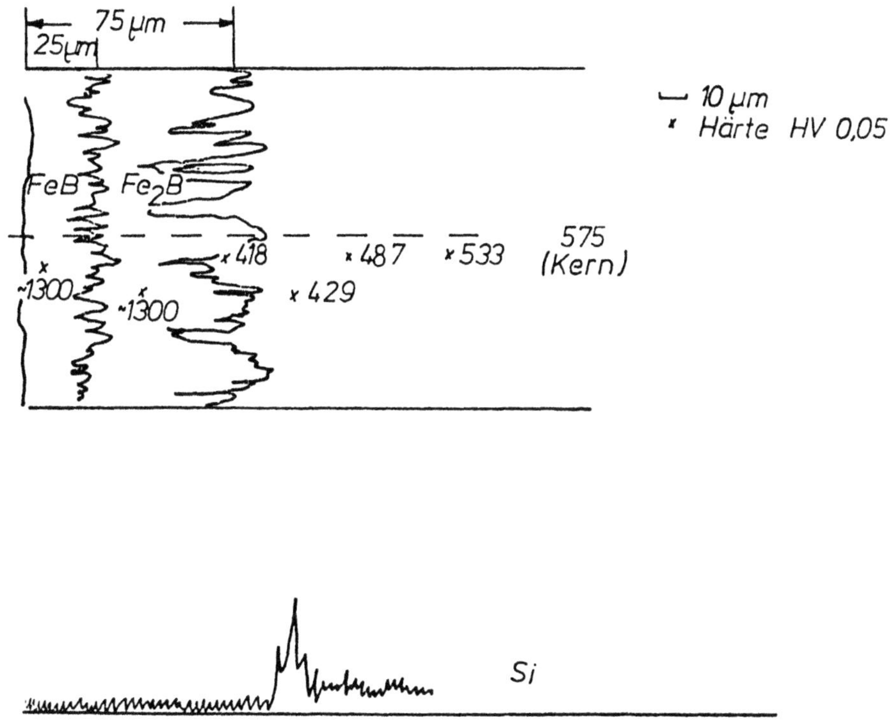

Bild 17
Schematisches Gefügebild mit
Konzentrationsprofil des Si

Werkstoff: 50 CrV 4
Werkstoff-Nr.: 1. 8159
Chem. Zusammensetzung in Gew.-%:

C	Si	Mn	Cr	Ni	Mo	V	Al
0,50	0,35	0,83	1,10			0,17	

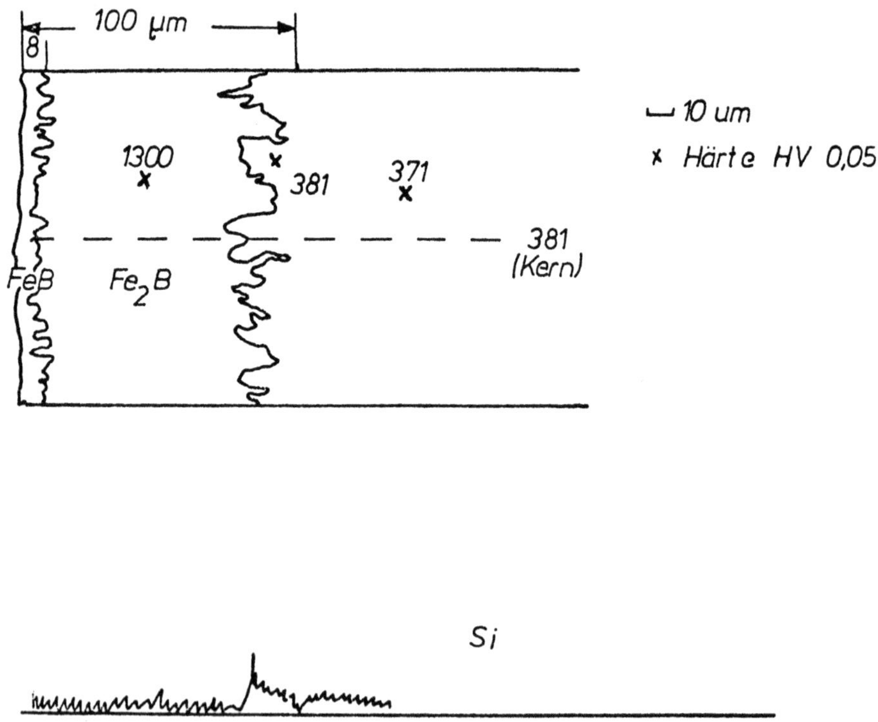

Bild 18
Schematisches Gefügebild mit Konzentrationsprofil des Si

Werkstoff: ~ 32 CrMoV 12 10
Werkstoff-Nr.: 1.6741
Chem. Zusammensetzung in Gew.-%:

C	Si	Mn	Cr	Ni	Mo	V	Al
0,35	0,22	0,50	3,35	0,17	0,82	0,14	

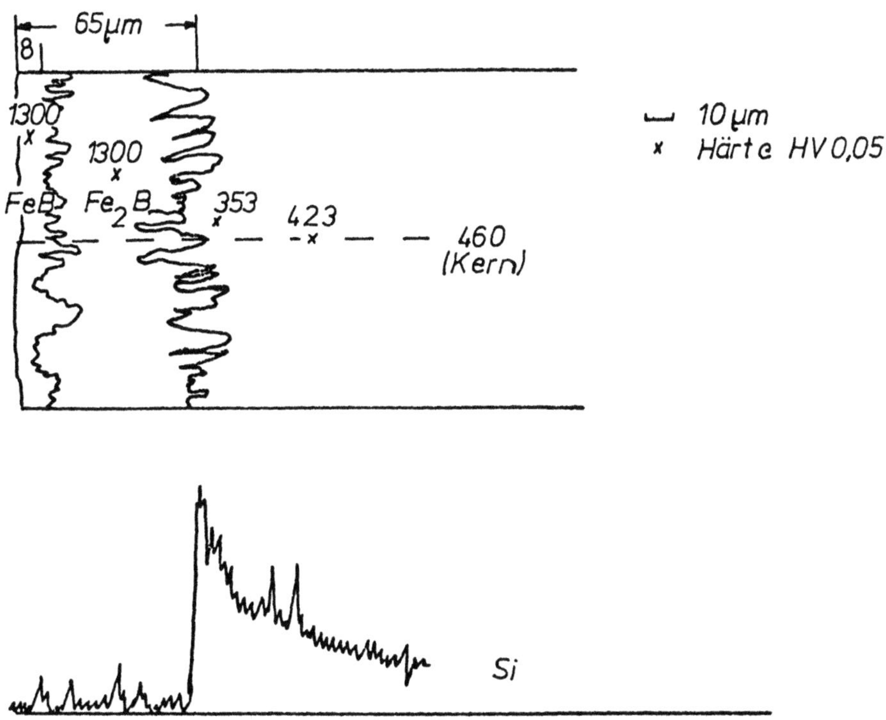

Bild 19
Schematisches Gefügebild mit Konzentrationsprofil des Si

Werkstoff: 32 NiCrMo 8 4 6
Werkstoff-Nr.: (1.6741)
Chem. Zusammensetzung in Gew.-%:

C	Si	Mn	Cr	Ni	Mo	V	Al
0,33	0,45	0,62	1,15	1,65	0,42		

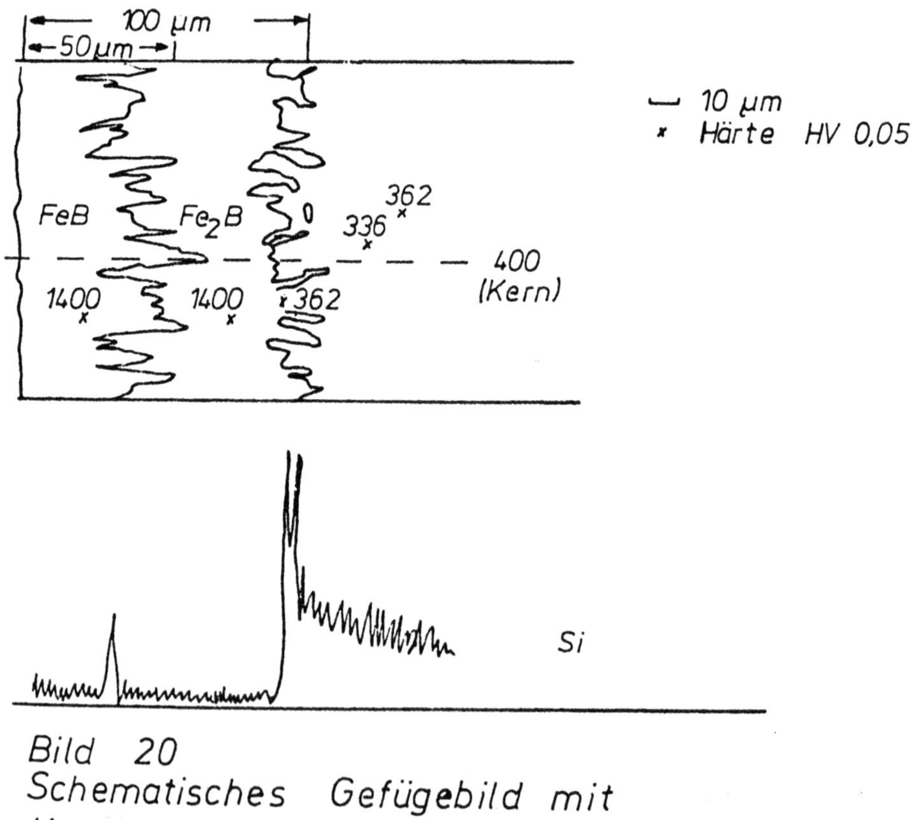

Bild 20
Schematisches Gefügebild mit
Konzentrationsprofil des Si

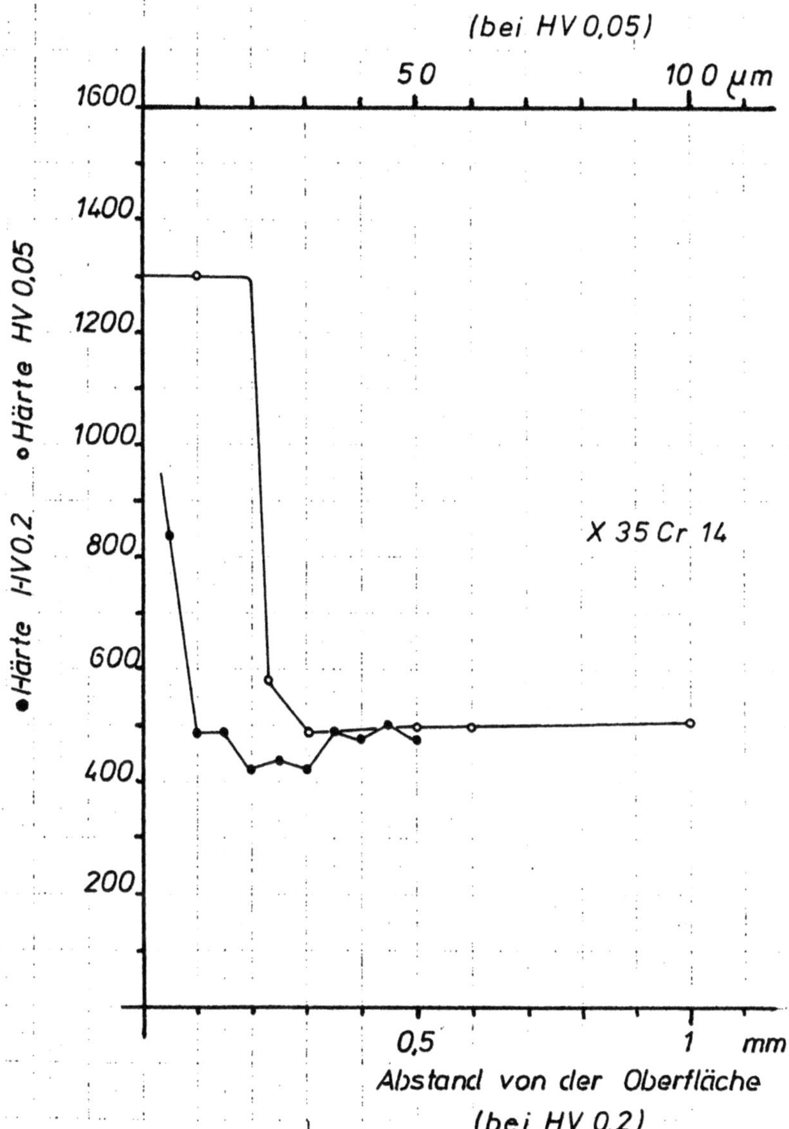

Bild 21
Härteverlaufskurve

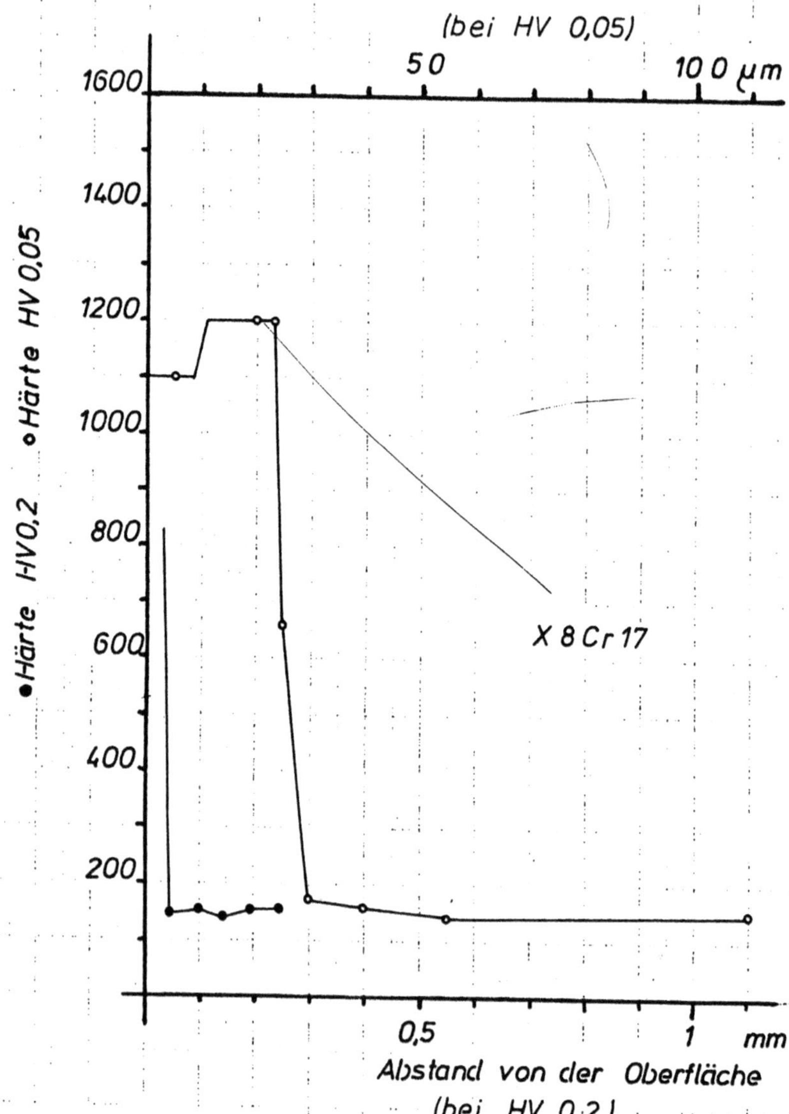

Bild 22
Härteverlaufskurve

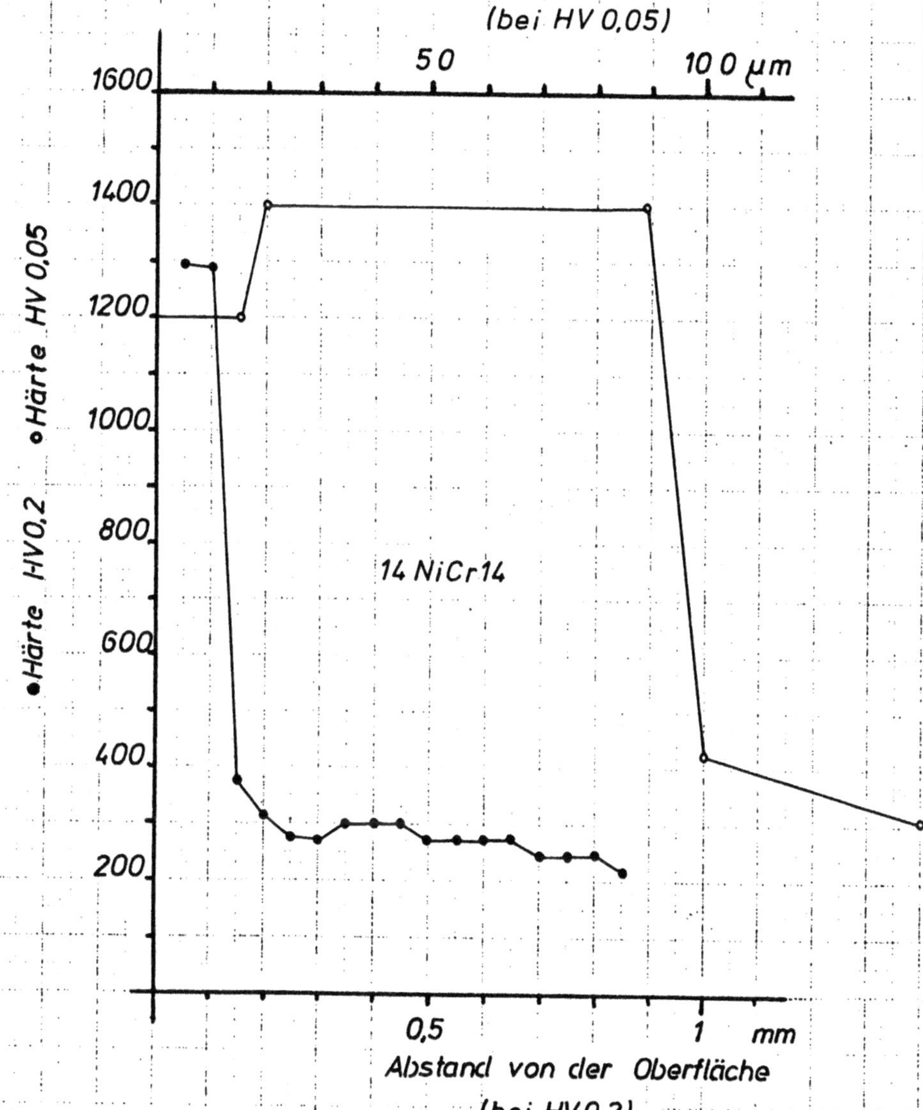

Bild 23
Härteverlaufskurve

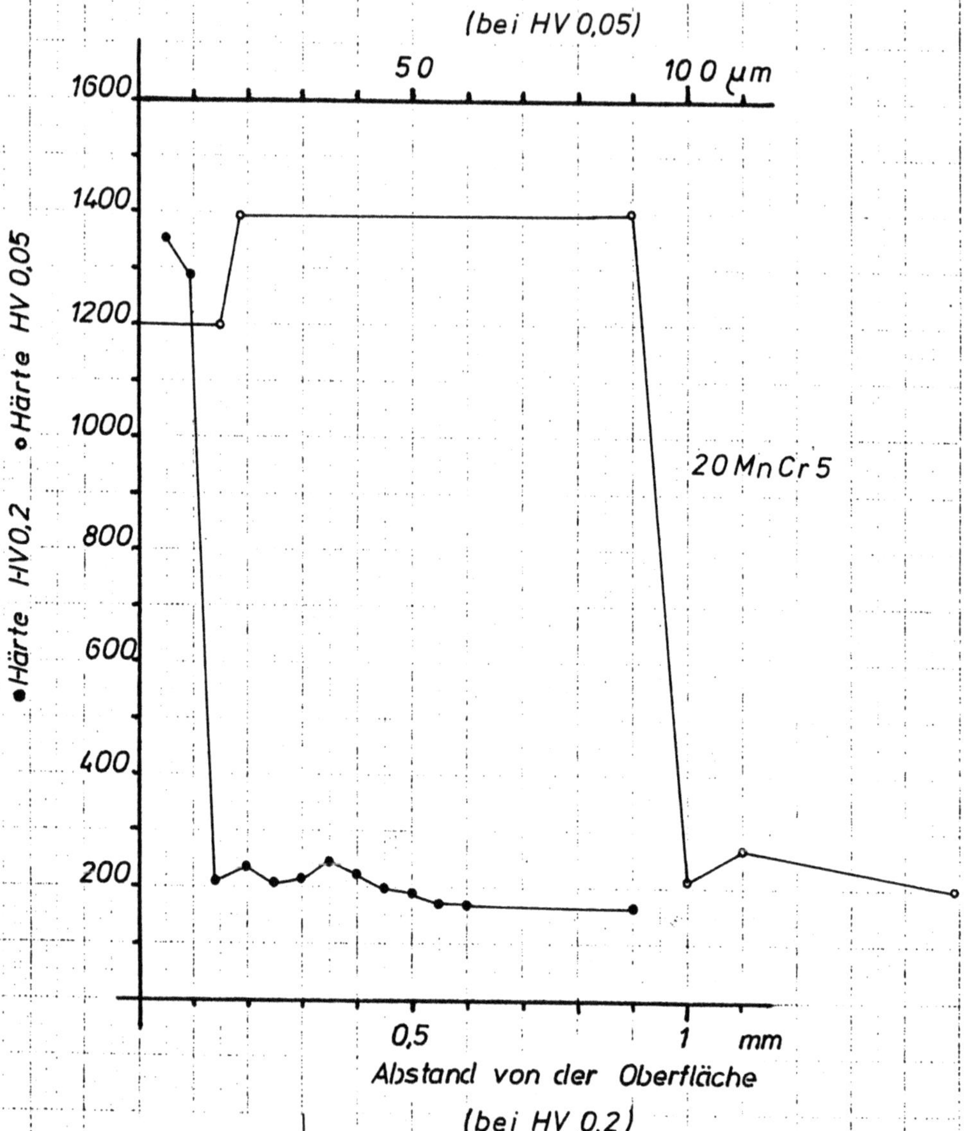

Bild 24
Härteverlaufskurve

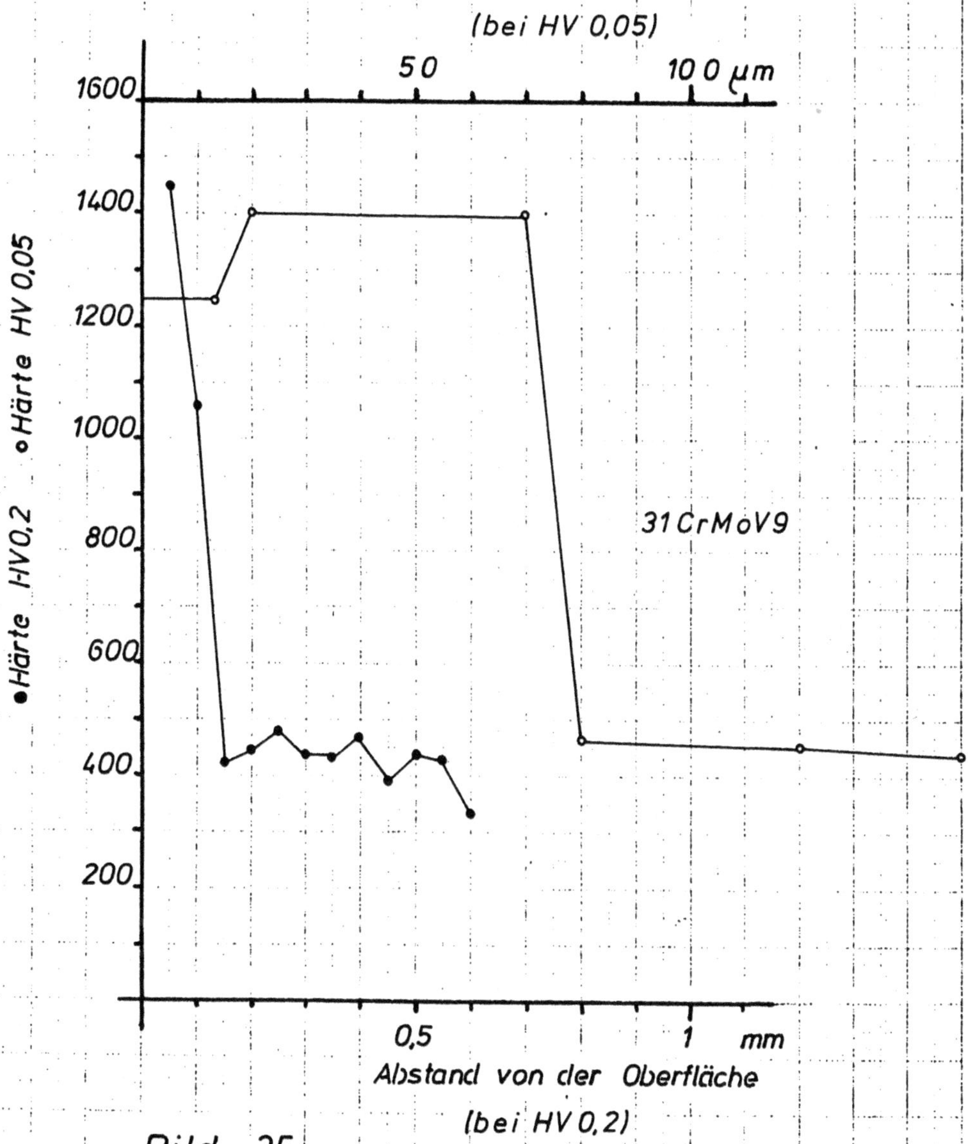

Bild 25
Härteverlaufskurve

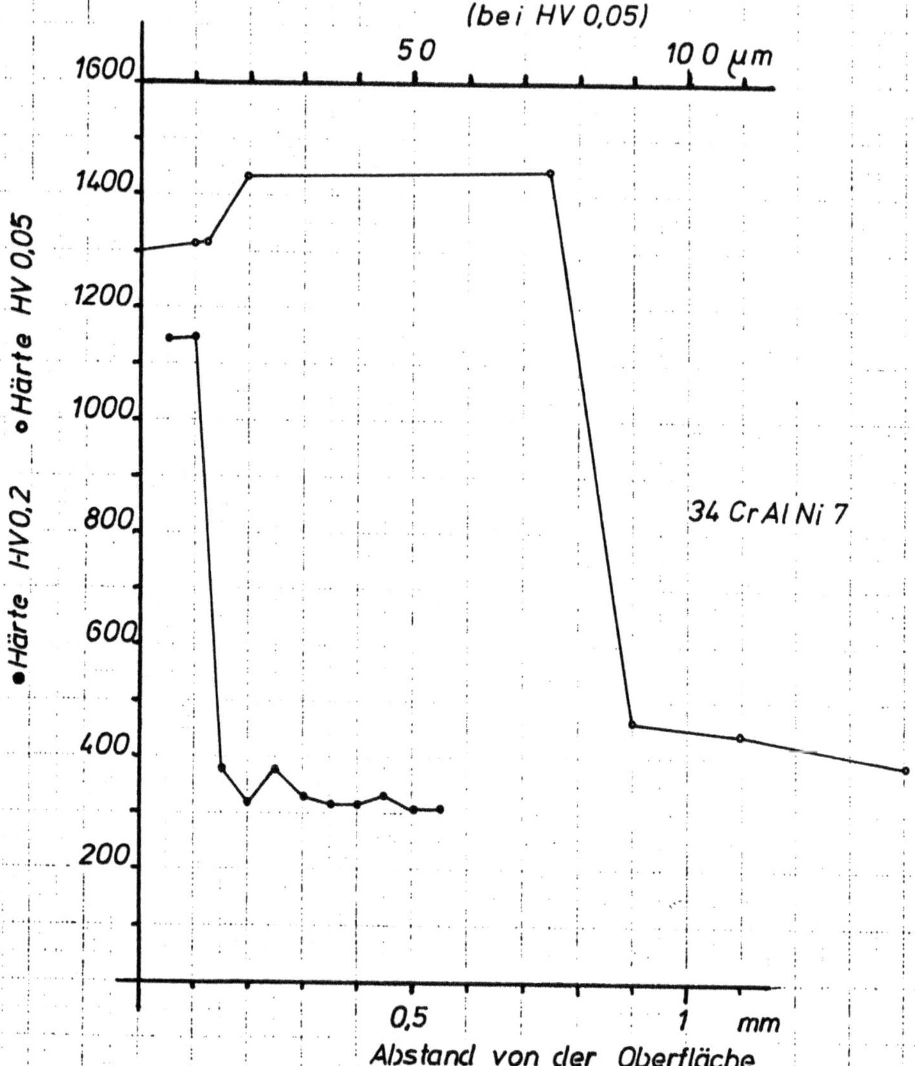

Bild 26
Härteverlaufskurve

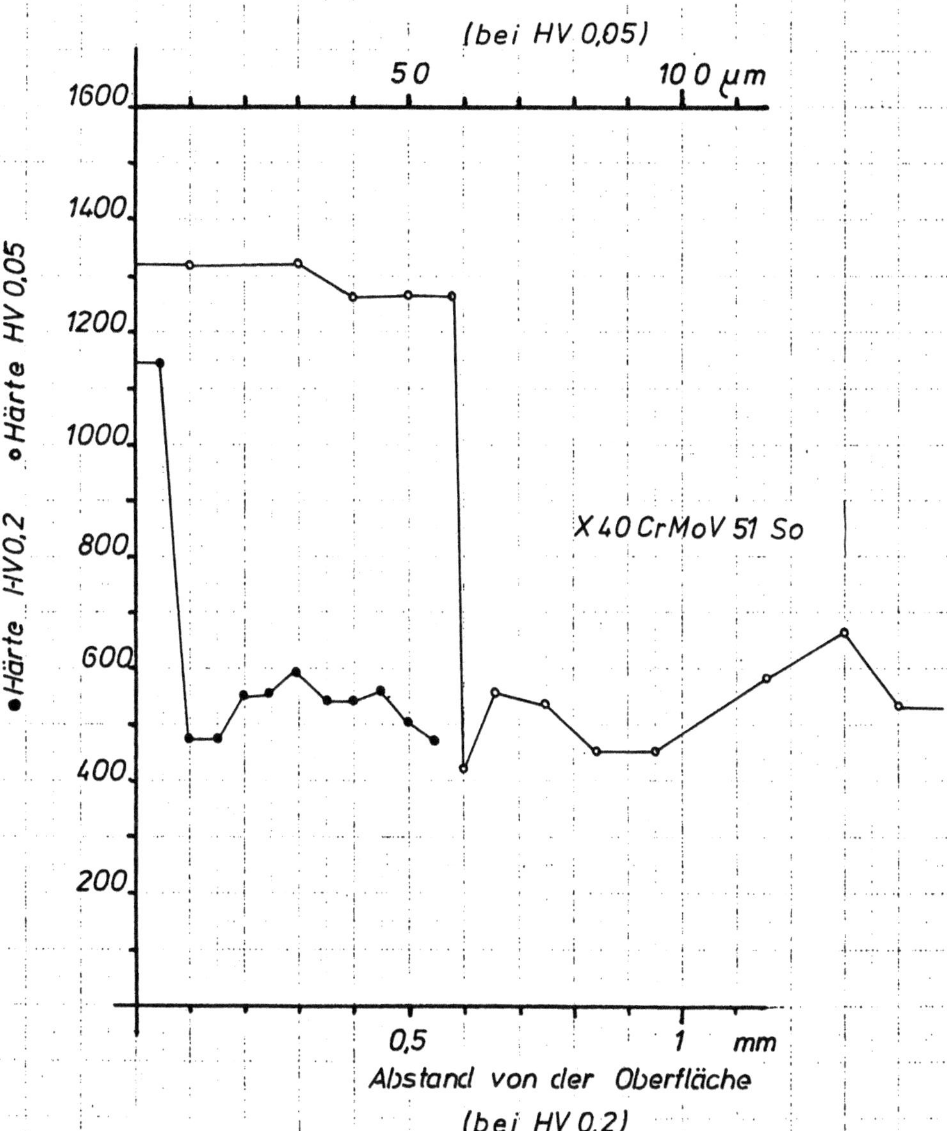

Bild 27
Härteverlaufskurve

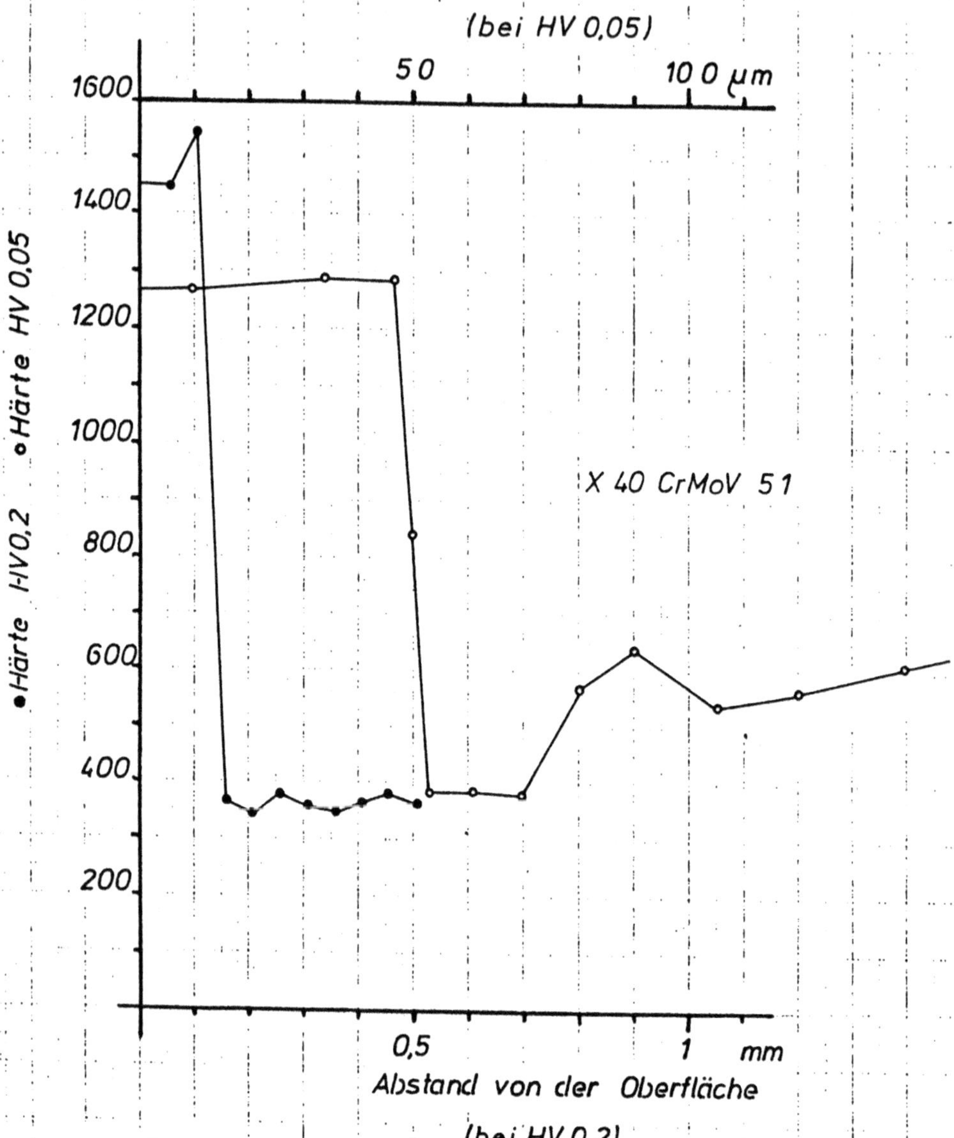

Bild 28
Härteverlaufskurve

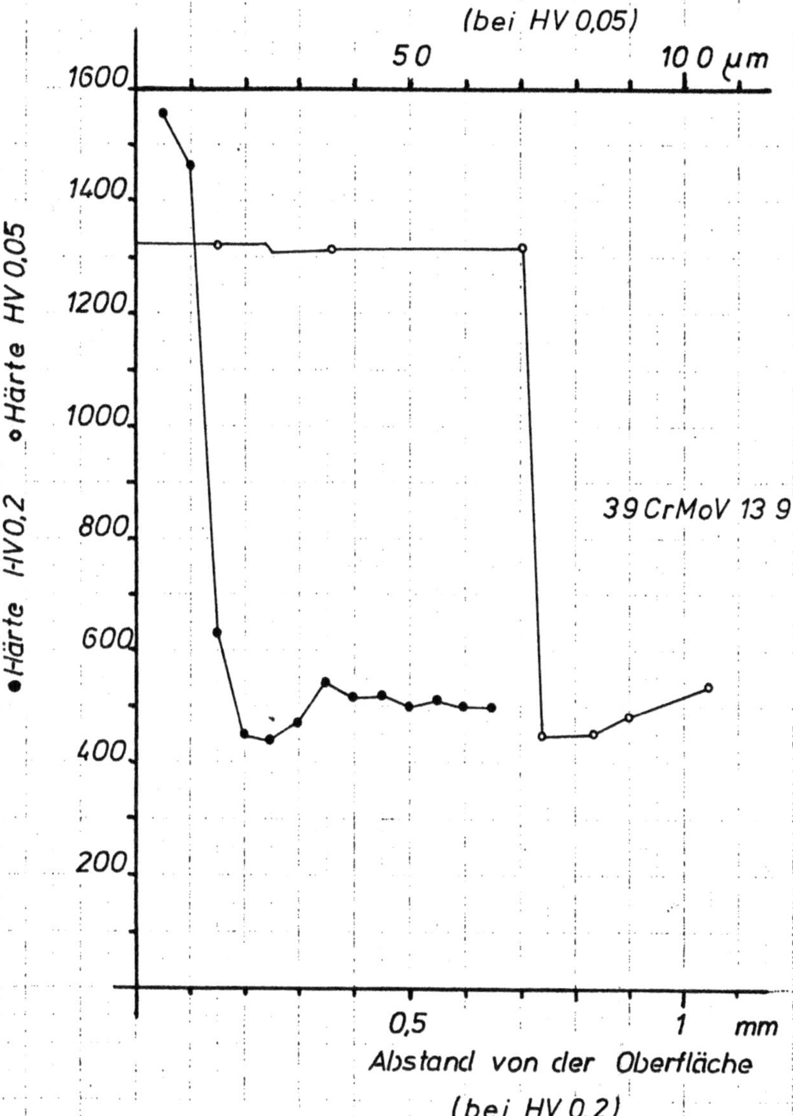

Bild 29
Härteverlaufskurve

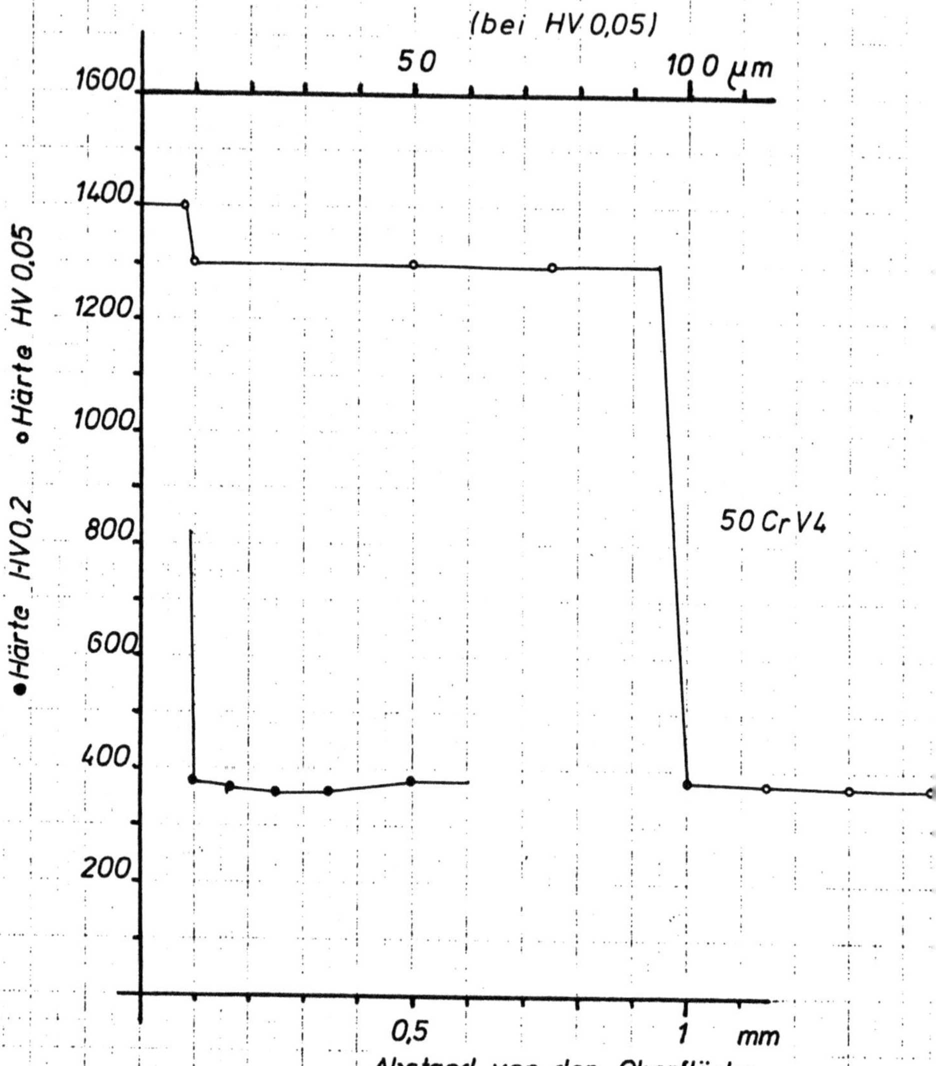

Bild 30
Härteverlaufskurve

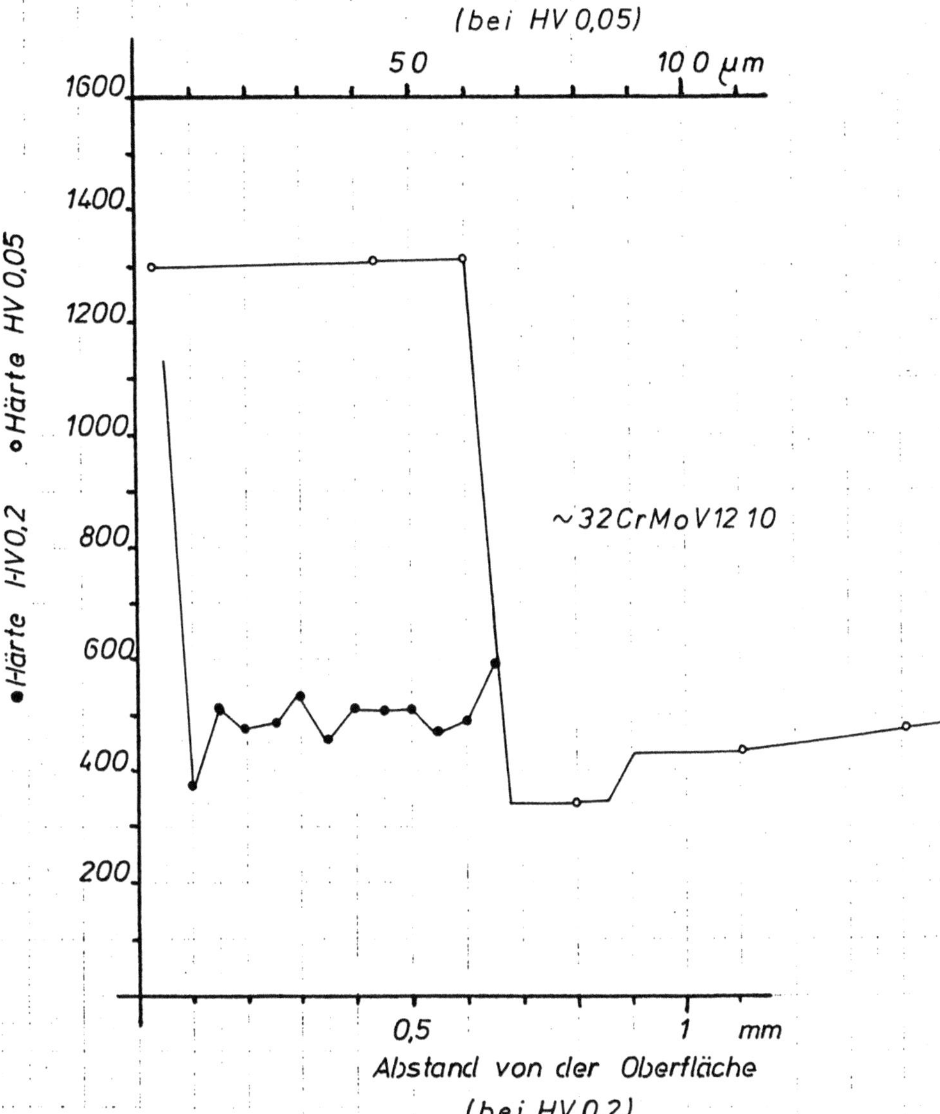

Bild 31
Härteverlaufskurve

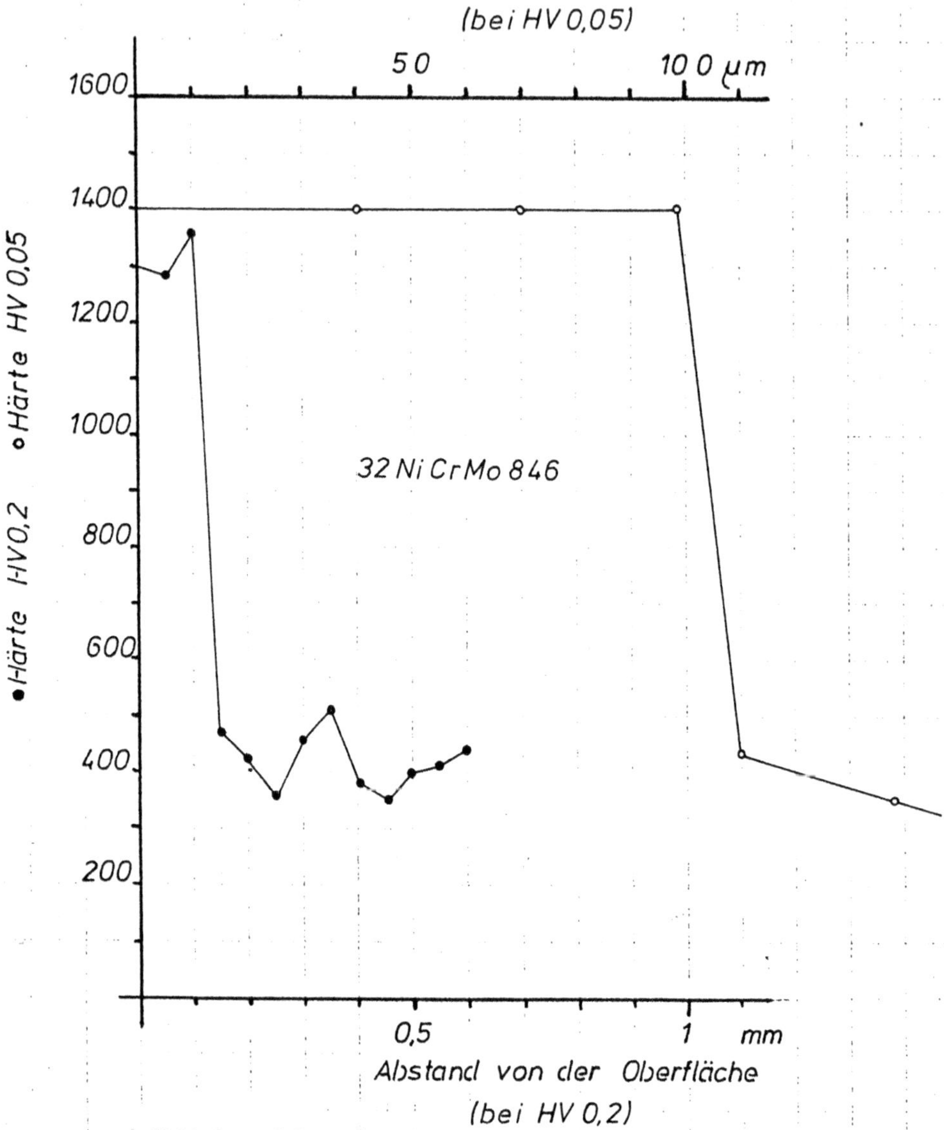

Bild 32
Härteverlaufskurve

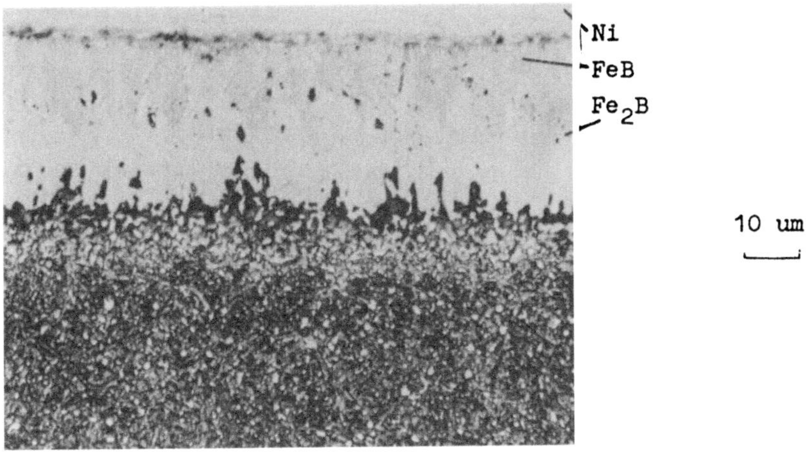

Bild 33 Ätzung: Lichtenegger

Werkstoff X 46 Cr 13 (1.4034)
Boridschicht zweiphasig;
harter Untergrund;
Behandlung 930°C/4 h/Paste unter Argon

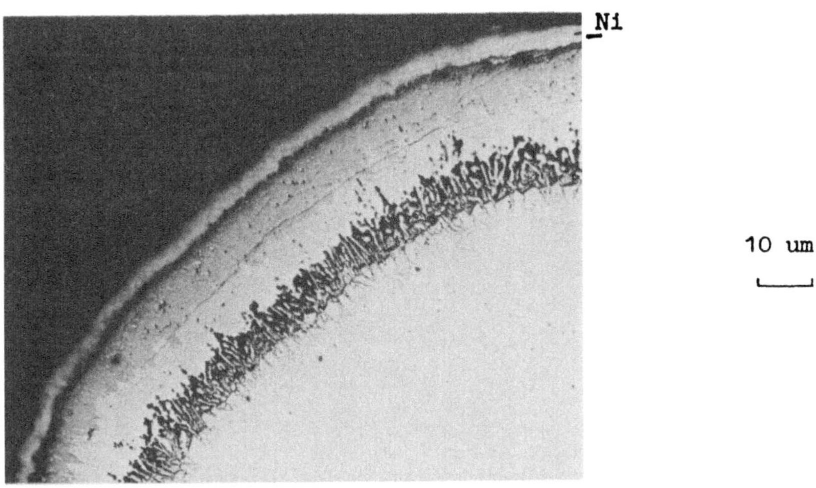

Bild 34

Werkstoff X 8 Cr 17 (1.4016)
Boridschicht zweiphasig;
weicher Untergrund;
Behandlung 930°C/4 h/Paste unter Argon

Eigenschaften von Werkstoffen mit Verschleiß-Schutzschichten
- Übersicht -

von
Dr. K.-H. Habig
Bundesanstalt für Materialprüfung (BAM)
Berlin

Dr. H.-P. Kehrer
Siemens AG
München

Dr. J. Demny, Dr. G. Wahl
Brown, Boveri u. Cie.
Heidelberg

Dr. J. Ziese
Bayerische Motoren Werke
München

Förderkennzeichen: 01 ZT 079 / 01 ZT 119 / 01 ZT 129
Laufzeit: 1.7.1979 - 30.6.1981

Zur Verminderung des Verschleißes von tribologisch beanspruchten Bauteilen werden in vielen Bereichen der Praxis Werkstoffe mit Verschleiß-Schutzschichten eingesetzt. Dabei fehlt es weitgehend an Auswahlkriterien für die Anwendung der jeweils geeigneten Verschleiß-Schutzschicht, die nicht nur das systemabhängige Verschleißverhalten, sondern auch die Beeinflussung der mechanischen Eigenschaften des Grundwerkstoffes durch das Aufbringen der Verschleiß-Schutzschichten und in vielen Fällen auch das Korrosionsverhalten berücksichtigen müssen.

Diese für die Praxis wichtige Thematik griff vor einigen Jahren der Ausschuß "Harte Schichten" der Arbeitsgemeinschaft Wärmebehandlung und Werkstofftechnik auf, in dem Hersteller und Anwender von "Harten Schichten" bzw. von Verschleiß-Schutzschichten zusammenarbeiten. Es wurde ein umfangreiches, fortzuschreibendes Untersuchungsprogramm vereinbart, über dessen erste Ergebnisse nachfolgend berichtet wird.

Für die ersten Untersuchungen wurden die folgenden Verschleiß-Schutzschichten ausgewählt:

I. Chrom (galvanisch)
II. Nickel (chemisch)
III. Eisennitrid (Nitrocarburieren)
IV. Eisenborid (Pulverborieren)
V. Titancarbid (CVD)
VI. Chromcarbid (CVD)
VII. Wolframcarbid (CVD) mit Nickel-Zwischenschicht.

Diese Verschleiß-Schutzschichten wurden auf die in Tabelle 1 aufgeführten Stähle abgeschieden, die vorher vergütet worden waren (Tabelle 2). Für die Ermittlung der Biegewechselfestigkeit wurden Federbleche aus 58 CrV 4 und für die Bestimmung der Umlaufbiegefestigkeit Rundproben aus C 45 verwendet.

Beim Nitrocarburieren, Borieren sowie der chemischen Abscheidung von Titancarbid und Chromcarbid aus der Gasphase (CVD) laufen Diffusionsprozesse zwischen der aufwachsenden Schicht und dem Grundwerkstoff ab; daher kommt der chemischen Zusammensetzung der als Grundwerkstoffe verwendeten Stähle eine große Bedeutung zu.

Da das Borieren sowie die chemische Abscheidung von Titancarbid und Chromcarbid aus der Gasphase (CVD) oberhalb der Austenitisierungstemperatur der Stähle erfolgten, mußte nach dem Aufbringen der Verschleiß-Schutzschichten eine erneute Vergütung vorgenommen werden.

Die Behandlungsbedingungen, die metallographisch bestimmte Dicke und die Härte der Verschleiß-Schutzschichten sind in den Tabellen 3 bis 8 zusammengestellt /1/. Bei den Carbidschichten wurden einmal die Mikrohärte im Querschliff und zum anderen die Oberflächenhärte unmittelbar auf der Verschleiß-Schutzschicht ermittelt (Tabelle 6...8). Die hohen Härtewerte sind wegen der möglichen Meßfehler beim Ausmessen der kleinen Härteeindrücke mit größeren Unsicherheiten behaftet.

Um die für das funktionelle Verhalten wichtigen Eigenschaften der Stähle mit den verschiedenen Verschleiß-Schutzschichten zu charakterisieren, wurden die folgenden Forschungsarbeiten durchgeführt:

I. Mikrosondenanalysen und röntgenographische Untersuchungen zur Bestimmung der chemischen Zusammensetzung und der Phasenzusammensetzung der Verschleiß-Schutzschichten (J. Demny u. G. Wahl, Brown, Boveri u. Cie, Heidelberg)

II. Untersuchung der mechanischen Eigenschaften, insbesondere der Dauerschwingfestigkeit und des Eigenspannungszustandes (H.-P. Kehrer, Siemens AG, München; J. Ziese, Bayerische Motoren Werke)

III. Untersuchungen der Rauheit und des Verschleißverhaltens (K.-H. Habig u. Yan, Li, Bundesanstalt für Materialprüfung -BAM-, Berlin)

Die Ergebnisse dieser Untersuchungen sind in den nachfolgenden drei Beiträgen zusammengestellt. Sie geben einen weitreichenden Überblick über die positiven und auch über die negativen Eigenschaften der verschiedenen Verschleiß-Schutzschichten auf unterschiedlichen Stählen und erleichtern somit dem Anwender die Auswahl der jeweils geeigneten Verschleiß-Schutzschicht zur Lösung eines konkreten Verschleißproblems, wobei zusätzlich eine mögliche Beeinflussung der Festigkeitseigenschaften des Grundwerkstoffes durch das Aufbringen der Verschleiß-Schutzschicht berücksichtigt wird.

Dank

Die Forschungsarbeiten wurden durch die Mitwirkung einer Reihe von Firmen ermöglicht, die vor allem die Herstellung der Probekörper, das Aufbringen der Verschleiß-Schutzschichten und metallographische Untersuchungen besorgten:
BARMAG, Remscheid; BERNEX, Langenfeld; Bosch, Schwieberdingen; Degussa, Hanau; Elektroschmelzwerk Kempten, Frechen; Otto Fuchs Metallwerke, Meinerzhagen; MAN, Augsburg; Rieter, Winterthur; Schering, Berlin; Sulzer, Winterthur; Vereinigte Edelstahlwerke, Kapfenberg.
Den Mitarbeitern der beteiligten Firmen, die wesentlich zum Gelingen der Arbeiten beitrugen, sei vielmals gedankt.
Unser besonderer Dank gilt auch dem Bundesminister für Forschung und Technologie und dem Senator für Wirtschaft und Verkehr des Landes Berlin für die finanzielle Unterstützung der Arbeiten durch das Forschungsprogramm "Tribologie" bzw. das ERP-Sondervermögen.

Schrifttum

/1/ Liedtke, D.; Stähli, G.
Eigenschaften von Werkstoffen mit Verschleiß-Schutzschichten - Metallographie und Härtemessungen
Härterei-Techn. Mitt. 37 (1982) in Vorbereitung

Werkstoff	Schicht-Typ						
	Thermochemische Diffusion		Beschichtung				
			CVD-Verfahren			Chrom (galvanisch)	Nickel (chemisch)
	Nitrid	Borid	Chromcarbid	Titancarbid	Wolframcarbid		
	$Fe_{2\text{-}3}N$	FeB, Fe_2B	Cr_xC_y	TiC	W_2C	Cr	Ni, Ni_xP_y
C 45 W 3	x	x	x	x	x	x	x
42 CrMo 4	x	x	x	x	x	x	x
31 CrMoV 9	x	x	x	x	x	x	x
100 Cr 6	x			x			
X 40 CrMoV 5 1	x	x	x	x	x		
X 155 CrVMo 12 1	x	x	x	x	x		
S 6-5-2	x		x	x	x		
X 20 Cr 13	x	x					
X 10 CrNiTi 18 9	x				x		

Tabelle 1: Die auf den unterschiedlichen Stählen untersuchten Verschleiß-Schutzschichten

Werkstoff		Wärmebehandlung		Härte	
Kurzname	Nr.	Härten	Anlassen	HRC	HV 10
C 45 W 3	1.1730	820°C 12 min/SW	600°C 2 h/L	24–25	270–275
42 CrMo 4	1.7225	840°C 12 min/Öl	670°C 2 h/L	27–28	280–285
31 CrMoV 9	1.8519	880°C 12 min/Öl	610°C 2 h/L	33–34	345–350
100 Cr 6	1.3505	840°C 12 min/Öl	600°C 2 h/L	33	335
X 40 CrMoV 5 1	1.2344	1030°C 12 min/Öl	520°C 2 h/L → 650°C 2 h/L	36–38	385–390
X 155 CrVMo 12 1	1.2379	980°C 12 min/Öl	650°C 2 h/L	38–41	415–425
S 6-5-2	1.3343	1215°C 100 s/Öl	600°C 2 h/L→ 700°C 2 h/L	42	470–475
X 20 Cr 13	1.4021	950°C 12 min/Öl	600°C 2 h/L	28–30	300–310
X 10 CrNiTi 18 9	1.4541	–	–	–	160–165

Tabelle 2: Wärmebehandlungen der Stähle vor dem Aufbringen der Verschleiß-Schutzschichten

Werkstoff	Beschichtung mit	Schichtdicke µm	Mikrohärte HV 0,05	$\bar{x}$
C 45 W 3	Chrom I	15 – 18	745 – 795	765
42 CrMo 4		14 – 17	810 – 855	825
31 CrMoV 9		14 – 17	795 – 825	810
C 45 W 3	Chrom II	12 – 14	890	890
42 CrMo 4		9 – 11	770 – 790	775
C 45 W 3	Nickel I	27 – 28	985 – 1095	1025
42 CrMo 4		28 – 30	1005 – 1070	1050
31 CrMoV 9		27 – 30	965 – 1070	1025
C 45 W 3	Nickel II	32 – 34	625 – 635	630
42 CrMo 4		26 – 30	625 – 635	630

Abscheidungsbedingungen:

Chrom I: Bad: 200 g/l CrO_3; 2,5 g/l H_2SO_4
Badtemperatur: 56 °C; Stromdichte: 20 A/dm^2

Chrom II: Bad: 250 g/l CrO_3; 2,5 g/l H_2SO_4; 8 g/l Cr_2O_3
fluoriertes Netzmittel
Badtemperatur: 55 °C; Stromdichte: 55 A/dm^2

Nickel I: Bad auf Natriumhypophosphitbasis
Aushärtung: 390 °C 2 h

Nickel II: Bad auf Natriumphosphitbasis
9,3 ... 10,0 g/l Ni; 20 ... 21 g/l Natriumphosphit
Badtemperatur: 90 ... 91 °C ; pH-Wert: 7,0
ohne anschließende Aushärtung

Tabelle 3: Dicke, Härte und Abscheidungsbedingungen der Chrom- und Nickelschichten

Werkstoff	Nitrocarburier-Behandlung 580 °C	Dicke der Verbindungsschicht µm	x̄	Dicke des Porensaums µm	x̄	Mikrohärte der Verbindungsschicht HK 0,01	x̄	Nht mm
C 45 W 3	90 min/SW	9–18	13	3–11	5	940–1005	970	n.b.
42 CrMo 4	90 min/Öl	10–17	12	3–6	4	990–1040	1020	0,20
31 CrMoV 9	90 min/Öl	9–15	12	4–8	5	1135–1220	1185	0,15
100 Cr 6	90 min/Öl	12–18	14	6–10	8	1200–1245	1225	0,18
X 40 CrMoV 5 1	120 min/Öl	9–15	11	5–8	6	1610–1795	1680	0,15
X 155 CrVMo 12 1	120 min/Öl	11–15	13	5–9	7	1480–1645	1550	0,08
S 6-5-2	120 min/L	8–18	12	6–11	8	1315–1545	1425	0,15
X 20 Cr 13	90 min/Öl	angeätzte		70 – 80 µm		305–365		0,10
X 10 CrNiTi 18 9	70 min/SW	Schicht:		4 – 10 µm		705–880		0,10

Tabelle 4: Nitrocarburierbehandlungen (im Salzbad) sowie Dicke und Härte der Nitridschichten

Werkstoff	Borier-Behandlung			Anlassen		Dicke der Boridschicht	Mikrohärte der Boridschicht	
	Temperatur °C	Dauer h	Abkühlung in	Temperatur °C	Dauer h	µm	HV 0,05	x̄
C 45 W 3	880	3	Öl	550	2	40–80	1695–1840	1740
42 CrMo 4	880	3	Öl	600	2	40–80	1525–1605	1545
31 CrMoV 9	880	3	Öl	600	2	40–80	1740–1840	1815
X 40 CrMoV 5 1	1010	0,5	WB	600	2 + 2	15–20	1450–1525	1485
X 155 CrVMo 12 1	980	1	Öl	180	3	30 – 40	1740–1945	1840
X 20 Cr 13	1000	0,5	Öl	520	2	~ 20	1485–1565	1545

Tabelle 5: Borierbehandlungen (in Pulver Ekabor 2) sowie Dicke und Härte der Boridschichten

Werkstoff	Titancarbidschicht Dicke µm	Mikrohärte HV 0,05	$\bar{x}$	Oberflächenhärte HV 0,05 2. Meßstelle
C 45 W 3	10	2270–2285	2275	3000–3200
42 CrMo 4	8	2170–2220	2195	2900–3100
31 CrMoV 9	7	n.b.	n.b.	2500–2700
100 Cr 6	20	2220–2270	2235	2900–3100
X 40 CrMoV 5 1	5	n.b.	n.b.	2500–2700
X 155 CrVMo 12 1	6	2270–2325	2305	3000–3200
S 6-5-2	6	n.b.	n.b.	2900–3100

(CVD: 1000 °C 4 h)

Tabelle 6: Dicke und Härte der Titancarbidschichten (CVD)

Werkstoff	CVD-Beschichtung Temperatur °C	CVD-Beschichtung Dauer h	Wärmebehandlung Härten Temperatur °C	Wärmebehandlung Anlaßtemperatur °C	Wärmebehandlung Härte HRC	Chromcarbidschicht Dicke µm	Chromcarbidschicht Mikrohärte HV0,03	Chromcarbidschicht Härte Oberfl. HV0,025
C 45 W 3	–	–	–	–	–	5–9	1445	1700
42 CrMo 4	1010	4	860	550	38	5–11	1910	2000
31 CrMoV 9	1010	5	860	550	41	7–9	1910	2000
X 40 CrMoV 5 1	1010	5	1040	550	54	5–8	1655	1800
X 155 CrVMo 12 1	1010	3	1010	160	60	7–9	1545	2005
S 6-5-2	1010	3	1200	550	62	3–7	1655	1700

Tabelle 7: Behandlungsbedingungen sowie Dicke und Härte der Chromcarbidschichten (CVD)

Werkstoff	Wolframcarbidschicht Dicke µm	Dicke der Ni-Unterlage µm	Mikrohärte Ni-Schicht	HK 0,025 Wolfram-carbidschicht	Oberflächenhärte HV 0,05
C 45 W 3 42 CrMo 4 31 CrMoV 9	10 8 7	5 8 8	915 1125–1135 935–955	bei allen Proben 2105	2200–2400 2500 2400–2600
X 40 CrMoV 5 1	10	3	n.b.		2100–2200
X 155 CrVMo 12 1	8	8	1160–1190		2400–2500
S 6-5-2	9	8	1075–1100		2500–2700
X 10 CrNiTi 18 9	9	4	1200–1245		2200

Abscheidungsbedingungen:
Chemische Nickel-Zwischenschicht; Aufheizen in Gemisch aus 90 % Ar und 10 % H_2;
bei 400 °C 0,5 h halten; Abscheidung: 400 °C 2 ... 2,5 h;
Abkühlen im Vakuum auf Raumtemperatur (10 – 11 h)

Tabelle 8: Dicke, Härte und Abscheidungsbedingungen der Wolframcarbidschichten auf Nickelzwischenschichten

Eigenschaften von Werkstoffen mit Verschleiß-Schutzschichten
Untersuchungen mit der Mikrosonde

von

Dr. J. Demny, Dr.G. Wahl

BBC - Mannheim
Zentrales Forschungslabor, Heidelberg

Förderkennzeichen: 01 ZT 079
Laufzeit: 1.7.1979 - 30.6.1981

Zusammenfassung

Die chemische Zusammensetzung der bei einem speziellen Auftragsprozeß sich bildenden Verschleiß-Schutzschicht ist eine Systemeigenschaft des Beschichtungssystems, welche sich aus Beschichtungsmedium (z.B. Pulver, Gas) und dem Werkstoff zusammensetzt. Die Abhängigkeit der Zusammensetzung und der Morphologie der Verschleiß-Schutzschicht von dem Grundwerkstoff wird an einer Reihe von Stählen (C45W3, 42CrMo4, 100Cr6, 31CrMoV9, S 6-5-2, X40CrMoV151, X155CrVMo121, X20Cr13, X10CrNiTi18 9) am Beispiel von Chromcarbid, Titancarbid, Borid-, Wolframcarbid- und Nitrocarburierschichten mit Hilfe der Elektronenmikrosonde untersucht.

Bei den bei hoher Temperatur hergestellten Schichten (TiC, Chromcarbid) sind deutliche Multikomponentendiffusionsprozesse sichtbar: die wichtigste diffundierende Komponente ist neben Fe, das z.B. bei den TiC-Schichten Fe-angereicherte Zonen ausbildet, das Legierungselement Cr, welches in die TiC-Schicht diffundiert und vom Legierungsgehalt des Grundwerkstoffs abhängige Konzentrationsprofile bildet.

In Cr-Carbidschichten (M_7C_3 , M = Metall) sind Legierungsbestandteile des Grundwerkstoffes enthalten: In Übereinstimmung mit dem Fe-Cr-C-Phasendiagramm besitzt M_7C_3 eine hohe Löslichkeit für Fe. Bei den untersuchten Cr-Carbidschichten wurde bis zu 50 at % Fe gefunden. Borid- und Nitrocarburierschichten zeigen keine nachweisbare Umverteilung zwischen Schicht und Grundwerkstoff, d.h. die integrale Zusammensetzung der Metallanteile der Schichten entspricht der Zusammensetzung des Stahles. In den bei tiefer Temperatur (400^oC) aufgebrachten W_2C-Schichten wurden keine Bestandteile des Basiswerkstoffes gefunden. Die Zusammensetzung dieser Schicht ist also unabhängig vom Basiswerkstoff.

Die Stähle beeinflussen nicht nur die Schichtzusammensetzung, sondern auch das Dickenwachstum bzw. die Morphologie der Schicht. Bei TiC ergab sich ein Zusammenhang zwischen

Schichtwachstum und C-Aktivität des Stahles. Bei den Nitrocarburierschichten wird die Ausbildung der Verbindungsschicht und der Diffusionszone beeinflußt. Bei den Boridschichten verstärkt sich die FeB-Bildung mit zunehmendem Legierungsgehalt.

Gliederung

1. Einleitung

Die Eigenschaften eines tribologischen Systems mit beschichteten Werkstoffoberflächen werden von der Struktur und der Zusammensetzung der harten Schichten bestimmt. Das Ziel dieser Arbeit ist die Bestimmung der Zusammensetzung von handelsüblichen Hartschichten mit Hilfe der Elektronenmikrosonde.

Die Zusammensetzung einer Schicht ist vom Beschichtungsverfahren und vom Werkstoff abhängig d.h. eine Eigenschaft des Systems Beschichtungsanordnung-Werkstoff (Bild 1).

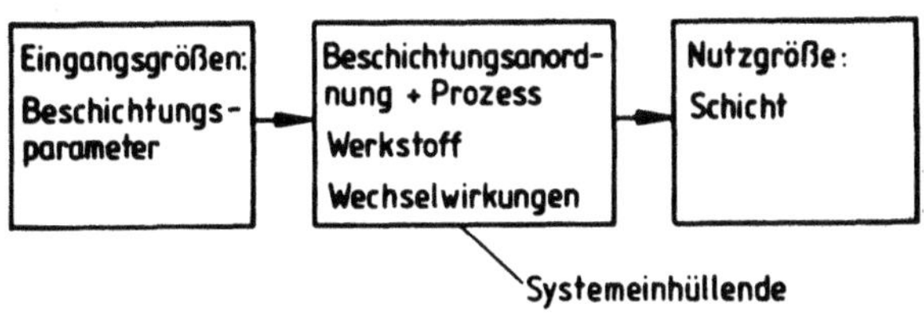

Bild 1: Das Beschichtungssystem

Eingangsparameter sind die Beschichtungsbedingungen, wie z.B. die Temperatur, der Gasfluß, die Gaszusammensetzung. Die Systemeinhüllende umfaßt die Beschichtungsanordnung einschließlich des zu beschichtenden Werkstoffes und die Wechselwirkung von Beschichtungsmedium und Werkstoff. Die Nutzgröße ist die Schicht. Tab. 1 zeigt die untersuchten Schichten einschließlich der Beschichtungsbedingungen und in Tab. 2 wird die Zusammensetzung der Stähle angegeben, auf denen die Schichten hergestellt wurden.

Tabelle 1 Oberflächenbehandlungsverfahren, Stähle, Beschichtungsbedingungen

Schicht, Beschichtungs-bedingungen	W_2C 400 °C 2 h	Nitrocarburier-schicht TF 1-Bad 580 °C	Borid Ekabor 2	TiC 1000 °C 50 mbar $TiCl_4/CH_4/H_2$	Cr-Carbid 1010 °C
Verfahren	CVD	Salzbad	Einpackverf.	CVD	CVD
Schichttyp	Auflage	Eindiffusion	Eindiffusion	Auflage	Eindiffusion
C45W3	X	90 min	880 °C, 3 h	X	4 h [1)]
42CrMo4	X	90 min	880 °C, 3 h	X	4 h [2)]
100Cr6	-	90 min	-	X	-
31CrMoV9	X	90 min	880 °C, 3 h	X	5 h [2)]
S 6-5-2	X	120 min	-	X	3 h [2)]
X40CrMoV51	X	120 min	1010 °C, 0,5 h	X	5 h [2)]
X155CrVMo121	X	120 min	980 °C, 1 h	X	3 h [2)]
X20Cr13	-	90 min	1000 °C, 0,5 h	-	-
X10CrNiTi18 9	X	70 min	-	X	-
Hersteller	Sulzer, Winterthur	DEGUSSA Hanau	Elektroschmelz-werk, Kempten, O. Fuchs, Meinerzhagen	Berna/Bernex Langenfeld	[1)] Berna/Bernex Langenfeld [2)] Siemens, München

Tabelle 2 Zusammensetzung der verwendeten Stähle /1/ (Gew. %)

Bezeichnung	C	Cr	Si	Mn	V	Mo	Ni	P	S
C45W3	0.4–0.5	-	0.15–0.4	0.6–0.8				≤ 0.035	≤ 0.035
42 CrMo4	0.38–0.45	0.9–1.2	0.15–0.4	0.5–0.8		0.15–0.3	≤ 0.6	≤ 0.035	≤ 0.035
100Cr6	0.95–1.1	1.4–1.65	0.15–0.35	0.35–0.40			≤ 0.3	≤ 0.03	≤ 0.03
31CrMoV9	0.26–0.34	2.3–2.7	0.15–0.35	0.4–0.7	0.1–0.2	0.15–0.25		≤ 0.025	≤ 0.025
S 6-5-2	0.86–0.94	3.8–4.5	≤ 0.4	1.7–2.0	4.7–5.2	W:	6–6.7	≤ 0.003	≤ 0.003
X40CrMoV51	0.37–0.43	4.8–5.5	0.9–1.2	0.3–0.5	0.9–1.1	1.2–1.5		≤ 0.030	≤ 0.030
X155CrVMo121	1.5–1.6	11.0–12.0	0.1–0.4	0.15–0.45	0.9–1.1	0.6–0.8		≤ 0.030	≤ 0.030
X20Cr13	0.17–0.22	12.5–13.5	0.3–0.5	0.2–0.4				≤ 0.035	≤ 0.035
X10CrNiTi18 9	≤ 0.1	17–19	≤ 1	≤ 2			9–11.5	≤ 0.045	≤ 0.045

Der Einfluß des Grundwerkstoffes auf die Schicht ist bei Eindiffusionsschichten wie der Nitrocarburierschicht, der Boridschicht und der Cr-Carbidschicht naturgemäß groß, aber auch bei Auflageschichten wie z.B. bei der TiC-Schicht sind wegen der hohen Abscheidetemperatur Diffusionsprozesse nicht vernachlässigbar. Ein wichtiger Parameter für Umverteilungseffekte zwischen Schicht und Grundwerkstoff ist die Abscheidetemperatur und die Abscheidezeit, letztere liegt bei allen untersuchten Schichten in vergleichbarer Größenordnung von t = 0.5-4 h. In Tab. 1 sind die Schichten nach der Abscheidetemperatur geordnet und in dieser Reihenfolge werden die Schichten im folgenden beschrieben.

Alle Abscheideuntersuchungen wurden mit der Elektronenmikrosonde durchgeführt, wobei die Untersuchungen der Nitrocarburier- und Boridschichten mit der Elmisonde und die anderen Schichten mit der Jeol-Sonde (JXA 733) durchgeführt wurden. Bei der Elmisonde wurden neben Punktanalysen hauptsächlich Probenstrombilder aufgenommen. Bei diesen erscheinen die leichten Elemente hell. Bei der Jeolsonde wurden meist Compobilder (Ordnungszahlkontrast) aufgenommen, bei denen leichte Elemente auf dem Bildschirm dunkel erscheinen.

2. Zusammensetzung der Schichten

2.1 W_2C - Schichten

Die geringsten Einflüsse des Grundwerkstoffes auf die Schichtstruktur kann man wegen der niedrigen Abscheidetemperatur bei W_2C-Auftragsschichten erwarten. Die Compo-Aufnahmen zeigen erwartungsgemäß auf allen Stählen dasselbe Gefüge der Schicht, welches in Bild 2 am Beispiel einer W_2C-Schicht auf X40CrMoV51 gezeigt ist. Elemente aus dem Grundwerkstoff wurden in der Schicht nicht nachgewiesen, ebenso kein Ni, welches zur Verbesserung der Haftung der Schicht bei allen Stählen als Zwischenschicht verwendet wurde. Die Schichtdicke liegt bei allen Stählen im Bereich von 9 ± 1 µm, wobei die Schwankungen prozesstechnisch bedingt sind.

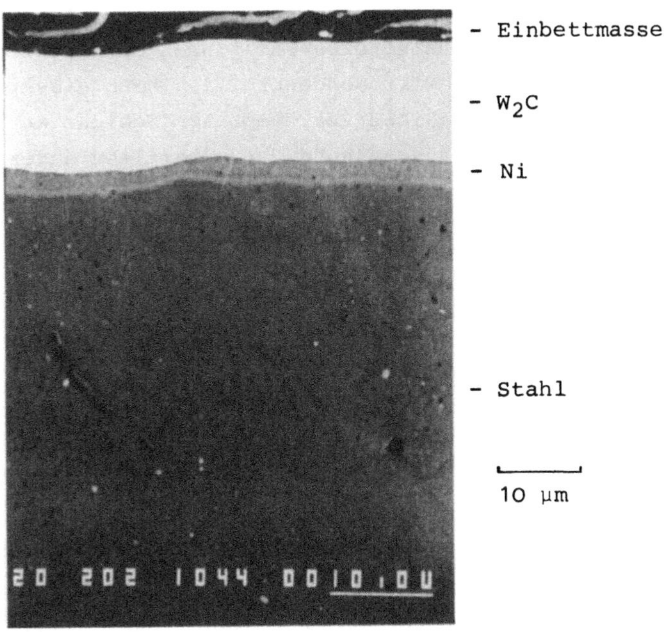

Bild 2 W_2C-Schicht auf X40CrMoV51, Compoaufnahme

2.2 Nitrocarburierschichten

Die in Tab. 1 erwähnten Stähle wurden bei Degussa in einem TF 1-Bad in einem elektrisch beheizten Tiegelofen 35/70 behandelt. Die Badanalyse war 1,96 % CN, 36,4 % CNO. Eine gleichzeitig nitrocarburierte CK-15-Probe hatte nach 90 Min. Nitrocarburierdauer und Wasserabschreckung eine Verbindungsschicht mit der Dicke 15-16 μm und einen geringen γ'-Anteil. Von allen Proben wurden Querschliffe angefertigt, an denen in der Elmisonde Absorptionsbilder und Stickstoffprofile (NK_α, 18 kV) aufgenommen wurden, die in Bild 3-6 dargestellt sind. Die in Bild 3 dargestellten Schichten zeigen Nitrocarburierschichten in niedrig legierten Stählen. Die eigentliche Lösungszone, in der der Stickstoff im Grundwerkstoff gelöst ist, ist wegen der geringen Löslichkeit von Stickstoff nicht sichtbar. Die an der Oberfläche gebildete Verbindungszone kann aufgeteilt werden in eine äußere poröse Zone und eine sich nach innen anschließende kompakte Zone. Bei den Mikrosondenprofilen kann dieser Übergang von der porösen Schicht zur kompakten Schicht an einer mehr oder weniger gut ausgeprägten sprungartigen Änderung des N-Gehaltes erkannt werden. Eine Zuordnung zur ε- oder γ'-Phase /2/ konnte jedoch aufgrund der Mikrosondenanalysen nicht durchgeführt werden, da die Homogenitätsbereiche beider Phasen sich gegenseitig so stark überlappen /3/ (γ': 3-6 Gew. %, ε: 4-11 Gew.% N), daß nur Strukturanalysen zur Identifikation der Phasen möglich sind. Bei C45W3 und X40CrMoV51 wurden an abgefeiltem Pulver röntgenographische Analysen durchgeführt. Bei beiden Schichten wurde die ε-Phase durch 9 Linien identifiziert. Wegen des geringeren N-Gehaltes in der kompakten Schicht kann vermutet werden, daß es sich hier um die γ'-Phase handelt. Bei Cr-Gehalten $Y_{Cr} \geq 2{,}7$ Gew. % tritt zusätzlich zu der Verbindungsschichtbildung noch die Ausbildung einer inneren Nitrierungszone der sog. Diffusionszone hinzu, in der die nitridbildenden Legierungsbestandteile vorwiegend als Nitride ausfallen.

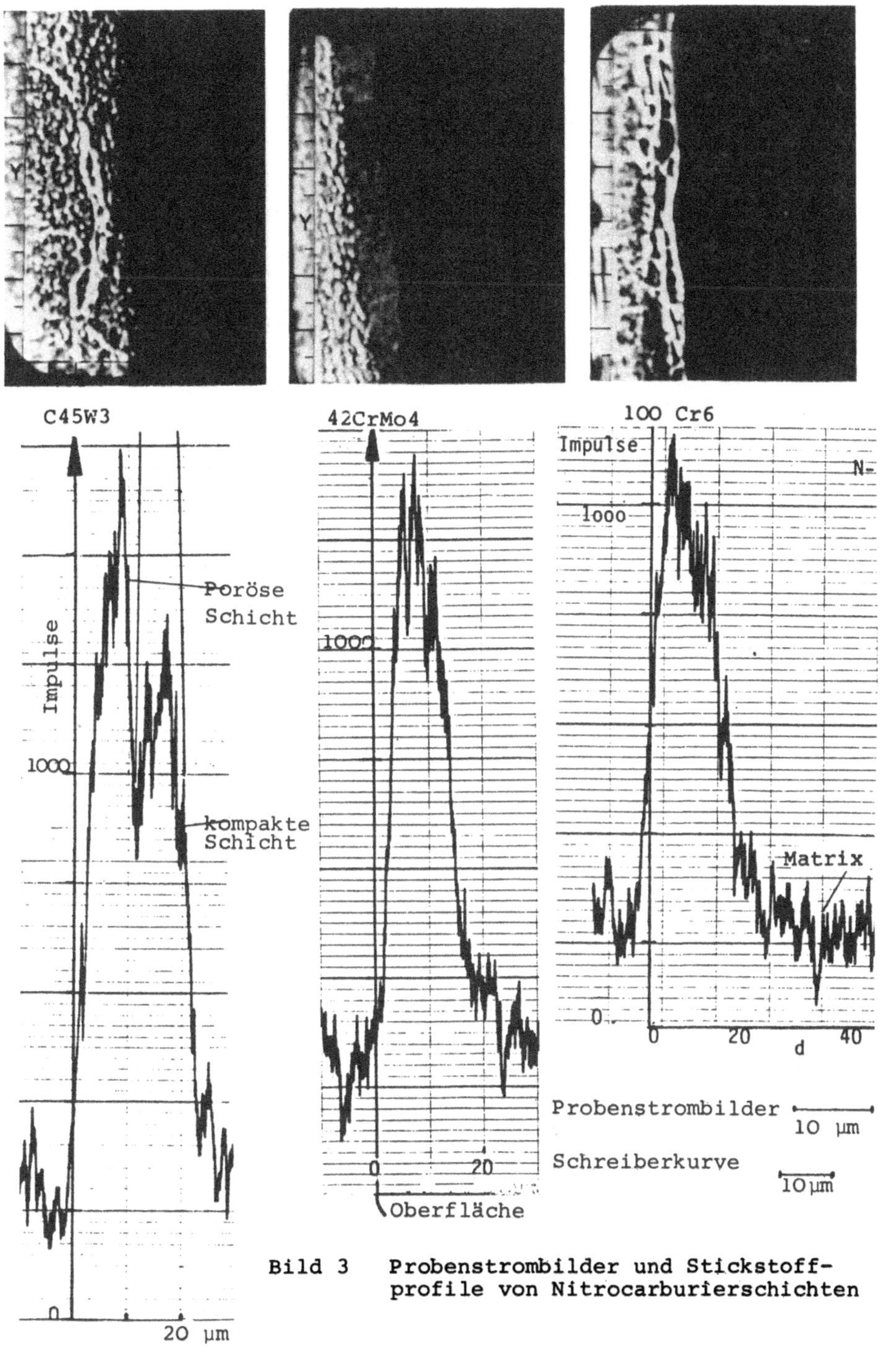

Bild 3 Probenstrombilder und Stickstoffprofile von Nitrocarburierschichten

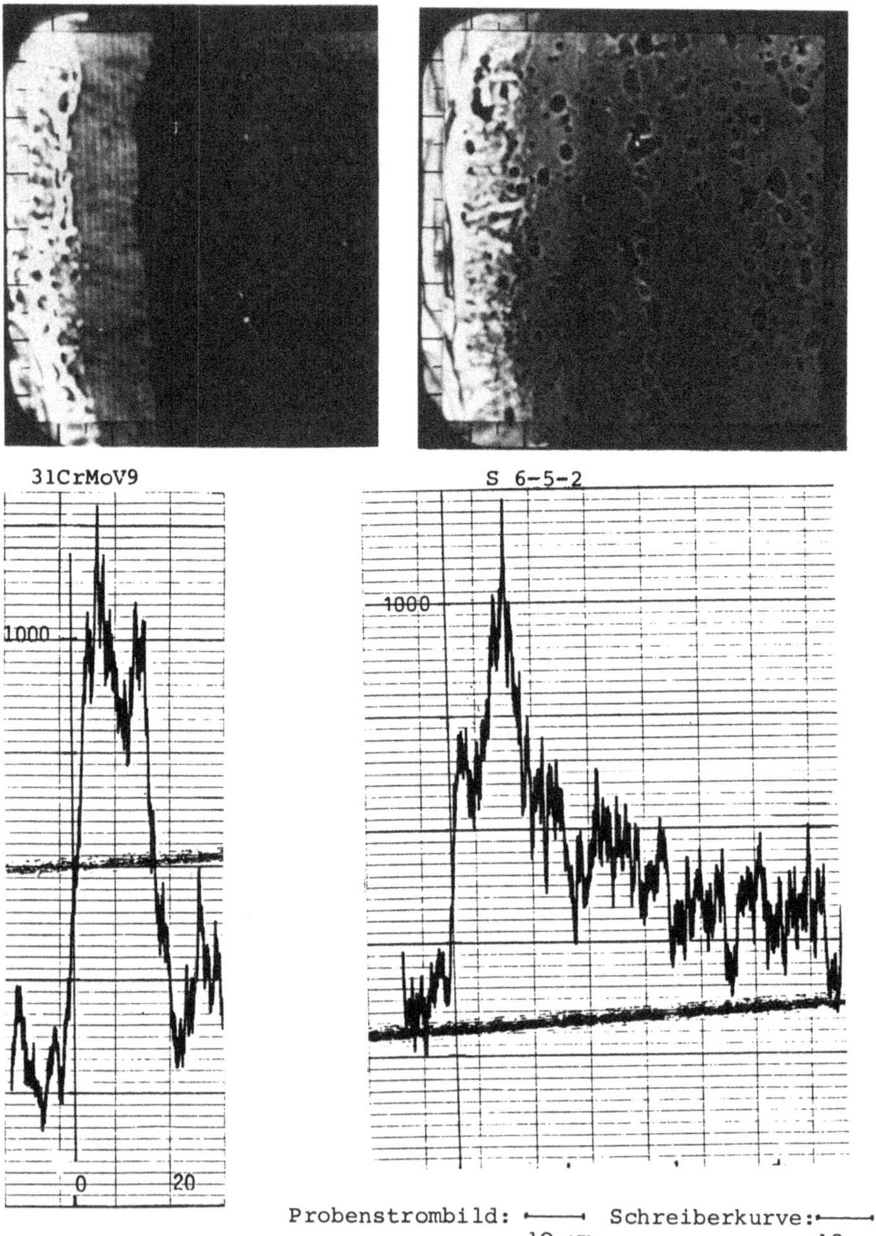

Bild 4 Probenstrombilder und Stickstoffprofile von Nitrocarburierschichten.

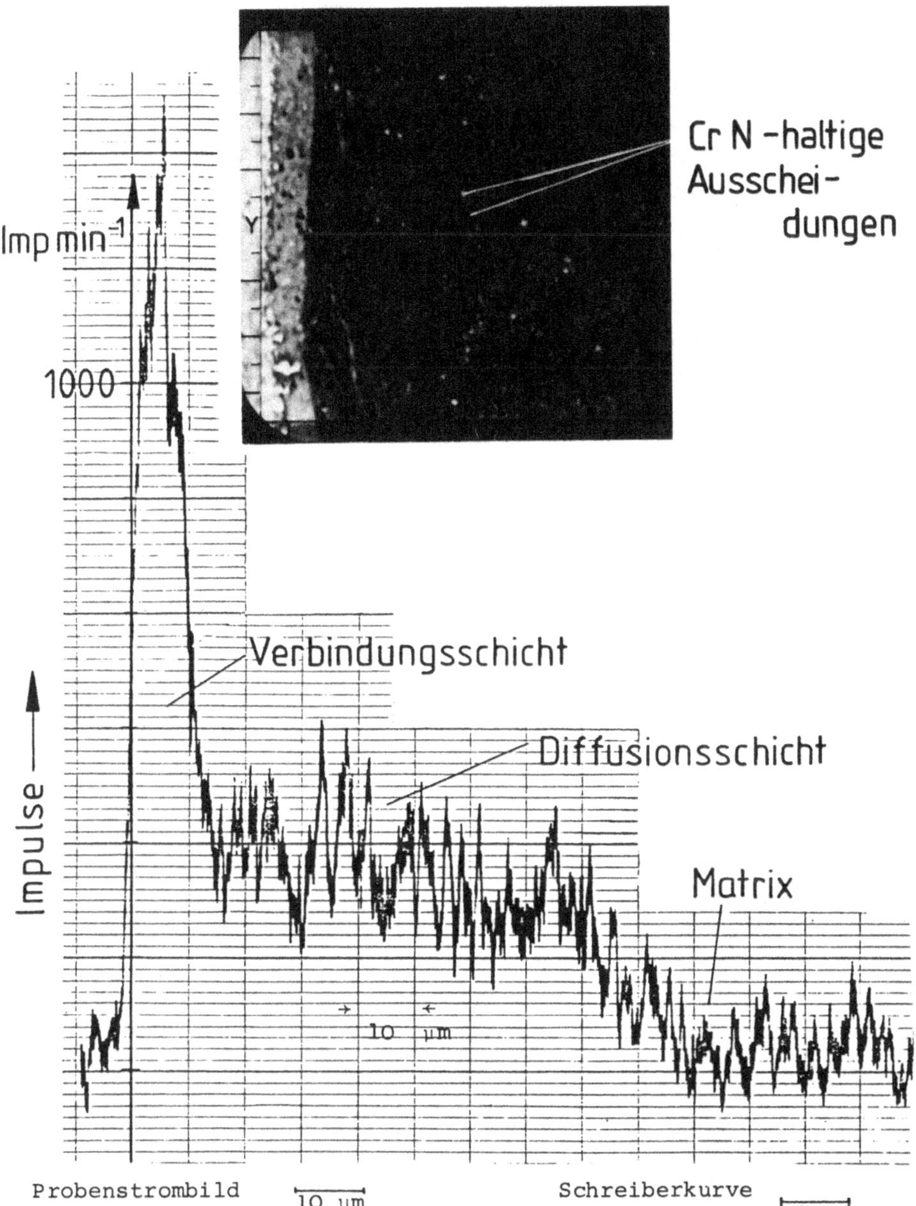

Bild 5 Probenstrombild und Stickstoffprofil einer Nitrocarburierschicht auf X40CrMoV51

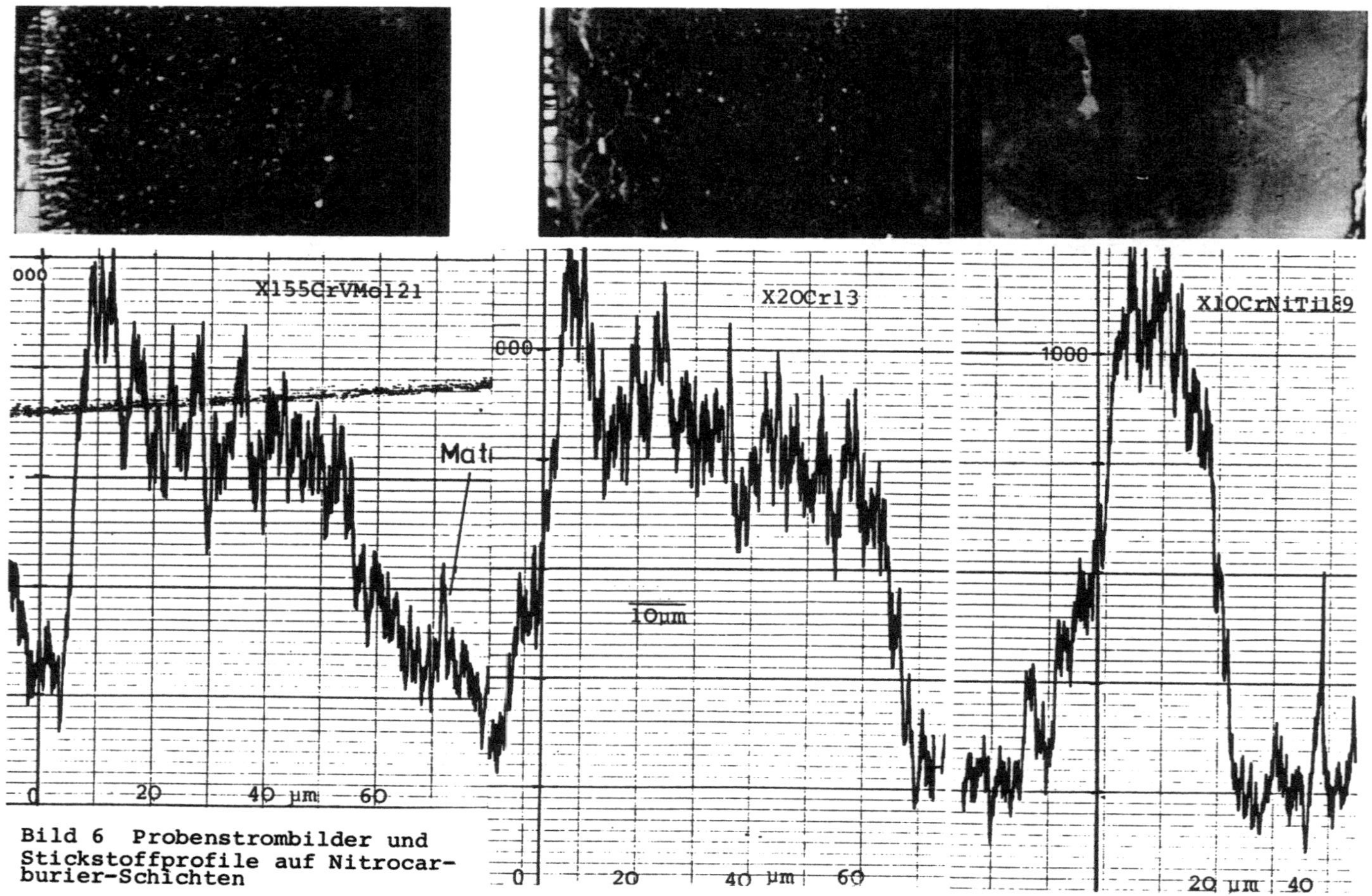

Bild 6 Probenstrombilder und Stickstoffprofile auf Nitrocarburier-Schichten

Bild 7 zeigt anhand der dargestellten Freien Nitrid-Bildungsenthalpien /4/, um welche nitridbildenden Elemente es sich handelt. Im Prinzip können bei genügender Konzentration die Nitride jener Elemente ausgeschieden werden, die eine stärker negative Bildungsenthalpie besitzen als Fe. Bei den hier betrachteten Legierungen handelt es sich im wesentlichen um Cr-Nitride.

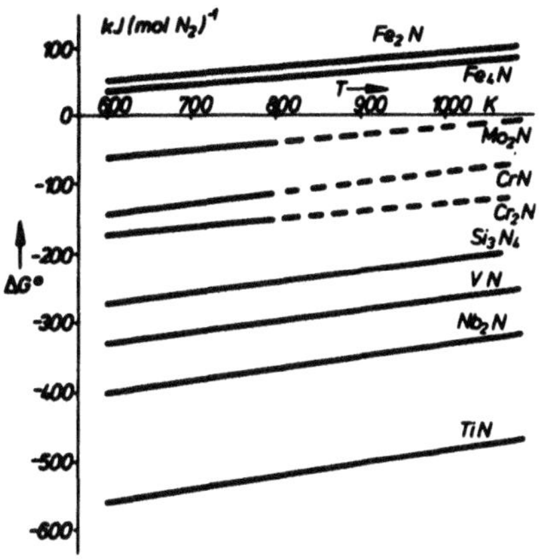

Bild 7

Freie Nitridbildungsenthalpien einiger Legierungselemente

In den Stählen X40CrMoV51, X155CrVMo121 und X20Cr13 sind die Cr-N-reichen Nitride als helle bzw. dunkle Punkte sichtbar - die helle und dunkle Tönung der Punkte kann als Topographieeffekt gedeutet werden -. In den Stählen S 6-5-2 und X10CrNiTi189 konnten in der Diffusionszone keine Ausscheidungen nachgewiesen werden, obwohl der hohe N-Gehalt auf solche Ausscheidungen hinweist. Möglicherweise reicht das Auflösungsvermögen zum Nachweis dieser Ausscheidungen nicht aus. Die Dicke der inneren Nitrierungszone ist mit dem Cr-Gehalt korreliert, wie Bild 8 zeigt. Bei Cr-Gehalten $Y_{Cr} \lesssim 2{,}7$ Gew. % ist keine innere Nitridbildung erkennbar. Bei $Y_{Cr} \approx 5$ Gew. % erreicht die Schichtdicke der Diffusionsschicht ein Maximum und nach höheren Cr-Gehalten fällt die Dicke wieder ab: Reicht bei niedrigen Cr-Gehalten der Cr-Gehalt zur Nitridbildung nicht aus, so wird bei hohen Cr-Gehalten - ähnlich wie bei der inneren Oxidation /5/ oder inneren Aufkohlung /6/ - das Wachstum der Zone durch den höheren Cr-Nitrid-Gehalt behindert. Bild 9 zeigt, daß auch die Verbindungsschichtdicke durch den Legierungsgehalt bzw. den Cr-Gehalt beeinflußt wird. Bei Cr-Gehalten $Y_{Cr} \geq$ 12,5 Gew. % wird die Verbindungsschicht vollständig zurückgedrängt.

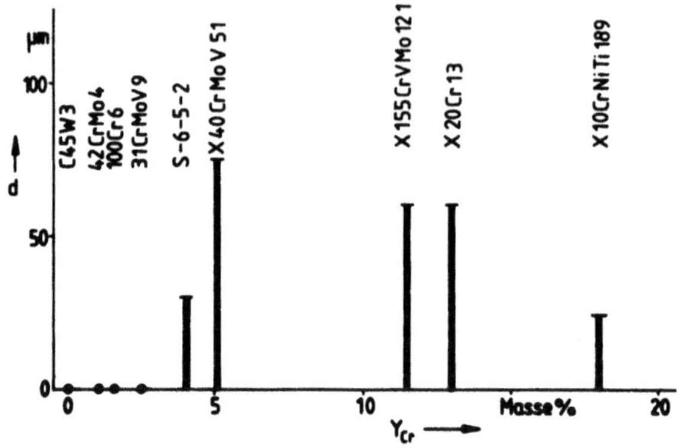

Bild 8

Dicke der Diffusionszone mit innerer Nitridbildung gegen Cr-Gehalt im Stahl

Diese vergleichende Betrachtung der Schicht zeigt, daß die Struktur der Schicht sehr stark vom Legierungsgehalt abhängt. Ein wichtiger Parameter ist der Gehalt an nitridbildenden Elementen (z.B. Cr). Wegen der niedrigen Behandlungstemperatur können jedoch keine weitreichenden Diffusionseffekte festgestellt werden : Dies wurde durch Mikrosondenanalyse der kompakten Verbindungsschicht bei den hier beschriebenen Proben nachgewiesen. Innerhalb der Meßgenauigkeit der Mikrosonde hatten die Metallanteile der Verbindungsschicht dieselbe Zusammensetzung wie die Basiswerkstoffe.

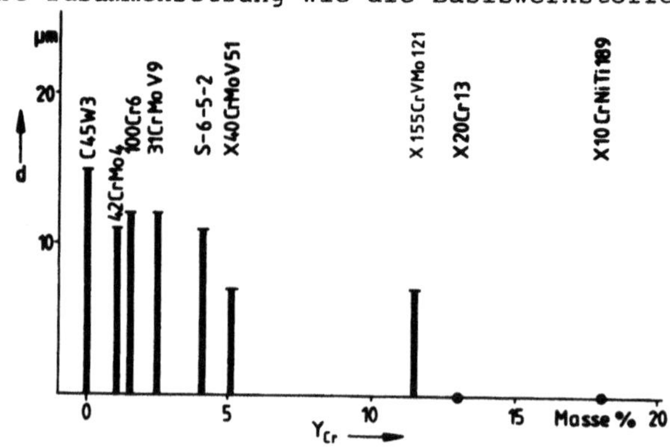

Bild 9

Verbindungsschichtdicke gegen Cr-Gehalt im Stahl

2.3 Boridschichten

Die Borierungen wurden mit dem Pulver Ekabor 2 bei der Elektroschmelze Kempten bei den jeweils angegebenen Borierungsbedingungen (Tab. 1) durchgeführt, die nach den Gesichtspunkten: gute Haftung und geringe, wenn möglich keine FeB-Bildung, ausgewählt wurden. Bild 10 zeigt die Boridschichten auf den untersuchten Stählen C45W3, 42CrMo4, 31CrMoV9, X40CrMoV51, X20Cr13, X155CrVMo121. Die hellen Säume die z.B. bei den Stählen C45W3, 42CrMo4 an den Seiten der Zacken erkennbar sind, sind Vertiefungen, die auf die Ausbildung einer weichen Randphase zurückzuführen sind. Gemäß Bild 10 nimmt mit wachsendem Legierungsgehalt die Zackenstruktur ab und die Bildung der FeB-Phase zu Bild 11.) Bei $Y_{Cr} \geq \approx 6$ Gew. % Cr hört die Zackenstruktur vollständig auf. Bild 11 zeigt zusammenfassend die gemessenen Schichtdicken. Falls eine Zackenstruktur vorhanden war, wurden die maximale Eindringtiefe d_{max} und die minimale Eindringtiefe d_{min} eingetragen. In Bild 12 sind die Quotienten $d_{max}/(d_{min})$ aus maximaler Eindringtiefe der Boridnadeln und minimaler Schichtdicke gegen den Cr-Gehalt aufgetragen. Die Abnahme der Zackenstruktur mit dem Cr-Gehalt ist in qualitativer Übereinstimmung mit den in /7/ beschriebenen Messungen.

Wegen der geringen Konzentrationen der Legierungselemente - außer Cr - wurde eine mögliche Umverteilung nur bei Cr untersucht. Bild 13 zeigt die in den Metallanteilen der Boride gemessenen Cr-Konzentrationen gegen die Cr-Konzentrationen im Stahl. Ersichtlich ergaben sich innerhalb der Meßgenauigkeit keine Unterschiede, d.h. das Chrom ist offenbar innerhalb der untersuchten Konzentrationsbereiche voll im Borid löslich in Übereinstimmung z.B. mit Messungen von K.H. Habig et al /8/.

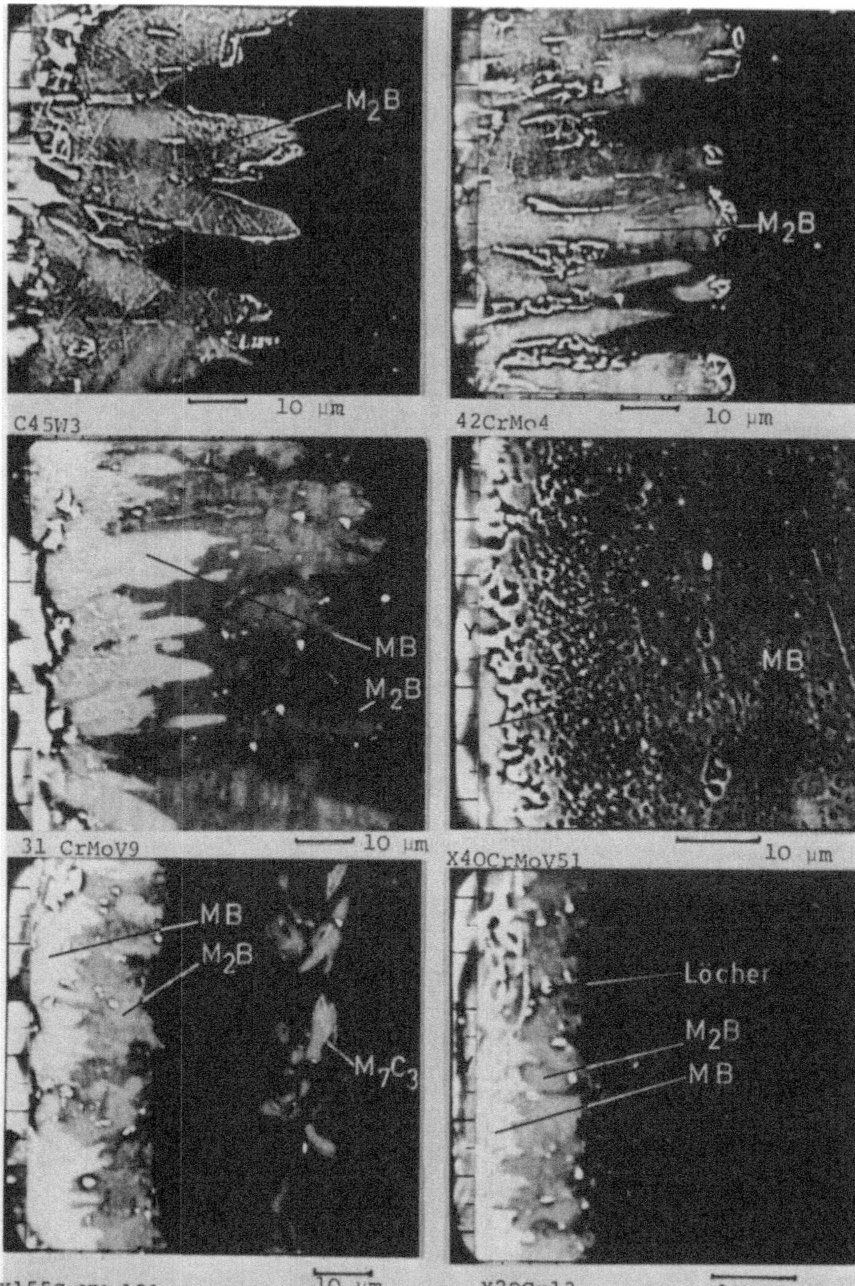

Bild 10 Boridschichten

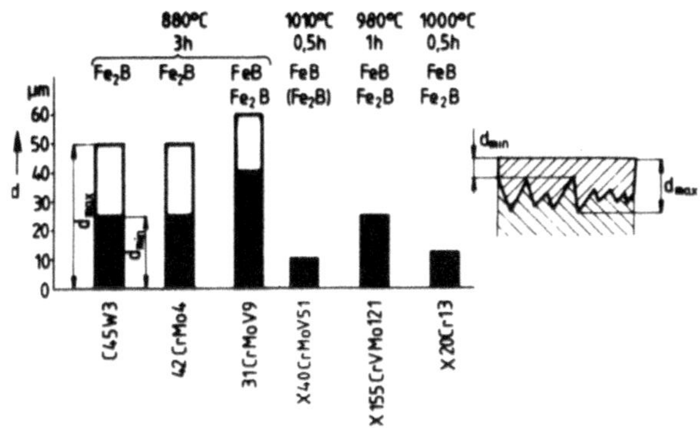

Bild 11

Dicke der Boridschichten. Zusätzlich sind die Beschichtungsbedingungen und die gebildeten Phasen angegeben.

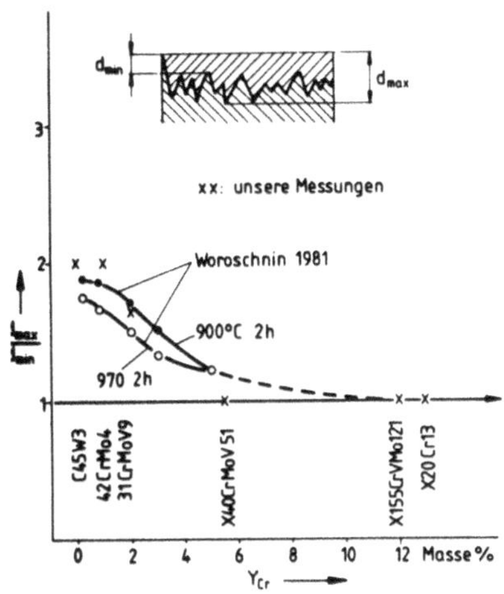

Bild 12

d_{max} / d_{min} gegen den Cr-Gehalt des Stahles

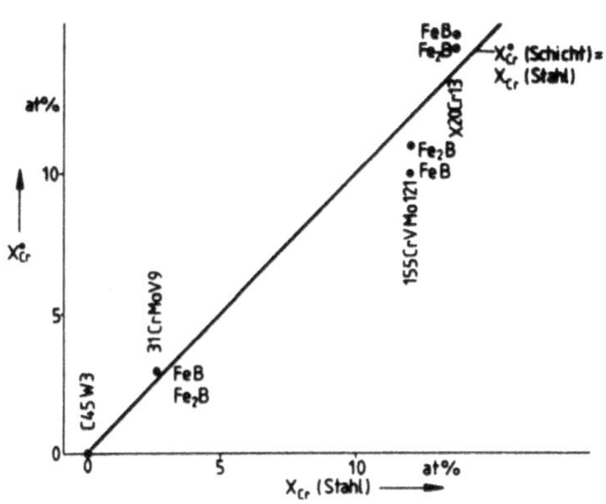

Bild 13

Vergleich der auf den Metallanteil der Boride bezogenen atomaren Cr-Gehalte X^*_{Cr} mit dem Cr-Gehalt des Stahles.

2.4 TiC - Schichten

Alle TiC-Schichten wurden bei 1000 °C in einem $TiCl_4$-CH_4-H_2-Gasgemisch bei der Firma Berna/Bernex beschichtet. Bild 14 zeigt die Compoaufnahmen aller beschichteten Werkstoffe und Bild 15, 16 die Mikrosondenprofile aller in die TiC-Schicht eindiffundierenden Komponenten am Beispiel einer TiC-Schicht auf 31CrMoV9.

Die Ausmessung der Schichtdicken ergab eine große Streuung der Werte, wie Tab. 3 zeigt:

Tab.3

Stahl	d_{TiC}/µm
C45W3	9
42CrMo4	11
100Cr6	20
31CrMoV9	7
S 6-5-2	7
X40CrMoV51	4
X155CrVMo121	8-10
X10CrNiTi18 9	0

Um zu einer Parametrisierung der Schichtdicken zu gelangen, sei an den Prozess der TiC-Abscheidung erinnert, der in Bild 17 schematisch dargestellt ist. $TiCl_4$ und CH_4 diffundieren durch die sich ausbildende Gasgrenzschicht.
Das TiC kann sich entweder durch Reaktion mit dem CH_4 oder durch die Reaktion mit dem aus dem Grundwerkstoff an die Oberfläche diffundierenden C bilden. Da die Ausbildung der Grenzschicht nicht werkstoffabhängig ist, können die Unterschiede der Schichtdicke nur durch verschiedene Grenzflächenreaktionen oder aber durch den werkstoffabhängigen C-Transport aus dem Grundwerkstoff erzeugt werden. Da bekannt ist /9,10,11/, daß die TiC-Abscheidung im Anfangsstadium durch die C-Diffusion aus dem Stahl kontrolliert wird, liegt es nahe, die Schichtdicke mit einer Größe zu korrelieren, die den C-Transport aus dem Grundwerkstoff charakterisiert. Unter der Annahme, daß die Oberflächenreaktion nicht ge-

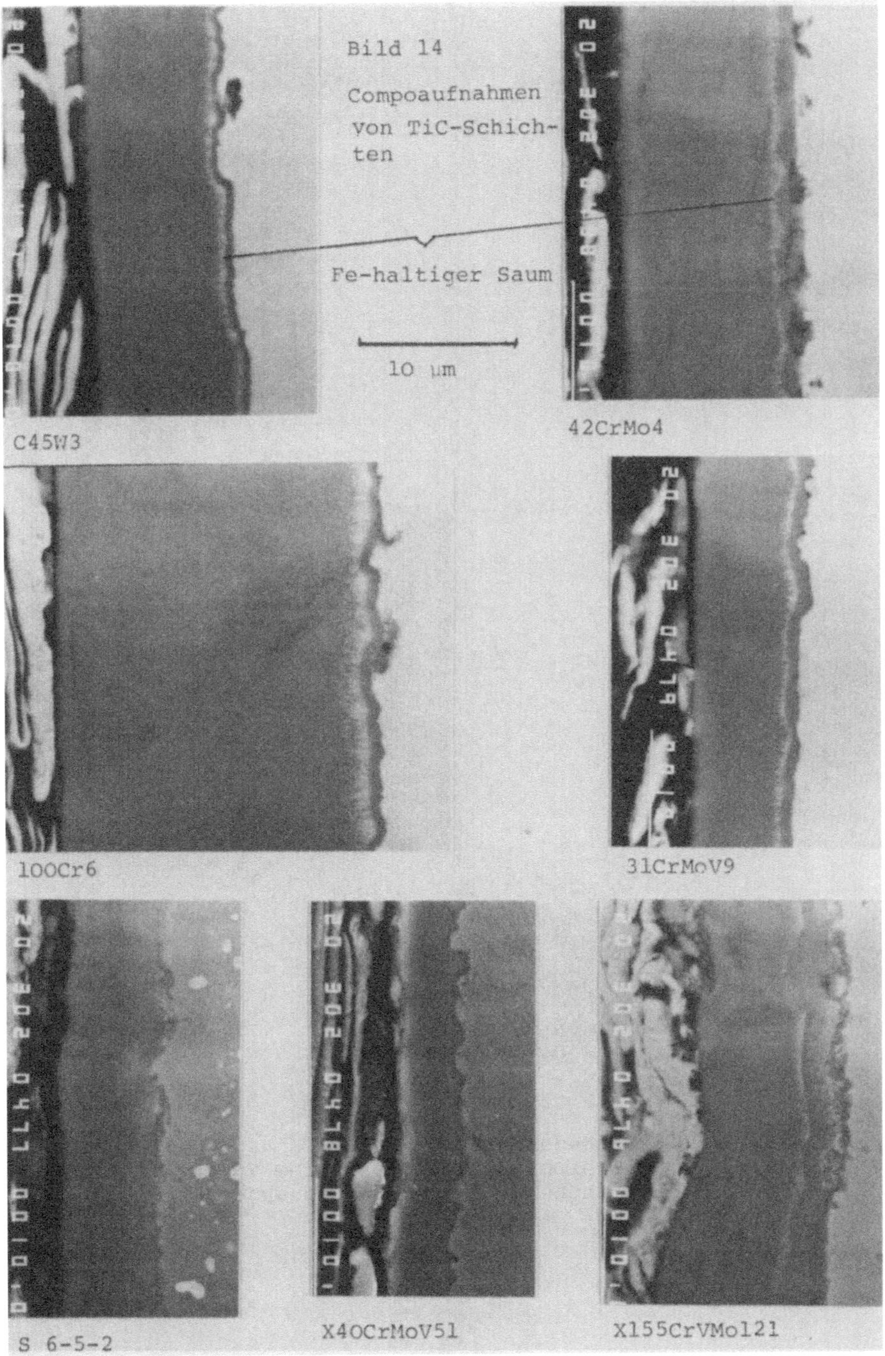
Bild 14
Compoaufnahmen von TiC-Schichten
Fe-haltiger Saum
10 µm
C45W3
42CrMo4
100Cr6
31CrMoV9
S 6-5-2
X40CrMoV51
X155CrVMo121

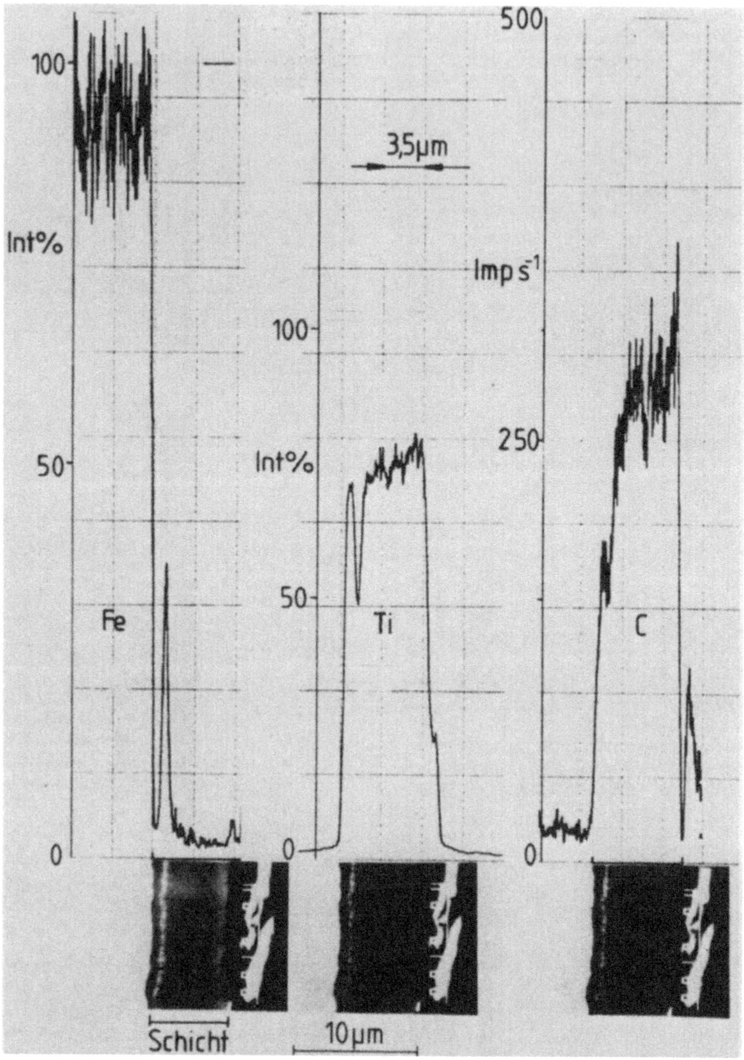

Bild 15 Mikrosondenprofile von Fe, Ti und C durch eine TiC-Schicht auf 31CrMoV9. Zum Vergleich ist die entsprechende Compoaufnahme angefügt.

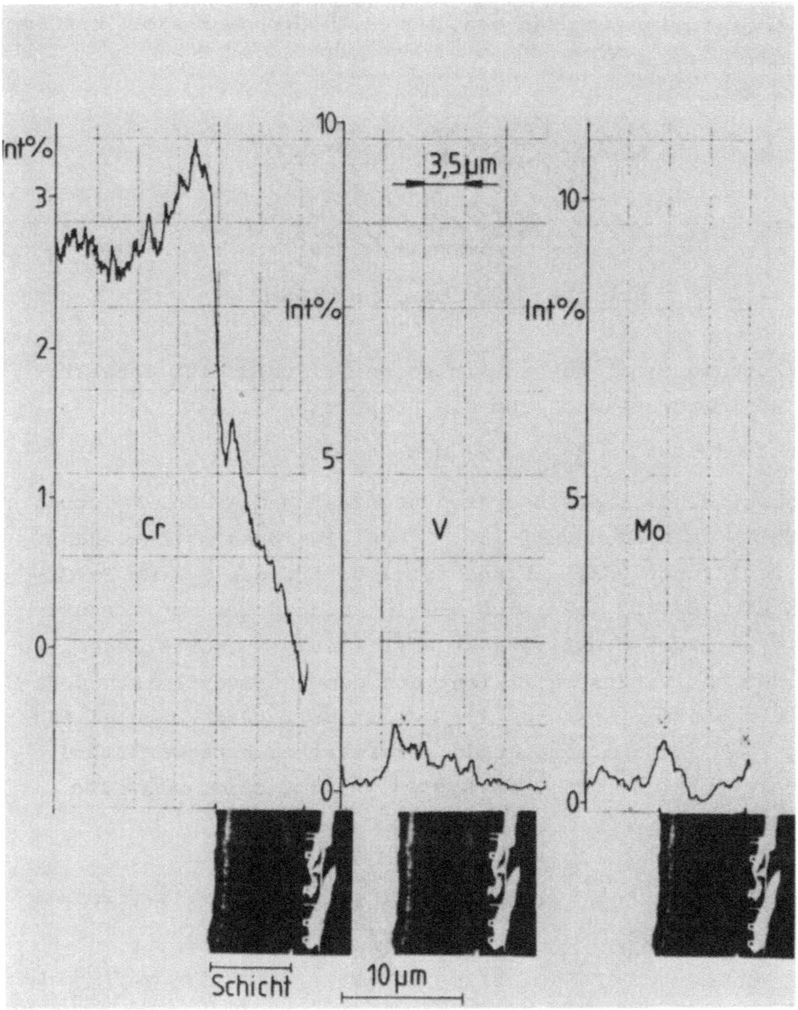

Bild 16 Mikrosondenprofile von Cr, V und Mo durch eine TiC-Schicht auf 31CrMoV9. Zum Vergleich ist die entsprechende Compoaufnahme angefügt.

schwindigkeitsbestimmend ist, wird die Abscheidung durch die Konzentration an gelöstem Kohlenstoff im Grundwerkstoff und die C-Diffusionskonstante D_c von C im Grundwerkstoff bestimmt.

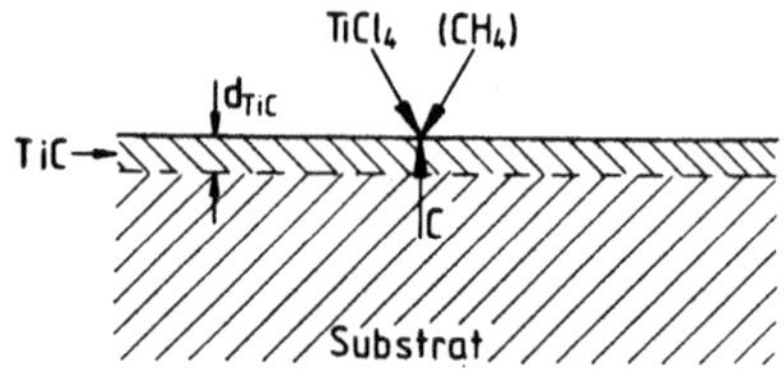

Bild 17 Reaktionsschema der TiC-Bildung auf Stählen.

Bei Annahme einer reinen Fickschen Diffusion ist dann für das Schichtdickenwachstum die Proportionalität

$$d_{TiC} \sim X_c \sqrt{D_c \, t} \qquad (1)$$

gegeben, wobei t die Beschichtungszeit und X_c der Molbruch an gelöstem Kohlenstoff ist. Die Diffusionskonstante hängt vom Legierungsgehalt ab und ist z.B. für das System Fe-Cr-C bekannt /12/. D_c läßt sich wie in Bild 18 gezeigt ist mit dem jeweiligen C-Aktivitätskoeffizienten γ_c korrelieren, wobei der Aktivitätskoeffizient aus den thermodynamischen Daten der binären Systeme /13-16/ mit Hilfe der Margules-Näherung /17/ extrapoliert wurde. Ersichtlich kann der Diffusionskoeffizient von C im System Fe-Cr-C näherungsweise durch

$$D_c \sim \gamma_c^2 \qquad (2)$$

beschrieben werden. Einsetzen des Ausdruckes in (1) ergibt

$$d_{TiC} \sim X_c \cdot \gamma_c \cdot \sqrt{t} \qquad (3)$$

bzw.

$$d_{TiC} \sim a_c \sqrt{t}, \qquad (4)$$

wobei a_c die C-Aktivität im Werkstoff bedeutet.

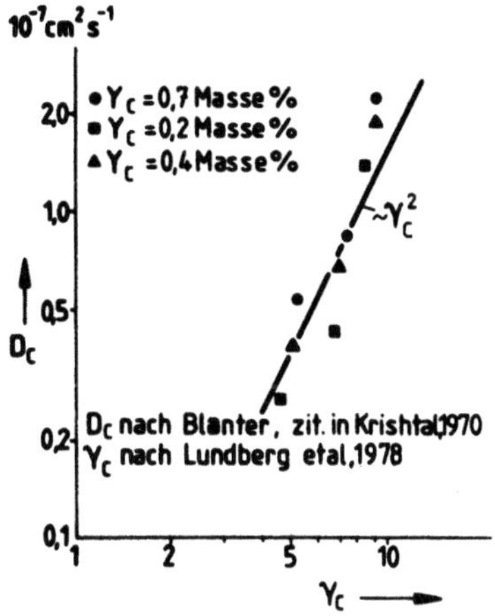

Bild 18

C-Diffusionskonstante gegen die C-Aktivität im System Fe-Cr-C.

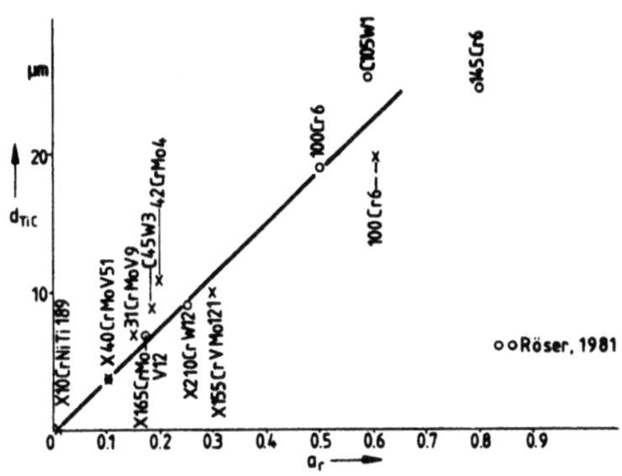

Bild 19

TiC-Schichtdicke gegen die C-Aktivität a_C

Für die verwendeten Werkstoffe wurden gemäß der in Tab. 2 gegebenen Zusammensetzung die C-Aktivitätskoeffizienten in den beschichteten Stählen berechnet. Eine mögliche Karbidbildung wurde mit Hilfe der in /23/ angegebenen Fe-Cr-C-Diagramme berücksichtigt. Wie oben in System Fe-Cr-C wurden auch bei den Stählen die γ_C aus den binären Randsystemen /13-22/ mit der Margules-Näherung extrapoliert. Die Darstellung der gemessenen Schichtdicken gegen a_C ergibt, wie Bild 19 zeigt, in Übereinstimmung mit Gl. (4) einen linearen Zusammenhang zwischen Schichtdicke und a_C. In diesem Bild sind zusätzlich die von Röser /24/ angegebenen Schichtdicken von TiC-Schichten angegeben. Von Röser wurde der Zusammenhang zwischen d_{TiC} und a_C

ebenfalls gefunden. In Bild 19 ist der Stahl S 6-5-2 weggelassen, da er nicht Cr als Hauptlegierungsbestandteil enthält.

Wegen der hohen Temperatur zeigen die TiC-Schichten auf allen Stählen deutliche Diffusionseffekte von Elementen aus dem Basiswerkstoff. Auf diese Diffusionseffekte sei im folgenden eingegangen:

Eisen bildet nur eine geringe Diffusionszone im TiC, ist jedoch außer bei S 6-5-2 als Saum (Tab. 4) in einem Abstand von 0,3-3 µm vom Grundwerkstoff vorhanden. In den in Bild 14, 15 gezeigten Compobildern ist dieser Saum als heller Streifen sichtbar. Die Mikrosondenkurven zeigen die Ti-Verarmung und die Fe-Anreicherung in diesem Streifen. Die in Tab. 4 gezeigten Ergebnisse zeigen eine sehr verschiedene Ausprägung dieses Streifens. Eine Korrelation mit Parametern, die den Stahl charakterisieren, konnte nicht gefunden werden.

Stahl	d_{Fe} µm	n_{Fe} Gew. %	n_{Mo} Gew. %	n_V Gew. %
C45W3	0,3	∿ 25	0	0
42CrMo4	1	∿ 15	0	0
100Cr6	0,6	∿ 50	0	0
31CrMoV9	0,6	30-35	nachweisbar < 1	1
S 6-5-2	-	-	6 , Peak	6 , Peak
X40CrMoV51	(0,3)	∿ 10	3,5, Peak	6 , Peak
X155CrVMo121	3	∿ 30	0	0

Tab. 4 Eigenschaften der TiC-Schicht

d_{Fe} : Abstand des Fe-Saumes von Grenzfläche TiC/Stahl

n_{Fe} : Maximale Fe-Konzentrationim Saum

n_{Mo}/n_V: Mittlere Mo/V-Konzentration im TiC

Cr ist bei allen Cr-haltigen Stählen auch im TiC vorhanden. Bild 20 zeigt die Abhängigkeit des mittleren Cr-Gehaltes in der TiC-Schicht vom Cr-Gehalt des Stahles. Offenbar gibt es eine Sättigung an Cr in der TiC-Schicht, denn bei $Y_{Cr} \geq 5$ Gew.% ist eine Änderung des Cr-Gehaltes mit dem Cr-Gehalt im Stahl nicht mehr vorhanden.

Tab. 4 zeigt die V- und Mo-Konzentrativen, die in der TiC-Schicht gefunden wurden und zusätzlich eine Charakterisierung des gefundenen Mo- bzw. V-Profils. Während bei Cr immer eine nach außen abfallende Cr-Konzentrationskurve gefunden wurde, traten, wie in der Tab. 4 angedeutet, bei V und Cr kompliziertere Profile mit Peaks in der Schicht auf. Dies läßt auf V- und Mo-reiche Ausscheidungen in der Schicht schließen, die allerdings in der Compoaufnahme nicht nachgewiesen werden konnten. Die maximalen Konzentrationen in diesen Ausscheidungen sind in Tab. 4 angegeben.

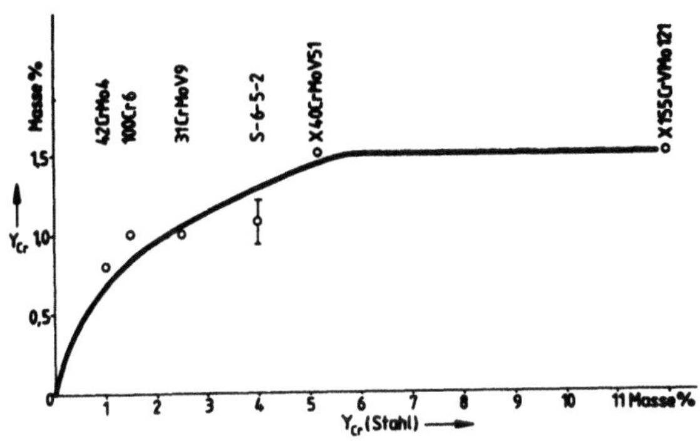

Bild 20 Mittlerer Cr-Gehalt in TiC gegen Cr-Gehalt im Stahl.

2.5 Chromcarbidschichten

Die Cr-Carbidschichten wurden von der Fa. Berna/Bernex (C45W3) bzw. Siemens (andere Stähle) nach einem CVD-Verfahren aus Cr-Chloriden hergestellt. Bild 21 und Tab. 5 zeigen, daß die Schichtdicken der aufgebrachten Schichten mit zunehmendem Cr-Gehalt im Grundwerkstoff geringfügig abnehmen. Bis auf die Schichten auf S 6-5-2 und X155CrVMo121 haben alle Schichten eine homogene Struktur, was auf Einphasigkeit schließen läßt. Die gemessene und jeweils auf Bild 21 angegebene Stoichiometrie paßt am besten zur Phase M_7C_3. Röntgenbeugungsaufnahmen, die an allen Stählen durchgeführt wurden, bestätigen dies.

Die Hauptbestandteile der Carbidschicht - im Vergleich zum Grundwerkstoff - sind in Bild 22 in einem Balkendiagramm angegeben. Auffällig ist die Vanadiumanreicherung in den Schichten. Es ist z.B. in der Carbidschicht auf 42CrMo4 Vanadium feststellbar, obwohl im Grundwerkstoff kein Vanadium enthalten ist. Dies weist darauf hin, daß das Vanadium aus der Gasphase in die Schicht eindiffundiert ist: Gemäß /25/ wurden in dem Reaktor für die Cr-Carbidbeschichtung zwischenzeitlich auch V-C-Beschichtungen durchgeführt, so daß die Vanadiumanreicherungen über die Gasphase aus Verunreinigungen im Reaktor stammen. Die starke Anreicherung in

Tabelle 5 Schichtdicken der Cr-Carbidschichten

Stahl	Schichtdicke µm
C45W3	6-7
42CrMo4	5-8
31CrMoV9	6-7
S 6-5-2	4-5
X40CrMoV51	4-6
X155CrMoV121	5-6

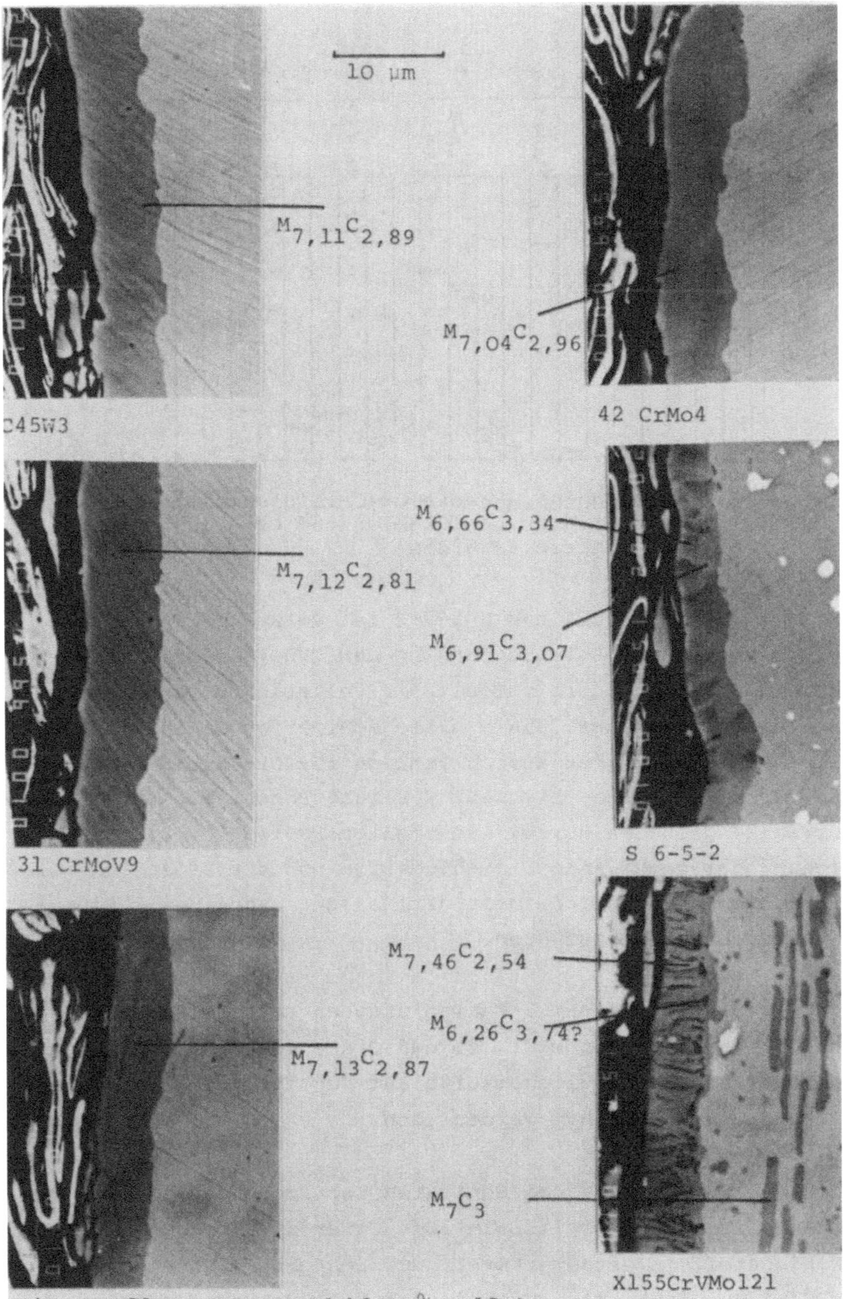

Bild 21 Cr-Carbid-Schichten, Compoaufnahmen

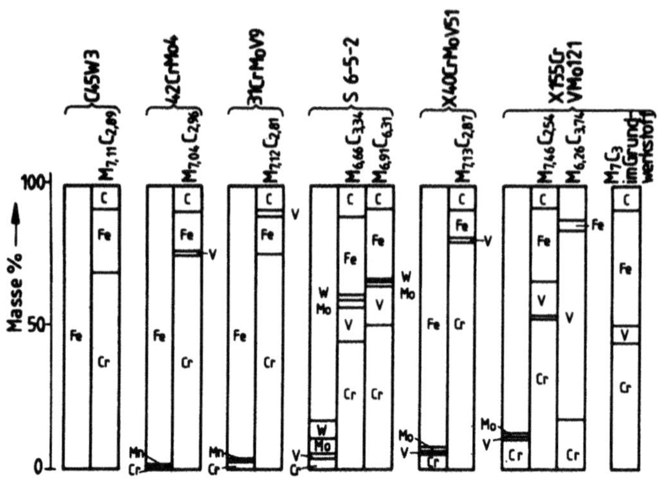

Bild 22 Zusammensetzung der Cr-Carbidschichten im Vergleich zu den Stählen und ev. vorhandenen inneren Karbiden.

den Stählen X155CrVMo121 und S 6-5-2 ist verständlich, da unmittelbar vor dieser Beschichtung in dem CVD-Reaktor eine VC-Beschichtung durchgeführt wurde /25/. Vollständig vanadiumfrei ist nur die Schicht auf C45W3, diese Schicht wurde in einem Reaktor hergestellt, der ausschließlich für Cr-Carbid-Beschichtungen verwendet wurde. Die sehr V-reiche Phase, die in X155CrVMo121 gefunden wurde, ist möglicherweise VC. Die starke Abweichung der gemessenen Stoichiometrie von der Stoichiometrie von VC ist auf die Unsicherheit der Messung wegen der kleinen Phasenbereiche zurückzuführen.

Die in S 6-5-2 gefundenen 2-Phasen ergeben beide eine Zusammensetzung in der Nähe von M_7C_3, so daß diese scheinbare Mehrphasigkeit der Schicht möglicherweise auf Konzentrationsschwankungen in M_7C_3 zurückgeführt werden kann.

Der hohe Fe-Gehalt in allen Schichten ist im Rahmen des Fe-Cr-C-Zustandsdiagrammes erklärbar /23/. Unter der Annahme, daß der Kohlenstoff in Grundwerkstoff und Schicht im thermodynamischen Gleichgewicht ist, müßte in der M_7C_3-Schicht der Fe-

Gehalt durch die in Bild 23 angegebene Gerade gegeben sein, die direkt aus dem Fe-Cr-C-Zustandsdiagramm bei 1000°C /23/ entnommen wurde. Ersichtlich liegen die gemessenen Fe-Gehalte für die Stähle C45W3 und 31CrMoV9 auf der Kurve, für die anderen Stähle sind die Fe-Gehalte kleiner. Folgende Ursachen können dafür verantwortlich sein.

1. Bei den meisten Stählen haben wir es nicht mit einem 3-Stoffsystem, sondern mit einem Vielstoffsystem zu tun. Zusätzlich beeinflußt das Vanadium die thermodynamischen Bedingungen.

2. Die Schichten sind nicht im thermodynamischen Gleichgewicht, bedingt durch den Aufwachsprozess. Der Aufwachsprozess wird gerade dadurch bedingt, daß zwischen Stahl und Gasatmosphäre ein Unterschied in der Cr-Aktivität besteht.

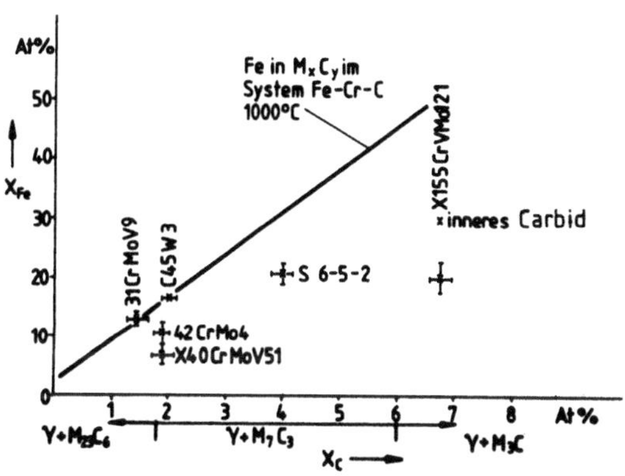

Bild 23 Fe-Gehalt des Carbids gegen den C-Gehalt des Stahles.

3. Schlußfolgerung

Außer bei den W_2C-Schichten ist bei allen untersuchten Schichten ein deutlicher Zusammenhang zwischen Schichtzusammensetzung bzw. Schichtmorphologie und dem Basiswerkstoff vorhanden.

In der vorliegenden Arbeit wurden eine Reihe empirischer Beziehungen gefunden, die es dem Anwender ermöglichen können, die zu erwartende Schichtzusammensetzung bzw. Morphologie auch für Stähle vorherzusagen, die in der vorliegenden Arbeit nicht untersucht wurden.

Gleichzeitig liefert die vorliegende Arbeit die Möglichkeit Verschleißeigenschaften und Schichtzusammensetzung zu korrelieren.

4. Literatur

[1] Stahlatlas 1980

[2] R. Hoffmann
Klepzig Fachberichte,
Heft 7, 1974

[3] D. Liedke,
Zeitschr. f. wirtschaftliche Fertigung <u>75</u>
(1980) 33

[4] I. Barin, O. Knacke,
Thermochemical Properties of Inorganic Substances,
Springer, Berlin 1973, Supplements 1977

[5] K. Hauffe
Oxydation von Metallen und Metallegierungen,
Berlin 1956

[6] A. Schnaas,
Veränderung der Eigenschaften hochwarmfester Stähle
durch Aufkohlung und Karbidausscheidung,
Dissertation, 1977, MPI f. Eisenforschung, Düsseldorf

[7] L.G. Woroschnin,
Borirovanie promyschlennych
stalei i tschugunow. Minsk 1981

[8] K.H. Habig, R. Chatterjee-Fischer,
Tribology international, Aug. 1981, 209

[9] I.N. Lindström, S. Amberg,
in G.F. Wakefield, J.M. Blocher (eds)
4. Int. Conf. on CVD, ECS, Princeton 1973, 115

[10] K.G. Stjernberg, H. Gass, H.E. Hintermann,
Thin Sol. Films 40 (1977) 81

[11] H.E. Hintermann, H. Gass,
in G.F. Wakefield, J.M. Blocher (eds)
4. Int. Conf. on CVD, ECS, Princeton, (1973) 107

[12] Daten von M.E. Blanter, zitiert nach M.A. Krishtal,
Diffusion Processes in Iron Alloys, Jerusalem 1970

[13] L. Kaufman, H. Bernstein,
Computer Calculations of Phase Diagrams
New York 1970

[14] L. Kaufman, Calphad 1 (1977)1

[15] L. Kaufman, H. Nesor, Calphad 2 (1978) 295

[16] T. Chart, T. Putland, A. Dinsdale, Calphad 4 (1980) 27

[17] I. Ansara, C. Bernard, L. Kaufman, P. Spencer, Calphad Vol 2 1 (1978)

[18] L. Kaufman, H. Nesor, Calphad 2 (1978) 55

[19] L. Kaufman, Calphad 3 (1979) 45

[20] L. Kaufman, H. Nesor, Calphad 2 (1978) 325

[21] L. Kaufman, H. Nesor, Calphad 2 (1978) 81

[22] L. Kaufman, Calphad 2 (1978) 117

[23] R. Lundberg, M. Waldenström, B. Uhrenius, Calphad 1 (1977) 159

[24] K. Röser, in J.M. Blocher, G. Vuillard, G. Wahl (eds) VIII. Int. CVD-Conf. ESC, Princeton (1981) 586

[25] H.P. Kehrer, Siemens, München, priv. Mitteilung

Eigenschaft von Werkstoffen mit Verschleiß-Schutzschichten -mechanische Eigenschaften

von

Dr. H.-P. Kehrer

Siemens AG
München

Dr. J. Ziese

Bayerische Motoren Werke
München

Förderkennzeichen: 01 ZT 119 / 01 ZT 129
Laufzeit: 01.07.79 - 30.06.81

Zusammenfassung

An Rundproben aus dem Stahl C 45 W 3 und an dünnen Federblechen aus dem Stahl 58 CrV 4 wurde die Auswirkung von Verschleiß-Schutzschichten auf die mechanischen Eigenschaften untersucht. Hierzu wurde an den Rundproben die Umlaufbiegefestigkeit, an den dünnen Flachproben die Federbiegegrenze (DIN 50151), die Duktilität der Schichten und die Biegewechselfestigkeit ermittelt.

Die Duktilität der Verschleiß-Schutzschichten auf 58 CrV 4 wurde im 3 Punkt-Biegeversuch mit Hilfe der Schallemissionsanalyse ermittelt. Die höchste Duktilität weisen nitrocarburierte Proben sowie chemisch abgeschiedene Nickelschichten (Ni-B) auf. Bei Hartchromschichten traten bereits bei geringer Durchbiegung Risse in der Schicht auf, die sich durch erhöhte Schallemission bemerkbar machen. Die Federbiegegrenze wird durch eine Nitrierbehandlung erhöht, während Ni-, W_2C-, Cr- und Boridschichten im Vergleich zu unbeschichteten Proben zu einer Erniedrigung führen.

Bei Rundproben und Flachproben wird die Dauerfestigkeit durch Nitrocarburieren stark erhöht. Eine Verbesserung wird ebenfalls bei Nickelschichten und bei den Rundproben durch Wolframcarbid- und Boridschichten erreicht. Bei den Flachproben wirkt sich dagegen die Boridschicht infolge des ungünstigen Verhältnisses Boridschichtdicke/Probendicke negativ auf die Biegewechselfestigkeit aus. Die nach dem CVD-Verfahren hergestellten Hartstoffschichten aus Titancarbid und Chromcarbid haben auf die Dauerfestigkeit des Grundwerkstoffes praktisch keinen Einfluß.

Gliederung

1. Einleitung

Zur Verbesserung des Verschleißverhaltens von Werkzeugen, Bauteilen und Funktionsteilen werden in zunehmendem Maße Verschleiß-Schutzschichten eingesetzt. Hierfür stehen eine Vielzahl von Schichten zur Verfügung, die industriell aufgebracht werden können und je nach Herstellungsbedingungen unterschiedliche Eigenschaften aufweisen. Jede dieser Verschleißschutz-Schichten kann für bestimmte Anwendungsfälle von besonderem Vorteil sein, während sie bei anderen Anwendungsfällen versagt. In diesem Beitrag soll die Beeinflussung der mechanischen Eigenschaften von Stählen durch das Aufbringen von Verschleiß-Schutzschichten untersucht werden.

Aus der Literatur sind vor allem Ergebnisse über die Wirkung von Hartchromschichten [1, 2, 3] und über die Wirkung von Nitrierbehandlungen [4, 5] bekannt geworden. In einer neueren Arbeit wird über die Eigenschaften von Nibodur-Überzügen berichtet [6]. Vergleichende Untersuchungen der mechanischen Eigenschaften von Werkstoffen mit verschiedenartigen Verschleiß-Schutzschichten sind jedoch nicht bekannt geworden. Da die Kenntnis über den Einfluß von Verschleiß-Schutzschichten auf die mechanischen Eigenschaften und das Verschleißverhalten für den Einsatz in der Praxis von ausschlaggebender Bedeutung ist, wurde im Rahmen des Fachausschusses "Harte Schichten" der Arbeitsgemeinschaft Wärmebehandlung und Werkstofftechnik (AWT) gemeinsame Untersuchungen vereinbart.

Die Verschleiß-Schutzschichten, die in die Untersuchung einbezogen wurden, sind in Tabelle 1 zusammengestellt. Da diese Schichten eine sehr hohe Härte aufweisen, war zu befürchten, daß die Belastbarkeit bei dynamischer Beanspruchung stark verringert wird. Um diese Frage zu klären, wurde an Rundproben aus C 45 W 3 die Umlaufbiegefestigkeit (BMW) und an 0,5 mm dicken Federblechen aus 58 CrV 4, wie sie in der Feinwerktechnik eingesetzt werden, die Federbiegegrenze (DIN 50151), die Biegbarkeit bzw. Duktilität und die Biegewechselfestigkeit bestimmt (Siemens AG).

Über die Ergebnisse von Mikrosondenuntersuchungen [7] und Verschleißuntersuchungen [8] wird gesondert berichtet; ein Teil der vorliegenden Untersuchungsergebnisse wurde auf dem 37. Härtereikolloquium vorgetragen [9].

Grundwerkstoff			C 45 (1.1730)	58 Cr V4 (1.8161)
Oberfläche	1		normalgeglüht	vergütet 49 HRC
	2	nitrocarburiert (S)	VZ: 15 µm	VZ: 2 µm
	3	nitrocarburiert (G)	VZ: 25 µm	VZ. 2 µm
	4	boriert	40 µm	35 µm
	5	Titancarbid	8 µm	5 µm
	6	Titannitrid		5 µm
	7	Chromcarbid	9 µm	6 µm
	8	Wolframcarbid	9 µm	4 µm
	9	Hartchrom	34 µm	4 µm
	10	Nickel (chem.)	25 µm (Ni-P)	6 µm (Ni-B)

Tabelle 1: Verschleiß-Schutzschichten auf den Stählen C 45 und 58 CrV 4

2. Herstellung der Schichten

Die Proben aus C 45 wurden vor der Beschichtung normalgeglüht, nach der Beschichtung erfolgte - mit Ausnahme bei Probensorte 10 - keine weitere Wärmebehandlung. Die Proben aus 58 CrV 4 wurden vor bzw. nach der Beschichtung im Vakuumofen auf 49 HRC bzw. vor der Nitrocarburierbehandlung auf 38 HRC vergütet.

2.1. Nitrocarburieren im Salzbad

C 45: 580 °C/TF1-Bad/H_2O (Degussa)

58 CrV 4: 580 °C/TF1-Bad/H_2O (Degussa)

2.2. Nitrocarburieren in Gasatmosphäre

C 45: 580 °C NH_3/Exogas/H_2O (BMW)

58 CrV 4: 570 °C NH_3/Exogas/Öl (Aichelin)

2.3. Borieren

C 45: 880 °C/EKabor 2 (ESK)

58 CrV 4: 850 °C/EKabor 2/40 min (ESK)

2.4. Titancarbid (CVD)

C 45: keine näheren Behandlungsdaten bekannt. (Bernex)

58 CrV 4: Aufkohlen: 1010 °C in H_2/CH_4
TiC: 1010 °C/80 min (Siemens)

2.5. Titannitrid (CVD)

C 45: ---

58 CrV 4: TiC: 1010 °C/10 min
TiN: 950 °C/240 min (Siemens)

2.6. Chromcarbid (CVD)

C 45: keine näheren Behandlungsdaten bekannt. (Bernex)

58 CrV 4: Aufkohlen: 1010 °C/45 min
Cr-C: 1010 °C/120 min (Siemens)

2.7. Wolframcarbid (CVD)

chemisch bzw. galvanisch unternickelt

C 45: 400 °C/150 min (Sulzer)

58 CrV 4: 420 °C/135 min (Sulzer)

2.8. Hartchrom

C 45:	Badzusammensetzung:	250 g/l CrO_3 + 2 g H_2SO_4	
	Badtemperatur:	56 °C	
	Stromdichte:	20 A/dm^2	(Barmag)
58 CrV 4:	Badzusammensetzung:	250 g/l CrO_3 + 2,5 g H_2SO_4	
	Badtemperatur:	56 °C	
	Stromdichte:	20 A/dm^2	(Barmag)

2.9. Chem. Nickel

C 45: Ni-P; Wärmebehandlung 390 °C/2 h (MAN)

58 CrV 4: Ni-B; Wärmebehandlung 350 °C/1 h (MAN)

2.10. Rollverdichten

C 45: (Hegenscheidt)

58 CrV 4: ---

3. Untersuchungsergebnisse 58 CrV 4

3.1. Röntgenographische Untersuchungen

Als Schichtdicke wurden auch bei den Hartchromschichten und den chemisch abgeschiedenen Nickelschichten, die üblicherweise mit einer Schichtdicke um 20 µm zum Einsatz gelangen, im Hinblick auf die geringe Probendicke nur 5 µm angestrebt. Lediglich bei den borierten Proben lag die Schichtdicke höher. Die metallographisch ermittelten Schichtdicken sind in Tabelle 1 angegeben.

Durch Nitrokarburieren in Salzbad und in Gasatmosphäre entstehen mit ε-Fe-N als Hauptbestandteil und geringen Mengen an Fe_3N die gleichen Phasen, es liegen lediglich geringe Texturunterschiede vor. Die in nitrocarburierten Proben normalerweise vorhandene γ'-Phase (Fe_4N) konnte in den dünnen Verbindungszonen nicht nachgewiesen werden. Die borierten Proben sind zweiphasig, neben Fe_2B liegt noch in geringem Mengenanteil FeB vor. Weitere Strukturdaten können aus Tabelle 2 entnommen werden; bei den nachgewiesenen Phasen wurde jeweils der Hauptbestandteil an erster Stelle genannt.

	Struktur	Textur	Spannungen (Verzerrung in %) I Art	II+III Art	Teilchengröße nm
nitrocarburiert (S)	ε-Fe-N, hex Fe_3N, hex	stark		0,12	140
nitrocarburiert (G)	ε-Fe-N, hex Fe_3N, hex	mittel	-0,12	0,11	200
boriert	Fe_2B, tetr Fe B, orh	stark	-0,05	0,01	1500
Titancarbid	TiC, kfz a=0,4326 nm	stark		0,1	150
Titannitrid	TiN, kfz a=0,4233 nm	stark		0,12	200
Chromcarbid	Cr_7C_3 hex	stark		0,03	600
Wolframcarbid	W_2C, orh	stark			20
Hartchrom	Cr, krz	schwach		0,12	200
Nickel (chem)	Ni_3B, orh Ni, kfz	stark	-0,20	0,02	400

Tabelle 2: Struktur der Schichten auf 58 CrV 4; Fe-Strahlung

Zur weiteren Charakterisierung der Schichten wurden röntgenographische Spannungsmessungen nach dem $\sin^2\psi$-Verfahren durchgeführt (Spannungen I. Art) [10], sowie aus der Linienverbreiterung die Spannungen II. + III. Art und die Teilchengröße ermittelt [11]. Die Versuchsbedingungen wurden so gewählt, daß nur die Spannungen in der Schicht, jedoch nicht im Grundmaterial erfaßt wurden, während bei den bei BMW durchgeführten Spannungsmessungen an nitrocarburierten Proben (s. Pkt. 4.2.) die Auswirkung der thermochemischen Behandlung auf das Grundmaterial erfaßt wurde.

Die behandelten Proben weisen eine sehr starke Textur auf, so daß es nicht in jedem Fall möglich ist, aus der Darstellung $2\,\theta$ aufgetragen gegen $\sin^2\psi$ den Grad der Verzerrung zu ermitteln; aufgrund der Textur liegt keine lineare Abhängigkeit vor (s. auch [12]). In Bild 1 bis 9 ist die Abhängigkeit für die untersuchten Schichten graphisch dargestellt.

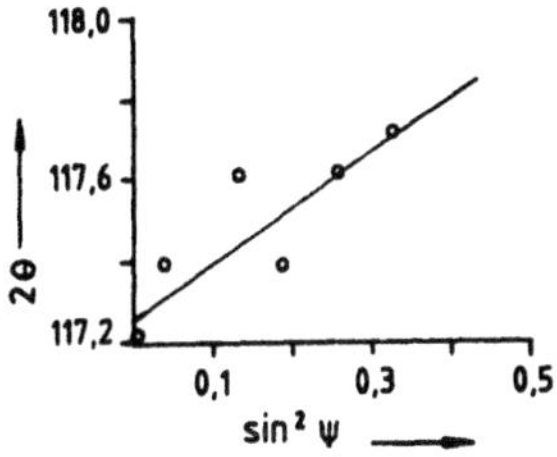

Bild 1:
Ermittlung der Gitterverzerrung in nitrocarburierter Probe (Salzbad);
ε-Fe-N-(112)-Reflex

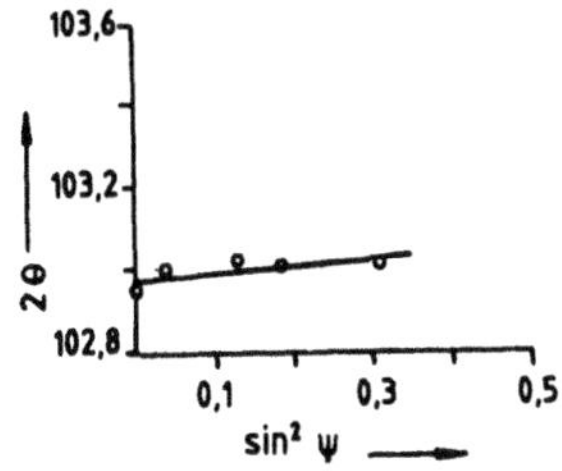

Bild 2:
Ermittlung der Gitterverzerrung in nitrocarburierter probe (Gasatmosphäre);
Fe_3N-(103)-Reflex

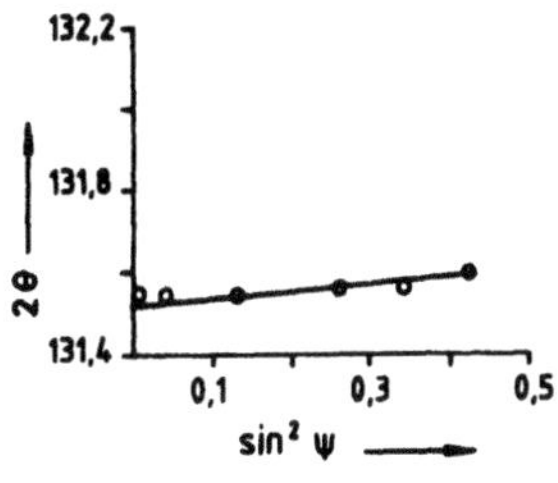

Bild 3:
Ermittlung der Gitterverzerrung in Boridschicht;
FeB-(241)-Reflex

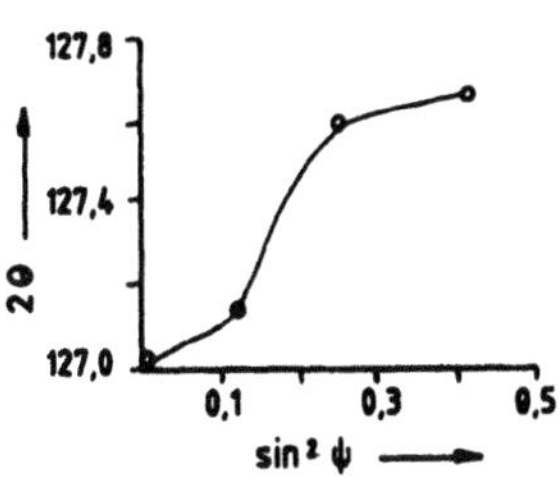

Bild 4:
Ermittlung der Gitterverzerrung in Titancarbid-Schicht;
TiC-(400)-Reflex

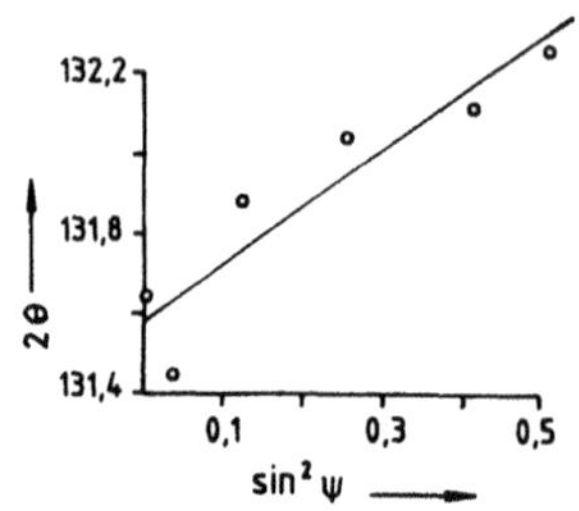

Bild 5:
Ermittlung der Gitterverzerrung in Titannitrid-Schicht;
TiN-(400)-Reflex

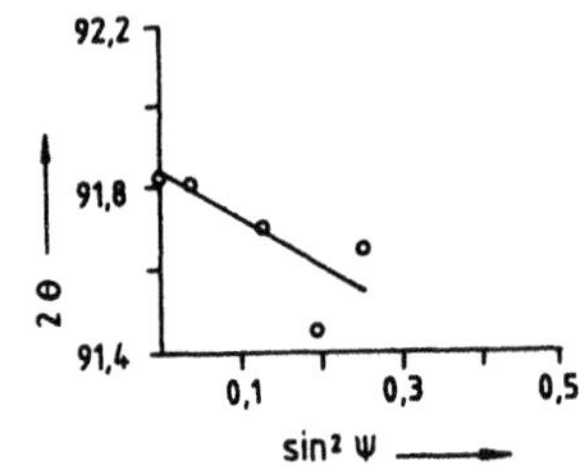

Bild 6:
Ermittlung der Gitterverzerrung in Chromcarbid-Schicht;
Cr_7C_3-(641), (811)-Reflex

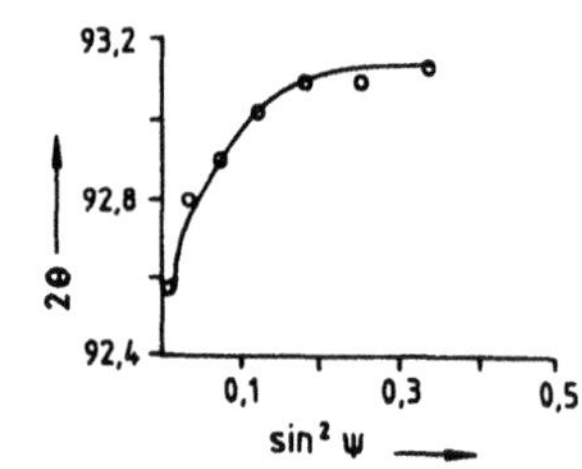

Bild 7:
Ermittlung der Gitterverzerrung in Wolframcarbid-Schicht;
W_2C-(321), (302)-Reflex

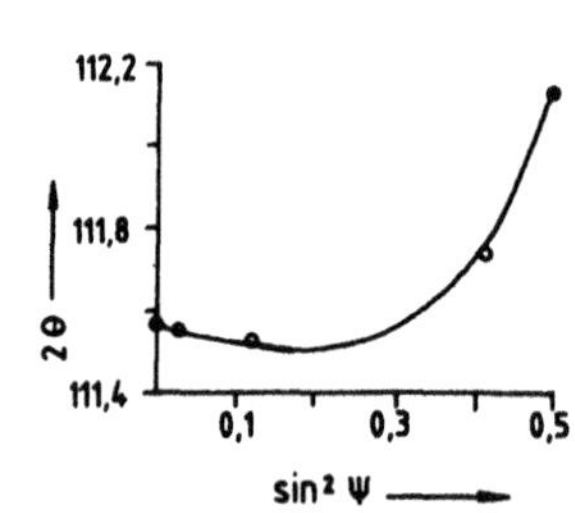

Bild 8:
Ermittlung der Gitterverzerrung in Hartchrom-Schicht;
Cr-(211)-Reflex

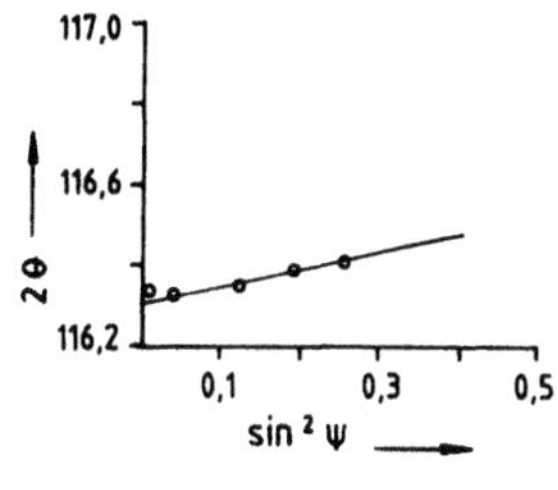

Bild 9:
Ermittlung der Gitterverzerrung in chemisch abgeschiedener Nickel-Schicht; Ni_3B-(251)-Reflex

Bei Titankarbid-, Titannitrid-, Wolframkarbid-, chemisch abgeschiedenen Nickelschichten und nitrierten Proben liegen im Bereich der Oberfläche Druckspannungen vor, während bei Chromkarbidschichten Zugspannungen vorhanden sind.

Mit zunehmendem Wert für $\sin^2\psi$ wird die Eindringtiefe des Röntgenstrahles geringer, so daß aus dieser Darstellung geschlossen werden kann, daß bei den untersuchten Hartchromschichten (Bild 8) im Bereich der Oberfläche Druckspannungen vorliegen, die zum Kern hin in Zugspannungen übergehen. Die Eindringtiefe liegt je nach Winkel zwischen 0,3 und 1,5 µm. Bei Verwendung von Co-Strahlung, die eine höhere Eindringtiefe hat, werden nur Zugeigenspannungen gemessen, der oberflächennahe Bereich mit Druckspannung wird nicht erfaßt. Da im Vergleich zu allen anderen Schichten bei der Hartchromschicht die Textur wesentlich schwächer ausgeprägt ist, hat sie nur einen geringfügigen Einfluß auf den gemessenen Kurvenverlauf.

Soweit sich aus den Steigungen in der Darstellung eine Verzerrung errechnen läßt, sind die Werte in Tabelle 2 angegeben. Auf die Berechnung von Spannungswerten wurde verzichtet, da die hier benötigten elastischen Konstanten nicht mit genügender Genauigkeit bekannt sind, bzw. der Anisotropie-Effekt nicht berücksichtigt werden kann.

3.2. Duktilität

Die Duktilität von harten Schichten wird üblicherweise im Biegeversuch durch Beobachtung der Rißentstehung im Biegebereich mit Hilfe einer Lupe ermittelt. Diese Untersuchungsmethode ist sehr aufwendig und subjektiv. Wie bereits früher gezeigt [13], bietet die Schallemissionsanalyse (SEA) eine bessere Aussagemöglichkeit. Bereits bevor im Lichtmikroskop und sogar im Rasterelektronenmikroskop Risse sichtbar werden, wird beim Biegevorgang Schall emittiert, der auf die Entstehung von Mikrorissen zurückgeführt werden kann. An nitrierten Proben ließ sich im 3-Punkt-Biegeversuch zeigen, daß mit dieser Methode der Zeitpunkt der Rißentstehung genau bestimmt werden kann und daß ein direkter Zusammenhang mit dem Ergebnis der metallographischen Untersuchung an unterschiedlich aufgebauten Verbindungszonen besteht [14].

Die Bilder 10 bis 19 zeigen die Ergebnisse der SEA, die an den untersuchten Verschleißschutz-Schichten bei einer Belastung im 3-Punkt-Biegeversuch erhalten wurden; der Abstand zwischen den Auflagen betrug 60 mm; die SE-Sonde wurde direkt an die Probe angekoppelt.

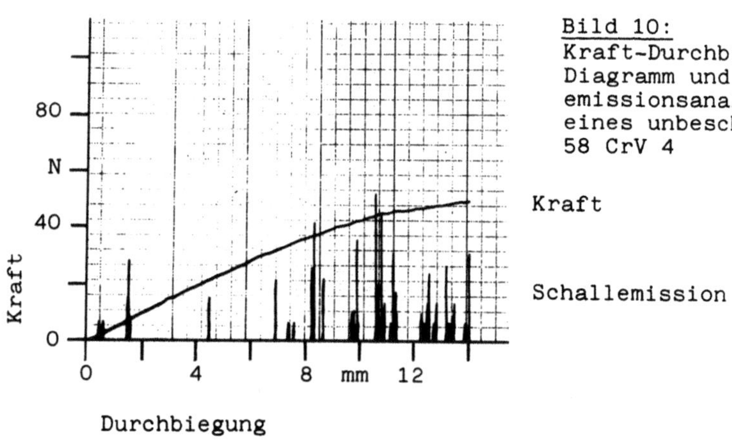

Bild 10: Kraft-Durchbiegungs-Diagramm und Schallemissionsanalyse (SEA) eines unbeschichteten 58 CrV 4

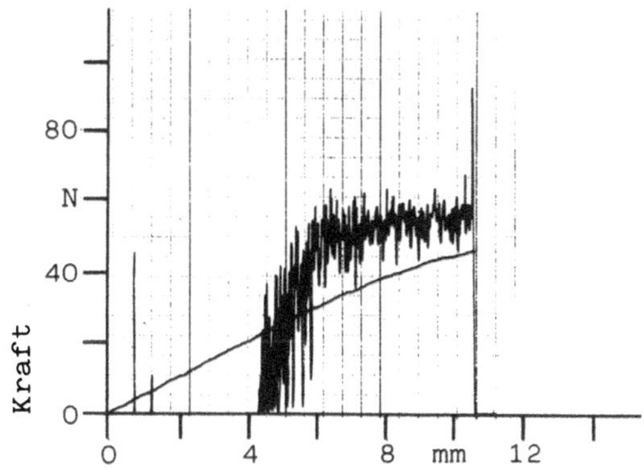

Bild 11:
Kraft-Durchbiegungs-Diagramm und SEA an nitrocarburierten (S) 58 CrV 4

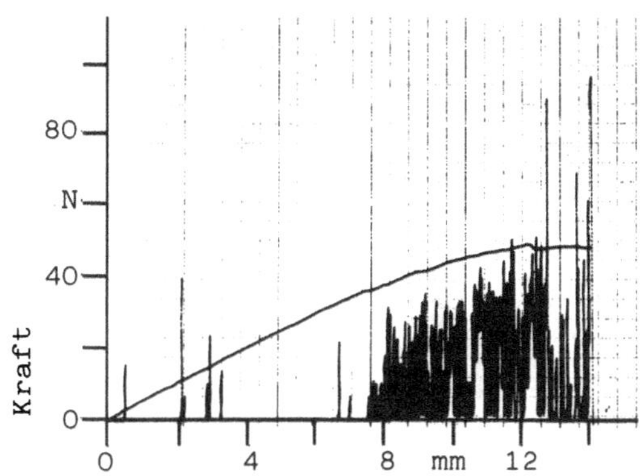

Bild 12:
Kraft-Durchbiegungs-Diagramm und SEA an nitrocarburierten (G) 58 CrV 4

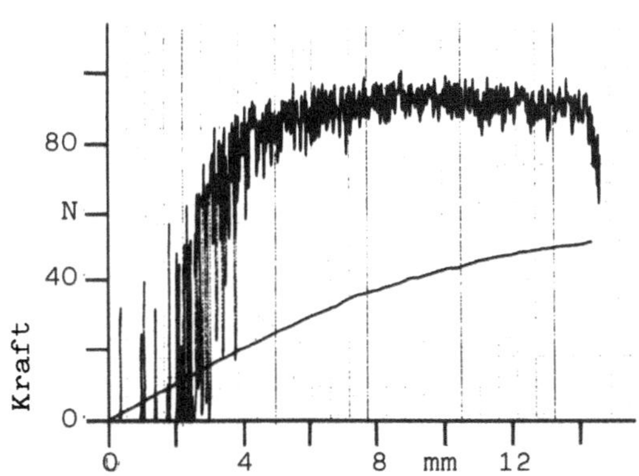

Bild 13:
Kraft-Durchbiegungs-Diagramm und SEA an boriertem 58 CrV 4

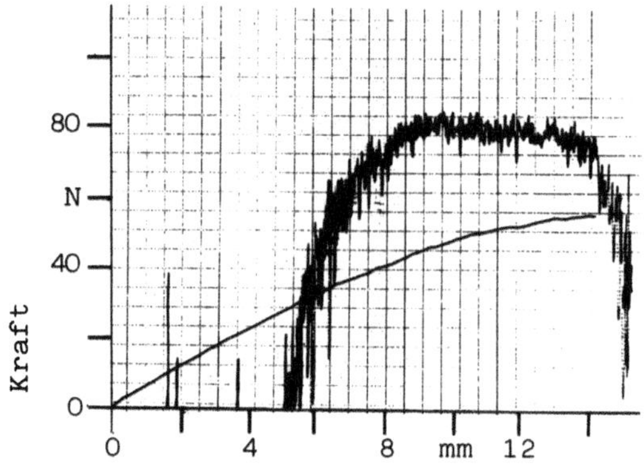

Bild 14:
Kraft-Durchbiegungs-Diagramm und SEA an Titancarbid-beschichtetem 58 CrV 4

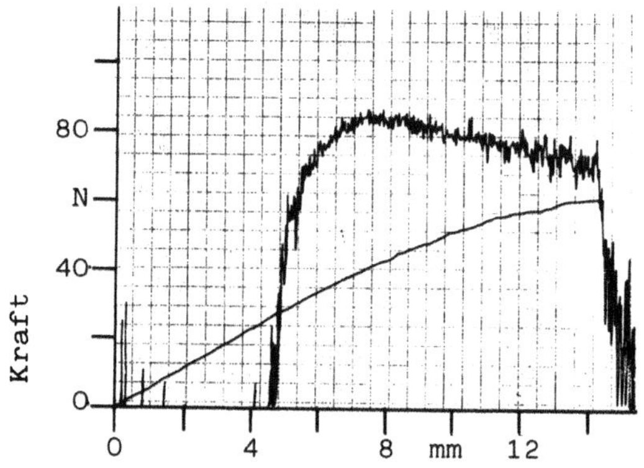

Bild 15:
Kraft-Durchbiegungs-Diagramm und SEA an Titannitrid-beschichtetem 58 CrV 4

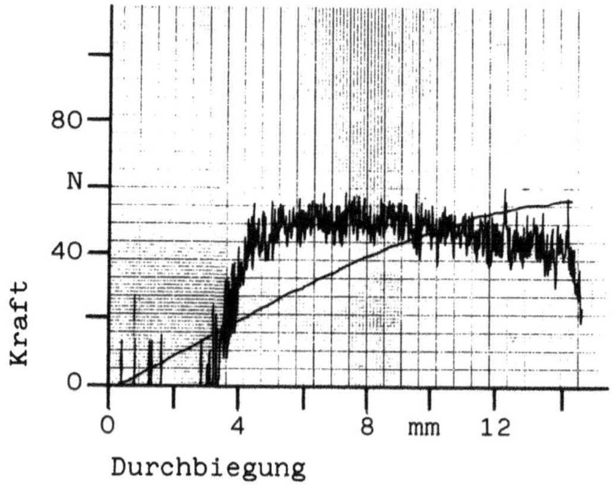

Bild 16:
Kraft-Durchbiegungs-Diagramm und SEA an Chromcarbid-beschichtetem 58 CrV 4

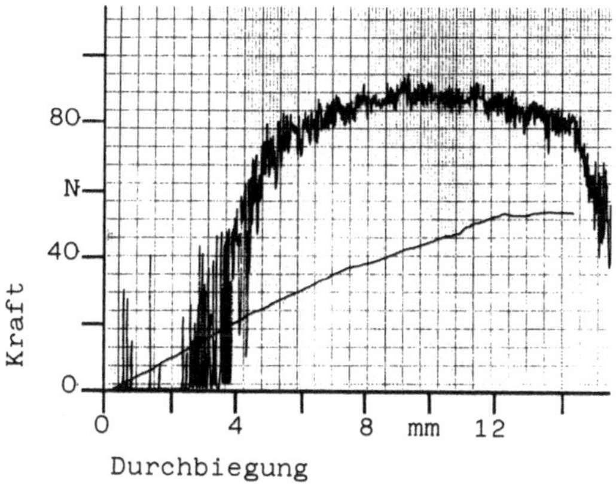

Bild 17:
Kraft-Durchbiegungs-Diagramm und SEA an Wolframcarbid-beschichtetem 58 CrV 4

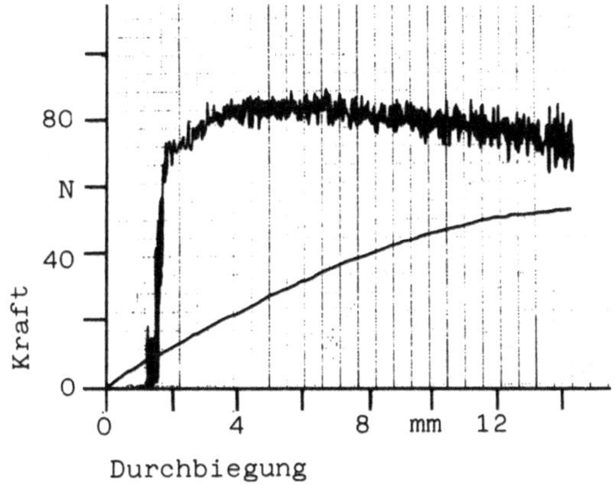

Bild 18:
Kraft-Durchbiegungs-Diagramm und SEA an 58 CrV 4 mit einer Hartchromschicht

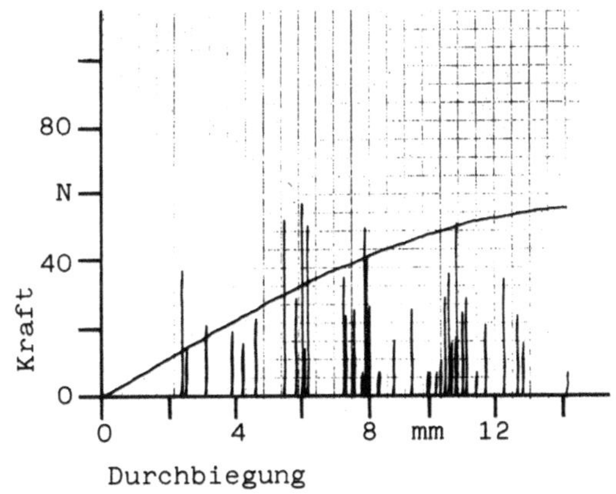

Bild 19:
Kraft-Durchbiegungs-Diagramm und SEA an 58 CrV 4 mit einer chemisch abgeschiedenen Nickelschicht

Bei unbehandeltem 58 CrV 4 treten, wie Bild 10 zeigt, nur einzelne Ereignisse auf, die im wesentlichen auf Reibgeräusche zwischen Probe und Versuchsaufbau zurückzuführen sind. Eine ähnliche Charakteristik wird bei chemisch abgeschiedenen Ni-Schichten erhalten, mit einer deutlich verstärkten SE bei einer Durchbiegung von 5 - 6 mm. Auffallend sind die Unterschiede, die an nitrocarburierten Blechen erhalten wurden: In Gasatmosphäre nitrocarburierte Proben ertragen im Vergleich zu salzbad-behandelten Proben nahezu die doppelte Durchbiegung; die Charakteristik des emittierten Schalls unterscheidet sich sehr stark. Diese Unterschiede werden vermutlich von der Verbindungszone verursacht.

In Bild 20 sind die Ergebnisse der SE-Untersuchung im Balkendiagramm zusammengefaßt.

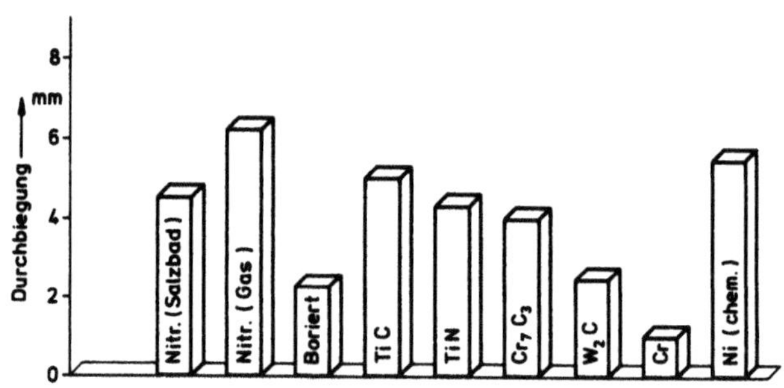

Bild 20: Anrißbildung in Hartstoffschichten bestimmt mit Hilfe der SEA im Biegeversuch

Aufgetragen ist jeweils als Mittelwert von je 3 Proben die Durchbiegung, bei der verstärkt Schall emittiert wird. Die größte Duktilität haben hierbei Nickel-Schichten und in Gasatmosphäre karbonitrierte Proben. Hartchromschichten und Boridschichten weisen die geringste Duktilität auf.

3.3. Federbiegegrenze

Als Grundlage für die Dimensionierung von Federn der Feinwerktechnik wird die Federbiegegrenze (DIN 50151) angegeben. Sie gibt die Spannung an, die bei einer erzwungenen Durchbiegung zu einer bleibenden Durchbiegung von 50 µm führt. In Bild 21 ist die auf den Ausgangszustand (σ_{bE}1470 N/mm^2) bezogene prozentuale Änderung dargestellt. Bei der Berechnung der Federbiegegrenze wurde der bei dünnen Federn auftretende nichtlineare Zusammenhang zwischen Durchbiegung, Kraft und Spannung berücksichtigt [15]. Die höchste Federbiegegrenze wird durch Nitrocarburieren in Salzbad bzw. in Gasatmosphäre erzielt. Borierte und hartverchromte Proben weisen die niedrigste Federbiegegrenze auf. Schichten aus Titannitrid und Chromkarbid verhalten sich praktisch neutral. Die geringfügige Verbesserung der Federbiegegrenze dürfte weniger auf die Wirkung der Schicht als auf die zweimalige Wärmebehandlung zurückzuführen sein. Diese Proben wurden nach dem Beschichten in einem zweiten Arbeitsgang in einem Vakuumofen gehärtet und auf 49 HRC angelassen.

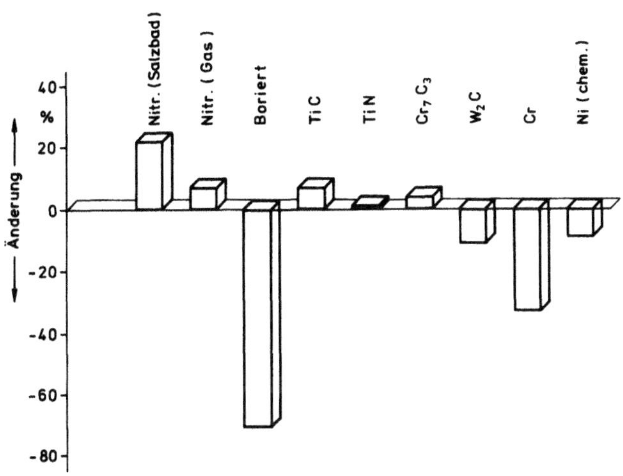

Bild 21: Einfluß von Verschleiß-Schutzschichten auf die Federbiegegrenze

3.4. Mikrohärte

Zur Charakterisierung der untersuchten Schichten wurde sowohl HV 0,015 als auch HV 0,050 bestimmt. Wie aus Tabelle 3 hervorgeht, liegen bei nitrierten und verchromten Proben auch bei HV 0,015 noch Mischhärten vor.

	Härte HV 0,015	Härte HV 0,050	Federbiegegrenze N/mm²	Biegewechselfestigkeit N/mm²
58 CrV 4	38 HRC		1190	430
nitrocarburiert (S)	920*	825*	1790	755
nitrocarburiert (G)	800*	575*	1570	690
58 CrV 4	49 HRC		1470	520
boriert	1850	1585	430	285
Titancarbid	4500	2670*	1570	555
Titannitrid	2200	1440*	1480	565
Chromcarbid	2600	1580*	1530	510
Wolframcarbid	4100	1900*	1310	540
Hartchrom	920*	650*	980	645
Nickel (chem)	1550	1070*	1340	670

x Mischhärte

Tabelle 3: Mechanische Eigenschaften der Verschleiß-Schutzschichten auf 58 CrV 4

Die höchsten Härtewerte wurden bei Titankarbid und Chromkarbidschichten gemessen. Da bei den untersuchten Schichten, die Messungen, bedingt durch die geringe Schichtdicke und die hohe Härte, mit einem gewissen Fehler behaftet sind, sind die angegebenen Werte nur als Anhaltswerte zu betrachten.

3.5. Biegewechselfestigkeit

Für die Bestimmung der Dauerfestigkeit wurden mehrere Lasthorizonte gewählt und die Biegewechselfestigkeit für 1 % Bruchwahrscheinlichkeit bei 10^7 Lastwechseln ermittelt und nach statistischen Methoden berechnet. Hierfür wurden pro Lasthorizont jeweils 12 Proben verwendet, die Prüffrequenz betrug 10 Hz. Die Ergebnisse sind aus Bild 22 sowie Tabelle 3 zu entnehmen.

Wie zu erwarten, wird die Biegewechselfestigkeit durch Nitrocarburieren in Salzbad und Gasatmosphäre sehr stark erhöht. Die etwas geringere Biegewechselfestigkeit in Gasatmosphäre nitrocarburierter Proben dürfte auf die unterschiedliche Abschreckung - Öl- anstelle von Wasserabschreckung - zurückzuführen sein. Berücksichtigt man die Wärmebehandlung durch das Nitrieren bei 580 °C, so ist die tatsächliche Beeinflussung der Biegewechselfestigkeit prozentual gesehen höher als es in

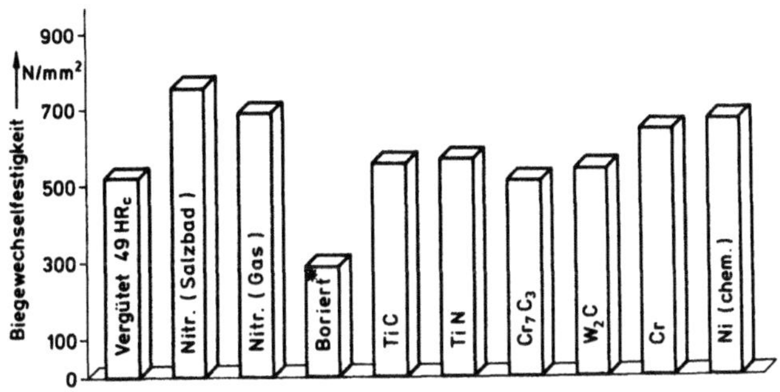

Bild 22: Einfluß von Verschleiß-Schutzschichten auf die Biegewechselfestigkeit von 58 CrV 4
* ungünstiges Verhältnis Schichtdicke/ Probendicke

Bild 22 zum Ausdruck kommt. Eine Anlaßbehandlung entsprechend der thermischen Belastung beim Nitrieren führt zu einer Kernhärte von 38 HRC. Auffallend ist die geringe Biegewechselfestigkeit bei borierten Proben und die Verbesserung der Biegewechselfestigkeit bei Proben mit einer Hartchromschicht. Auf diese Punkte werden wir bei der gemeinsamen Diskussion der Ergebnisse an 58 CrV 4 und C 45 näher eingehen.

Die bei der Biegewechselbeanspruchung gebrochenen Proben wurden zusätzlich rasterelektronenmikroskopisch untersucht; die Ergebnisse stimmen im wesentlichen mit den Ergebnissen an C 45 überein (s. Pkt. 4.2.).

4. Untersuchungsergebnisse C 45

4.1. Umlaufbiegefestigkeit

Der Einfluß von Oberflächenschichten auf die dynamische Belastbarkeit von Rundproben wurde an Proben aus C 45 N mit Halbkreiskerb im Wöhlerversuch (DIN 50113) ermittelt.
Die Probenform ist Bild 23, der Versuchsaufbau Bild 24 zu entnehmen.

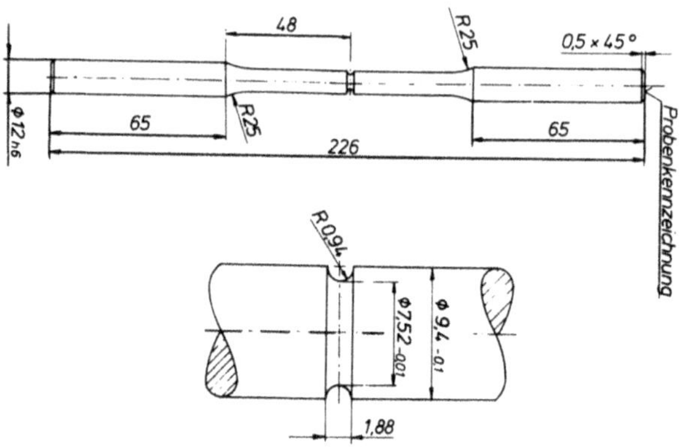

Bild 23: Probenform für die Bestimmung der Umlaufbiegefestigkeit

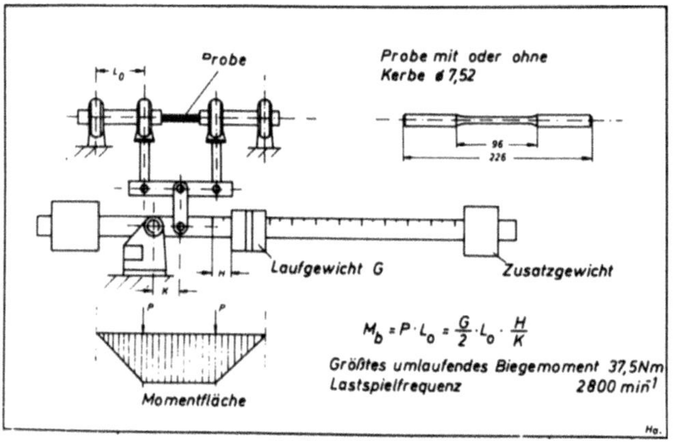

Bild 24: Umlaufbiegeprüfung mit Normprobe, Versuchsanordnung

Die umlaufende Rundprobe (n = 2800 1/min) wird durch ein konstantes Biegemoment M_b belastet. Dadurch erfährt jeder Punkt am Umfang der Probe während einer Umdrehung (= 1 Lastwechsel) eine sinusförmige Belastung mit Zug- und Druckphase. Das Biegemoment M_b ist Grundlage für die Bestimmung der Umlaufbiegefestigkeit im Wöhlerdiagramm. Der Zeitfestigkeitsbereich wurde durch zwei Lasthorizonte mit je 10 - 12 Proben bestimmt. Unter Annahme einer Normalverteilung der Bruchhäufigkeit wurde die Wöhlerlinie für 50 % Überlebenswahrscheinlichkeit ermittelt; die Dauerfestigkeit wurde nach dem Treppenstufenverfahren in Lastschritten von M_b = 10 Nm bestimmt.

Der Einfluß der Beschichtung auf die Zeitfestigkeit und die Dauerfestigkeit ist in Bild 25 und Bild 26 dargestellt.

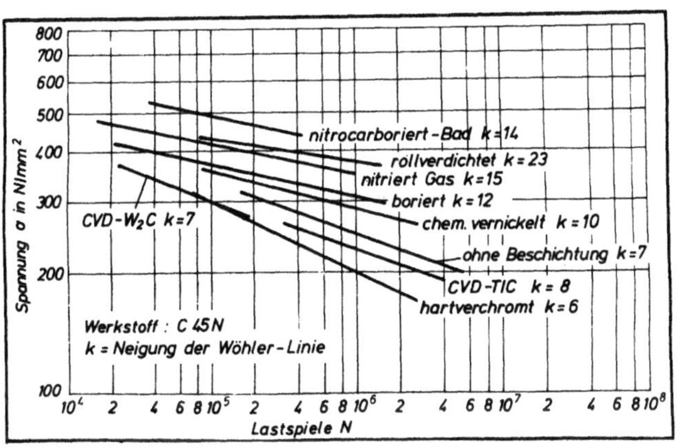

Bild 25: Einfluß der Beschichtung auf die Zeitfestigkeit von C 45 N

Wie erwartet nimmt die Dauerfestigkeit bei den nitrocarburierten Proben bezogen auf den normalgeglühten Zustand sehr stark zu. Durch Hartverchromen wird dagegen eine wesentliche Reduzierung der Dauerfestigkeit erreicht.

Als Vergleich zu den Beschichtungsverfahren wurden Proben im Kerb rollverdichtet. Durch dieses Verfahren, das sich in der

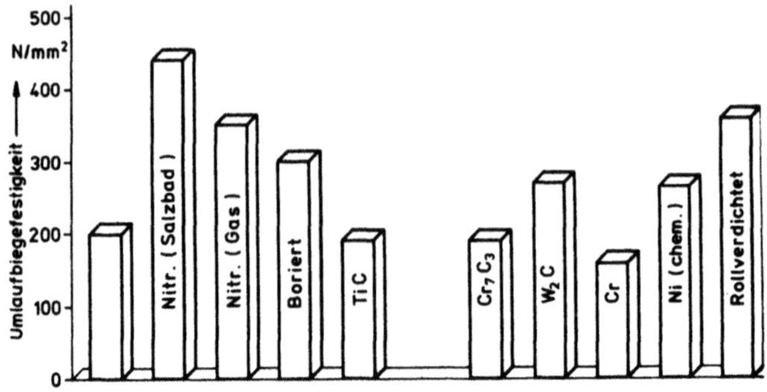

Bild 26: Umlaufbiegefestigkeit von Rundproben

Technik zur Steigerung der dynamischen Belastbarkeit von Bauteilen durchgesetzt hat, wird eine Dauerfestigkeit erreicht, die vergleichbar ist mit den Werten, die durch Nitrocarburieren erzielt werden. Die Erhöhung der Dauerfestigkeit ist auf folgende Faktoren zurückzuführen:

a) Die Kerbe ist ein wirklicher, idealer Radius; Kerben, z. B. durch evtl. vorhandene Schleifriefen, werden eingeebnet.
b) Die Oberflächenfestigkeit wird erhöht.
c) An der Probenoberfläche entstehen Druckeigenspannungen.

4.2. Rasterelektronenmikroskopische Untersuchungen

Die Bruchflächen der in Wöhlerversuchen gebrochenen Proben wurden im Rasterelektronenmikroskop untersucht, typische Brucherscheinungen sind in Bild 27 bis 32 dargestellt.

Nitrierschicht

In der Nitrierschicht haben sich Risse gebildet, die schräg von außen bis zum porösen Bereich der Verbindungszone verlaufen. Teilweise sind an der Bruchkante in Bild 27 Abplatzungen zu erkennen. Unterschiede zwischen den nach verschiedenen Nitrocarburierverfahren behandelten Proben wurden nicht festgestellt.

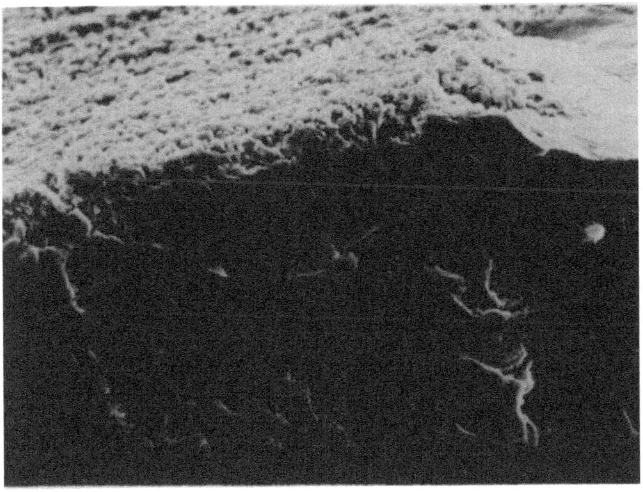

Bild 27: Bruchbild der Nitrierschicht

Borierschicht
Der Bruch verläuft - wie Bild 28 zeigt - von außen nach innen, die Boridzähne sind stellenweise quer zur Wachstumsrichtung gespalten. Die Boridschicht ist, besonders bei hoher Belastung, völlig zerrüttet.

Titancarbid-Schicht
Bei Titankarbidschichten - Bild 29 - entstehen in der Oberfläche bei geringer Belastung zahlreiche umlaufende Risse mit Abplatzungen. Metallographische- und rasterelektronenmikroskopische Untersuchungen zeigen, daß die Risse in der Oberfläche nicht bis zum Grundmaterial laufen, sondern an der Grenzfläche bzw. an einer Zwischenzone stehen bleiben. Es dürfte sich hier um eine duktilere Zone handeln. Vermutlich ist sie identisch mit der mit Hilfe von Mikrosonden-Untersuchungen nachgewiesenen Zone mit Fe-Anreicherungen [7].

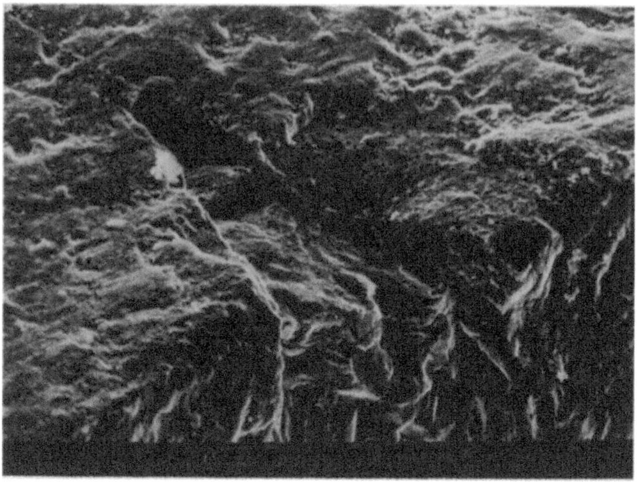

Bild 28: Bruchbild der Borierschicht

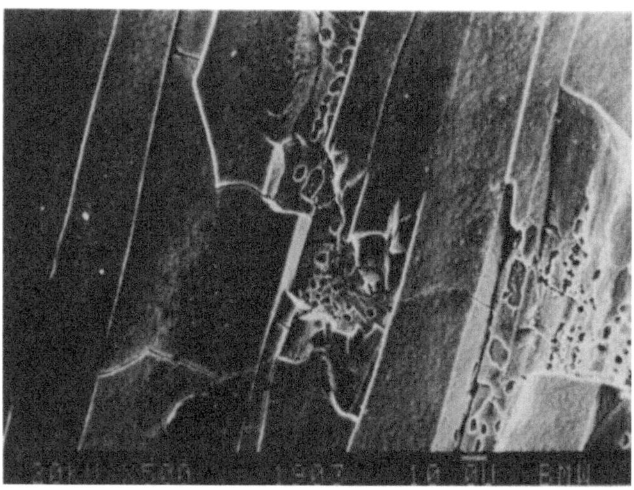

Bild 29: Oberfläche der TiC-Schicht im Bereich der Bruchkante

Wolframcarbid-Schicht

Zwischen der Wolframcarbidschicht - Bild 30 - und dem Grundwerkstoff befindet sich eine Ni-Schicht, die ein Abplatzen bei dynamischer Belastung verhindern soll. Die Haftung dieser Schichten zum Grundmaterial ist sehr gut. Dagegen platzen die W_2C-Schichten schon bei geringen Lastwechselzahlen muschelförmig aus, die hierbei gebildeten Risse gehen bis zur Nickelschicht, vereinzelt erstrecken sie sich auch durch die Nickelschicht hindurch bis zum Grundmaterial.

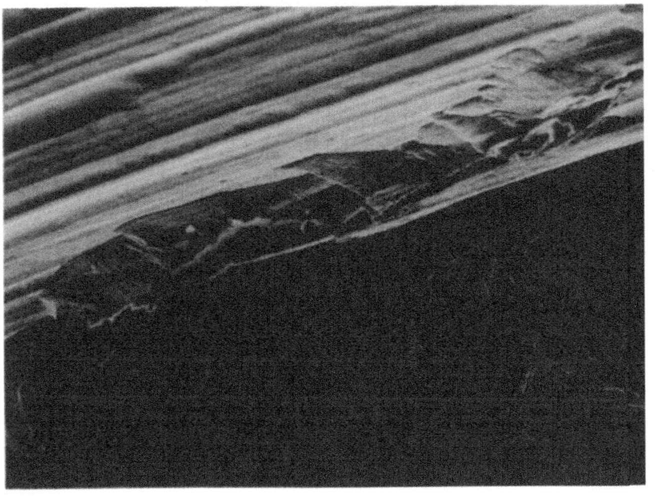

Bild 30: Bruchbild der Wolframcarbidschicht

Hartchromschicht

Die Chromschicht - Bild 31 - reißt bei Umlaufbiegebelastung kreisförmig umlaufend ein. Die Haftung der Schichten ist nicht zufriedenstellend, Teile der Chromschicht haben sich bei der Belastung von dem Grundmaterial abgehoben. Außerdem treten die typischen netzartigen Risse auf, die bis zum Grundmaterial reichen, bei dynamischer Belastung als Kerben wirken und damit zu geringeren Umlaufbiegefestigkeiten als unbeschichtete C 45 N-Proben führen.

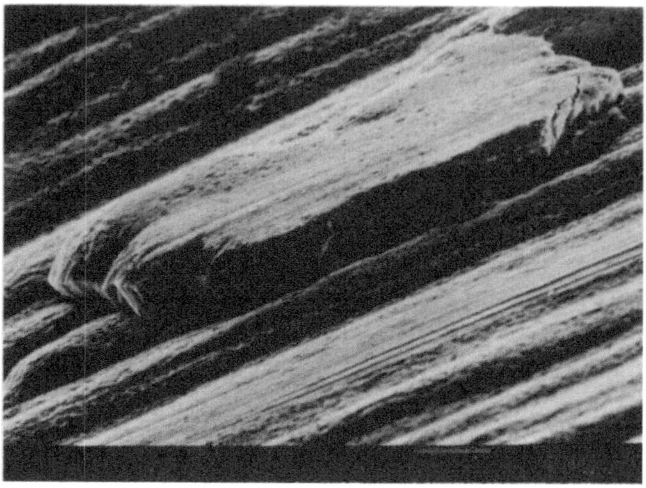

Bild 31: Bruchbild der Hartchromschicht

Chemisch vernickelte Oberflächen

An der Bruchkante - Bild 32 - ist über den gesamten Umfang ein Porensaum vorhanden. Im gleichen Maße wie die Belastung zum Kerbrand abnimmt wird die Anzahl und Größe der Poren kleiner. Diese Erscheinung wird von Hempel [16] als Folge plastischer Verformung mit Leerstellenbildung in Gleitbändern erklärt. Die Leerstellen agglomerieren zu Poren, aus denen sich schließlich Risse bilden.

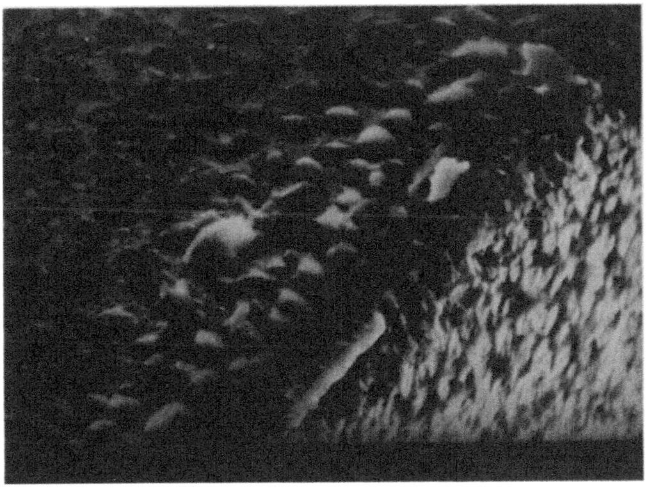

Bild 32: Bruchbild der chemisch vernickelten Probe

4.3. Röntgenographische Eigenspannungsmessung

Bei allen untersuchten Schichten liegt, wie bei 58 CrV 4, Textur vor, es ist also kein linearer Zusammenhang zwischen der Gitterverzerrung $\Delta a/a$ und $\sin^2 \psi$ vorhanden. Von den vorliegenden Schichten bieten sich damit für Spannungsmessungen nur nitrocarburierte Proben an, bei denen nach Abätzen der Verbindungszonen die Diffusionszone erfaßt werden kann. Für die Untersuchung wurden in Gasatmosphäre nitrocarburierte Proben gewählt, die, abweichend von den Angaben in Pkt. 2.2., nach dem Nitrocarburieren in Öl abgeschreckt wurden. Um den Spannungsabbau am Kerbgrund - der Stelle höchster Belastung - zu erfassen, wurde die Probenform entsprechend Bild 33 abgeändert.

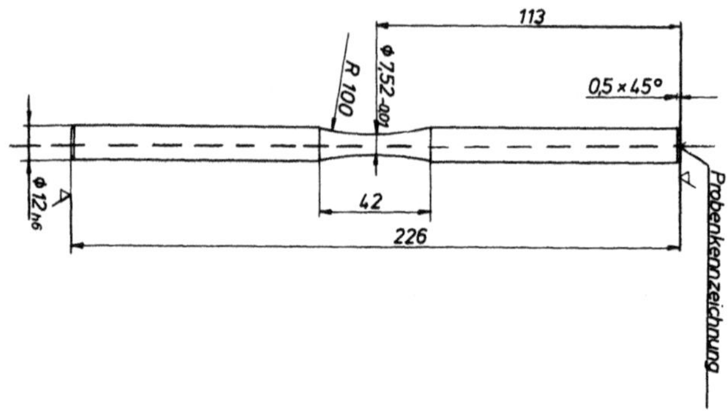

Bild 33: Probenform für röntgenographische Spannungsmessung; DIN 50113, profiliert

Die Eigenspannungsmessungen wurden in Abhängigkeit von Belastungshöhe und Laufzeit sowohl in Längs- als auch in Umfangsrichtung durchgeführt. Die Längseigenspannungen liegen etwa 10 % unter denen der Tangentialspannungen. Diese Werte decken sich mit Messungen von Koch [17].

Die Änderung der Eigenspannung läßt sich in vier charakteristische Abschnitte unterteilen (Bild 34):

Abschnitt I : Die Eigenspannung ändert sich nicht.

Abschnitt II : Die Eigenspannung fällt ab, gleichzeitig tritt eine Wärmetönung auf, so daß die Probe gekühlt werden muß.

Abschnitt III : Die Eigenspannung bleibt konstant.

Abschnitt IV : Die Eigenspannung fällt weiter ab, die Probe bricht.

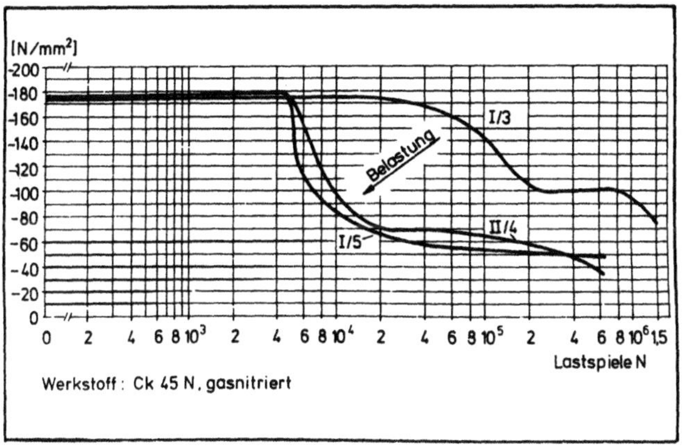

Bild 34: Abbau von Eigenspannungen bei dynamischer Belastung (Längseigenspannungen)
Belastung M_b I/3:23 Nm, II/4:24 Nm, I/5:25 Nm

Durch Erhöhen des Biegemomentes verschiebt sich der Abfall in Abschnitt II zu geringeren Lastspielzahlen.

Bei Belastungen im Zeitfestigkeitsbereich tritt eine sehr hohe Wärmetönung auf. Durch thermische Belastung finden, wie von Kubalek gezeigt wurde, im α-Eisen Ausscheidungsvorgänge statt. hierbei entstehen primär α''-Nitride ($Fe_{16}N_2$), die sich in γ'-Nitride (Fe_4N) umwandeln [18] . Das Auftreten einer Wärmetönung bei dynamischer Belastung von nitrierten Proben wurde auch von Harig und Frank [19] beobachtet; durch Gefügeuntersuchungen konnten sie die von Prenosil und Mitarbeiter [20, 21] gefundenen Gefügeveränderungen bestätigen. Um den Temperatureinfluß bei der dynamischen Erprobung weitgehend auszuschalten, wurden die Proben im Rahmen der vorliegenden Arbeit, nur im Bereich der Dauerfestigkeit belastet.

Der typische Eigenspannungsverlauf kann wie folgt erklärt werden:

Im Abschnitt I werden Versetzungen an α"-Nitriden blockiert. Der Abfall in Abschnitt II, der mit einer Wärmeentwicklung verbunden ist, läßt sich nach dem von Prenosil und Mitarbeitern vorgeschlagenen Mechanismus durch die Bildung von ausscheidungsfreien Verformungsbändern erklären. In diesen ist die Beweglichkeit der Versetzungen vergrößert, so daß eine Entfestigung auftreten kann. Im Abschnitt III beginnt innerhalb der Vorformungsbänder die Ermüdung des Werkstoffes, es werden mikroskopische Risse gebildet, die sich in Abschnitt IV in einer Erniedrigung der Eigenspannungen bemerkbar machen.
Wie die Untersuchungen zeigen, bietet die röntgenographische Spannungsmessung bei nitrierten Bauteilen die Möglichkeit einer Lebensdauervorhersage: Sobald ein Spannungsabbau auftritt, wird das Versagen des Bauteiles signalisiert und der Zeitpunkt der Bruchentstehung wird abschätzbar.

Diskussion

Die Untersuchungen haben gezeigt, daß sich die untersuchten Verschleiß-Schutzschichten - mit Ausnahme bei Borid- und Hartchromschichten - auf die dynamische Belastbarkeit von Rundproben und Federblechen in gleicher Weise auswirken. Die auf den Ausgangszustand bezogenen Ergebnisse sind für die Biegewechselfestigkeit in Bild 35 im Balkendiagramm dargestellt.

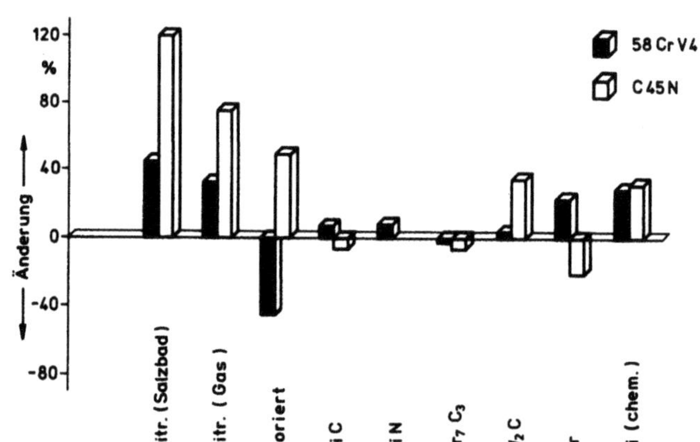

Bild 35: Einfluß von Verschleiß-Schutzschichten auf die Dauerfestigkeit

Wie dieses Bild zeigt, sind die Werkstoffe 58 CrV 4 und C 45 mit Borid- und Hartchromschichten dagegen stark von der Probengeometrie abhängig.

Bei borierten Rundproben wird die Dauerfestigkeit erhöht, bei borierten Federblechen führt die Boridschicht dagegen zu einer starken Reduzierung der Biegewechselfestigkeit. Hier wirkt sich die im Verhältnis zu der Probendicke von 0,5 mm sehr dicke Boridschicht von 35 µm je Seite sehr stark aus. Bei den Rundproben mit Halbkreiskerb werden im Kerbgrund vorhandene Druckeigenspannungen nur wenig oder gar nicht abgebaut, woraus eine Erhöhung der Dauerfestigkeit resultiert. Ebenso wird aber auch der unterschiedliche Wärmebehandlungszustand - normalgeglüht bei C 45 bzw. vergütet bei 58 CrV 4 - und der Aufbau der Boridschicht bei dem niedrig legierten Werkstoff von Einfluß sein.

Aus der Literatur ist bekannt, daß in galvanisch abgeschiedenen Chrom-Schichten Zugeigenspannungen vorliegen, die zu einer beträchtlichen Verminderung der Dauerfestigkeit führen. Bei der Untersuchung an Rundproben mit relativ dicken Chromschichten konnte diese Aussage bestätigt werden. Bei der Untersuchung von Federblechen mit dünnen Chromschichten wird dagegen eine Verbesserung der Biegewechselfestigkeit erzielt. Wie die röntgenographische Spannungsmessung gezeigt hat, liegt kein einheitlicher Spannungszustand vor. Abweichend von den Erwartungen sind bei Flachproben mit relativ geringer Chromschichtdicke im Bereich der Oberfläche Druckeigenspannungen vorhanden, die die beobachtete Erhöhung der Biegewechselfestigkeit verursachen dürften. Das Auftreten von Druckspannungen bei sehr dünnen Schichten könnte auch aus einer Arbeit von Stareck, Seyb und Tulumello [22] extrapoliert werden, die mit Hilfe eines Spiralkontraktometers mit geringer werdender Chromschichtdicke eine Verringerung der Zugeigenspannungen festgestellt haben.

Aus diesen Ergebnissen wird deutlich, daß bei der Beurteilung von Schichteigenschaften eine exakte Charakterisierung, wie sie in Bild 1-9, bzw. Tabelle 2 durchgeführt wurde unerläßlich ist.

Ein aus der Regressionsgeraden ermittelter Spannungswert ist, besonders wenn - wie bei allen von uns untersuchten Schichten - Textur vorliegt, nur in den wenigsten Fällen aussagefähig.
Für den praktischen Einsatz lassen sich unsere Untersuchungsergebnisse wie folgt zusammenfassen:
Für Anwendungsfälle, bei denen die Bauteile einer dynamischen Belastung ausgesetzt werden, sollten nitrocarburierte Oberflächen eingesetzt werden, da hierdurch sowohl die Dauerfestigkeit als auch die Verschleißfestigkeit verbessert wird. Ebenso ist das Borieren erfolgversprechend, sofern das Verhältnis Bauteildurchmesser zur Boridschicht genügend groß ist.

Die nach dem CVD-Verfahren abgeschiedenen Carbidschichten weisen nur eine geringe Duktilität auf, so daß bereits bei Wechselbeanspruchungen mit kleinen Amplituden Risse entstehen können. Wie die vorliegenden Untersuchungen gezeigt haben, breiten sich diese Risse jedoch nicht bis zum Grundmaterial aus, so daß die Dauerfestigkeit nur unwesentlich verändert wird.

Für besonders hoch auf Verschleiß beanspruchte Bauteile bieten sich damit CVD-Schichten an, durch die die Funktionssicherheit erhöht wird, ohne die dynamischen Eigenschaften zu verschlechtern.

Schrifttum

[1] Buch, A., Einfluß des Zustandes der Hartchromschicht und des Grundwerkstoffrandgebietes auf die Dauerfestigkeit von Gußeisen- und Stahlelementen
Metalloberfläche 24 (1970) H. 4, S. 124-129

[2] Dettner, H.W., Elze, J., Handbuch der Galvanotechnik, Band I, Teil 1, 1963, S. 279-289

[3] Wiegand, H., Fürstenberg U.H.,
Hartverchromung - Eigenschaften und Auswirkungen auf den Grundwerkstoff,
Frankfurt/Main; Maschinenbau-Verlag (1968)

[4] Zysk, Jan, Praktische Bedeutung des Kohlenstoffs in ε-Carbonitridschichten auf unlegiertem Stahl,
HTM 32 (1977) Heft 1, S. 1-7

[5] Jonck, R., Oberflächenbehandlung durch Nitrieren
VDI-Bericht Nr. 242, (1975), S. 15-20

[6] Stallmann, K., Speckhardt, H., Abscheidung und Eigenschaften von Nibodur-Überzügen
Metall 35 (1981) H. 10, S. 979-988

[7] Wahl, G.
Tribologie Band 4, Springer-Verlag (1982)

[8] Habig, K.H.
Tribologie Band 4, Springer-Verlag (1982)

[9] Kehrer, H.P., Ziese, J., Hoffmann, F., Ermittlung von Festigkeits- und Zähigkeitskennwerten von harten Schichten,
Vortrag 37. Härtereikolloquium Wiesbaden 1981

[10] Sammelband Spannungsmessungen,
HTM 31 (1976), Heft 1 u. 2

[11] Kochendörfer, A., Die Bestimmung von Teilchengröße und Gitterverzerrungen in kristallinen Stoffen aus der Breite der Röntgenlinien
Zeitschrift für Kristallographie 105, (1944), S. 393 - 480

[12] Faninger, G., Hauk, V., Gitterdehnungen in texturbehafteten Proben
HTM 31 (1976), Heft 1, S. 98 - 108

[13] Seitz, M., Drew, J., 6th. Meeting of the European Working Group of Acoustic Emission, Rom, 1977

[14] Zhen-min, Y., Jian-min, L., Chun-yan, L., Jyh-hong, T. Acoustic Emission, Brittleness and Structure of Nitrided Case on Steel,
in Advances in Acoustic Emission, Dunhart (1981), S. 300-306

[15] Kutschera, W., Elastisches Verhalten dünner Biegefedern konstanten Querschnitts
Siemens Forschungs- und Entwicklungs- Berichte, 7 (1978), S. 214-21

[16] M. Hempel, Die Entstehung von Mikrorissen in metallischen Werkstoffen unter Wechselbeanspruchung,
Archiv für Eisenhüttenwesen 38 (1967) 6, S. 446-455

[17] Koch, M., Eigenspannungen in der Oberfläche gas- und badnitrierter Stahlproben.
Z. f. Werkstofftechnik 1973, Nr. 2

[18] E. Kubalek, Isothermisches Zeit-Temperatur-Entmischungs-Schaubild als Grundlagenuntersuchung zur Erklärung der Entmischungsvorgänge im System Eisen-Stickstoff,
HTM 23 (1968) H. 3, S. 177-197

[19] Harig, H., Frank, E., Charakterisierung des Ermüdungsablaufs nitrierter Stähle mittels thermischer Verfahren,
Vorgetragen auf dem 37. Härterei-Kolloquium in Wiesbaden 07.10.-09.10.1981.

[20] Prenosil, B., Holnb, I., Koutnik, M., Ermüdungserscheinungen im Gefüge dynamisch beanspruchter, bei 620 °C gascarbonitrierter Schichten.
HTM 28 (1973), S. 89-99

[21] Koutnik, M., Prenosil, B., Einfluß der Verteilung von Nitridausscheidungen auf die Ermüdungsvorgänge in carbonitriertem Stahl
HTM 36 (1981) H. 1, S. 1-56

[22] Stareck, J.E., Seyb, E.J., Tulumello, A.C., Stress in chromium deposits.
Plating 41, 1171/1182 (1954)

Eigenschaften von Werkstoffen mit Verschleiß-Schutzschichten

- Ergebnisse von Rauheits- und Verschleißprüfungen -

von

Dr.-Ing. K.-H. Habig

Dozent Yan, Li

Bundesanstalt für Materialprüfung (BAM)

Berlin

Inhalt

1 Einführung

Nachdem in den vorangehenden und weiteren Beiträgen /1...4/ ausführlich über die Behandlungsbedingungen zum Aufbringen von Verschleiß-Schutzschichten aus Chrom, Nickel, Eisennitrid, Eisenborid, Titancarbid (CVD), Chromcarbid (CVD) und Wolframcarbid (CVD) sowie über die chemische Zusammensetzung, die gebildeten Phasen, das Gefüge, die Härte, den Eigenspannungszustand, die Duktilität und die Dauerschwingfestigkeit von Stählen mit den genannten Verschleiß-Schutzschichten berichtet wurde, sollen hier grundlegende Aussagen zum tribologischen Verhalten der verschiedenen Verschleiß-Schutzschichten gemacht werden. Dabei ist einschränkend zu berücksichtigen, daß das tribologische Verhalten als eine Systemeigenschaft anzusehen ist, die durch das Zusammenwirken einer Fülle von Einflußgrößen bedingt ist. Es ist daher unmöglich, das Reibungs- und Verschleißverhalten von Werkstoffen mit einigen Laboruntersuchungen umfassend zu charakterisieren. So soll nachfolgend über Ergebnisse von Gleitverschleißuntersuchungen bei hohen Pressungen ohne und mit überlagerten Stoßbeanspruchungen und über Furchungsverschleißuntersuchungen berichtet werden. Unter diesen Bedingungen, bei denen die wesentlichen Verschleißmechanismen in Erscheinung treten können, ist die Einschränkung des Verschleißes und des adhäsiv bedingten Versagens als besonders wichtig anzusehen. Neben den Reibungs- und Verschleißprüfungen waren auch Rauheitsmessungen notwendig, weil der Verschleiß erheblich von der Rauhtiefe der Verschleißpartner abhängen kann und weil das Aufbringen von Verschleiß-Schutzschichten in der Regel zu einer Änderung der Rauheitswerte führt.

2 Rauheit und Rauheitsmessungen

Bevor die Ergebnisse der Rauheitsmessungen vorgestellt werden, sollen einige allgemeine Bemerkungen zum Einfluß der Rauhtiefe auf das Verschleißverhalten von Werkstoffen gemacht werden. In geschmierten Tribosystemen geht der Verschleißbetrag bekanntlich erst gegen null, wenn die Schmierfilmdicke größer als die Summe der Rauhtiefen von Grund- und Gegenkörper ist (Bild 1). Beim Furchungsverschleiß nimmt der Verschleißbetrag eines weichen Grundkörpers mit steigender Rauhtiefe eines harten Gegenkörpers zu. Eine Rauhtiefenerhöhung durch das Aufbringen von Verschleiß-Schutzschichten dürfte also in der Regel zu einer Erhöhung des Verschleißes führen.-

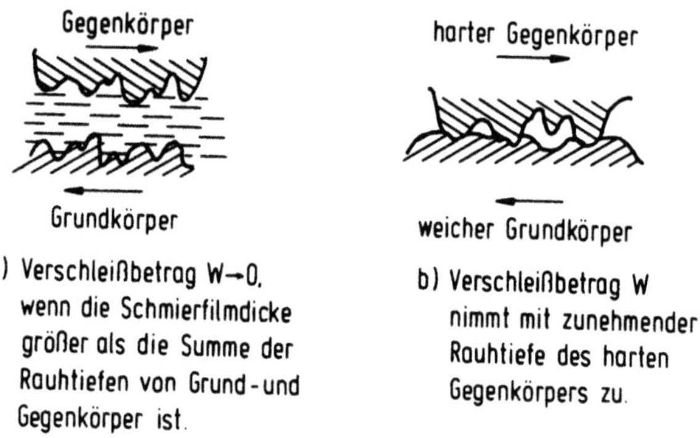

Bild 1: Zum Einfluß der Rauhtiefe auf den Verschleiß

Die Rauheitswerte der verwendeten ringförmigen Probekörper wurden vor und nach dem Beschichten mit einem Tastschnittgerät bei einer Meßlänge von 4,8 mm und einem cut off von 0,8 mm an zehn verschiedenen Probekörpern gemessen. Aus Bild 2 kann man entnehmen, wie sich die Rauheitswerte R_z und R_a von geläppten Probekörpern aus Stahl C 45 W 3 durch das Aufbringen der Verschleiß-Schutzschichten verändern. Das Nitrocarburieren, das Borieren mit anschließendem Vergüten und die chemische Abscheidung von Titancarbid und Chromcarbid aus der Gasphase (CVD) führen zu einer Erhöhung der Rauheitswerte. Durch das galvanische Verchromen und chemische Vernickeln werden die Rauheitswerte erniedrigt. Nach Untersuchungen von Wiegand und Fürstenberg /5/ kann die Verchromung aber auch eine Rauhtiefenerhöhung bewirken. Die im Vergleich zu den anderen Carbidschichten niedrigen Rauheitswerte der Wolframcarbidschichten dürften damit zu erklären sein, daß der Wolframcarbidbeschichtung eine chemische Vernickelung vorausging, durch welche die Ausgangsrauheit erniedrigt wurde.

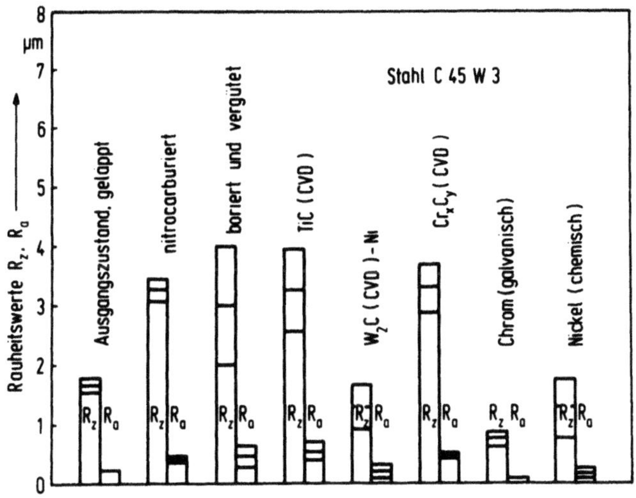

Bild 2: Rauheitskennwerte von Probekörpern aus Stahl C 45 W 3 vor und nach dem Aufbringen von Verschleiß-Schutzschichten

Die Mittelwerte sämtlicher Rauheitswerte R_z und R_a sind mit den zugehörigen Standardabweichungen in Tabelle 1 zusammengestellt. Bei teilweise höheren oder niedrigeren Änderungen der Rauheitswerte der verschiedenen Stähle durch das Aufbringen der Verschleiß-Schutzschichten bleiben die in Bild 2 dargestellten Tendenzen im wesentlichen erhalten. Ob besonders große Rauheitserhöhungen einiger Stähle durch das Nitrocarburieren oder Borieren für diese Stähle typisch sind, müßte durch weitere Untersuchungen mit neuen Chargen geprüft werden. Die Chrom II-Schicht, die bei einer gegenüber der Chrom I-Schicht erhöhten Stromdichte abgeschieden wurde (I: 20 A/dm²; II: 55 A/dm²), hat im Vergleich zum Ausgangszustand kaum noch niedrigere Rauheitswerte. Die erhöhten Rauheitswerte der Nickelschicht II weisen auf nicht optimale Abscheidungsbedingungen /1/ hin.

Für die anschließend beschriebenen Verschleißuntersuchungen wurden die Verschleiß-Schutzschichten zunächst mit der nach dem Beschichten vorhandenen Rauheit eingesetzt. Ferner wurde eine Probenserie nachgearbeitet, um unterschiedliche Rauheitswerte zu

Stahl		geläppt	Chrom	Nickel	Eisen-nitrid	Eisen-borid	Titancar-bid CVD	Chromcar-bid CVD	Wolfram-carbid CVD
C 45 W 3	R_z µm	1,65±0,12	I. 0,76±0,14	I. 1,28±0,52	3,27±0,21	2,99±1,02	3,25±0,74	3,30±0,39	1,27±0,37
	R_a µm	0,21±0,01	0,08±0,02	0,16±0,09	0,42±0,03	0,45±0,18	0,53±0,16	0,46±0,05	0,19±0,12
	R_z µm		II. 1,59±0,17	II. 3,73±0,39					
	R_a µm		0,21±0,03	0,52±0,05					
42 CrMo 4	R_z µm	1,80±0,28	I. 0,97±0,47	I. 1,16±0,47	3,36±0,16	6,11±1,55	2,51±0,28	3,31±0,18	1,65±0,90
	R_a µm	0,27±0,01	0,13±0,10	0,13±0,08	0,45±0,02	0,97±0,30	0,35±0,05	0,44±0,02	0,20±0,12
	R_z µm		II. 1,59±0,15	II. 3,62±0,54					
	R_a µm		0,21±0,03	0,56±0,11					
31 CrMoV 9	R_z µm	1,43±0,14	I. 0,92±0,14	I. 1,15±0,46	4,00±0,25	6,21±1,63	2,70±0,48	2,91±0,42	1,27±0,22
	R_a µm	0,16±0,02	0,12±0,04	0,18±0,10	0,52±0,05	1,14±0,46	0,45±0,09	0,40±0,06	0,16±0,02
100 Cr 6	R_z µm	1,90±0,42			3,04±0,36		2,08±0,56		
	R_a µm	0,28±0,09			0,41±0,05		0,29±0,09		
	R_z µm						3,59±0,49		
	R_a µm						0,37±0,03		
	R_z µm						2,62±0,39		
	R_a µm						0,31±0,04		
X 155 CrVMo 12 1	R_z µm	1,36±0,35			5,05±1,01	4,43±2,01	5,31±0,46	1,57±0,13	2,62±1,91
	R_a µm	0,22±0,10			0,83±0,19	0,71±0,36	0,65±0,09	0,18±0,02	0,35±0,32
X 40 CrMoV 5 1	R_z µm	1,41±0,14			2,71±0,35	5,59±0,91	2,77±0,66	2,25±0,19	1,21±0,54
	R_a µm	0,20±0,04			0,42±0,06	0,94±0,15	0,40±0,09	0,29±0,02	0,14±0,04
S 6-5-2	R_z µm	1,48±0,43			2,04±0,56		2,78±0,31	2,60±0,35	2,16±1,65
	R_a µm	0,21±0,02			0,31±0,11		0,35±0,05	0,36±0,06	0,28±0,22
X 20 Cr 13	R_z µm	1,19±0,10			4,92±1,45	2,74±0,66			
	R_a µm	0,15±0,02			0,71±0,24	0,37±0,10			
X 10 CrNiTi 18 9	R_z µm	1,54±0,23			3,51±0,28				2,63±1,85
	R_a µm	0,19±0,03			0,47±0,04				0,36±0,30

Tabelle 1: Rauheitskennwerte vor und nach dem Aufbringen der Verschleiß-Schutzschichten

erhalten, so daß der Einfluß der Rauhtiefe der Verschleiß-Schutzschichten auf das Verschleißverhalten und zwar insbesondere auf den Verschleiß des Gegenkörpers gezielt untersucht werden konnte.

3 Verschleißuntersuchungsmethoden

Verschleiß wird letztlich durch das getrennte oder überlagerte Wirken der Verschleißmechanismen "Adhäsion, Abrasion, Tribooxidation und Oberflächenzerrüttung" hervorgerufen. Daher kann eine erste Charakterisierung des Verschleißverhaltens von Werkstoffen durch die Kennzeichnung ihres Widerstandes gegenüber dem Wirken der unterschiedlichen Verschleißmechanismen erfolgen /6/. Die Tribooxidation soll hier nicht eingehender untersucht werden, weil tribochemisch gebildete Reaktionsschichten auf harten Werkstoffen bzw. harten Verschleiß-Schutzschichten im allgemeinen verschleißmindernd wirken. Eine gewisse Ausnahme stellen lediglich die Eisennitridschichten dar, die bei Festkörperreibung in Luft durch Tribooxidation zerstört werden können; unter Mischreibung, bei der wegen des verminderten Sauerstoffangebotes nur dünne Reaktionsschichten gebildet werden, wirken diese ebenfalls verschleißmindernd /7/.

Die Adhäsion stellt eine Paarungseigenschaft dar, die nur in Verbindung mit dem Gegenkörperwerkstoff gekennzeichnet werden kann. Als Gegenkörperwerkstoffe wurden der Werkzeugstahl X 155 CrVMo 12 1 und Al_2O_3 verwendet; zwei Werkstoffe, die unter zahlreichen Einsatzbedingungen einen hohen Verschleißwiderstand besitzen.

Bei den Paarungen "Verschleißschutzschicht/Al_2O_3" wurden Untersuchungen mit reinen Gleitbeanspruchungen und mit überlagerten Stoßbeanspruchungen durchgeführt, die eine verstärkte Oberflächenzerrüttung bewirken können, wodurch die Verschleißbewertungsfolge von Werkstoffen oft stark beeinflußt wird /8/.

Die Bedingungen für die Gleitverschleißprüfungen, die mit dem Stift-Scheibe-System durchgeführt wurden, sind in Bild 3 zusammengestellt. Es herrschte anfänglicher Punktkontakt vor, für den sich die Hertzsche Pressung abschätzen läßt. Unter der Annahme, daß Stift und Scheibe aus Stahl ohne Verschleiß-Schutz-

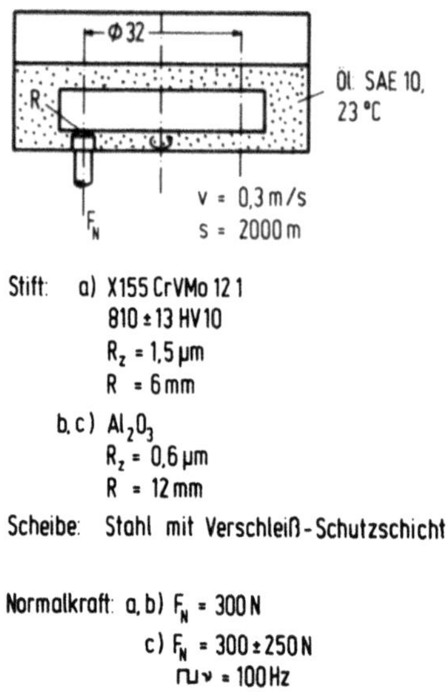

Bild 3: Bedingungen der Gleitverschleißuntersuchungen

schicht bestehen, liegt die Hertzsche Pressung p_0 bei 2800 N/mm². Für die Paarung Al_2O_3/Stahl ergibt sich wegen des geringeren Reibflächenradius der Al_2O_3-Stifte eine geringere Pressung von ca. 2000 N/mm² (unter der Annahme für Al_2O_3: E = 350000 N/mm²; μ = 0.2). Diese relativ hohen Anfangspressungen wurden gewählt, um einen hohen anfänglichen Festkörperreibungsanteil zu erhalten, so daß sich der Widerstand der untersuchten Werkstoffpaarungen gegenüber der Adhäsion oft schon aus der Reibungszahl ermitteln läßt. Bei Paarungen, die nicht adhäsiv versagen, liegt die Reibungszahl meist bei 0,1, während Paarungen mit starker Adhäsionsneigung eine Reibungszahl von 0,3 und mehr besitzen können.

Mit zunehmender Beanspruchungsdauer weitet sich der punktförmige Kontakt durch Verschleiß zu einem Flächenkontakt aus. Zur quantitativen Bestimmung des Verschleißes wurde der planimetrische Verschleißbetrag W_q nach DIN 50 321 herangezogen, der durch die senkrecht zur Kontaktfläche und zur Gleitrichtung abgetragene Fläche gegeben ist und aus den Profildiagrammen von Stift und Scheibe ermittelt werden kann. Die Kennzeichnung des

Verschleißverhaltens von Werkstoffpaarungen erfordert nämlich die Bestimmung der Verschleißbeträge von Grund- und Gegenkörper. Ein günstiges Verschleißverhalten liegt in der Regel nur dann

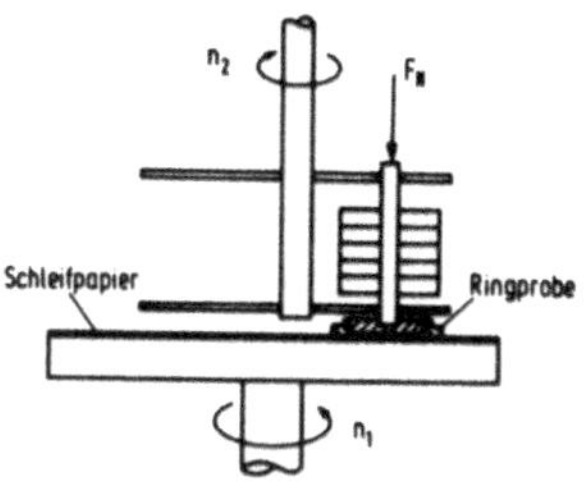

F_N = 17 N
p = 0,019 N/mm²
n_1 = 125 U/min
n_2 = 3 U/min
t = 3 min

Bild 4: Bedingungen der Furchungsverschleißuntersuchungen

vor, wenn der Gesamtverschleißbetrag beider Verschleißpartner niedrig ist. Um den Verschleißbetrag beider Verschleißpartner mit dem gleichen Maßstab auftragen zu können, wurden die ermittelten Verschleißbeträge mit dem Faktor 10^3 multipliziert und in Anlehnung an Erhard und Strickle /9/ der arcsinh dieser Werte gebildet und in den entsprechenden Diagrammen aufgetragen.

Weiterhin wurden Untersuchungen des Furchungsverschleißes durchgeführt, bei denen die Verschleiß-Schutzschichten und auch die unbeschichteten Stähle durch Schleifpapiere mit Körnungen aus Flint, Korund und Siliziumcarbid beansprucht wurden. Dazu wurde ein modifiziertes, metallographisches Schleifgerät benutzt (Bild 4). Unter diesen Bedingungen herrscht die Abrasion vor. Hierbei interessiert insbesondere der Übergang des Verschleißbetrages von einer Tieflage in eine Hochlage, die dann auftritt, wenn das angreifende Korn eine für den beanspruchten Werkstoff kritische Härte überschreitet /10/.

4 Ergebnisse der Verschleißuntersuchungen

4.1 Ergebnisse der Gleitverschleißuntersuchungen ohne und mit überlagerten Stoßbeanspruchungen

4.1.1 Paarungen mit vergüteten Stählen

Zuerst wurden Verschleißuntersuchungen mit den vergüteten und anschließend geläppten Versuchsscheiben aus den unterschiedlichen Stählen gemacht, die für das Aufbringen der Verschleiß-Schutzschichten vorgesehen waren. Die ermittelten Verschleißbeträge sind in Bild 5 für die verschiedenen Stähle in Form von Balken aufgetragen, wobei zusätzlich Angaben über die Rauheitswerte R_z der Scheiben und über die Reibungszahlen f gemacht werden.

Bei den Versuchsserien A und C herrschten Gleitbeanspruchungen vor; bei der Versuchsserie E wurden zusätzlich Stoßbeanspruchungen in Form einer Rechteckschwingung aufgebracht. Als Gegenkörperwerkstoff dienten bei der Serie A der Stahl X 155 CrVMo 12 1 und bei den Serien C und E Al_2O_3. Es seien zuerst die Ergebnisse der Serie A mit Stiften aus Stahl X 155 CrVMo 12 1 und Scheiben aus den unterschiedlichen Stählen

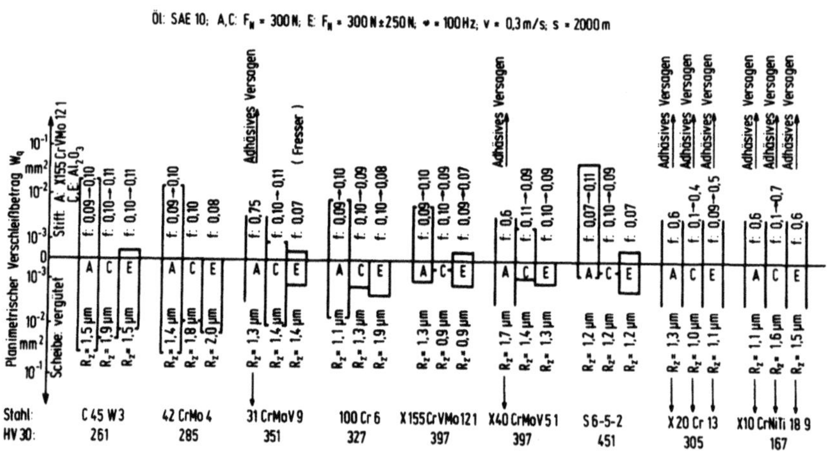

Bild 5: Tribologisches Verhalten von Paarungen mit vergüteten Stählen

betrachtet. Die Reibungszahlen lassen erkennen, daß die folgenden Paarungen adhäsiv versagen:

Stift		Scheibe
X 155 CrVMo 12 1	/	31 CrMoV 9
"	/	X 40 CrMoV 5 1
"	/	X 20 Cr 13
"	/	X 10 CrNiTi 18 9.

Bei den Stählen der Scheiben fällt der meist recht hohe Chromgehalt bei relativ niedrigem Kohlenstoffgehalt auf, so daß der Carbidanteil niedrig war. Möglicherweise wird das adhäsive Versagen durch in der Matrix gelöstes Chrom begünstigt. Der Stahl X 10 CrNiTi 18 9 besitzt außerdem eine kubisch-flächenzentrierte Gitterstruktur, die besonders zur Adhäsion neigt.

Betrachtet man bei den Paarungen, die nicht adhäsiv versagen, den Verschleißbetrag der vergüteten Scheiben, so ist erwartungsgemäß festzustellen, daß die Scheiben aus den Stählen S 6-5-2 und X 155 CrVMo 12 1, die einen hohen Anteil an Carbiden haben, den niedrigsten Verschleißbetrag aufweisen. Aus der Morphologie der Verschleißflächen kann man entnehmen, daß bei diesen Paarungen die Abrasion und die Tribooxidation, nicht aber die Adhäsion wirksam sind. Zieht man zur Beurteilung zusätzlich den Stift-Verschleißbetrag heran, so schneidet die Paarung X 155 CrVMo 12 1 (810 HV 10) / X 155 CrVMo 12 1 (397 HV 30) am besten ab. Die Paarung X 155 CrVMo 12 1 / S 6-5-2 verhält sich wegen des höheren Stift-Verschleißbetrages ungünstiger, der durch die härteren Carbide des Schnellarbeitsstahles, die verstärkt abrasiv wirken, bedingt sein könnte. Den höchsten Verschleißbetrag haben die Paarungen der Vergütungsstähle C 45 W 3 und 42 CrMo4 mit X 155 CrVMo 12 1; bei diesen Paarungen tritt adhäsiv-abrasiver Verschleiß auf, der durch das homogene, carbidfreie Gefüge der Vergütungsstähle begünstigt wird.

Durch die Verwendung von Al_2O_3-Stiften als Gegenkörper der vergüteten Stahl-Scheiben ändert sich das tribologische Verhalten beträchtlich (Serie C). Jetzt versagen nur noch die Paarungen Al_2O_3 / X 20 Cr 13 und Al_2O_3 / X 10 CrNiTi 18 9 adhäsiv. Der Verschleiß der Stifte wird bei den meisten Paarungen unmeßbar klein; gleichzeitig geht auch der Verschleiß der Scheiben mehr oder weniger deutlich zurück. Einen besonders niedrigen Verschleiß haben die Paarungen von Al_2O_3 mit X 155 CrVMo 12 1 und S 6-5-2.

Durch die Überlagerung von Stoßbeanspruchungen (Serie E) steigt der Verschleiß der meisten Paarungen an; mehrere Al_2O_3-Stifte unterliegen unter diesen Bedingungen einem meßbaren Verschleiß, was auf eine gewisse Sprödigkeit von Al_2O_3 hinweist. Die gegenüber den reinen Gleitbeanspruchungen etwas verminderten Reibungszahlen sind eine Folge der schwingenden Stoßbeanspruchungen. Schwingungen führen nämlich in vielen Fällen zu einer Erniedrigung der Reibung.

Abschließend sei zu den Untersuchungen an Paarungen mit vergüteten Stahl-Scheiben ohne Verschleiß-Schutzschichten bemerkt, daß die Rauhtiefe der Scheiben, die zwischen 1 und 2 µm lag, von untergeordnetem Einfluß auf das Verschleißverhalten dieser Paarungen ist.

4.1.2 Paarungen mit Chromschichten

Auf die Stähle C 45 W 3, 42 CrMo 4 und 31 CrMoV 9 wurden mit zwei unterschiedlichen Stromdichten (I: 20 A/dm^2; II: 55 A/dm^2) Chromschichten galvanisch abgeschieden. Die unterschiedlichen Abscheidungsbedingungen, deren genaue Daten in der Übersicht /1/ enthalten sind, haben keine eindeutige Auswirkung auf die Härte der Chromschichten. Nach Untersuchungen von Wiegand und Fürstenberg /5/ soll bei einer Badtemperatur von 55°C die Stromdichte keinen Einfluß auf die Härte der abgeschiedenen Chromschichten haben. Die bei der niedrigeren Stromdichte abgeschiedenen Chromschichten besaßen ein Rißnetz, das sich positiv auf die Haftung des Schmieröles auswirken soll.

Die Ergebnisse der Verschleißuntersuchungen sind in Bild 6 dargestellt. Die hohen Reibungszahlen, die teils zu Beginn der Beanspruchung, teils aber auch erst nach einer gewissen Laufzeit auftraten, kennzeichnen das adhäsive Versagen, das sowohl bei der Paarung mit X 155 CrVMo 12 1 als auch mit Al_2O_3 auftritt. Chromschichten können demnach mit diesen Gegenkörperwerkstoffen

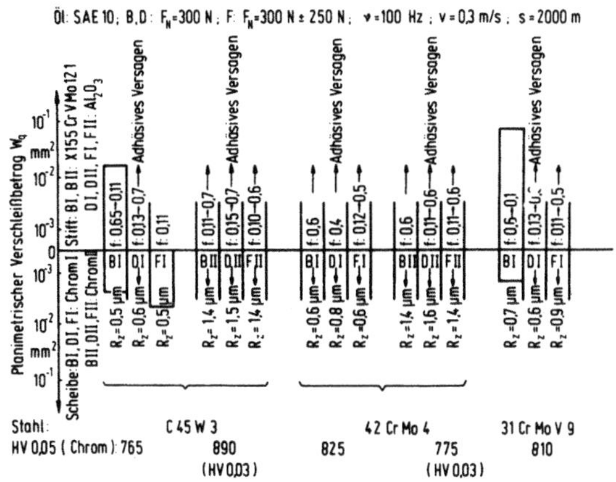

Bild 6: Tribologisches Verhalten von Paarungen mit galvanisch abgeschiedenen Chromschichten

bei hohen Pressungen unter Grenzreibungsbedingungen nicht eingesetzt werden. Bei niedrigeren Pressungen sollen die dichten, passivierenden Chromoxidschichten die Gefahr der Adhäsion erheblich einschränken /11/.

4.1.3 Paarungen mit Nickelschichten

Nickelschichten wurden ebenfalls nach zwei Varianten, aber nicht galvanisch, sondern chemisch abgeschieden /1/. Die Nickelschicht I wurde zusätzlich 2h bei 390°C ausgelagert, so daß eine Aushärtung erfolgen konnte, die einen beträchtlichen Härteanstieg zur Folge hatte.

Die anfänglich erhöhten Reibungszahlen in Bild 7 lassen erkennen, daß bei den Paarungen der weichen, nicht ausgehärteten Nickelschichten mit X 155 CrVMo 12 1 die Gefahr des adhäsiven Versagens besteht (Serie B II). Durch die Verwendung von Al_2O_3 als Gegenkörperwerkstoff wird die Gefahr des adhäsiven Versagens eingeschränkt (Serie D II). Bei den Paarungen der harten Nickelschichten mit X 155 CrVMo 12 1 oder Al_2O_3 (Serie B I, D I) besteht die Gefahr des adhäsiven Versagens nicht. Nach Untersuchungen von Stähli /12/ neigt auch die Paarung chem.Nickel/chem. Nickel im ausgehärteten Zustand kaum zur Adhäsion.

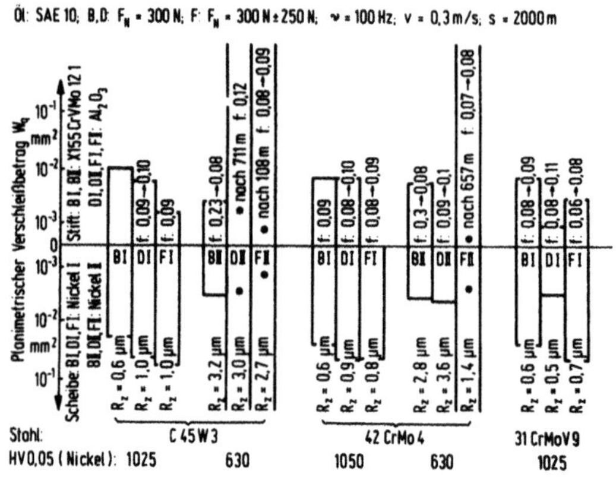

Bild 7: Tribologisches Verhalten von Paarungen mit chemisch abgeschiedenen Nickelschichten

Der Verschleiß der hier untersuchten Nickelschichten ist aber so groß, daß am Ende des Laufweges die Schichten fast vollständig abgetragen waren. Dabei wird der Verschleiß primär durch Oberflächenzerrüttung bewirkt, welche häufig zu einem Abplatzen von Verschleißpartikeln führt. Die überlagerten Stoßbeanspruchungen verstärken diesen Effekt nur noch geringfügig.

Wenn man bedenkt, daß galvanisch abgeschiedene Nickelschichten mit vielen Gegenkörperwerkstoffen sehr stark zur Adhäsion neigen, so werden die Vorteile der chemischen Vernickelung deutlich; vor allem bei niedrigen Pressungen ist mit einem günstigen tribologischen Verhalten zu rechnen. Zur Ergänzung sei erwähnt, daß durch die Einlagerung von Hartstoffpartikeln bei der chemischen und auch galvanischen Nickelabscheidung der Verschleißwiderstand in vielen Fällen stark erhöht wird.

4.1.4 Paarungen mit nitrocarburierten Stählen

Das Nitrocarburieren der vergüteten Stahl-Scheiben, das im Salzbad vorgenommen wurde, bewirkt, daß die Gefahr des adhäsiven Versagens erheblich eingeschränkt wird. So haben die Paarungen, die im nur vergüteten Zustand der Stahl-Scheiben versagen (siehe Bild 5 !), nach dem Nitrocarburieren der Scheiben eine niedrige Reibungszahl (Bild 8).Dies gilt auch für die Paarungen mit den nitrocarburierten Stählen X 20 Cr 13 und X 10 CrNiTi 18 9, die keine Verbindungsschicht aus Eisennitrid, sondern nur eine Stickstoffdiffusionszone haben.

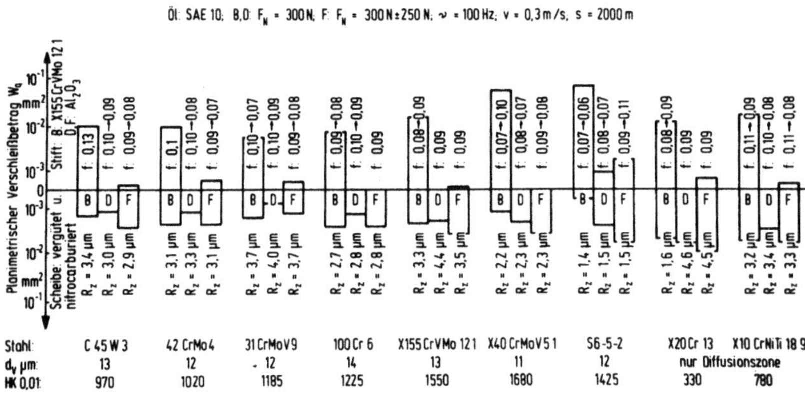

Bild 8: Tribologisches Verhalten von Paarungen mit nitrocarburierten Stählen

Die Paarungen X 155 CrVMo 12 1 mit den nitrocarburierten Stählen haben somit einen höheren Widerstand gegenüber dem adhäsiven Versagen als die früher untersuchte Paarung gehärteter 42 CrMo 4 gegen nitrocarburierten 42 CrMo 4 /13/. Noch sicherer ist es aber, beide Partner zu nitrieren bzw. zu nitrocarburieren.

Durch das Nitrocarburieren wird der Verschleiß der vorher vergüteten Stahl-Scheiben deutlich gesenkt (vgl. Bild 5 und Bild 8!), während der Verschleiß der als Gegenkörper eingesetzten Stifte aus X 155 CrVMo 12 1 weniger abnimmt und bei den Paarungen mit nitrocarburiertem X 155 CrVMo 12 1 und S 6-5-2 sogar zunimmt; auf diesen Stählen sind die Nitridschichten besonders hart, so daß sie den Gegenkörperwerkstoff abrasiv furchen können. Auch die harte Nitridschicht auf X 40 CrMoV 5 1, der im nur vergüteten Zustand bei der Paarung mit X 155 CrVMo 12 1 adhäsiv versagt, ruft auf dem Gegenkörperwerkstoff einen hohen Verschleiß hervor (Serie B).

Die Verwendung von Al_2O_3 als Gegenkörperwerkstoff hat zur Folge, daß der Verschleiß des Gegenkörpers auf null zurückgeht, wenn man von der Paarung Al_2O_3/nitrocarburierter S 6-5-2 absieht (Serie D). Gleichzeitig vermindert sich der Verschleiß der weichen Nitridschichten auf den niedrig- oder unlegierten Stählen, so daß die Gleitpaarungen von Al_2O_3 mit diesen Stählen ein sehr gutes tribologisches Verhalten haben; denn außerdem besteht bei keiner dieser Paarungen die Gefahr des adhäsiven Versagens.

Die Überlagerung von Stoßbeanspruchungen bringt nur eine geringfügige Erhöhung des Verschleißes von Grund- und Gegenkörper mit sich (Serie F).

4.1.5 Paarungen mit borierten Stählen

Auch bei den Paarungen mit borierten Stahl-Scheiben besteht die Gefahr des adhäsiven Versagens nicht, wie die niedrigen Reibungszahlen in Bild 9 erkennen lassen. Durch das Borieren wird der Verschleiß der Stahl-Scheiben stark gesenkt, wenn der Gegenkörper aus X 155 CrVMo 12 1 besteht (vgl.Bild 5 und 9,Serie B!), der aber selbst einem sehr hohen Verschleiß unterliegt, welcher - wie weiter unten gezeigt wird - von der Rauhtiefe der Boridschichten abhängt. Die Verwendung von Al_2O_3 als Gegenkörperwerkstoff bringt überraschenderweise keine Verbesserung, sondern eine Verschlechterung, weil der Verschleiß der Boridschichten erheblich ansteigt, ohne daß der Verschleiß von Al_2O_3 viel geringer als der von X 155 CrVMo 12 1 ist (Serie D). Stoßbeanspruchungen führen zu einer weiteren Erhöhung des Verschleißes der Paarungen (Serie F).

Bei Gleitbeanspruchungen kann der Verschleiß von Stählen durch das Borieren spürbar gesenkt werden, wenn die Rauhtiefe der Boridschichten nicht zu groß ist und wenn der Gegenkörper aus gehärtetem oder aus boriertem Stahl besteht /13/. Offenbar beruht die Verschleißminderung durch das Borieren zu einem wesentlichen Teil auf der Bildung von schützenden, tribochemisch erzeugten Reaktionsschichten auf Grund- und Gegenkörper, die durch die Verwendung von Al_2O_3 als Gegenkörperwerkstoff erschwert wird.

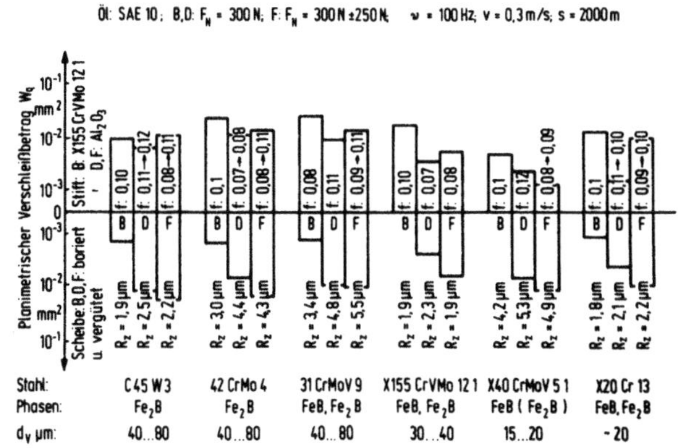

Bild 9: Tribologisches Verhalten von Paarungen mit Eisenboridschichten

4.1.6 Paarungen mit Titancarbidschichten (CVD)

Die Paarungen der Titancarbidschichten (CVD) mit X 155 CrVMo 12 1 wiesen zu Beginn der Gleitbeanspruchung teilweise sehr hohe Reibungszahlen auf (bis 0,6). Ein Großteil der Verschleißversuche mußte vorzeitig abgebrochen werden, weil der Verschleiß des Gegenkörperwerkstoffes zu hoch war. Daher sind in Bild 10 nur die Ergebnisse der Paarungen wiedergegeben, welche die volle Beanspruchungsdauer durchhielten. Hierbei handelt es sich um Paarungen mit Titancarbidschichten auf niedrig- bzw. unlegierten Stählen. Da die Stahllegierungselemente Chrom, Molybdän und Vanadin in der Titancarbidschicht gelöst werden können, ist es möglich, daß diese Elemente das tribologische Verhalten beeinflussen. Dabei kann u.U. auch die Textur der Titancarbidschichten von Bedeutung sein.

Die Reibungszahlen der Paarungen von X 155 CrVMo 12 1 mit den Titancarbidschichten auf den Stählen C 45 W 3, 42 CrMo 4 und 31 CrMoV 9 liegen nur in einem Fall deutlich über 0,1 (Serie B, Bild 10). Der Verschleiß des Gegenkörperwerkstoffes ist sehr hoch, während die Titancarbidschicht nur einen geringen oder gar keinen Verschleiß erfährt. Al_2O_3 hat als Gegenkörperwerkstoff einen geringeren Verschleiß bei gleichzeitig erhöhtem Verschleiß der Titancarbidschicht. Auffallend sind die etwas erhöhten Reibungszahlen, die zwischen 0,13 und 0,17 liegen (Serie D).

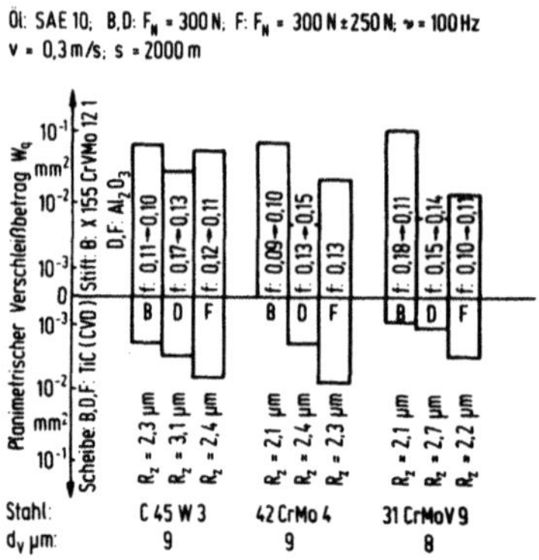

Bild 10: Tribologisches Verhalten von Paarungen mit Titancarbidschichten (CVD)

Überlagerte Stoßbeanspruchungen erhöhen den Verschleiß von Grund- und Gegenkörper (Serie F).

Nach anderen Untersuchungen sind Titancarbid /14/ sowie Titannitrid und Siliziumcarbid /15/ geeignete Gegenkörperwerkstoffe für Titancarbid.

4.1.7 Paarungen mit Chromcarbidschichten (CVD)

Bei den Paarungen von Chromcarbid mit X 155 CrVMo 12 1 sind die anfänglichen Reibungszahlen meist etwas erhöht; sie gehen aber mit zunehmendem Laufweg durchweg auf Werte um 0,1 zurück (Serie B, Bild 11). Der Verschleiß des Stahlgegenkörpers ist sehr hoch, während die Chromcarbidschichten nur auf C 45 W 3 einem meßbaren Verschleiß unterliegen. Dies liegt daran, daß C 45 W 3 nach der CVD-Chromcarbidbeschichtung nicht wieder vergütet wurde und mit 166 HV 10 eine zu niedrige Härte aufwies, die der Chromcarbidschicht keine Stützung ermöglichte.

Mit Al_2O_3 als Gegenkörperwerkstoff kommt es bei einer Reihe von Paarungen zum adhäsiven Versagen, und zwar bevorzugt bei den Paarungen mit den härteren Chromcarbidschichten, ohne daß für dieses Verhalten eine Begründung gegeben werden kann (Serie D). Dabei tritt das Versagen erst nach einer gewissen Beanspruchungsdauer auf. Bei den Paarungen, die nicht adhäsiv versagen, hat Al_2O_3 einen viel niedrigeren Verschleiß als X 155 CrVMo 12 1.

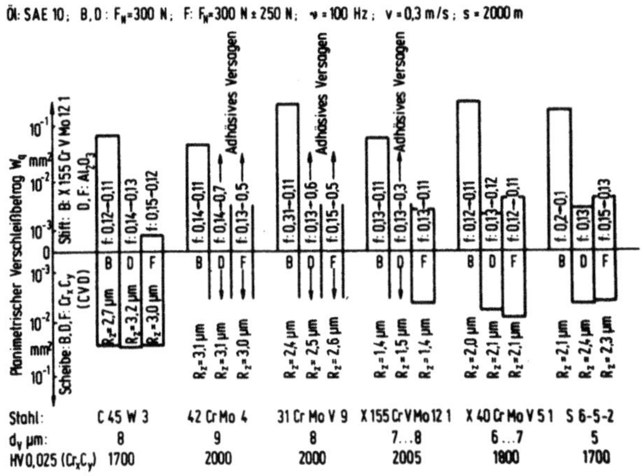

Bild 11: Tribologisches Verhalten von Paarungen mit Chromcarbidschichten (CVD)

Die Überlagerung von Stoßbeanspruchungen führt nur zu einer geringfügigen Erhöhung des Verschleißes (Serie F).

4.1.8 Paarungen mit Wolframcarbidschichten (CVD)

Die Paarungen der Wolframcarbidschichten (CVD) mit X 155 CrVMo 12 1 haben teilweise erhöhte Anfangsreibungszahlen, die auf die Gefahr des adhäsiven Versagens bei hohen Pressungen hinweisen (Serie B, Bild 12). Der Verschleiß des Gegenkörperwerkstoffes ist sehr hoch und - wie weiter unten gezeigt wird - von der Rauhtiefe der Wolframcarbidschichten abhängig. Teilweise unterliegt auch die Wolframcarbidschicht selbst einem sehr hohen Verschleiß. Al_2O_3 kann nicht als Gegenkörperwerkstoff verwendet werden, weil es dann zum adhäsiven Versagen kommt (Serie D und F).

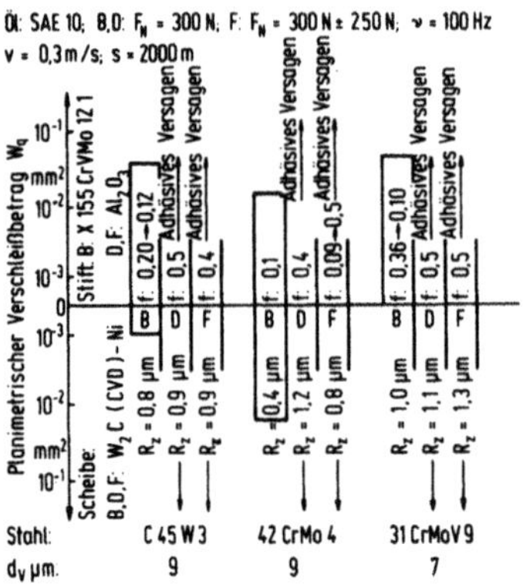

Bild 12: Tribologisches Verhalten von Paarungen mit Wolframcarbidschichten (CVD) auf Nickelzwischenschichten

4.1.9 Verschleiß in Abhängigkeit von der Rauhtiefe der Verschleiß-Schutzschichten

Um den Einfluß der Rauhtiefe der Verschleiß-Schutzschichten auf den Verschleiß der Gleitpaarungen mit X 155 CrVMo 12 1 als Gegenkörperwerkstoff zu untersuchen, wurden die Verschleiß-Schutzschichten durch Schleifen mit Schleifpapier oder Polieren mit Diamantpaste auf unterschiedliche Rauheitswerte gebracht. Die Ergebnisse der anschließend durchgeführten Verschleißuntersuchungen sind in Bild 13 dargestellt. Dabei geht in den Verschleißbetrag überwiegend der Verschleiß des Gegenkörperwerkstoffes aus X 155 CrVMo 12 1 ein. Der Verschleiß der Paarungen mit den harten, carbidischen Verschleiß-Schutzschichten nimmt mit sinkender Rauhtiefe der Verschleiß-Schutzschichten stark ab. Bei den Paarungen mit den borierten Stählen ist der Rauhtiefeneinfluß geringer, während die Rauhtiefe der nitrocarburierten Stähle ohne Einfluß auf den Verschleiß ist. Diese Beobachtung gilt natürlich nur für Bedingungen, bei denen der hydrodynamische Traganteil klein ist (s. Bild 1!) und daher kaum noch von der Rauhtiefe abhängt.

4.1.10 Paarungen mit optimalem Verschleißverhalten

Aus den vorangehend wiedergegebenen Ergebnissen sind in den Tabellen 2...4 die Paarungen zusammengestellt, bei denen der Ver-

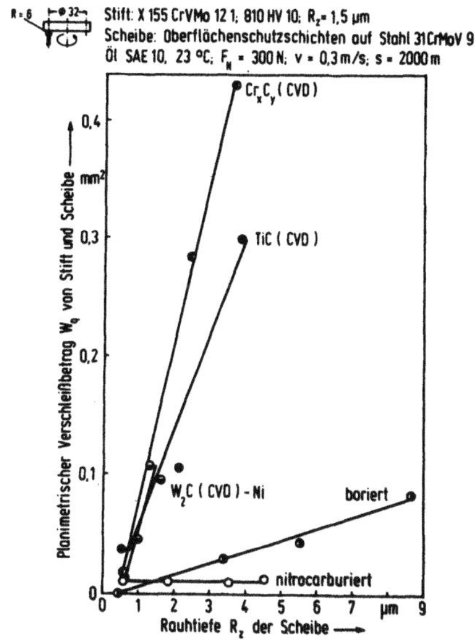

Bild 13:
Einfluß der Rauhtiefe der Verschleiß-Schutzschichten auf den Verschleiß der Paarungen mit X 155 CrVMo 12 1

schleiß des Grundkörpers (Tab. 2), des Gegenkörpers (Tab. 3) und der Gesamtverschleiß von Grund- und Gegenkörper (Tab. 4) besonders niedrig sind. Dabei wurden die Paarungen mit den nachgeschliffenen bzw. nachpolierten Verschleiß-Schutzschichten nicht berücksichtigt.

Mit einem unmeßbar kleinen Verschleiß des Grundkörpers sind die Titancarbidschichten, die Chromcarbidschichten und die Boridschichten auf X 155 CrVMo 12 1 und X 40 CrMoV 5 1 an erster Stelle zu nennen (Tab. 2). Die W_2C-Ni-Schichten auf 31 CrMoV 9, die ebenfalls einen nicht meßbaren Verschleiß haben, sind hier nicht aufgeführt, weil alle anderen W_2C-Ni-Schichten auf den unterschiedlichen Stählen einen mehr oder weniger hohen Verschleiß haben, der wegen der Nickelzwischenschicht eigentlich unabhängig vom Grundwerkstoff sein sollte. Einen erstaunlich niedrigen Verschleiß haben X 155 CrVMo 12 1 und S 6-5-2, wenn sie mit Al_2O_3 als Gegenkörperwerkstoff kombiniert werden.

Der Verschleiß des Gegenkörpers ist nur dann null oder niedrig, wenn er aus Al_2O_3 besteht, und als Gegenkörperwerkstoffe nitrocarburierte Stähle, vergütete Stähle oder Chromcarbidschichten auf S 6-5-2 oder X 40 CrMoV 5 1 verwendet werden (Tab. 3). Bei den Paarungen Al_2O_3/Chromcarbid besteht aber die Gefahr des adhäsiven Versagens.

Für einen niedrigen Gesamtverschleiß von Grund- und Gegenkörper müssen der Grundkörper aus den carbidhaltigen Stählen X 155 CrVMo 12 1 oder S 6-5-2 oder aus nitrocarburierten Stählen und der Gegenkörper aus Al_2O_3 bestehen (Tab. 4). Wird X 155 CrVMo 12 1 als Gegenkörperwerkstoff eingesetzt, so ist der Gesamtverschleiß deutlich höher; hierbei ist es am günstigsten als Grundkörperwerkstoffe den Stahl X 155 CrVMo 12 1, nitrocarburierte Stähle oder 100 Cr 6 einzusetzen. Die Verwendung von nitrocarburierten Stählen bietet zusätzlich den Vorteil der geringeren Gefahr des adhäsiven Versagens.

Paarung		Verschleißbetrag W_q in mm^2		
Grundkörper (ϵ << 100 %)	Gegenkörper (ϵ = 100 %)	Grundkörper	Gegenkörper	Summe
TiC (CVD) auf 42 CrMo 4, 100 Cr 6, X 155 CrVMo 12 1	X 155 CrVMo 12 1 H	<u>0</u>	0,1 ... 0,5	0,1 ... 0,5
Cr_xC_y (CVD) auf 42 CrMo 4, 31 CrMoV 9, X 155 CrVMo 12 1, S 6-5-2	X 155 CrVMo 12 1 H	<u>0</u>	0,2 ... 0,5	0,2 ... 0,5
borierter X 155 CrVMo 12 1, X 40 CrMoV 5 1	X 155 CrVMo 12 1 H	<u>0</u>	0,02 ... 0,06	0,02 ... 0,06
X 155 CrVMo 12 1 V	Al_2O_3	<u>0,0004</u>	0	0,0004
S 6-5-2 V	Al_2O_3	<u>0,0005</u>	0	0,0005
nitrocarburierter S 6-5-2	X 155 CrVMo 12 1 H	<u>0,0006</u>	0,08	0,08
nitrocarburierter 31 CrMoV 9	Al_2O_3	<u>0,0008</u>	0	0,0008
X 40 CrMoV 5 1 V	Al_2O_3	<u>0,0009</u>	0,002	0,003
S 6-5-2 V	X 155 CrVMo 12 1 H	<u>0,0009</u>	0,05	0,05

ϵ : Eingriffsverhältnis nach DIN 50 320

Tabelle 2: Paarungen mit besonders niedrigem Verschleiß des Grundkörpers (der Verschleiß-Schutzschicht)

Paarung		Verschleißbetrag W_q in mm^2		
Grundkörper (ϵ << 100 %)	Gegenkörper (ϵ = 100 %)	Grundkörper	Gegenkörper	Summe
nitrocarburierter C 45 W 3 42 CrMo 4 31 CrMoV 9 100 Cr 6	Al_2O_3	0,0008 ... 0,0015	0	0,0008 ... 0,0015
nitrocarburierter X 155 CrVMo 12 1 X 40 CrMoV 5 1 X 20 Cr 13 X 10 CrNiTi 18 9	"	0,002 ... 0,007	0	0,002 ... 0,007
C 45 W 3 V 42 CrMo 4 V 100 Cr 6 V X 155 CrVMo 12 1 V S 6-5-2 V	"	0,0004 ... 0,016	0	0,0004 ... 0,016
Cr_xC_y (CVD) auf S 6-5-2 X 40 CrMoV 5 1	"	0,0014 ... 0,0060	0,0013 ... 0,0023	0,0027 ... 0,0083

ϵ : Eingriffsverhältnis nach DIN 50 320

Tabelle 3: Paarungen mit besonders niedrigem Verschleiß des Gegenkörpers

Paarung		Verschleißbetrag W_q in mm^2		
Grundkörper (ϵ << 100 %)	Gegenkörper (ϵ = 100 %)	Grundkörper	Gegenkörper	Summe
X 155 CrVMo 12 1 V	Al_2O_3	0,0004	0	0,004
S 6-5-2	"	0,0005	0	0,005
nitrocarburierter 31 CrMoV 9	"	0,0008	0	0,008
nitrocarburierter C 45 W 3 42 CrMo 4 100 Cr 6	"	0,0013 ... 0,0015	0	0,0013 ... 0,0015
100 Cr 6 V	"	0,0016	0	0,0016
X 155 CrVMo 12 1 V	X 155 CrVMo 12 1 H	0,0011	0,0060	0,0071
nitrocarburierter 31 CrMoV 9	"	0,0019	0,0078	0,0097
nitrocarburierter 100 Cr 6	"	0,0031	0,0073	0,0104
nitrocarburierter 42 CrMo 4	"	0,0026	0,0096	0,0122
100 Cr 6 V	"	0,0074	0,0077	0,0151

ϵ : Eingriffsverhältnis nach DIN 50 320

Tabelle 4: Paarungen mit besonders niedrigem Gesamtverschleiß von Grund- und Gegenkörper

4.2 Ergebnisse der Furchungsverschleißuntersuchungen

Zunächst werden in Bild 14 die an vergüteten Stählen ohne Verschleiß-Schutzschichten gewonnenen Ergebnisse vorgestellt. Dort ist der Verschleißbetrag über den tribologisch beanspruchenden Schleifpapieren mit Körnern aus Flint, Korund und Siliziumcarbid aufgetragen, deren Härte in der genannten Reihenfolge zunimmt. Schon bei der Beanspruchung durch Flint-Schleifpapier liegt der Verschleißbetrag der meisten Stähle nach nur dreiminütiger Beanspruchungsdauer weit über 1 µm; ein Betrag, der hier als die obere Grenze des Verschleißes in der Tieflage anzusehen ist.

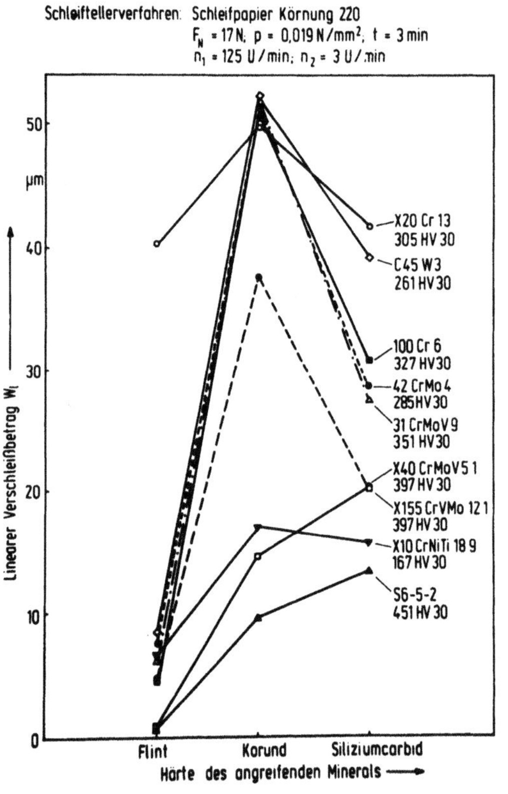

Bild 14: Verschleiß-Tieflage-Hochlage-Charakteristik der vergüteten Stähle bei Furchungsverschleiß

Dabei fällt X 20 Cr 13 mit einem besonders hohen Verschleißbetrag aus dem Rahmen. Nur die Stähle S 6-5-2 und X 155 CrVMo 12 1 mit einem hohen Carbidgehalt erfahren einen Verschleiß in der Tieflage.

Erfolgt die Beanspruchung durch Korund-Schleifpapier, so befindet sich der Verschleiß sämtlicher Stähle in der Hochlage. Die carbidhaltigen Stähle und der austenitische Stahl X 10 CrNiTi 18 9 schneiden am besten ab. Bei dem austenitischen Stahl dürfte sich die große plastische Verformungsfähigkeit positiv auswirken, welche der Rißbildung entgegenwirkt, die der Bildung von Verschleißpartikeln vorangeht.

Mit Ausnahme der carbidhaltigen Stähle führt die Beanspruchung durch Siliziumcarbid-Schleifpapier zu einer Abnahme des Verschleißbetrages im Vergleich zur Beanspruchung durch Korund-Schleifpapier. Dies könnte an einer geringeren Schleißschärfe des verwendeten Siliziumcarbid-Schleifpapieres liegen. Die Zunahme des in der Hochlage relativ niedrigen Verschleißes der carbidhaltigen Stähle X 155 CrVMo 12 1 und S 6-5-2 könnte dadurch bedingt sein, daß die Carbide der Stähle durch das angreifende Siliziumcarbid verstärkt geritzt werden.

Durch das Aufbringen der Verschleiß-Schutzschichten werden die Verschleißtieflage-Verschleißhochlage-Charakteristiken der Stähle grundlegend verändert. Die an Stahl 42 CrMo 4 mit und ohne Verschleiß-Schutzschichten gewonnenen Ergebnisse sind in Bild 15 dargestellt. Wie schon erwähnt, erfährt der nur vergütete 42 CrMo 4 beim Angriff durch alle Schleifpapiere einen Verschleiß in der Hochlage. Chemisches Vernickeln bringt bei der Beanspruchung durch Flint-Schleifpapier nur eine geringfügige Verschleißminderung. Daher wurden an chemisch abgeschiedenem Nickel keine weiteren Versuche mit anderen Schleifpapieren gemacht. Dagegen wurde durch die anderen Verschleiß-Schutzschichten der Verschleiß bei der Beanspruchung durch Flint-Schleifpapier in die Tieflage gesenkt. Erfolgt die Beanspruchung durch Korund-Schleifpapier, so steigt der Verschleißbetrag des nitrocarburierten, des verchromten und weniger ausgeprägt des mit Chromcarbid beschichteten Stahles 42 CrMo 4 in die Hochlage an. Der borierte 42 CrMo 4 erleidet erst beim Angriff durch noch härteres Siliziumcarbid-Schleifpapier einen Verschleiß in der Hochlage. Titancarbid (CVD) und Wolframcarbid (CVD) werden dagegen durch kein Schleifpapier nennenswert verschlissen; sie haben den höchsten Widerstand gegenüber der Abrasion.

Im folgenden soll das Verhalten der einzelnen Verschleiß-Schutz-

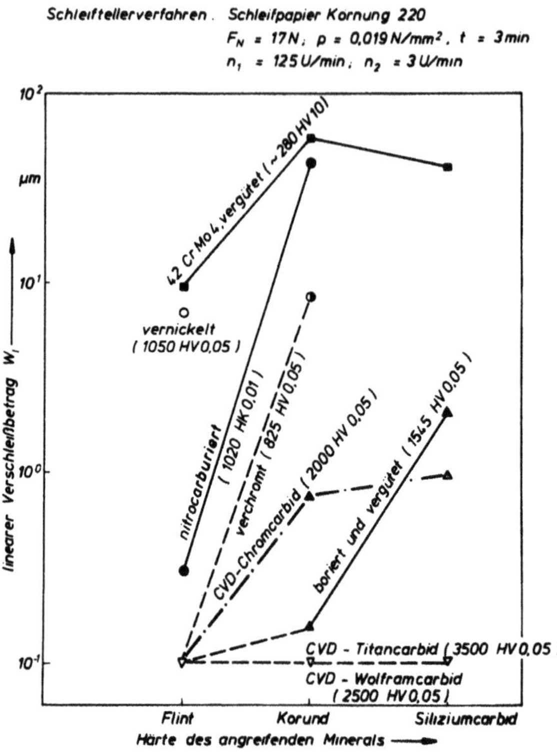

Bild 15: Verschleiß-Tieflage-Hochlage-Charakteristik der Verschleiß-Schutzschichten auf Stahl 42 CrMo 4

schichten unter Furchungsverschleißbedingungen näher erläutert werden. Chrom wurde - wie schon erwähnt - unter zwei Bedingungen mit einer niedrigen (I) und einer hohen (II) Stromdichte abgeschieden. Beide Chrombeschichtungen senken den Verschleiß bei der Beanspruchung durch Flint-Schleifpapier in die Tieflage auf Verschleißbeträge zwischen 0,1 und ca. 0,3 µm ab, deren Unterschiede wegen der möglichen Meßfehler nicht diskutiert werden sollen (Bild 16).

Bei der Beanspruchung durch Korund-Schleifpapier steigt der Verschleiß der Chromschichten in die Hochlage (Bild 17), ohne den hohen Verschleißbetrag der nur vergüteten Stähle zu erreichen.

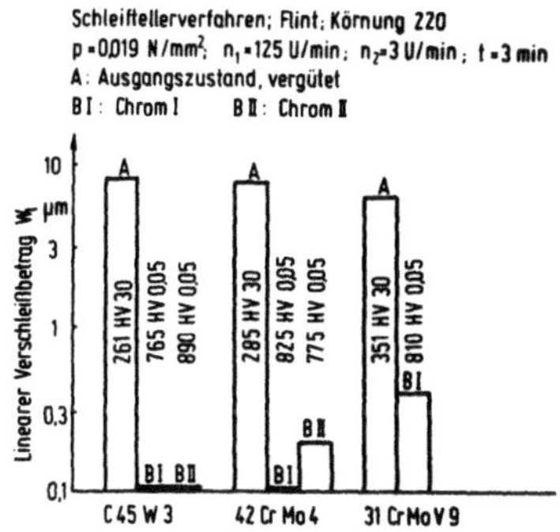

Bild 16:

Furchungsverschleiß von Chromschichten bei Beanspruchung durch Flint-Schleifpapier

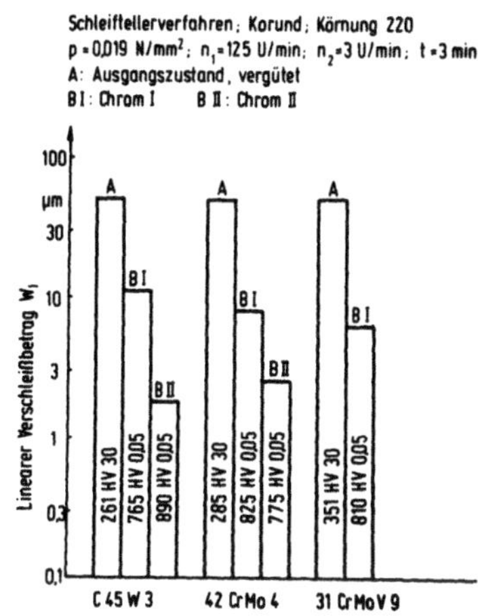

Bild 17:

Furchungsverschleiß von Chromschichten bei Beanspruchung durch Korund-Schleifpapier

Die Chromschicht II, die bei der höheren Stromdichte abgeschieden wurde, hat durchweg einen niedrigeren Verschleißbetrag als die Chromschicht I, die ein Rißnetzwerk besaß. Dieses Rißnetzwerk könnte die Bildung von Verschleißpartikeln erleichtern. Die unterschiedlichen Härtewerte, die sich aber nicht signifikant unterscheiden, sind hier offenbar nicht für die unterschiedlichen Verschleißbeträge verantwortlich. Nach Untersuchungen von Wiegand und Heinke /16/ ist jedoch in der Regel zu erwarten, daß bei Furchungsverschleiß der Verschleiß im allgemeinen mit zunehmender Härte der Chromschicht abnimmt.

Durch das chemische Vernickeln wird der Verschleiß der vergüteten Stähle zwar gesenkt, er bleibt aber in der Hochlage (Bild 18). Dabei ist der Verschleißbetrag der weicheren Nickelschichten größer, obwohl nach anderen Untersuchungen /16/ die durch Aushärung bedingte Härteänderung keinen Einfluß auf den Furchungsverschleiß haben soll. Andererseits werden Ergebnisse bestätigt,nach denen der Verschleiß von chemisch abgeschiedenen

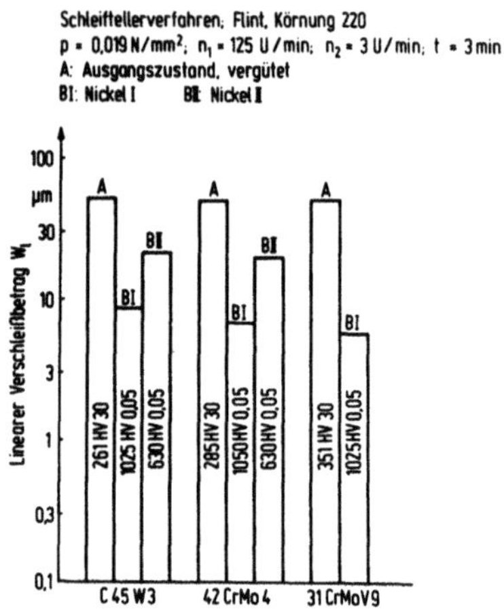

Bild 18:

Furchungsverschleiß von Nickelschichten bei der Beanspruchung durch Flint-Schleifpapier

Nickelschichten sich nur wenig vom Verschleiß von vergüteten Stählen mit Härtewerten von ca. 300 HV unterscheiden soll /16/.

Das Nitrocarburieren senkt den Verschleiß der vergüteten Stähle bei der Beanspruchung durch Flint-Schleifpapier in die Tieflage (Bild 19), sofern der Verschleiß nicht schon vor dem Nitrocarburieren in der Tieflage ist wie bei X 155 CrVMo 12 1 und S 6-5-2. Bei den beiden zuletzt genannten Stählen bewirkt das Nitrocarburieren kaum noch eine Verschleißminderung. Besonders hervorzuheben ist die Verschleißminderung von X 20 Cr 13 durch das Nitrocarburieren. - Wegen der begrenzten Meßgenauigkeit sollte zwischen den Verschleißbeträgen $W_l \leq 1$ µm nicht weiter differenziert werden.

Beanspruchungen durch härteres Korund-Schleifpapier lassen den Verschleiß sämtlicher nitrocarburierter Stähle in die Hochlage ansteigen (Bild 20); dieser Anstieg ist beim nitrocarburierten

Stahl X 10 CrNiTi 18 9 am geringsten. Gegenüber dem nur vergüteten Zustand ergibt sich bei den anderen Stählen durch das Nitrocarburieren meistens kaum noch eine wesentliche Verminderung des Verschleißes.

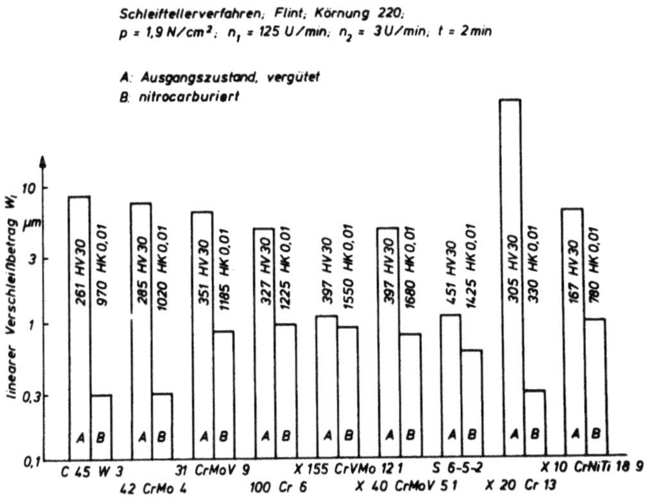

Bild 19: Furchungsverschleiß von nitrocarburierten Stählen bei der Beanspruchung durch Flint-Schleifpapier

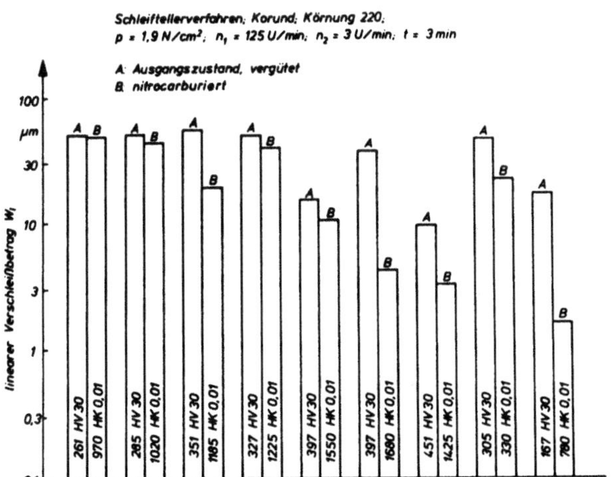

Bild 20: Furchungsverschleiß von nitrocarburierten Stählen bei der Beanspruchung durch Korund-Schleifpapier

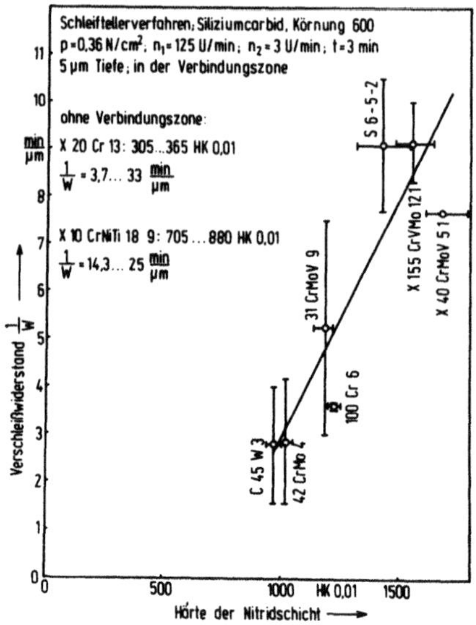

Bild 21: Furchungsverschleiß von nitrocarburierten Stählen in Abhängigkeit von ihrer Härte

Trägt man den in der Verschleiß-Hochlage bei der Beanspruchung durch Siliziumcarbid-Schleifpapier ermittelten Verschleißwiderstand, der gleich dem Reziprokwert des Verschleißbetrages ist, über der Härte der Nitrierschicht auf (Bild 21), so erhält man bei großen Streuungen einen linearen Zusammenhang. Aus dem Rahmen fallen die nitrocarburierten Stähle X 20 Cr 13 und X 10 CrNiTi 18 9, deren Verschleißwiderstand wesentlich höher ist, als man nach der Härte erwarten kann; diese Stähle besitzen - wie schon erwähnt - keine Verbindungsschicht aus Eisennitrid, sondern nur eine Diffusionszone. Eine ähnliche Darstellung wie in Bild 21 ergibt sich, wenn der Verschleißwiderstand über der Konzentration der Nitridbildner aufgetragen wird, durch welche die Härte der Nitrierschichten beeinflußt wird.

Durch das Borieren wird der Verschleiß der vergüteten Stähle bei der Beanspruchung durch Flint- und auch durch Korund-Schleifpapier (Bild 22) in die Tieflage gesenkt. Erst bei der Beanspruchung durch härteres Siliziumcarbid-Schleifpapier (Bild 23) beginnt der Verschleißbetrag in die Hochlage anzusteigen; er liegt dabei aber immer noch deutlich unter dem der vergüteten Stähle. Der Verschleißwiderstand der borierten Stähle

Bild 22:

Furchungsverschleiß von Eisenboridschichten bei der Beanspruchung durch Korund-Schleifpapier

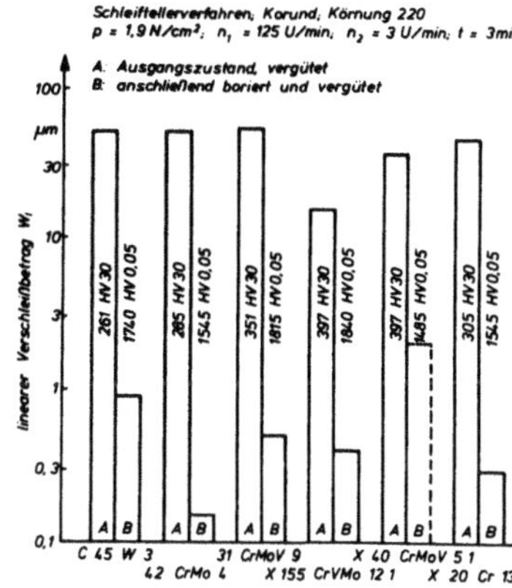

Bild 23:

Furchungsverschleiß von Eisenboridschichten bei der Beanspruchung durch Siliziumcarbid-Schleifpapier

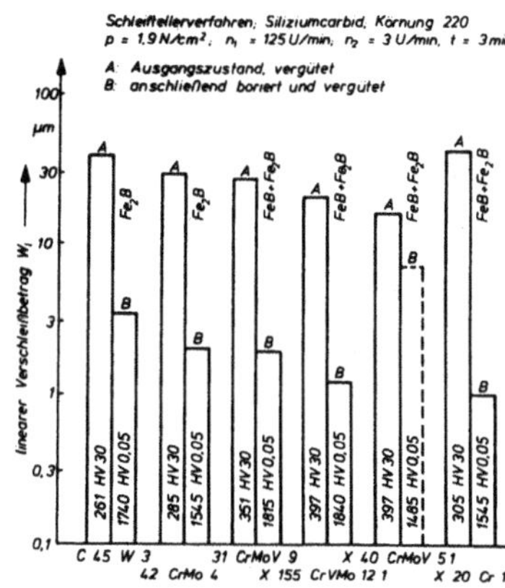

Bild 24:

Furchungsverschleiß von Eisenboridschichten in Abhängigkeit vom Chromgehalt

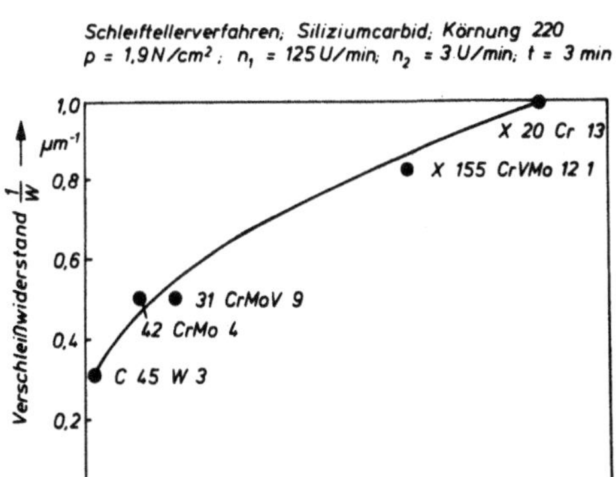

nimmt mit steigendem Chromgehalt der Boridschichten zu (Bild 24), der durch Mikrosondenanalysen bestimmt wurde /3/.

Die Cr_xC_y-Schichten, die durch chemische Abscheidung aus der Gasphase (CVD) abgeschieden wurden, erfahren einen Anstieg des Verschleißbetrages mit zunehmender Härte der beanspruchenden Schleifpapiere (Bild 25). Dabei nimmt der Verschleißwiderstand mit steigendem Chrom- bzw. Chrom- und Vanadingehalt des Grundwerkstoffes zu, während zu Kohlenstoffgehalt keine Korrelation besteht (Bild 26). Der Verschleiß der Cr_xC_y-Schichten auf den höher legierten Stählen kann offenbar für alle angreifenden Schleifpapiere der Tieflage zugeordnet werden.

Die Titan- und Wolframcarbidschichten (CVD), die auf unterschiedlichen Stählen abgeschieden wurden, erfahren bei der Beanspruchung durch die verwendeten Schleifpapiere durchweg einen Verschleiß in der Tieflage. Wegen der hohen Härte dieser Schichten können die Schleifkörner nicht in die Oberflächenbereiche eindringen und somit nicht abrasiv wirken.

5 Folgerungen für die praktische Anwendung

Zur Anwendung der vorangehend dargestellten Ergebnisse für die Einschränkung des Verschleißes von tribologisch beanspruchten Bauteilen bedarf es zunächst einiger grundsätzlicher Bemerkungen über die Bedeutung des Verschleißes von Grund- und Gegenkörper für die Funktionsfähigkeit von tribotechnischen Systemen, wobei man zwischen offenen und geschlossenen Tribosystemen unterscheiden kann. In offenen Tribosystemen wird der Tribokontaktfläche praktisch immer neuer Gegenkörperwerkstoff zugeführt wie z.B. in allen Systemen "Werkzeug/Werkstück"; dabei interessiert vor allem der Verschleiß des Grundkörpers (des Werkzeuges), während durch den Gegenkörper nur die tribologische Beanspruchung aufgebracht wird. In geschlossenen Tribosystemen sind dagegen die tribologisch beanspruchten Oberflächenbereiche von Grund- und Gegenkörper wiederholt oder ständig im Eingriff wie z.B. in einem Gleitlager oder Zahnradgetriebe, so daß der Verschleiß von Grund- und Gegenkörper beachtet werden muß.

Die Bedeutung der gewonnenen Ergebnisse für den Verschleiß von offenen Tribosystemen sei zuerst betrachtet, wobei die Fur-

Bild 25:

Furchungsverschleiß von Chromcarbidschichten (CVD)

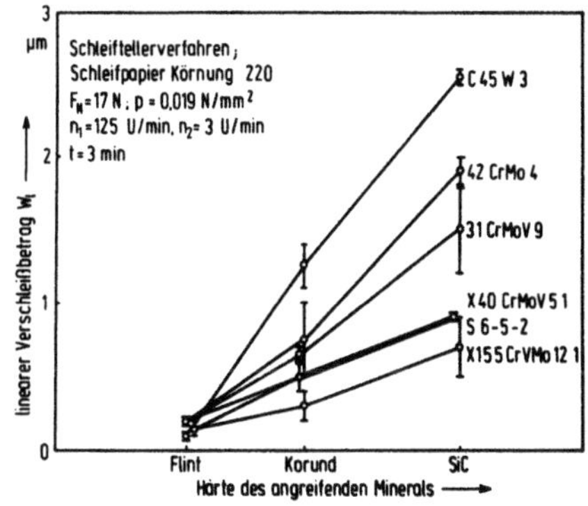

Abrasiver Verschleiß der Cr_xC_y-Schichten (CVD) auf unterschiedlichen Stählen

Bild 26:

Furchungsverschleiß von Chromcarbidschichten (CVD) in Abhängigkeit vom Kohlenstoff-, Chrom- und Chrom + Vanadingehalt des Grundwerkstoffes

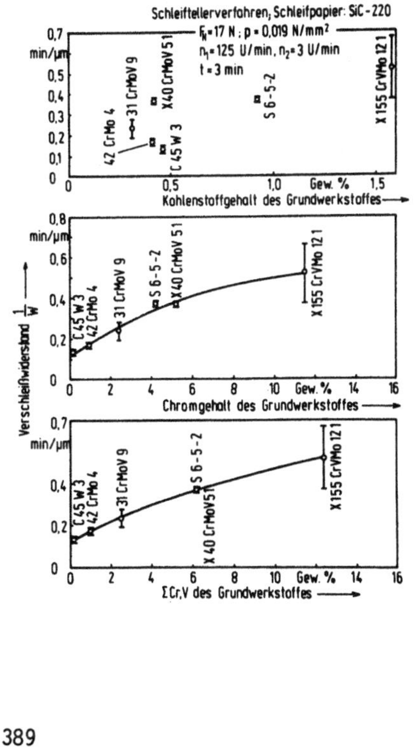

chungsverschleißuntersuchungen, bei denen die Abrasion vorherrscht, als Verschleißuntersuchungen in einem offenen Tribosystem anzusehen sind. Gegenüber der Abrasion haben die harten Titan- und Wolframcarbidschichten den höchsten Verschleißwiderstand. Schon deutlich schlechter, aber immer noch mit einem hohen Verschleißwiderstand, folgen die Eisenborid- und Chromcarbidschichten. Die besonderen Vorteile der Boridschichten liegen in ihrer großen Dicke.

Bei der Bearbeitung und Umformung von Werkstoffen kann neben der Abrasion auch die Adhäsion eine große Rolle spielen. Zum Adhäsionsverhalten von Stahl gegenüber den Verschleiß-Schutzschichten lassen die mit dem Stift-Scheibe-System gewonnenen Ergebnisse einige qualitative Aussagen zu, obwohl das Stift-Scheibe-System ein geschlossenes Tribosystem darstellt. Hierbei schneiden die Titancarbid-, Chromcarbid- und Eisenboridschichten sehr gut ab; teilweise erhöhte Reibungszahlen weisen zwar auf eine Adhäsion hin; die niedrigen Verschleißbeträge geben aber zu erkennen, daß hierdurch die Verschleiß-Schutzschichten nicht geschädigt werden. Die Wolframcarbidschichten schneiden möglicherweise wegen der Nickel-Zwischenschichten schlecht ab. Auch soll WC besser als das hier abgeschiedene W_2C sein. Aus den Ergebnissen geht ferner hervor, daß Al_2O_3 mit den vergüteten Stählen kaum zur Adhäsion neigt.

Abschließend soll die Bedeutung der Ergebnisse für den Verschleiß in geschlossenen Tribosystemen diskutiert werden, in denen nach Möglichkeit der Gesamtverschleiß von Grund- und Gegenkörper niedrig sein soll. Hierzu ist eindringlich darauf hinzuweisen, daß durch den Einsatz von harten Verschleiß-Schutzschichten der Verschleiß des Gegenkörpers stark erhöht werden kann, wenn die Rauhtiefe der Verschleiß-Schutzschichten nicht durch ein Nacharbeiten vermindert oder ein harter, aber verträglicher Gegenkörperwerkstoff eingesetzt wird, der mit der Verschleiß-Schutzschicht nicht zur Adhäsion neigt. So ist Aluminiumoxid in den meisten Fällen ein geeigneterer Gegenkörperwerkstoff als Stahl. Einen besonders niedrigen Verschleiß haben die Paarungen von Al_2O_3 mit den Stählen X 155 CrVMo 12 1 und S 6-5-2 und mit den nitrocarburierten Stählen. Oft kann auch eine Paarung Verschleiß-Schutzschicht gegen Verschleiß-Schutzschicht wie z.B.

von Titancarbid gegen Titancarbid /14/ vorteilhaft eingesetzt werden.
Durch den Gleitbeanspruchungen überlagerte Stoßbeanspruchungen wird der Verschleiß der Verschleiß-Schutzschichten meistens erhöht; die Verschleiß-Bewertungsfolge der hier untersuchten Verschleiß-Schutzschichten ändert sich dadurch aber nur unwesentlich.

Dank

Die Gleitverschleißprüfungen wurden von Herrn Ing. W. Evers und Herrn Ing. M. Gienau durchgeführt. Für die Rauheitsmessungen war Herr Ing.grad. J. Schwenzien verantwortlich. Metallographische Arbeiten und das Zeichnen der graphischen Darstellungen besorgten Frau S. Binkowski und Frau R. Pahl. Allen Mitarbeitern sei herzlich gedankt.

Unser besonderer Dank gilt dem Senator für Wirtschaft und Verkehr des Landes Berlin, der die Arbeiten aus Mitteln des ERP-Sondervermögens förderte.

Schrifttum

/1/ Habig, K.-H.; Kehrer, H.-P.; Demny, J.; Wahl, G.; Ziese, J.
Eigenschaften von Werkstoffen mit Verschleiß-Schutzschichten - Übersicht
Tribologie - Reibung, Verschleiß, Schmierung, Band 4
Dokumentation zum Forschungs- und Entwicklungsprogramm des Bundesministers für Forschung und Technologie (BMFT)
Herausgeber: Projektträgerschaft "Metallurgie, Werkstoffentwicklung, Rückgewinnung" des BMFT bei der DFVLR, Köln
Wissenschaftliche Leitung und Redaktion:
W. Bunk, J. Hansen, M. Geyer

/2/ Liedtke, D.; Stähli, G.
Eigenschaften von Werkstoffen mit Verschleiß-Schutzschichten - Metallographie und Härtemessungen
Härterei-Techn.Mitt.; in Vorbereitung

/3/ Demny, J.; Wahl, G.
Zusammensetzung von Verschleiß-Schutzschichten
Tribologie - Reibung, Verschleiß, Schmierung, Band 4

/4/ Kehrer, H.P.; Ziese, J.
Eigenschaften von Werkstoffen mit Verschleiß-Schutzschichten - mechanische Eigenschaften
Tribologie - Reibung, Verschleiß, Schmierung, Band 4

/5/ Wiegand, H.; Fürstenberg, H.-U.
Hartverchromung - Eigenschaften und Auswirkung auf den Grundwerkstoff
Frankfurt/M.: Forschungsvereinigung Verbrennungskraftmaschinen e.V. (1968)

/6/ Habig, K.-H.
Möglichkeiten der Modell-Verschleißprüfung
Werkstoffe und ihre Veredlung 2 (1980) S.229-232

/7/ Habig, K.-H.
Verschleißuntersuchungen an gas-, bad- und ionitriertem Stahl 42 CrMo 4
Berlin: BAM-Berichte Nr. 38 (1978)

/8/ Heinke, G.; Leyendecker, R.
Verhalten von Werkstoffen bei oszillierender Reib- und Schlagbeanspruchung
Materialprüfung 17 (1975) S.11-114

/9/ Erhard, G.; Strickle, E.
Maschinenelemente aus thermoplastischen Kunststoffen - Grundlagen und Verbindungselemente
Düsseldorf: VDI-Verlag (1974)

/10/ Wahl, H.
Verschleißprobleme im Braunkohlenbergbau
Braunkohle, Wärme und Energie 5/6 (1951) S.75-87

/11/ Heinke, G.
Das Verschleißverhalten von chemisch und elektrochemisch abgeschiedenen Oberflächenschichten
VDI-Berichte 194 (1973) S.229-242

/12/ Stähli, G.
Verschleiß - eine Systemeigenschaft
Material und Technik 8 (1980) S.183-195

/13/ Habig, K.-H.; Evers, W.; Chatterjee-Fischer, R.
Verschleiß- und Versagensuntersuchungen an gehärteten, nitrierten und borierten Stählen in Abhängigkeit von der Wärmebehandlung des Gegenkörpers und der chemischen Zusammensetzung von Schmierstoffadditiven
Härterei-Techn.Mitt. 33 (1978) S.272-280

/14/ Habig, K.-H.; Evers, W.; Hintermann, H.E.
Tribologische Prüfungen an Oberflächenschichten aus Titancarbid, Titannitrid, Chromcarbid und Eisenborid
Z. Werkstofftechnik 11 (1980) S.182-190

/15/ Hintermann, H.E.
Verschleißschutzschichten
Schmiertechnik + Tribologie 28 (1981) S.159-166 und S.207-212

/16/ Wiegand, H.; Heinke, G.
Beitrag zum Verschleißverhalten galvanisch abgeschiedener Nickel- und Chromschichten sowie chemisch abgeschiedener Nickelschichten im Vergleich zu einigen Stählen
Metalloberfläche 24 (1970) S.163-170

Untersuchungen zum Erzeugen von mikrokristallinen und amorphen Schichten zum Erhöhen der Verschleißlebensdauer von Bauteilen

von

Dr.-Ing. G. Sepold

Dipl.-Phys. R. Becker

Bremer Institut für Angewandte Strahltechnik

Bremen

Dr.rer.nat. H.J. Neuhäuser

Dipl.-Ing. U. Buran

Friedrich Goetze AG

Burscheid

Förderkennzeichen: 01 ZT 289 / 299

Laufzeit: 1.10. 1979 - 30. 9. 1980

Zusammenfassung

Metallische Gläser stellen eine neuartige Gruppe von Werkstoffen dar, die sich durch besondere physikalische Eigenschaften wie z. B. hohe Festigkeit, Härte und Korrosionsbeständigkeit auszeichnen. In der vorliegenden Arbeit wird über Untersuchungen berichtet, amorphe Deckschichten auf kristallinen Trägerwerkstoffen durch Auftragen von Bändern bzw. durch Laserverglasen zu erzeugen. Weiterhin werden Ergebnisse zur Herstellung von mikrokristallinen Gefügen durch Laserlegieren diskutiert.

Versuche zum Laserlegieren ergaben feinkristalline Gefüge, allerdings noch nicht in einer technisch verwertbaren Qualität. Anhand von Untersuchungen zum Laserverglasen konnte nachgewiesen werden, daß nach diesem Prinzip amorphe Deckschichten hergestellt werden können. Allerdings kann dieses Verfahren ebenso wie Methoden des Laser- und Ultraschallschweißens aufgrund des derzeitigen Entwicklungsstandes noch nicht als technisch anwendbar bezeichnet werden.

1. Einleitung

Hohe Härte und Ermüdungsfestigkeit sowie gute Korrosionsbeständigkeit sind wichtige Voraussetzungen für ein günstiges tribologisches Verhalten von Bauteilen. Amorphe Metalle verfügen teilweise über derartige Eigenschaften. Sie sind Metallegierungen, die sich dadurch auszeichnen, daß sie bei geeigneter Wärmeführung nicht mehr kristallin, sondern amorph, also in glasiger Struktur, erstarren [1].

Die Herstellung amorpher Metalle wird vorwiegend in Form von dünnen Bändern seit etwa vier Jahren im industriellen Maßstab vorgenommen. Hierbei wird ein dünner schmelzflüssiger Film auf rotierenden Kupfertrommeln abgeschreckt. Auf diese Weise werden die benötigten hohen Abkühlungsgeschwindigkeiten von etwa 10^6K/s erreicht. Andere erfolgversprechende Auftragsverfahren sind die Methode des Kathodenzerstäubens oder das Verfahren des Laserverglasens.

Die Eigenschaften metallischer Gläser lassen vorteilhafte, technologische Anwendungen erwarten, wenn sie als Schutzschicht auf Werkstückoberflächen aufgetragen werden. U. a. wird der Einsatz von amorphen Metallen als verschleißhemmende Schicht für aussichtsreich angesehen. Grundvoraussetzung für solche Anwendungsfälle ist jedoch, daß ein einheitlicher und geschlossener Verbund zwischen dem Grundwerkstoff und der amorphen Deckschicht hergestellt werden kann.

Neben der Herstellung von amorphen Strukturen lassen sich durch schnelles Abkühlen im allgemeinen auch sehr feinkristalline Gefüge herstellen. Von solchen Gefügen, z.B. bei Stahl, ist bekannt, daß sich eine Festigkeitssteigerung und bessere Dehnungswerte erzielen lassen. Zudem können bei schneller Abkühlung neuartige metastabile Phasen erzeugt werden [2].

Die vorliegende Untersuchung hatte zum Ziel, mikrokristalline und amorphe Beschichtungen auf der Lauffläche von Kolbenringen herzustellen. Aufgrund der thermischen, mechanischen bzw. chemischen Belastung, welcher Kolbenringe im Motorenraum ausgesetzt sind, ergab sich folgendes Anforderungsprofil an die Schichten:

Thermisch:

- Dauerbelastung: 300°C, gute Notlaufeigenschaften, d.h. kurzzeitig begrenzte Lokalerhitzung bis 1000°C.

Mechanisch:

- Gute Verschleißeigenschaften und Brandspursicherheit.

Chemisch:

- Gute Beständigkeit gegenüber den Verbrennungsgasen im Motorraum.

Während die beiden letztgenannten Eigenschaften nur im praxisnahen Versuch erprobt werden können, liegen über die Temperaturbeständigkeit amorpher Metalle eine Reihe von Untersuchungen vor [4 - 9].

Im folgenden wird eine Auswahl getroffen unter den zur Verfügung stehenden amorphen Legierungen mit guter Temperaturbeständigkeit. Es wird über Untersuchungen berichtet, amorphe Deckschichten durch Auftrag von Bändern und durch Laserverglasen zu erzeugen. Ferner werden Ergebnisse zur Herstellung von mikrokristallinen Gefügen durch Laser-Kurzzeitlegieren diskutiert.

2. Auswahl geeigneter amorpher Legierungswerkstoffe

Aufgrund des bereits in der Einleitung erwähnten Anforderungsprofils für den Einsatz von Randschichten im Motorenraum sind für amorphe Werkstoffe insbesondere gute thermische Beständigkeit, also hohe Kristallisationstemperaturen, zu fordern.

Unterhalb der Kristallisationstemperatur, - auf jeden Fall aber unterhalb der thermischen Grenze von 300°C -, dürfen keine Änderungen der Eigenschaften des amorphen Werkstoffs eintreten. So muß z. B. eine Versprödung, die bei einigen amorphen Legierungssystemen bereits unterhalb der Kristallisationstemperatur eintreten kann, ausgeschlossen werden können. Zu fordern ist allgemein ein gutes Glasbildungsvermögen über einen breiten Bereich der Legierungszusammensetzung. Veränderungen in der Legierungszusammensetzung, die insbesondere beim Auftragsverfahren des Laser-Kurzzeitumschmelzens unvermeidlich sind (Zulegieren des Trägerwerkstoffs) dürfen das Glasbildungsvermögen nicht wesentlich beeinflussen. Aus diesem Grunde wurden amorphe Eisenbasiswerkstoffe ausgewählt mit möglichst hohen Glastemperaturen (Tg) bzw.Kristallisationstemperaturen (Tc), d.h. derjenigen Temperaturschwelle, oberhalb der beim Erwärmen die amorphe Struktur verloren geht. Die Temperaturdifferenz zwischen Glastemperatur (Tg) und Schmelztemperatur (Tm) sollte möglichst gering sein.

Auskunft über ein gutes Glasbildungsvermögen gibt die benötigte kritische Abkühlungsgeschwindigkeit (Rc), die nach Möglichkeit geringer als 10^6 K/s liegen sollte. Eine Abkühlungsgeschwindigkeit von 10^6 K/s entspricht etwa einer weitgehend amorphen Banddicke von 50 µm. Eine unerwünschte Versprödung unterhalb der Verglasungstemperatur wird durch Angabe der Versprödungstemperatur in den Tabellen 1 bis 4 bezeichnet.

Alle Auftragsversuche wurden an Kolbenringen der Firma Goetze AG aus Sphäroguß mit folgender Werkstoffspezifikation durchgeführt [3]:

Abmessungen: 100 mm Ø x 3 mm

Werkstoff: KV 1

Chemische Zusammensetzung in Gew.%: C: 3,5 - 4,0
Si: 2,1 - 2,9

Rest: Fe und Verunreinigungen 2%

Gefügeausbildung:

Graphit:	kugelförmig
Grundgefüge:	Vergütungsgefüge, vereinzelte Karbide sind zulässig.

2.1 Fe(Si, B)C

System	Tm (K)	Tg bzw. Tc (K)	RC (K/s)	Verspröd. Temperatur (K)	Lit.
$Fe_{84}C_{16}$	1450	423	$>10^6$	-	[5, 6]
$Fe_{72}Si_8C_{20}$	-	$<$ 800	(60 µm)	-	[4]
$Fe_{79}Si_{10}B_{11}$	1419	818	-	-	[1]

Tabelle 1: Amorphes System Fe(Si,B)C

Das System FeC ist ein schlechter Glasbildner. Es benötigt zur amorphen Erstarrung sehr hohe kritische Abkühlungsgeschwindigkeiten und besitzt nur geringe thermische Stabilität. Eine Verbesserung ließe sich durch Substitution des Eisens durch Silizium und des Kohlenstoffs durch Bor erreichen [4]. Wie bei vielen metalloidhaltigen metallischen Gläsern ist mit einer Versprödung deutlich unterhalb der Glastemperatur zu rechnen.

Aufgrund der stärkeren Neigung zur Versprödung und teilweise geringer thermischer Stabilität ist das System Fe (Si,B)C nur bedingt für den Einsatz als Verschleißschutzschicht auf Kolbenringen geeignet. Der Grundwerkstoff (KV1) der verwendeten Kolbenringe (FeSiC) ist jedoch ein potentieller Glasbildner, so daß Versuche zum Laser-Umschmelzen in das Programm aufgenommen wurden.

2.2 Fe (Cr, Mo) C

System	Tm (K)	Tg bzw.Tc (K)	Rc (K/s)	Verspröd. Temperat. (K)	Lit.
$Fe_{42}Cr_{24}Mo_{16}C_{18}$	-	943	(40 μm)	(573)	[6]
$Fe_{42}Cr_{18}Mo_{16}W_{6}C_{18}$	-	988	(40 μm)	-	[6]

Tabelle 2: Amorphes System Fe(Cr,Mo)C

Das System Fe (Cr,Mo,W)C besitzt eine hohe thermische Stabilität. Günstiges Glasbildungsvermögen wird in der Umgebung des ternären bzw. quaternären eutektischen Punktes beobachtet [6]. Es werden hohe Vickers-Härten von ca. 1000 HV 0,5 und hohe Zugfestigkeiten von ca. 3700 N/mm² erreicht.
Die hohe thermische Stabilität des Systems Fe(Cr,Mo,W)C läßt diesen Werkstoff als aussichtsreich für die amorphe Beschichtung von Kolbenringen erscheinen, wobei allerdings eine relativ niedrige Versprödungstemperatur in Kauf genommen werden muß.

2.3 Fe W (X,C)

System	Tm (K)	Tg bzw.Tc (K)	Rc (K/s)	Verspröd. Temperatur (K)	Lit.
$Fe_{50}W_{50}$	-	1100	-	700	[9] Sputtern
$Fe_{42}W_{8}Cr_{32}C_{18}$	-	938	(40 μm)	-	[6]
$Fe_{54}W_{8}Mo_{20}C_{18}$	-	898	(40 μm)	-	[6]

Tabelle 3: Amorphes System FeW(X, C)

Das System FeW(X,C) ist nach [6] kein besonders günstiger Glasbildner. Amorphe Bänder wurden erst durch Zulegieren von Cr bzw. Mo erhalten.

Demgegenüber haben Wang et. al. [9] amorphe Deckschichten auf der Basis FeW durch Sputtern hergestellt mit sehr hoher thermischer Beständigkeit und hoher Versprödungstemperatur. Das System FeW ist daher ein aussichtsreicher Kandidat für amorphe Sputterversuche. Es ist jedoch trotz der hohen Temperaturbeständigkeit für Versuche zum Laserverglasen nicht geeignet.

2.4 NiNb

System	Tm (K)	Tg bzw.Tc (K)	Rc (K/s)	Versprödg. Temperatur (K)	Lit.
$Ni_{60}Nb_{40}$	-	945	$1,4\cdot 10^3$	773	[1, 7]
$Ni_{50}Nb_{50}$	-	926	10^6	-	[8]
$Ni_{40}Nb_{60}$	-	953	10^6	-	[8]

Tabelle 4: Amorphes System NiNb

Das System NiNb besitzt ein sehr gutes Glasbildungsvermögen über weite Legierungsbereiche. Die Temperaturbeständigkeit ist hoch; es liegen Berichte vor, wonach NiNb-Schichten ein ausgesprochen günstiges Verschleißverhalten aufweisen sollen [1]. Günstig ist auch die geringe Neigung zur Versprödung bei Temperaturen unterhalb 700 K. Diese Eigenschaften lassen NiNb als aussichtsreichen amorphen Beschichtungswerkstoff erscheinen, vorausgesetzt, daß die Bildung von unbeständigen Nickelsulfiden in der Motorenatmosphäre vermieden werden kann.

3. Auftrag amorpher Bänder durch Laser- und Ultraschall-Schweißen

Untersuchungen zum Auftrag von amorphen Bändern als Verschleißschutzbeschichtung auf Kolbenringoberflächen wurden am Metglas(R)-Band 2826a [10] der Firma Allied Chemical durchgeführt. Dabei sollten auf Länge und Breite vorgefertigte Bänder auf Kolbenringe aufgebracht werden.

Bei der Suche nach Auftragsverfahren für das amorphe Metallband war insbesondere die Wärmeempfindlichkeit zu berücksichtigen. d.h. es mußte ein Verfahren mit geringer Temperaturbelastung gefunden werden, um ein thermisch bedingtes Verspröden oder Kristallisieren auf einen kleinen Bereich zu reduzieren. Von den unter diesem Gesichtspunkt in Frage kommenden Verfahren wurde das Laserschweißen sowie das Ultraschallschweißen erprobt.

Zur Anwendung des Laser-Schweißens wurde das amorphe Metallband über die Kolbenring-Lauffläche gespannt und mit Hilfe eines feinen, fokussierten Laserstrahls mit dem Trägerwerkstoff verschweißt. Der Schweißvorgang mußte dabei so schnell geschehen, daß in der Schweißnaht Abkühlungsgeschwindigkeiten erreicht wurden, die wiederum eine amorphe Struktur entstehen ließen. Die Schweißversuche wurde mit hoher Geschwindigkeit unter folgenden typischen Bedingungen durchgeführt:

Leistung:	600 W
Strahldurchmesser:	0,2 mm
Vorschub:	800 mm/s

Es zeigte sich bei den Versuchen, daß aufgrund innerer Spannungen der Metglas-Bänder und daraus resultierender Verformungen ein gleichmäßiger Kontakt der Bänder zum Untergrund nicht gewährleistet war, so daß keine durchgehenden Schweißnähte erzeugt werden konnten.
Es erwies sich als äußerst schwierig, exakte Schmelzschweiß-

bedingungen einzustellen. Häufig wurde das dünne, 50 µm starke Metglas-Band geschnitten, ohne daß eine Schweißverbindung hergestellt werden konnte. Bedingt durch thermische Relaxation und Kristallisation war die Umgebung der Schweißnähte so spröde, daß die Bänder infolge von Eigenspannungen in der Wärmeeinflußzone rissen.

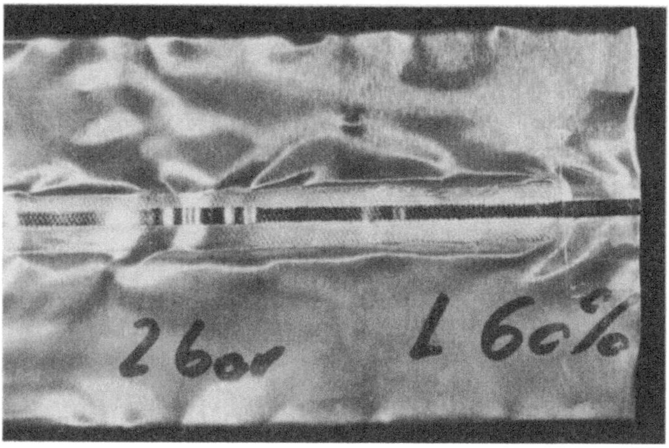

Bild 1: Ultraschall-geschweißtes Metglas-Band auf Aluminium

Als weiteres Verfahren wurde das Ultraschallschweißen erprobt, von dem bereits positive Versuchsergebnisse bekanntgeworden sind [11]. Beim Verfahren des Ultraschallschweißens werden Band und Trägerwerkstoff unter Druck mit Hilfe von Ultraschallschwingungen verschweißt. Die Wärmebelastung ist hierbei offenbar so gering, daß die amorphe Struktur erhalten bleibt [11].

Tastversuche hierzu wurden dankenswerterweise von der Firma KLN-Ultraschall GmbH, Heppenheim, durchgeführt unter folgenden typischen Bedingungen:

Sonotrodendruck:	0,2 MPa
US-Frequenz:	20 kHz
Leistung:	1260 W
Schweißgeschwindigkeit:	180 mm/s

Es stellte sich bei den Versuchen heraus, daß Metglas-Bänder mit ausreichender Haftfestigkeit nur auf duktilen Trägerwerkstoffen wie z. B. Aluminium oder Kupfer aufgetragen werden können. In Bild 1 ist eine Rollnahtschweißung eines Metglas-Bandes auf einer Aluminiumfolie wiedergegeben. Man erkennt, daß die Oberfläche des amorphen Bandes während der Bearbeitung durch die aufgerauhte Sonotrode stärker mechanisch deformiert wurde. Ultraschallschweißungen dieser Art sind für eine praktische Anwendung kaum brauchbar.

Allgemein ist festzustellen, daß sich die beiden untersuchten Verfahren des Laser- und Ultraschallschweißens grundsätzlich zum Auftrag von amorphen Bändern eignen. Sie müssen für eine praktische Anwendung allerdings noch entwickelt werden. Dies gilt auch für andere Verfahren wie z. B. dem Explosiv-Schweißen und Löten, die im Rahmen dieser Untersuchung nicht erprobt wurden. Einschränkend ist zu bemerken, daß sich amorphe Bänder aufgrund ihrer begrenzten Breite nur für solche Bauteile eignen, bei denen nur relativ schmale und unkompliziert geformte Zonen beschichtet werden müssen.

4. Laser-Kurzzeitschmelzen und -legieren

Zum Aufbringen von amorphen und mikrokristallinen Deckschichten bietet sich die Methode des Laser-Kurzzeitschmelzens und -legierens an, wobei ein geeigneter Zusatzwerkstoff gemeinsam mit dem Trägerwerkstoff aufgeschmolzen wird. Die besonderen Vorteile des Energieträgers "Laserstrahl" liegen in den in weiten Bereichen variierbaren Leistungen und Leistungsdichten bis zu typischerweise 10^7 W/cm^2 sowie in einer zeitlich und geometrisch eng begrenzten Wärmeeinbringung in die Oberfläche [12].

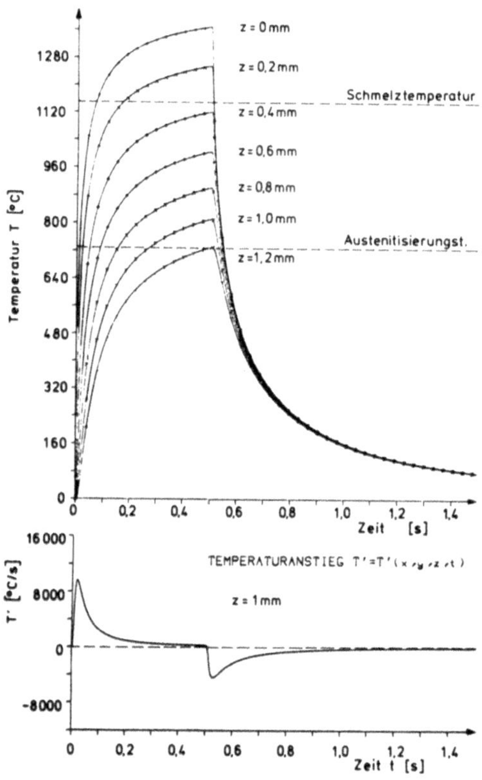

Laser-Bedingungen:

Laser-Leistung:	2,8 kW
Strahldurchmesser:	4,4 mmØ
Einwirkungszeit:	0,5 s

Bild 2: Aufheiz- und Abkühlungskurven T(t) und Temperaturänderungsraten T'(t) einer Gußeisenrandschicht

Diese Möglichkeiten bedeuten für die Praxis, daß Randschichten einer gezielten Wärmebehandlung unterzogen werden können, ohne daß tiefer im Werkstück liegende Bereiche einer zu starken Wärmebelastung ausgesetzt werden. Zudem können je nach Einstellung der Bestrahlungsbedingungen hohe Aufheiz- und Abkühlungsgeschwindigkeiten in der Oberfläche erzielt werden [13]. In Bild 2 wird dies anhand von theoretisch ermittelten Temperatur-Zeit-Verläufen verdeutlicht.

Zu erkennen ist, daß die Schmelztemperatur bis zu einer Tiefe von etwa 0,4 mm überschritten wird. Die Wärmebelastung in tieferen Zonen ist gering. Die Berechnung der Aufheiz- und Abkühlungsgeschwindigkeiten im unteren Teil des Bildes zeigt, daß bereits unter der gewählten "langfristigen" Laserstrahleinwirkung hohe Abkühlungsgeschwindigkeiten von weit über 1000 K/s durch Wärmeleitung erreicht werden. Dies hat metallurgisch zur Konsequenz, daß häufig feinkristallines (mikrokristallines) Gefüge entsteht mit teilweise hoher Ermüdungs- und Verschleißfestigkeit sowie erhöhter Korrosionsbeständigkeit. Zusätzlich können durch hohe Abkühlungsraten neuartige metastabile Phasen entstehen bis hin zur Bildung von amorphen Metallen.

Untersuchungen zur Herstellung amorpher Deckschichten auf metallischen Oberflächen wurden Mitte der siebziger Jahre durch die Amerikaner Breinan und Kear durchgeführt. Sie nannten die Methode das "Laserglazing" oder zu deutsch das "Laserverglasen" [14]. Hierbei wird auf der Oberfläche eines Werkstücks eine geeignet zusammengesetzte Legierung aufgetragen und durch einen Laser umgeschmolzen. Bei entsprechender Führung des Laserstrahls erfolgt die Abkühlung des schmelzflüssigen dünnen Films durch Wärmeleitung in den Grundwerkstoff mit genügend hoher Geschwindigkeit, um amorphe Oberflächenschichten entstehen zu lassen.

Im folgenden wird über grundlegende Versuche zum Laserverglasen sowie zur Herstellung mikrokristalliner Schichten auf Kolbenringen berichtet. Auf die hierzu eingesetzten Umschmelzoptiken wird kurz eingegangen.

4.1 Geometrische Führung des Laserstrahls zum Umschmelzen von Oberflächen

Die Versuche zum Kurzzeitlegieren bzw. -verglasen wurden an einer Anordnung durchgeführt, wie in Bild 3 schematisch dargestellt.

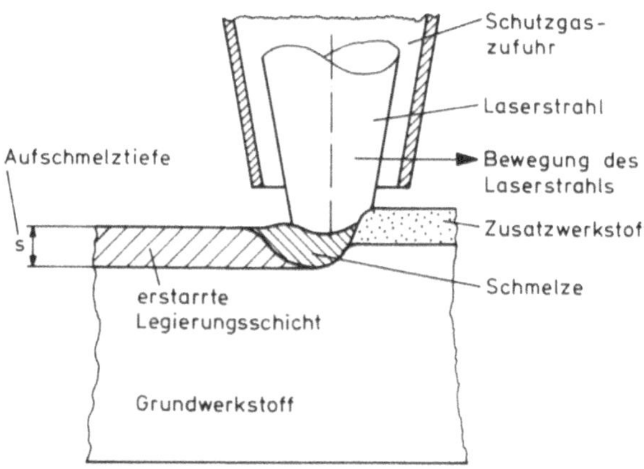

Bild 3: Prinzip des Laser-Umschmelzens mit fokussiertem Laserstrahl

Der Auftragswerkstoff wird in Form einer dünnen Schicht, z.B. in Pulverform, auf die Werkstückoberfläche aufgetragen, wobei das Umschmelzen von breiteren Flächen durch Überlappen der Schmelzspuren erfolgt. Bei genügend hoher Vorschubgeschwindigkeit lassen sich mit Hilfe dieser Anordnung hohe Abkühlungsgeschwindigkeiten von typischerweise 10^5 bis 10^6 K/s erreichen, wobei allerdings hohe thermische Spannungen aufgrund der hohen Temperaturgradienten in Kauf genommen werden müssen. Diese Spannungen können zur Rißbildung führen. Insbesondere die Überlappungszonen der Laserschmelzspuren stellen kritische Bereiche dar.

Überlappungszonen beim Laserumschmelzen von Kolbenringen lassen sich durch hochfrequentes Ablenken des fokussierten Laserstrahls vermeiden. Bild 4 zeigt einen Drehspiegel vor der Kolbenringhalterung, mit dem der fokussierte Laserstrahl in der gewünschten Breite mit hoher Frequenz abgelenkt werden kann. Mit einer solchen Anordnung lassen sich flache Schmelzzonen mit hoher Oberflächengüte erzielen. Das gilt allerdings nur für den Einsatz eines mit höherer Frequenz (größer als 1 kHz) abgelenkten Laserstrahls.

Bild 4: Kolbenringumschmelz-Halterung mit Drehspiegelanordnung

4.2 Herstellung amorpher Deckschichten durch Laser-Verglasen

Die bisher bekanntgewordenen Arbeiten zum Laser-Verglasen beziehen sich auf relativ einfach zu verglasende Modellsysteme, z.B. PdCuSi [14]. Aufgabe der vorliegenden Untersuchung war es, auch technisch interessante Legierungen mit höheren kritischen Abkühlungsgeschwindigkeiten von typischerweise 10^6 K/s als Glasschicht aufzubringen.

Die ersten Untersuchungen wurden an Proben einheitlicher Zusammensetzung durchgeführt, wobei insbesondere Fragen der Rißbildung aufgrund der hohen Temperaturgradienten und Fragen der Veränderung von Schichteigenschaften durch temperaturabhängige Effekte (Relaxation, Kristallisation) während des Verglasungsprozesses im Vordergrund standen. In diesem Zusammenhang stellt sich auch das Problem einer einheitlichen Verglasung bei Überlappung der Umschmelzspuren. Dieser Sachverhalt ist in Bild 5 dargestellt. Ungünstige Temperaturverhältnisse sind insbesondere in den gestrichelt eingezeichneten Wärmeeinflußzonen zu erwarten, in denen zwar die Kristallisationstemperatur überstiegen, nicht aber die Schmelztemperatur erreicht wird.

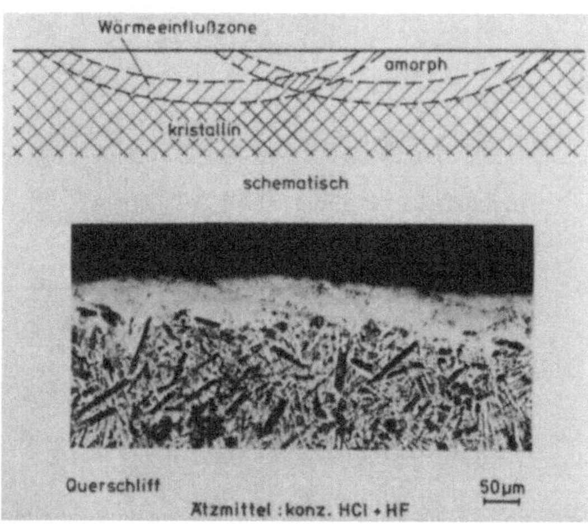

Bild 5: Überlappende Laserverglasung auf $Ni_{60}Nb_{40}$

Als Werkstoff für diese ersten Untersuchungen wurde das System NiNb gewählt, das ein besonders günstiges Verschleißverhalten aufweisen soll [1]. Einige Daten zum System NiNb sind in Kap. 2.4 angegeben. Es wurden Proben der Zusammensetzung $Ni_{60}Nb_{40}$ im Vakuumofen erschmolzen und in einer Versuchsanordnung nach Bild 6 verglast. Hierzu wurden die Proben auf einer rotierenden Kupferscheibe befestigt und mit hoher Geschwindigkeit unter dem fokussierten Laserstrahl vorbeigeführt. Durch Überlappen der Umschmelzspuren - diese sind in Bild 6 noch getrennt zu erkennen - wurden einheitlich verglaste Oberflächen hergestellt. Die typischen Versuchsbedingungen waren:

Laserleistung:	3 kW
Strahlradius:	0,2 mm
Vorschub:	750 mm/s
seitlicher Versatz:	1/2 Spurbreite

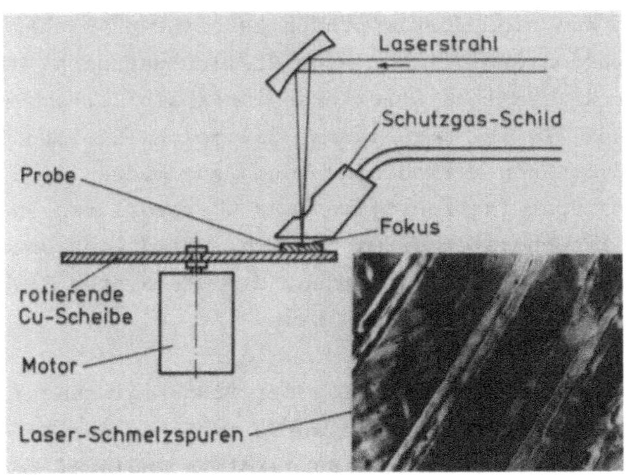

Bild 6: Prinzip des Laserverglasens

Die unter diesen Bedingungen hergestellten Verglasungsschichten wurden durch Wegschleifen des Grundwerkstoffs präpariert und elektronenmikroskopisch untersucht. Ein Ergebnis ist in Bild 7 wiedergegeben.

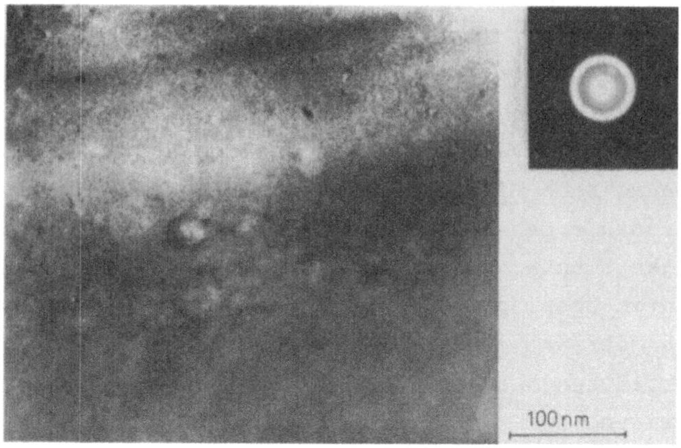

Bild 7: Laser-Verglasung in $Ni_{60}Nb_{40}$ (TEM-Aufnahme)

Das Bild zeigt eine amorphe Struktur zusammen mit einigen kleinen Kristalliten innerhalb der amorphen Matrix. Der amorphe Gesamtcharakter der NiNb-Schichten geht durch die Wärmebelastung von sich überlappenden Laserspuren nicht verloren. Es wurden lediglich einige Stellen gefunden, die teilweise mikrokristalline Strukturen innerhalb der amorphen Matrix aufwiesen. Es ist anzunehmen, daß solche Stellen den bereits angesprochenen Wärmeeinflußzonen zuzuordnen sind, in denen die Kristallisationstemperatur überschritten, nicht aber die Schmelztemperatur erreicht wird. Mit diesen Untersuchungen konnte nachgewiesen werden, daß das System NiNb durch Überlappung verglast werden kann.

Weitere Arbeiten wurden zum Auftrag der NiNb-Legierung auf Kolbenringen durchgeführt. Hierzu wurde zunächst der Werkstoff in Form von Pulver auf die KV 1-Kolbenringlaufflächen aufgetragen und mit fokussiertem Laserstrahl umgeschmolzen.

In Bild 8 ist eine rasterelektronenmikroskopische Aufnahme eines Querschliffs mit einer qualitativen Elementverteilungsanalyse (ESMA) dargestellt. Diese zeigt z. B. für Eisen am Übergang zur Umschmelzschicht einen Sprung, d.h. nur ein relativ geringer Anteil des Untergrundwerkstoffs wurde in die NiNb-Auftragsschicht eingeschmolzen.

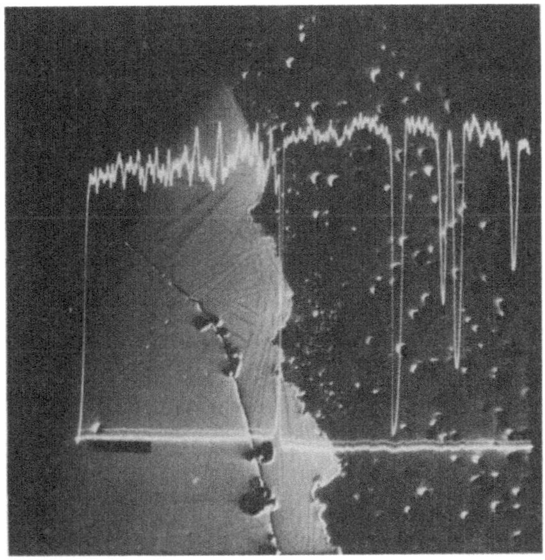

Bild 8: Elementverteilungsanalyse (ESMA) einer NiNb-Laserbeschichtung auf Gußeisen

Mit Hilfe elektronenmikroskopischer Untersuchungen konnte nachgewiesen werden, daß bei derartigen aufgeschmolzenen Verglasungs-Schichten nur in kleinen Bereichen amorphe Strukturen feststellbar waren. Der Grund hierzu dürfte darin zu suchen sein, daß aufgrund einer ungenauen Pulverzufuhr ein präzises Umschmelzen mit den benötigten hohen Abkühlungsraten nicht gewährleistet war. Es ist auch nicht auszuschließen, daß trotz geringer Anteile von zulegiertem Untergrundwerkstoff das Glasbildungsvermögen des Systems NiNb unzulässig stark verschlechtert wurde. Zur Klärung dieser Frage sind weitere Arbeiten erforderlich.

4.3 Mikrokristalline Schichten durch Laser-Kurzzeitschmelzen und -Legieren

Untersuchungen zum Legieren von Randschichten mit mikrokristallinen Gefügen wurden an folgenden Systemen durchgeführt:

FeSiC	(unbeschichteter Kolbenring)
"	MoNiCrBSi
"	MoCrC
"	Mo
"	FeMo

Diese Systeme wurden ausgewählt, da sie teilweise ein gutes Verschleißverhalten besitzen (z. B. thermisch gespritzte Schichten auf der Basis Molybdän), andererseits teilweise auch günstige Glasbildungseigenschaften vorliegen.

Im Rahmen der nachfolgenden Untersuchungen sollte geklärt werden, inwieweit sich durch Laserlegieren der genannten Werkstoffe ein feinkristallines Gefüge auf der Lauffläche von Kolbenringen herstellen läßt. Zu diesem Zweck wurden unbeschichtete Kolbenringe (KV1) sowie mit ca. 0,3 mm dicken thermischen Spritzschichten beschichtete Kolbenringoberflächen mit Hilfe eines 5 kW CO_2-Hochleistungslasers umgeschmolzen und legiert. Dabei wurde der Laserstrahl zur Erzielung einer homogenen Oberflächenstruktur und einer einheitlich breiten Umschmelzzone kontinuierlich abgelenkt. Die Anordnung zum Umschmelzen und Legieren ist in Bild 1, Kap. 4.1, wiedergegeben. Zum Schutz gegen eine verstärkte Sauerstoffaufnahme der Schmelze wurde in einer Inertgaskammer gearbeitet. Leistung und Vorschubgeschwindigkeit wurden verändert, um günstige Schmelzbedingungen zu ermitteln, Tabelle 5.

	FeSiC	MoNiCrBSi	MoCrC	Mo	FeMo
Leistung (kW)	3	2	3	4	3
Vorschubgeschwindigk.(mm/s)	10	10	10	10	10

Tabelle 5: Parameter zum Laser-Schmelzlegieren

Konstante Randbedingungen:	Fokusdurchmesser:	1 mm
	Ablenkfrequenz:	1 kHz
	Ablenkamplitude:	3 mm

Nach der Laserbehandlung wurden die Oberflächen der umgeschmolzenen Kolbenringe einer Sichtprüfung unterzogen. Hierbei wurden erkennbare Defekte (Risse, Poren) festgestellt. Die Geometrie der Schmelzspur wurde qualitativ beurteilt. Angestrebt wurde eine möglichst flache und ebene Schmelzspur, um eine notwendige Nachbearbeitung möglichst gering zu halten. Mit Hilfe metallografischer Schliffe wurde das Gefüge beurteilt, auf eingeschlossene Fehler untersucht und die Härte gemessen. Im einzelnen ergaben sich folgende Versuchsergebnisse:

FeSiC: Die Sichtprüfung an den unbeschichtet umgeschmolzenen Kolbenringen (FeSiC) ergab weitgehend gleichmäßige, flache Umschmelzzonen, die für die Weiterverarbeitung bei Kolbenringen erwünscht sind. Mikroskopische Untersuchungen an Querschliffen ließen fein-dendritische Ledeburitgefüge erkennen, wie in Bild 9 dargestellt.

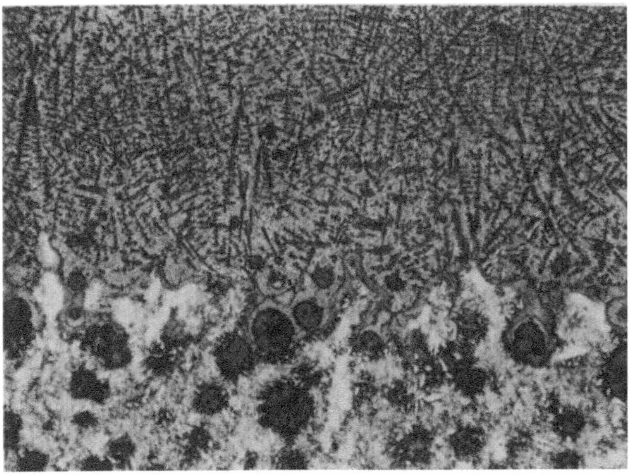

200 : 1
Ätzung:
Natriumpikrat

Bild 9: Laser-umgeschmolzene FeSiC-Randschicht

Risse, Poren oder andere Fehler in der Umschmelzschicht konnten nicht identifiziert werden. Die Härte betrug 1.000 bis 1.100 HV 0,3. Mit den in Tabelle 5 angegebenen Strahldaten wurden Umschmelztiefen von etwa 300 µm erreicht. Weitere Untersuchungen der Firma Goetze AG deuten allerdings darauf hin, daß sich Gefüge dieser Art für den Einsatz auf Kolbenringen im Motorenraum nicht eignen.

MoNiCrBSi: Die legierten Kolbenringoberflächen zeigten ein glattes, blankes Aussehen. Allerdings war die Schmelzspur stärker gewölbt, was eine erhöhte Nachbearbeitung erfordert. Anhand von mikroskopischen Untersuchungen an Querschliffen ließen sich Mikrorisse, insbesondere in der Überlappungszone zwischen umgeschmolzener Randschicht und Grundwerkstoff, nachweisen, Bild 10, so daß der Einsatz dieser Legierungsschichten als Verschleißschutz auszuschließen war. Zudem war die Legierungszone von feinen Poren durchsetzt, die auch nach nochmaligem Umschmelzen nicht beseitigt werden konnten. Es wurden Härten von 900 bis 1.100 HV 0,1 erreicht. Die Tiefe der Legierungszone betrug unter den in Tabelle 5 angegebenen Bedingungen ca. 400 µm.

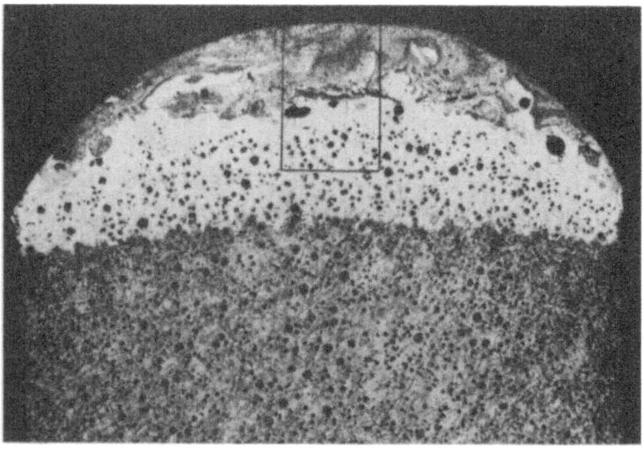

35 : 1
Ätzung:
Murakami

Bild 10: Laser-umgeschmolzene NiCrBSi-Schicht

MoCrC: Versuche zum Laser-Schmelzlegieren von MoCrC-Spritzschichten auf Kolbenringoberflächen führten zu sehr unebenen Oberflächen. Stellenweise waren Risse bereits äußerlich erkennbar. Aufgrund geringer Haftung und hoher, thermisch induzierter Spannungen platzte die spröde Legierungsschicht beim Herausnehmen aus der Halterung stellenweise ab. Die mikroskopischen Untersuchungen ergaben im Querschliff Risse und Poren, wie in Bild 11 dargestellt. Die Rißbildung ließ sich auch nach nochmaligem Umschmelzen nicht verhindern. Es wurden relativ hohe Härten von 1.000 bis 1.200 HV 0,3 erreicht.

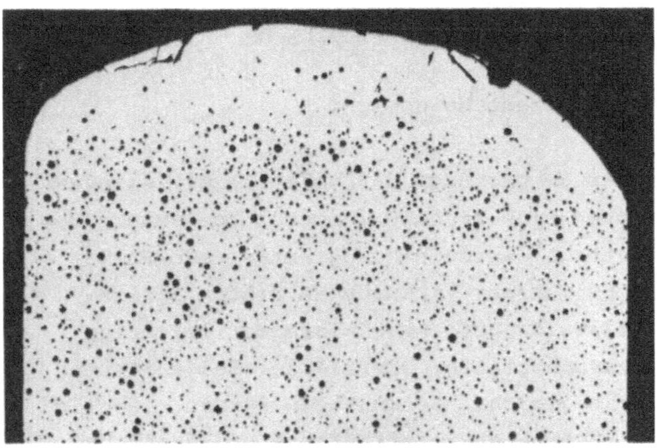

35 : 1
ungeätzt

Bild 11: Laser-umgeschmolzene MoCrC-Schicht

Mo: Kolbenringoberflächen mit Mo-Spritzschichten waren nach der Laserbehandlung stark zerklüftet und mit Poren durchsetzt. Diese ließen sich auch in der Legierungsmatrix nachweisen, Bild 12. Es wird vermutet, daß die hohe Temperaturbelastung von mehr als 3.000 K zu einem teilweise Verdampfen von Legierungsanteilen aus dem Untergrundwerkstoff (z.B. Silizium) führt. Die Härte der fein-dendritischen Gefüge betrug 950 bis 1.150 HV 0,3.

200 : 1
Ätzung:
Natriumpikrat

Bild 12: Laser-umgeschmolzene Mo-Schicht

FeMo: Ausgehend von der Überlegung, daß beim Schmelzlegieren von reinen Mo-Schichten eine zu hohe Temperaturbelastung des Trägerwerkstoffes auftrat, wurde ein legiertes FeMo-Pulver gespritzt (20 Gew.% Fe). Laser-Versuche an diesen Spritzschichten ergaben teilweise gute Ergebnisse mit leicht gewölbten Schmelzspuren und glatter Oberfläche. Bei weiteren Versuchen unter nahezu gleichen Bedingungen wurden - ähnlich wie bei den Molybdän-Schichten - zerklüftete und damit unbrauchbare Legierungsschichten erzeugt. Dies zeigt, daß die genaue Einstellung der Parameter für dieses Legierungssystem von großer Bedeutung ist. Untersuchungen an Querschliffen von fehlerfreien Schmelzspuren, Bild 13, ergaben relativ homogene Gefüge mit Härten zwischen 700 und 950 HV 0,1.

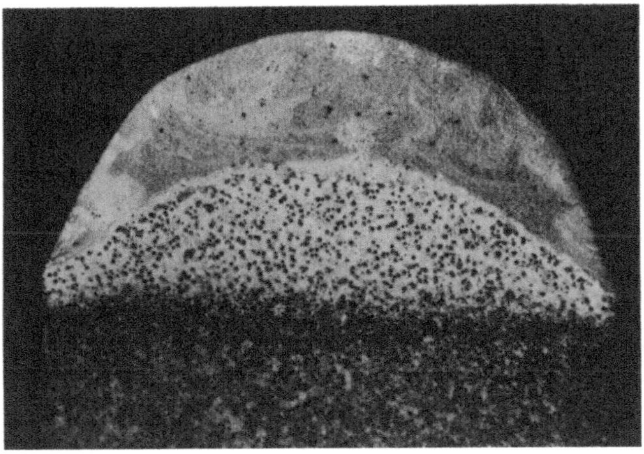

35 : 1
Ätzung:
Murakami

Bild 13: Laser-umgeschmolzene Fe-Mo-Schicht

Allgemein ist festzustellen, daß sich diejenigen Legierungsschichten als relativ besser erwiesen, die mit geringen Vorschubgeschwindigkeiten erzeugt wurden, siehe auch Tabelle 5. Die Gefüge waren im allgemeinen homogener ausgebildet und es traten nur vereinzelt feine Poren in der Schmelzzone auf. Der Porenanteil ließ sich durch nochmaliges Umschmelzen der Legierungszone weiter verringern.

Dies gilt nicht für die Vermeidung von Rissen. Diese traten bevorzugt beim Beschichten mit MoCrC und MoNiCrBSi auf. MoCrC zeigte aufgrund einer geringen Duktilität des Legierungsgefüges eine stark von Rissen durchsetzte Randschicht. Beim System MoNiCrBSi traten insbesondere in der Überganszone kleine Risse auf, die eine Anwendung der Legierungsbeschichtung in Frage stellen.

5. Schlußbetrachtung

Das Ziel der Arbeiten bestand darin, amorphe und feinkristalline Verschleißschutzschichten auf Grauguß aufzubringen. Hierfür wurde ein Hochleistungslaser von 5 kW Ausgangsleistung eingesetzt, womit vorgefertigte Metglas-Bänder aufgeschweißt und thermisch gespritzte Schichten einlegiert werden sollten. Die Aufgabe gliederte sich in zwei Problemkreise: Einen technologischen Fragenkomplex (Fragen der gezielten Leistungszuführung und des Werkstückhandligs) sowie einem metallurgischen (Erzeugen hoher Erstarrungsgeschwindigkeiten und Einsatz geeigneter Legierungssysteme). Während die verfahrenstechnischen Probleme weitgehend als gelöst zu betrachten sind, gilt dies nicht im gleichen Umfang für den metallurgischen Teil.

Das Aufschweißen von amorphen Bändern gelingt nicht - selbst bei amorpher Erstarrung der schmalen Schmelzzonen -, da die Bänder in sehr kleinen Bereichen verspröden und zur Rißbildung neigen.

Das Prinzip des Laserverglasens wurde zur Herstellung technisch verwertbarer amorpher Legierungssysteme mit relativ hohen Abkühlungsraten erprobt. Das Verfahren kann aufgrund des derzeitigen Entwicklungsstandes noch nicht als technisch einsetzbar bezeichnet werden. Es fehlen noch weiterführende Untersuchungen, z.B. zur Frage der Änderung der amorphen Legierungszusammensetzung durch Zulegieren von Trägerwerkstoff. Auch ist die kritische Frage von Riß- und Porenbildung unter den Bedingungen sehr hoher Abkühlungsgeschwindigkeiten noch ungeklärt.

Versuche zum Laser-Kurzzeitschmelzen und -legieren ergaben an verschiedenen Legierungssystemen die erwarteten feinkristallinen Gefüge. Einwandfreie Ergebnisse wurden beim Umschmelzen des unbeschichten Kolbenringes und teilweise beim Legieren von Spritzschichten auf der Basis FeMo erzielt. Das Legieren von Spritzschichten aus MoNiCrBSi, MoCrC und Mo führte nicht zum Erfolg, da Poren und Risse das Ergebnis stark beeinflußten. Weitere gezielte Versuche hinsichtlich reproduzierbarer Ergebnisse beim Einlegieren von FeMo mit dem Ziel, feinkristalline Randschichten zum Verschleißschutz von Kolbenringlaufflächen herzustellen, stehen noch aus.

6. Schrifttum

1. Davies H.A.
   Rapidly Quenching and Formation of Metallic Glasses
   Rapidly Quenched Metals III, Bd.1, S. 1-21, Mets.Soc.,London,1978,Nr.198

2. Turnbull D.
   Metastable Structures in Metallurgy
   Metall. Trans. A, 12A (1981) 695

3. Kolbenring - Handbuch
   Goetze AG, Burscheid, 1977

4. Hornbogen E., Schmidt I.
   Metastable Crystalline Phases and Glasses in Ternary Fe-C-X Alloys
   Rapidly Quenched Metals III, Bd.1, S.261, Mets.Soc., London,1978,Nr.198

5. Shingu P.H. et al.
   An Amorphous Phase in a Splat-Cooled Fe-3.8 wt% C-Alloy
   Scripta Met. 8 (1974) 1317-1320

6. Inoue A. et al.
   Mechanical Properties and Thermal Stability of New Type Amorphous High-Carbon Alloy Steels
   Rapidly Quenched Metals III, Bd.1, S.265, Mets.Soc.,London,1978,Nr.198

7. Pratten N.A., Scott M.G.
   Stability of some Metalloid-Free Metallic Glasses
   Scripta Met. 12 (1978) 137-142

8. U.S. Patent Nov. 22, 1977 - 4,059,441

9. Wang R. et al.
   A Refractory Glassy Alloy of WFe
   Rapidly Quenched Metals III, Bd.1, S.422, Mets.Soc.,London,1978,Nr.198

10. Datenblatt "Metglas(R) 2826a"
Allied Chemical, Parsippany, N.J. 07054

11. Hammerschmidt M., Kreye H., Meinck B.
Schweißverhalten metallischer Gläser
Metall 34 (1980) 23-27

12. Becker R., Sepold G.
Oberflächenveredeln durch Laserstrahlen
Tagungsbd., "Lasertechnik", BIAS/vdi-Bremen, Bremen, 1981

13. Jüptner W., Kreis Th.
Mathematisches Modell zur Beschreibung der Wechselwirkung zwischen Strahlen hoher Intensität und technischen Werkstoffen
Stiftg. Volkswagenwerk, Forschungsbericht, 1980

14. Kear B.H., Breinan E.M., Greenwald L.E.
Laser Glazing
Metals Techn. Apr. (1979) 121-129

15. Sepold G., Rothe R.
Oberflächenveredlung von Stahl durch Schmelzlegieren mit Hilfe von Laserstrahlen
AIF Forschungsbericht Nr. 4583, 1982

Entwicklung eines Prüfverfahrens zur prozeßbezogenen Beurteilung von Kühlschmierstoffen für die Schleifbearbeitung

von
Prof. Dr.-Ing. Dr.h.c. W. König
Dipl.-Ing. R. Vits

Lehrstuhl für Technologie der Fertigungsverfahren im Laboratorium für Werkzeugmaschinen und Betriebslehre der RWTH Aachen

Förderkennzeichen: 01 ZT 258
01 ZT 021 A

Laufzeit: 1. 7. 1979 - 30. 6. 1981
1. 7. 1981 - 31.12. 1981

I n h a l t

1. Ausgangssituation und Zielsetzung

Der Anwender von Kühlschmierstoffen sieht sich heute einer kaum noch überschaubaren Anzahl unterschiedlicher Angebote gegenüber, wobei die Wahl der einzusetzenden Flüssigkeit nach verschiedenen Gesichtspunkten getroffen werden muß. Neben den primären Anforderungen an einen Kühlschmierstoff, nämlich den Schleifprozeß günstig zu beeinflussen, sind eine Reihe sekundärer Kriterien zu berücksichtigen. Hierzu gehören z.B. Hautverträglichkeit, Korrosionsschutzverhalten, Stabilität, Entsorgungsfreundlichkeit, u.a.

Da die Zusammensetzung handelsüblicher Kühlschmierstoffe, anhand derer eine Abschätzung der Eignung möglich wäre, meist nur dem Hersteller bekannt ist, müssen dem Anwender für eine systematische Kühlschmierstoffauswahl entsprechende Prüfverfahren zur Verfügung stehen. Während viele der sekundären Eigenschaften mit Hilfe standardisierter Laborprüfmethoden im voraus erfaßt werden können [1] existierte bisher für die Beurteilung der technologischen Leistungsfähigkeit kein vergleichbares Verfahren. Eine zuverlässige Beurteilung konnte nur im praktischen Einsatz ermittelt werden.
Besonders für Großanwender, für die ein gezielter Kühlschmierstoffeinsatz erhebliche wirtschaftliche Vorteile erbringen kann, ergibt sich daraus eine unbefriedigende Situation. Bei den großen Kühlschmierstoffmengen der dort immer häufiger eingesetzten zentralen Versorgungsanlagen ist eine systematische Kühlschmierstoffvariation bzw. -wahl aus Kostengründen nicht durchführbar; möglicherweise vorhandene Leistungsreserven können deshalb ungenutzt bleiben.

Das Ziel dieses Forschungsvorhabens bestand deshalb darin, den Kühlschmierstoffeinfluß auf den Prozeßverlauf und das Arbeitsergebnis beim Schleifen zu ermitteln sowie ein Kurzprüfverfahren zu entwickeln, das eine gesicherte Aussage über die technologische Leistungsfähigkeit von Kühlschmierstoffen zuläßt.

2. Kühlschmierstoffkurzprüfverfahren

2.1 Anforderungen an das zu entwickelnde Prüfverfahren

Bei der Konzeption des Prüfverfahrens wurde davon ausgegangen, daß die Aussagefähigkeit einer Prüfmethode umso größer ist, je genauer die tribologischen Verhältnisse des nachzubildenden Systems auf das Simulationsverfahren übertragen werden [2,3] . Allerdings steigt damit i.a. auch der erforderliche Aufwand.

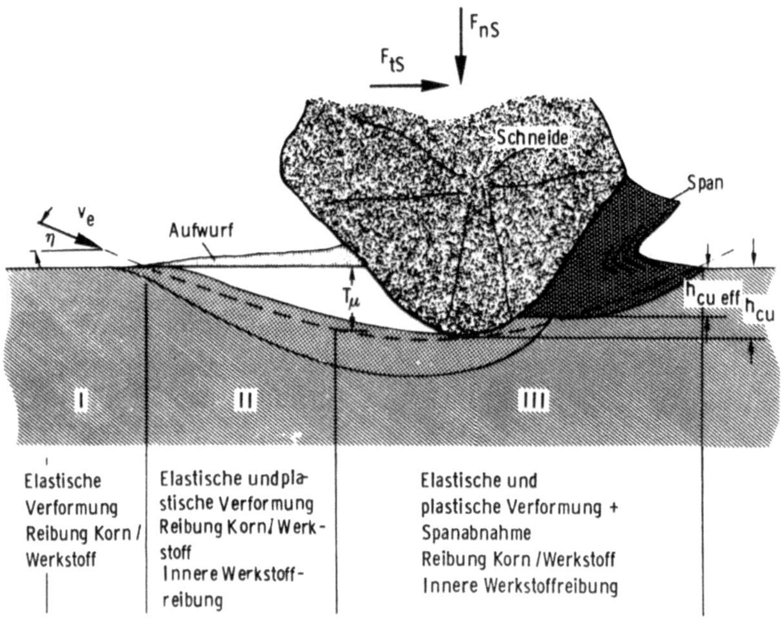

Bild 1: Schematische Darstellung des Schneideneingriffs

F_{nS} : Schneidennormalkraft
F_{tS} : Schneidentangentialkraft
v_e : Wirkgeschwindigkeit
η : Wirkrichtungswinkel
T_{μ} : Schnitteinsatztiefe
h_{cu} : Spanungsdicke
$h_{cu\ eff}$: Effektive Spanungsdicke

Einer systematischen Entwicklung eines Prüfverfahrens sollte daher eine Analyse des nachzubildenden Systems, also des Schleifprozesses, vorangehen. Während des Schleifvorganges, der durch eine Zerspanung mit einer Vielzahl von Kornschneiden gekennzeichnet ist, dringen einzelne Schneiden auf äußerst flachen Bahnen in das Werkstück ein (Bild 1). Da wegen der Schneidenrundung [4,5,6] , deren Größe im Bereich der Spanungsdicke liegt, der Winkel zwischen der Schneidenkontur und der Werkstückoberfläche zunächst sehr klein ist (Spanwinkel -75° bis -80°), bildet sich anfänglich kein Span. Nach einer Phase elastischer Verformung (Bereich I) wird der Werkstoff zur Seite verdrängt, bildet Aufwürfe und fließt unter der Schneide hindurch zu deren Freifläche (Bereich II). Erst bei Erreichen der sogenannten Schnitteinsatztiefe T_μ beginnt die eigentliche Spanbildung (Bereich III) [5,7] . Da im weiteren Verlauf Spanbildung und Verdrängung gleichzeitig auftreten, ist für die Effizienz des Materialabtrags entscheidend, wieviel von der unverformten Spanungsdicke h_{cu} tatsächlich als Span abgetragen wird, d.h. wie groß $h_{cu\ eff}$ ist.

Dabei sind T_μ und $h_{cu\ eff}$ von der Geometrie der Schneide, von dem Wirkrichtungswinkel η , unter dem sie in das Werkstück eindringt und der Schnittgeschwindigkeit, mit der sie sich bewegt, abhängig. Darüber hinaus werden T_μ und $h_{cu\ eff}$ von den Reibverhältnissen an der Schneide und den Fließeigenschaften des Werkstoffs beeinflußt. Tendenziell läßt sich sagen, daß stumpfe Schneiden und kleine Wirkrichtungswinkel η die Materialverdrängung begünstigen und zu größeren Schnitteinsatztiefen und damit auch kleineren effektiven Spanungstiefen führen. Eine ähnliche Auswirkung hat die Erhöhung der Werkstoffduktilität. Die Reibung zwischen Schneide und Werkstück wirkt dagegen umgekehrt. Ihre Erhöhung erzeugt einen intensiveren Spannungszustand unterhalb der eingreifenden Schneide und begünstigt die Spanbildung. Ähnliches gilt auch für die Schnittgeschwindigkeit. Ihre Vergrößerung erzeugt ebenfalls kleinere Schnitteinsatztiefen [8] .

Hieraus ist bereits ersichtlich, weshalb vorhandene Schmierstoffprüfgeräte, wie z.B. die in Bild 2 gezeigten Apparaturen, für die Kühlschmierstoffbeurteilung ausscheiden. Zwischen den hiermit ermittelten Kennwerten und den beim Schleifen relevan-

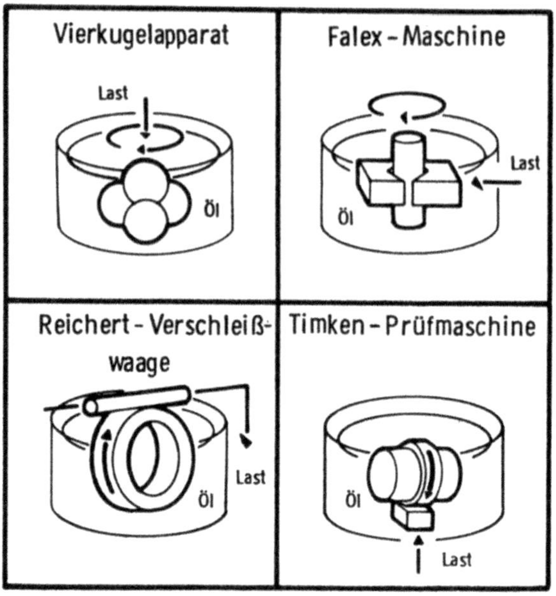

Bild 2: Labor-Prüfmethoden für Schmierstoffe

ten Kühlschmierstoffbeurteilungskriterien kann kein eindeutiger Zusammenhang hergestellt werden. Dies hat seinen Grund zum einen darin, daß sich die Reibpartner, die Gleitgeschwindigkeiten, die Art und die Höhe der mechanischen und thermischen Belastungen erheblich von denen des Schleifprozesses unterscheiden [2,3,9] . Zum anderen reagieren diese Prüfmethoden bevorzugt auf bestimmte Schmierstoffeigenschaften, wie z.B. das EP-(EP = Extreme Pressure), das Anti-Verschleiß- oder das Anti-Verschweißverhalten [9,10] , wodurch die Leistungsfähigkeit von Kühlschmierstoffen im Prozeß nur unzureichend charakterisiert werden könnte.

2.2 Konstruktive Ausführung des Kurzprüfgerätes

Um eine weitgehende Übertragung der zahlreichen, den Schleifprozeß beeinflussenden Größen auf den Modellversuch zu gewährleisten, wurde der in Bild 3 dargestellte Prüfstand für

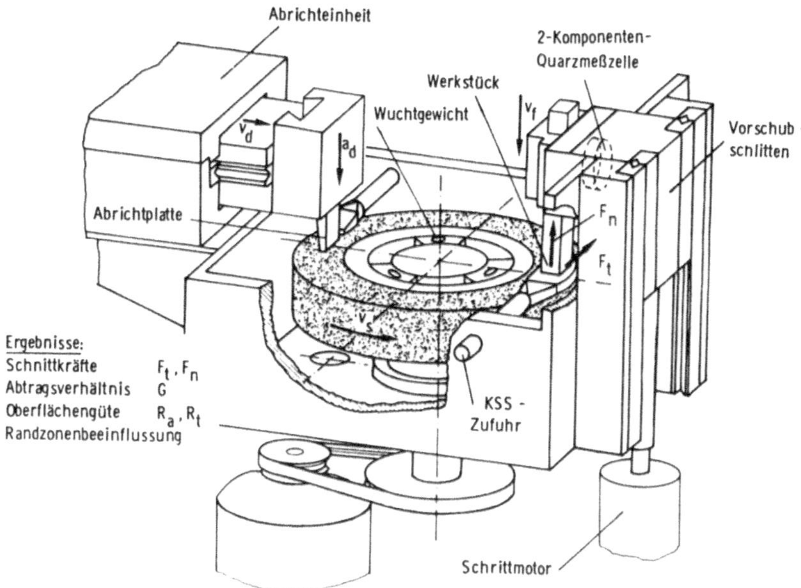

Bild 3: Prüfstand für die Kühlschmierstoff-Kurzprüfung

die Kühlschmierstoffkurzprüfung entwickelt.

Die spielfrei gelagerte Schleifspindel wird durch einen Drehstrommotor (P_N = 4,5 kW) angetrieben, wobei die Spindeldrehzahl durch Wechseln der Riemenscheiben verändert werden kann. Die Schleifscheibe wird im Gerät durch Verschieben von Gewichten ausgewuchtet. Zur Messung der Unwucht dient ein in der Nähe der Spindellagerung angebrachter Schwingungsaufnehmer.

Die Anordnung von Werkstück und Schleifscheibe wurde so gewählt, daß im Seiten-Querschleifprozeß gearbeitet werden kann. Hierbei entspricht die Kontaktlänge, die die Spanbildungsvorgänge und somit die Schnittkräfte und die Schleiftemperaturen beeinflußt [8,11] , der Werkstückabmessung in Richtung der Tangentialkraft. Durch entsprechende Wahl der Probenabmessungen kann der Kontaktbereich somit unabhängig vom Zeitspanungsvolumen bzw. von der Vorschubgeschwindigkeit verändert und weitgehend den Kontaktverhältnissen unterschiedlicher Schleifverfahren angepaßt werden. Ein weiterer Vorteil dieser Anordnung besteht in ihrer Einfachheit. Während bei anderen Schleifverfahren mindestens zwei verfahr- oder drehbare Achsen vorhanden sein müssen, ist beim Querschleifen nur eine bewegte Achse (Werkstückvorschub) erforderlich.

Die Zustellung der Probenwerkstücke erfolgt durch einen Schrittmotor unter Verwendung einer spielfreien Kugelumlaufspindel (Bild 3, rechts). Zur Erzielung konstanter Vorschubwege und definierter Verhältnisse beim Abheben des Werkstücks am Ende des Schleifvorganges wurde folgender Zyklus realisiert. Durch Betätigung eines Startschalters bewegt sich der Schlitten mit der vorher gewählten Geschwindigkeit nach unten, bis er den unteren Endschalter betätigt. Dadurch wird die Drehrichtung des Schrittmotors umgekehrt und gleichzeitig seine Drehzahl erhöht; der Support läuft im Eilgang in die obere Ausgangslage zurück. Über einen NOT-RÜCK-Schalter kann die Zustellbewegung u.U. auch unterbrochen und ein sofortiger Rückhub eingeleitet werden. Die Schnittkräfte F_n und F_t werden mit Hilfe eines in den Vorschubschlitten integrierten 2-Komponenten-Piezo-Quarzes gemessen.

Wegen des relativ kleinen Schleifdurchmessers (200 mm) wird ein meßbarer Verschleiß bereits nach einer kurzen Schleifzeit und geringem zerspanten Werkstoffvolumen erzielt. Zur Bestimmung des Schleifscheibenverschleißes wird die Abbildmethode [12,13] herangezogen. Um nach jedem Versuch die entstandene Verschleißspur zu beseitigen und eine definierte Schleifscheibentopographie wiederherzustellen, ist der Prüfstand mit einer Abrichtvorrichtung ausgerüstet (Bild 3, links). Die Abrichtbedingungen (Zustellung a_d: manuell, Abrichtvorschubgeschwindigkeit v_d: über Schrittmotor) können den jeweiligen Scheibenspezifikationen und Wirkbreiten der Abrichtwerkzeuge angepaßt werden (s. Kap. 4.3).

Die Kühlschmierstoffzuführung zur Zerspanungsstelle erfolgt über eine Schuhdüse, die eine gute Schleifscheibenbenetzung und eine allseitige Umspülung des Werkstückes sicherstellt. Darüber hinaus hat sich eine zusätzliche Schleifscheibenhochdruckausspülung mit einem Druck von 8 bis 16 bar zur Verminderung der Scheibenzusetzung als günstig erwiesen. Zur Kühlschmierstoffiltrierung wird ein Unterdruckbandfilter verwendet, da diese Bauart sowohl für Emulsionen als auch für Öle geeignet ist.

Die Vorteile bezüglich Zeit- und Kostenaufwand der Kühlschmierstoffkurzprüfung resultieren also im wesentlichen aus dem relativ einfachen Prüfaufbau und den geringen Abmessungen der Schleifscheibe. Dadurch lassen sich die Testzeiten gegenüber üblichen Maschinenversuchen um ca. 50 % reduzieren. Die benötigte Kühlschmierstoffmenge beträgt lediglich 40 l, während sonst die 10 - 100fache Menge (beim Maschinenversuch 2000 l, s. Kap. 3) erforderlich wäre [14] , was besonders bei Ölen die Kosten erheblich senkt. Außerdem wird der Kühlschmierstoffwechsel wesentlich erleichtert.

2.3 Vorgehensweise beim Eignungsnachweis

Hierbei ist zu überprüfen, inwieweit die mit dem Testverfahren gewonnenen Aussagen über die technologische Leistungsfähigkeit von Kühlschmierstoffen mit den Resultaten praxisrelevanter Schleifoperationen übereinstimmen. Deshalb wurden parallel zu den Kurzzeituntersuchungen entsprechende Versuche auf einer handelsüblichen Außenrund-Schleifmaschine durchgeführt und die Ergebnisse miteinander verglichen (Bild 4). Das Außenrundschleifen wurde u.a. deshalb als Vergleichsverfahren ausgewählt, weil diese Schleifoperation in der Praxis am weitesten verbreitet ist.

Für den Eignungs- bzw. Übertragbarkeitsnachweis ist keine absolute Übereinstimmung der Ergebnisse beider Prüfarten erforderlich. Dies kann schon wegen der unterschiedlichen Anordnungen von Werkstück und Schleifscheibe nicht erwartet werden. Entscheidend ist, daß bezüglich des Kühlschmierstoffeinflusses auf Schnittkräfte, Schleifscheibenverschleiß, Werkstückrauheit

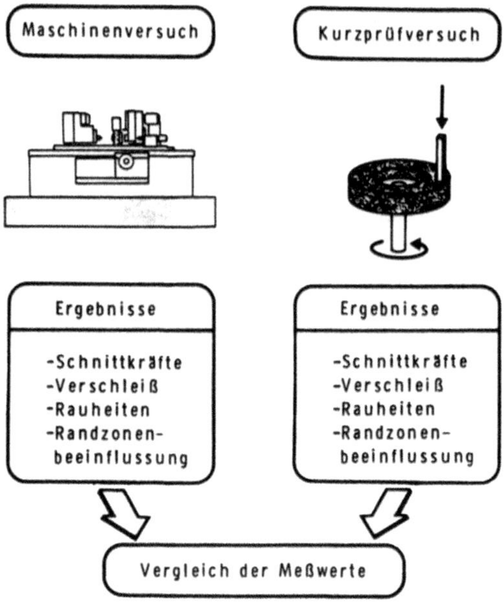

Bild 4: Vorgehensweise beim Eignungsnachweis der Kurzprüfmethode

und thermische Beeinflussung der Werkstückrandzone eine tendenzielle Übereinstimmung erzielt wird.

3. Einrichtung zur Durchführung des Maschinenversuchs

Für die Kühlschmierstoffuntersuchungen im Außenrund-Schleifverfahren stand eine gekapselte Produktionsschleifmaschine Fortuna FM 35-S zur Verfügung, die mit einem leistungsfähigen Kühlschmierstoffzuführsystem und den erforderlichen Meßeinrichtungen ausgerüstet wurde (Bild 5).

Bild 5: Versuchsstand zur Kühlschmierstoffprüfung (Maschinenversuch)

- Kühlschmierstoffzuführsystem

Das Zuführsystem besteht im wesentlichen aus einem Kühlschmierstofftank mit integriertem Unterdruck-Bandfilter SUF2 der Fa. Sack, einer 12-stufigen Seitenkanalpumpe (p_{max} = 25 bar, $\dot{Q}_{max}$ = 300 l/min), einem Ovalradzähler zur Messung der Durchflußmenge und den Kühlschmierstoffzuführdüsen. Die oberhalb des Werkstücks angeordnete Kühldüse wurde bezüglich Gestaltung und Positionierung zur Schleifstelle in Vorversuchen optimiert; ihre Schlitzbreite betrug 2 mm. Darüber hinaus wurde eine zusätzliche, radial auf die Schleifscheibe gerichtete Reinigungsdüse zur Ausspülung der Porenräume verwendet.

- Meßeinrichtungen

Zur Bestimmung der Schnittkräfte wurde die Verformung der Zentrierspitzen unter Last gemessen. Durch eine entsprechende Anordnung von Dehnmeßstreifen wurde die resultierende Schnittkraft beim Schleifen in zwei Komponenten - die Tangential- und die Normalkraft zerlegt [15,16] . Die Position der Dehnmeßstreifen und die Meßkette sind aus Bild 6 zu ersehen. Es wurden für beide Kraftkomponenten an jeder Körnerspitze je vier Meßstreifen, die zu einer Vollbrücke verschaltet waren, verwendet.

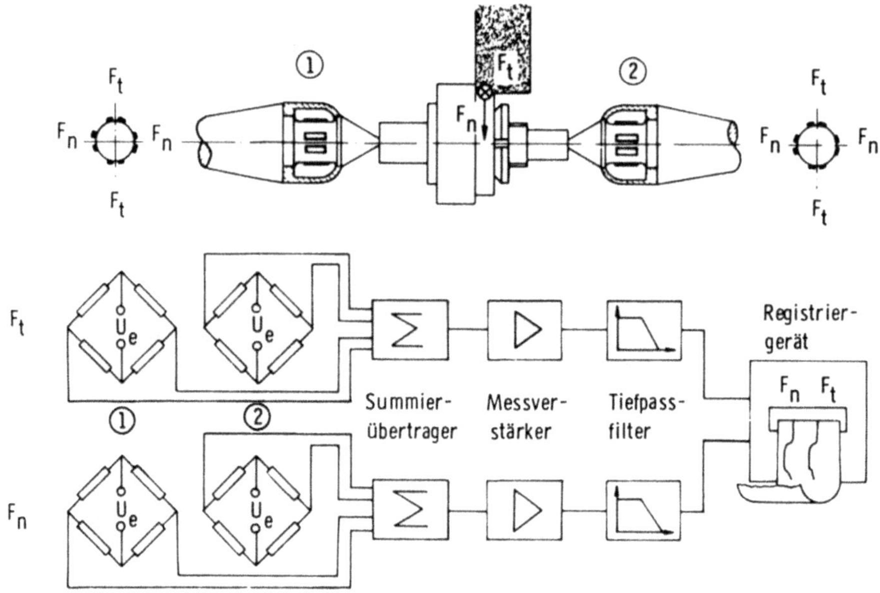

Bild 6: Schnittkraftmeßeinrichtung

Der Einsatz von Summierübertragern erlaubt es, die resultierende Schnittkraft unabhängig von ihrem Angriffspunkt zu bestimmen. Der Antrieb der ringförmigen Werkstücke erfolgte über einen doppelarmigen Spanndorn und einen querkraftfreien hydraulischen Mitnehmer.

Der Schleifscheibenverschleiß (Radial- und Kantenverschleiß) wurde wie schon beim Kurzprüfversuch nach der Abbildmethode ermittelt [12,13] . Auf ein dünnes Metallplättchen, das in Höhe der Schleifscheibenachse in einer Spannvorrichtung befestigt war, wurde das Profil der Scheibe eingeschliffen. Da bei den Versuchen nur mit einem Teil der Schleifscheibenbreite gearbeitet wurde, erhält man eine für die Radialverschleißmessung erforderliche Bezugskante (Bild 7). Die eigentliche Verschleißmessung erfolgt dann am eingeschliffenen Plättchen, wobei der Radialverschleiß Δr_s mit Hilfe eines Oberflächenmeßgerätes und der Kantenverschleiß A_{sk} auf einem Profilprojektor vergrößert dargestellt und ermittelt werden kann.

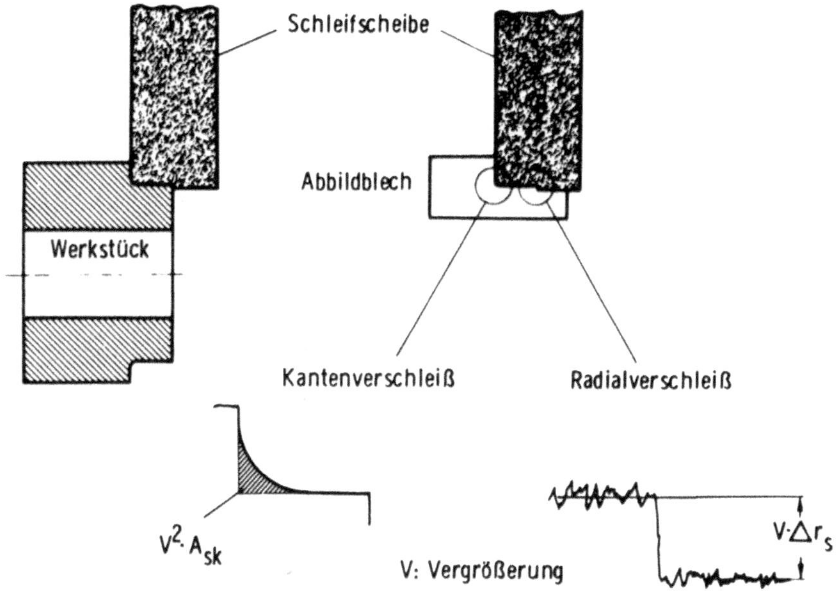

Bild 7: Verschleißmessung nach der Abbildmethode

Für die Ermittlung der Oberflächenqualität (R_a, R_t, R_z) wurde ein Tastschnittgerät Perth-O-Meter, Typ Universal S4B verwendet. Es kam ein halbstarres Tastsystem HT 25/6 zum Einsatz. Alle Meßergebnisse stellen das arithmetische Mittel aus mindestens 8 Einzelmessungen dar.

Die Überprüfung auf thermische Randzonenschäden der Werkstücke erfolgte mit Hilfe des Farbeindringverfahrens (Rißprüfung) und anhand von Gefügeuntersuchungen (Tiefe der beeinflußten Zone).

4. Versuchsbedingungen

Den Untersuchungen liegen folgende Bedingungen zugrunde. Sie gelten, wenn nicht näher spezifiziert, sowohl für den Kurztest als auch für den als Bezugsbasis herangezogenen Außenrund-Maschinenversuch.

4.1 Kühlschmierbedingungen

4.1.1 Kühlschmierstoffe

Es kamen verschiedene, nicht handelsübliche Emulsionen, Lösungen und ein Schleiföl zum Einsatz. Die Zusammensetzung und die bei wassergemischten Kühlschmierstoffen gewählten Konzentrationen gehen aus Tabelle 1 hervor.

Kühlschmierstoffart / Bestandteile (Konzentrat)	Öl 18 cSt	Emulsion mineralölhaltig					Lösung mineralölfrei	
	mit 5 % Additiven	grob dispers		fein dispers	mit EP-Additiven		org. Basis vollsynth.	anorg. Basis
Mineralölgehalt	95 %	70 %		50 %	47,6 %			
Rüböl	3 %							
CL-Additive	2 %							
Emulgatorgehalt		30 %		50 %	47,6 %			
EP-Zusätze (Hordalub 80 EM)					4,8 %			
Hostacor KS1							40 %	
Diäthanolamin							10 %	4 %
Wasser							50 %	83,5 %
Natriumpolyphosphat								11,5 %
Soda								1 %
Aussehen	klar	weiß		transparent			klar	klar
Konzentration	100 %	1%	3 %	2 %	1 %	3 %	2 %	(1 %) 2%[1]
Symbol	◑	●	×	△	□	◇	✱	⊙

1) Eine 1%ige anorganische Lösung führte im Maschinenversuch zu starker Korrosion. Die Konzentration wurde daraufhin im Kurzprüfversuch auf 2 % erhöht.

Tabelle 1: Untersuchte Kühlschmierstoffe

Für die Wahl von Modellflüssigkeiten anstelle handelsüblicher Kühlschmierstoffe waren folgende Gründe ausschlaggebend. Durch den bekannten Aufbau lassen sich die beobachteten Wirkungen auf das Arbeitsergebnis und den Prozeßverlauf bestimmten Eigenschaften bzw. Bestandteilen zuordnen. Außerdem ließen die gewählten Rezepturen deutliche Unterschiede bezüglich ihres Einsatzverhaltens auch bei einer nicht auszuschließenden Beeinflussung der Ergebnisse durch Störgrößen (Abrichten, Schwingungen, Kühlschmierstoffzuführung) erwarten. Dadurch wird der Eignungsnachweis des Kurzprüfverfahrens erleichtert.

4.1.2 Zuführbedingungen

Die Kühlschmierstoffzuführbedingungen wurden konstant gehalten, um eine davon ausgehende Verfälschung der Ergebnisse auszuschließen. Insbesondere wurde auf einen gleichbleibenden Kühlschmierstoffdurchsatz an der Kühldüse ($\dot{Q}'_s$ = 2 l/min·mm) und auf eine unveränderte Düsenposition zur Kontaktzone - Werkstück/ Schleifscheibe - geachtet. Die Kühlschmierstofftemperatur betrug 25 - 35°C am Maschinenauslauf; auf eine zusätzliche Temperaturregelung konnte wegen der geringen Schwankungen verzichtet werden.

4.2 Werkstoffe - Schleifscheiben

Zur Untersuchung der Wirkung von Kühlschmierstoffen an Stählen unterschiedlicher Schleifbarkeit wurden die Werkstoffe 100 Cr 6 (60 HRC), C 15 N und X 12 CrNi 17 7 bearbeitet.

Ein Vergleich der Resultate bei Verwendung des spröd-harten Kugellagerstahls 100 Cr 6 und des zäh-weichen Baustahls C 15 läßt Rückschlüsse auf die Zusammenhänge zwischen Schmierung und plasto-mechanischen Vorgängen während der Spanbildung zu. Die Bearbeitung dieser Materialien verdeutlicht außerdem den Kühlschmierstoffeinfluß auf die Schleifscheibenzusetzung (C 15) und die thermische Werkstückbelastung, die sich an dem temperaturempfindlichen Stahl 100 Cr 6 gut nachweisen läßt.

Der hochlegierte Stahl X 12 CrNi 17 7 wurde wegen seiner Neigung zur Kaltverfestigung und Schleifscheibenzusetzung exemplarisch für die Gruppe der schwerzerspanbaren Werkstoffe ausgewählt.

Die in Tabelle 2 wiedergegebenen Schleifscheibenspezifikationen wurden auf die jeweiligen Werkstoffe und die Kontaktbedingungen der Schleifverfahren abgestimmt.

Werkstoff	Schleifscheibenspezifikation	
	Maschinenversuch (AR-Schleifen)	Kurztest (Seiten-Querschleifen)
C15	NK 70 M 7 ke	NK 46 K 12 ke
100 Cr 6	EK 70 K 6 ke	EK 46 J 12 ke
X 12 CrNi 17 7	SC 70 K 6 ke	SC 46 K 12 ke

Tabelle 2: Gewählte Werkstoff-Schleifscheibenkombinationen

4.3 Abrichtbedingungen

Da die zur Beurteilung der Kühlschmierstoffwirkung herangezogenen Größen (Kräfte, Verschleiß, Rauheit, Randzonenbeeinflussung) sehr stark durch das Abrichten der Schleifscheiben beeinflußt werden können [17,18] , wurden bei den Versuchen konstante Überdeckungsgrade und Abrichtzustellungen eingehalten.

Der Überdeckungsgrad u_d, der als Quotient aus der in der Tiefe der Zustellung a_d gemessenen Abrichtwerkzeugbreite b_d (Wirkbreite) und dem Vorschub pro Umdrehung s_d definiert ist, sollte aus folgendem Grund konstant sein. Mit fortschreitender Abstumpfung der Abrichtdiamanten (b_d steigt) würde bei unverändertem Vorschub eine immer feinere Scheibenoberfläche erzeugt. Dieser unerwünschte Effekt kann jedoch weitgehend kompensiert werden, wenn u_d über eine entsprechende Änderung des Abrichtvorschubes konstant gehalten wird [18,19,20] .

Die Werte für Abrichtzustellung und Überdeckungsgrad wurden in Abhängigkeit von der Scheibenkörnung so gewählt, daß sich die Schleifscheibentopographie während des Schleifens für den Bereich praxisüblicher Zeitspanungsvolumina ($Z' = 2 - 6\ mm^3/mm \cdot s$) möglichst wenig verändert [21,22] . Den Versuchen lagen folgende Abrichtbedingungen zugrunde.

Werkzeug	:	Einkorndiamant/Abrichtplatte
Abrichtzustellung	:	$a_d = 0{,}03$ mm
Überdeckungsgrad	:	$u_d = 4$ (Körnung 70, Außenrundschleifen)
$u_d = b_d/s_d$		$u_d = 2{,}5$ (Körnung 46, Kurzprüfung)

4.4 Zerspanungsvolumina

Die Zerspanungsvolumina zwischen zwei Abrichtvorgängen mußten so gewählt werden, daß sich auch bei kleinen Werkzeugbelastungen ein meßbarer Verschleiß ergab. Begrenzt waren sie durch einen sehr großen, partiellen Scheibenverschleiß (Welligkeiten auf der Scheibe), der zu Ratterschwingungen führte. Aus diesem Grunde mußte das bezogene Zerspanungsvolumen bei dem schwerzerspanbaren Stahl X 12 CrNi 17 7 bei der Umstellung von Öl auf wassergemischte Kühlschmierstoffe im Außenrundschleifversuch um 60 % reduziert werden, was bei der Beurteilung der Ergebnisse zu berücksichtigen ist. In Tabelle 3 sind die den Versuchen zugrundeliegenden Werte für das bezogene Zerspanungsvolumen V'_w zusammengefaßt.

Werkstoff	bez. Zerspanungsvolumen V'_w [mm^3/mm]	
	Maschinenversuch	Kurzprüfung
100 Cr 6	500	300
C 15	1000	300
X 12 CrNi 17 7	250/100 (Öl/Emulsion)	300

Tabelle 3: Übersicht über die gewählten bezogenen Zerspanungsvolumina V'_w

Die angegebenen Zerspanungsvolumina wurden beim Maschinenversuch in einem Einstich abgeschliffen, um die Anzahl der Anschnitte (Kontakt zwischen Schleifscheibe und dem zu Beginn des Schleifens unrunden Werkstück) zu minimieren. Diese Vorgehensweise war möglich, da bei allen untersuchten Werkstoffen ein gleichmäßiges Ausgangsgefüge im Bereich der sich ergebenden Einstichtiefen vorlag. Bei der Kurzprüfung waren zwei Einstiche zur Erzielung der o.a. Werte erforderlich, da die Auskragung der stabförmigen Werkstücke aus Stabilitätsgründen begrenzt war. Auch hier wurde eine homogene Gefügeausbildung vor dem Schleifen im gesamten Werkstück festgestellt.

4.5 Werkstückabmessungen

Im Maschinenversuch kamen ringförmige Werkstücke, die auf einem Spanndorn befestigt wurden, mit den Ausgangsabmessungen Ø 100 x 50 x Ø 50 zum Einsatz. Im Vergleich zu massiven Werkstücken hat die Verwendung eines Spanndorns den Vorteil einer konstanten Krafteinleitung in die Meßspitzen (gehärtete Zentrierungen, gleichbleibende Tiefe der Zentrierbohrungen). Außerdem wird die Entnahme von Proben zur Gefügeuntersuchung durch die Ringform erleichtert.

Die bei der Kurzprüfung verwendeten Werkstücke hatten einen quadratischen Querschnitt von 10 x 10 mm und eine Länge von 80 mm. Die nutzbare Länge betrug 30 mm (zwei Hübe von je 15 mm).

5. Einfluß des Kühlschmierstoffes auf das Arbeitsergebnis und den Prozeßverlauf

Aufbauend auf die Vorgänge beim Korneingriff und die Auswirkung verschiedener Einflußfaktoren auf die Effizienz der Spanbildung soll nun die Wirkung von Kühlschmierstoffen anhand plasto-mechanischer und kinematischer Betrachtungen hergeleitet und mit den Ergebnissen der durchgeführten Versuche verglichen werden.

5.1 Einfluß des Kühlschmierstoffs auf die Oberflächenrauheit

Ausschlaggebend für den Beginn der Spanentstehung ist die Höhe der unterhalb der eingreifenden Schneiden im Werkstoff entstehenden Schubspannungen. Diese sind umso kleiner, je geringer die Reibung zwischen Korn und Werkstückstoff ist [7,23] . Das bedeutet zunächst, daß ein Einzelkorn tiefer in das Werkstück eindringen muß, bevor es zur Spanabnahme kommt (T_{μ} und l_{μ} steigen), wie aus Bild 8 (für gute und schlechte Schmierung) zu ersehen ist. Gleichzeitig ist der Schneideneingriff mit einer höheren plastischen Werkstoffverformung verbunden. Das Material wird zu den Seiten verdrängt und fließt unter der Schneide zu deren Freifläche hindurch.

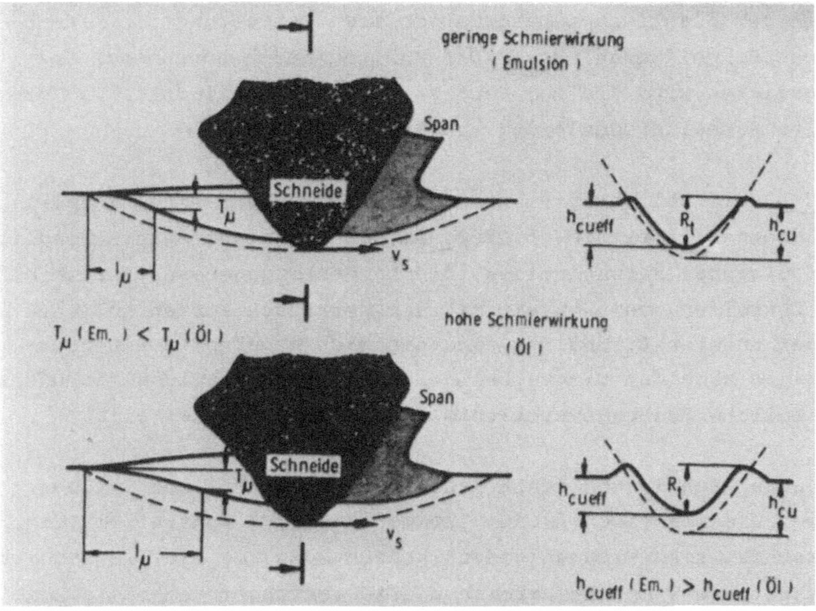

Bild 8: Einfluß der Schmierung/Reibung auf die Schnitteinsatztiefe T_{μ} und die effektive Spanungsdicke $h_{cu\ eff}$

Da diese Fließvorgänge auch während der Spanabnahme auftreten, ist die effektive Spanungsdicke umso geringer, je besser die Kontaktzone Korn-Werkstoff geschmiert wird, wie auch dem rechten Teil von Bild 8 zu entnehmen ist. Anhand eines einzelnen Korneingriffs kann jedoch nicht ohne weiteres entschieden werden, in welchem Fall sich eine geringere Rauhtiefe R_z ergibt, da nicht bekannt ist, wie sich die Differenz zwischen unverformter und effektiver Spanungsdicke verhält. Bekannte Untersuchungen [24,25] beschreiben lediglich den Einfluß verschiedener Korngeometrien auf die entstehende Höhe der seitlichen Aufwürfe.

Bei der Zerspanung mit einer Vielzahl von Körnern werden die seitlichen Aufwürfe bzw. wird das unter den Schneiden zurückgeflossene Material von nachfolgenden, im Schneidenraum tiefer liegenden Schneiden verdrängt oder abgetragen; der Werkstoff wächst quasi in den Schneidenraum hinein. Daher steigt mit zunehmender plastischer Deformation bzw. Schmierung die kinematische Schneidenzahl N_{kin}. Dadurch und durch abnehmende Spanungsdicken wird die bei Verbesserung der Schmierung i.a. erzielte Rauheitsreduzierung erklärt [7].

Bild 9 verdeutlicht diesen Zusammenhang anhand eines Modells. Der obere Bildteil zeigt drei, im Schneidenraum unterschiedlich tief liegende Kornschneiden, die in der angegebenen Reihenfolge und Zustellung zum Kontakt mit dem Werkstück kommen sollen. In der unteren Bildhälfte sind die sich ergebenden Ritzquerschnitte nach dem Eingreifen der einzelnen Schneiden für unterschiedliche Reibungsverhältnisse qualitativ dargestellt.

Bei guter Schmierung führt lediglich Schneide 1 zur Spanabnahme. Die Schneiden 2 und 3 kommen zwar zum Kontakt mit dem Werkstück, sie erzeugen jedoch keinen Span, da sie die Schnitteinsatztiefe T_μ nicht erreichen. Sie verringern aber die Höhe der seitlichen Aufwürfe durch Verdrängung des Werkstoffs. An dem entstehenden Oberflächenprofil sind demzufolge 3 kinematische, jedoch nur eine effektive kinematische Schneide beteiligt.

Bei ungünstigen Schmierungsverhältnissen erfolgt dagegen infolge geringerer Schnitteinsatztiefen eine Zerspanung mit zwei effektiven Schneiden (1 u. 2). Schneide 3 kommt wegen der kaum vorhandenen Materialverdrängung der Schneide 1 nicht zum Ein-

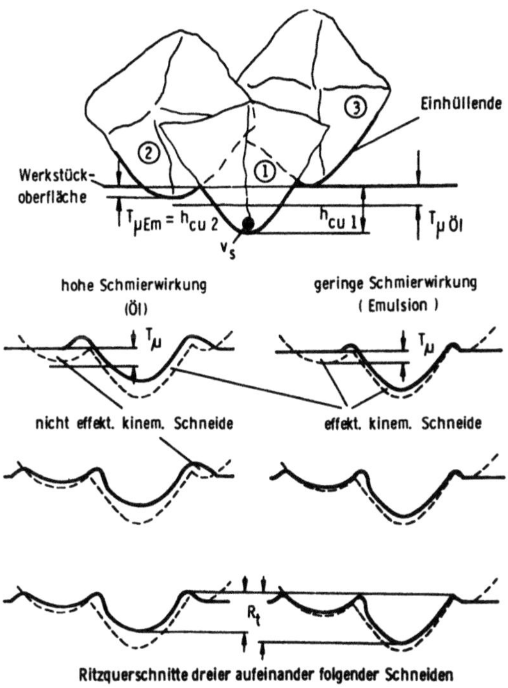

Bild 9: Einfluß der Schmierung auf die Schneidenzahlen und die Rauheit

griff. Für die Oberflächenqualität und weitere Prozeßkenngrößen sind zwei kinematische Schneiden, die gleichzeitig effektive Schneiden sind, maßgebend.

Die Differenz zwischen den Extrema der durch unterschiedliche Reibung erzeugten Profile (R_t) nimmt für die angenommene Anordnung der Schneiden und deren Lage zur Werkstückoberfläche mit besser werdender Schmierung ab. Dieses Modell läßt aber auch erkennen, daß der Rauheitsunterschied zwischen guter und schlechter Schmierung umso größer wird, je tiefer die Schneiden in den Werkstoff eindringen. Dann nämlich nimmt der Einfluß der Aufwurfhöhen ab, wodurch die Unterschiede zwischen h_{cu} und $h_{cu\ eff}$ umso mehr rauheitsbestimmend werden. Eine Rauheitsvergrößerung mit besser werdender Schmierung könnte nur dann eintreten, wenn mit äußerst geringen Zustellbeträgen geschliffen wird, so daß der seitlich aufgequetschte Werkstoff außerhalb der Bahnen im Schneidenraum tiefer angeordneter Schneiden liegt.

Für die Richtigkeit dieser theoretischen Betrachtungen sprechen die in Bild 10 - 13 dargestellten Versuchsergebnisse. Wie aus Bild 10 für den Werkstoff 100 Cr 6 zu ersehen ist, nimmt der Mittenrauhwert R_a im Maschinenversuch mit zunehmender Schmierwirkung der Kühlschmierstoffe, also in der Reihenfolge Lösung-Emulsion-Öl, steigender Konzentration und Additivierung, ab. Die prozentuale Rauheitsverringerung wird umso größer, je höher das bezogene Zeitspanungsvolumen Z' ist, was einem tieferen Eindringen der Schneiden in den Werkstoff entspricht. Die gleichen Tendenzen wurden bei der Kurzprüfung beobachtet, wie auch die in Bild 11 dargestellte Gegenüberstellung der beiden Prüfarten zeigt. Verfahrensbedingte Einflüsse auf die Höhe der Oberflächenrauheit wurden hier durch die Angabe prozentualer Rauheiten eliminiert, wobei die anorganische (vollsynthetische) Lösung als Bezugsbasis (100 %) gewählt wurde. Bei dem Vergleich der anorganischen Lösung mit anderen Kühlschmierstoffen ist zu berücksichtigen, daß ihre Konzentration im Maschinenversuch 1 %, bei der Kurzprüfung dagegen 2 % (siehe Fußnote Tabelle 1) betrug. Mit Ausnahme der 3 %igen, grob dispersen Emulsion besteht zwischen beiden Prüfarten eine gute Übereinstimmung.

Bild 12 zeigt den Kühlschmierstoffeinfluß auf die Werkstückrauheit für den Stahl C15 beim Außenrundschleifen (Maschinenversuch). Auch hier nimmt die Oberflächenqualität mit besser werdender Schmierung zu. Allerdings reagiert dieser zäh-weiche Werkstoff wegen seiner hohen Verformungsfähigkeit bezüglich der Rauheit stärker auf Schmierungsunterschiede als der gehärtete Stahl 100 Cr 6 [26], wie aus einem Vergleich der Bilder 10 und 12 hervorgeht. Darüber hinaus kommt es infolge des hohen Ferritanteils beim niedriggekohlten Stahl C15 zu einer verstärkten Zusetzung des peripheren Porenraumes mit steigendem Zeitspanungsvolumen [27] , worauf die progressiven Kurvenverläufe der wassergemischten Kühlschmierstoffe zurückzuführen sind. Dieser Effekt wurde auch bei Verwendung von Öl, allerdings erst im Bereich höherer Zeitspanungsvolumina

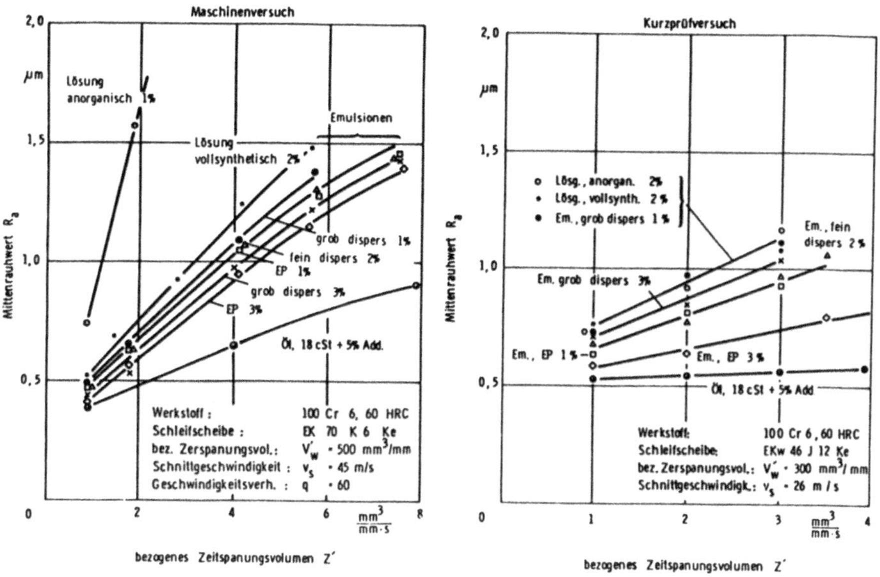

Bild 10: Kühlschmierstoffeinfluß auf die Werkstückrauheit

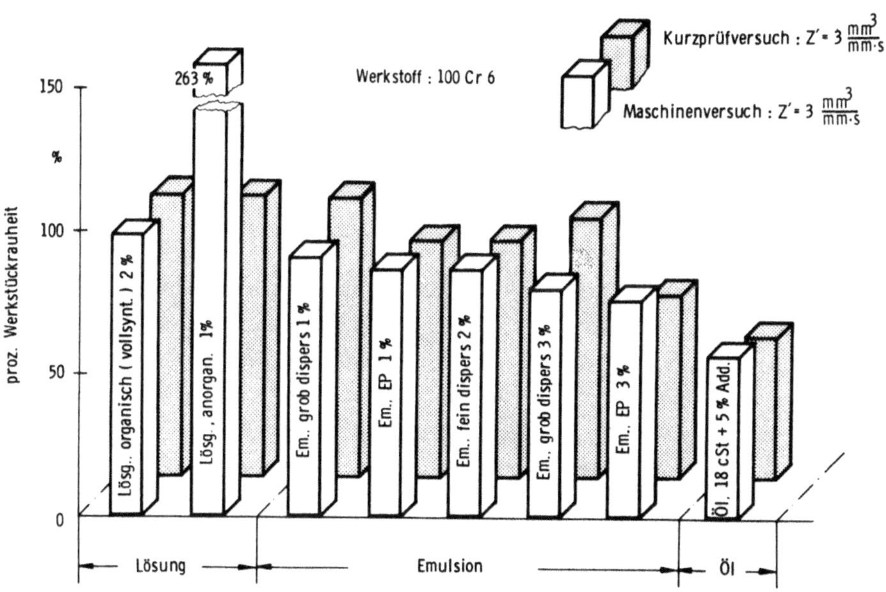

Bild 11: Kühlschmierstoffeinfluß auf die Werkstückrauheit

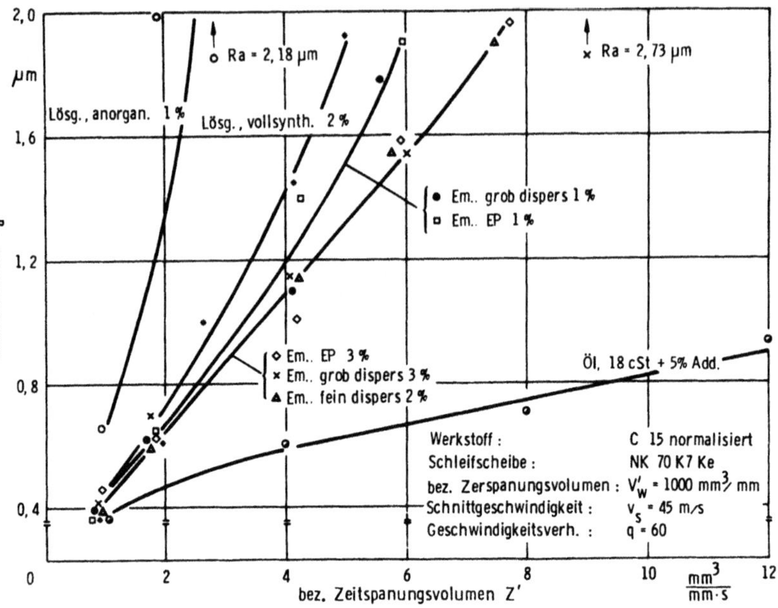

<u>Bild 12</u>: Kühlschmierstoffeinfluß auf die Werkstückrauheit (Maschinenversuch)

(Z' > 18 mm³/mm s), beobachtet.

Der im Maschinenversuch ermittelte Kühlschmierstoffeinfluß auf die Oberflächenqualität für den schwerzerspanbaren Werkstoff X 12 CrNi 17 7 ist Bild 13 zu entnehmen. Auch hier bestehen ähnliche Zusammenhänge wie bei den zuvor betrachteten Materialien. Lediglich mit Öl wurden im unteren Z'-Bereich höhere Rauheiten erzielt. Dabei ist jedoch zu berücksichtigen, daß das bezogene Zerspanungsvolumen 250 mm³/mm betrug, während bei den wassergemischten Kühlschmierstoffen nur 100 mm³/mm abgeschliffen wurden.

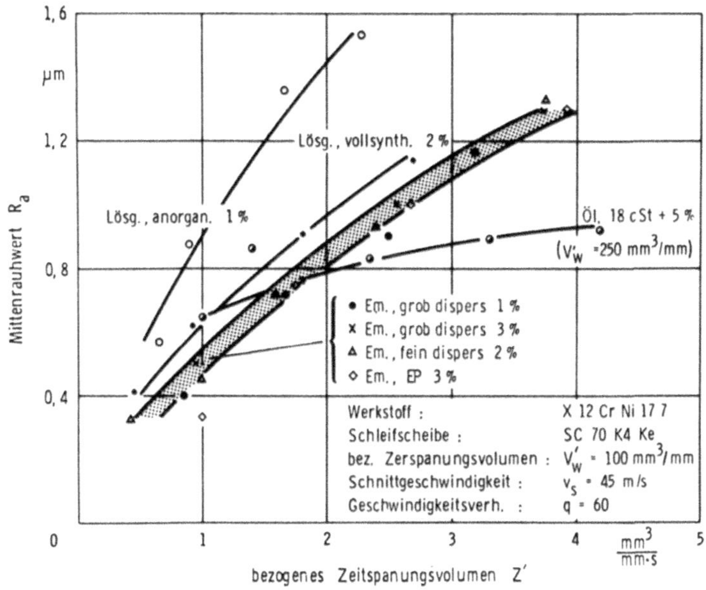

Bild 13: Kühlschmierstoffeinfluß auf die Werkstückrauheit (Maschinenversuch)

5.2 Einfluß des Kühlschmierstoffs auf die Schnittkräfte und die thermische Werkstückbelastung

Über die Auswirkung der Reibungsverhältnisse auf die Komponenten der Gesamtschnittkraft (F_n, F_t) läßt sich nur dann eine Aussage herleiten, wenn das schmierungsabhängige Verhalten der eingreifenden Schneidenzahl (N_{mom}) und der mittleren

Kräfte am Einzelkorn (F_{nS}, F_{tS}) bekannt ist. Diese Einflußgrößen sind gemäß der Beziehung (1) schnittkraftbestimmend [28,32] .

$$F_n,\ F_t = N_{mom} \cdot F_{nS}, F_{tS} \qquad (1)$$

Darin bedeuten

F_n, F_t	: Normal-, Tangentialkraft (Komponenten der Gesamtschnittkraft)
N_{mom}	: momentane Gesamteingriffsschneidenzahl in der Kontaktfläche
F_{nS}, F_{tS}	: Schneidennormal-, -tangentialkraft (Komponenten der Schneidenkraft)

Die Schneidenkräfte F_{nS}, F_{tS} sind dabei proportional zu den effektiven Spanungsdicken $h_{cu\ eff}$.

$$F_{nS},\ F_{tS} \sim h_{cu\ eff} \qquad (2)$$

Einerseits wird durch eine Reibungsverminderung das Eindringen der einzelnen Körner in den Werkstoff erleichtert und somit die Schneidennormalkraft F_{nS} gesenkt, andererseits steigt die momentane Schneidenzahl N_{mom}. Der schmierungsbedingte prozentuale Anstieg der eingreifenden Schneidenzahl ist im Bereich kleiner Zeitspanungsvolumina größer als die schmierungsabhängige prozentuale Schneidenkraftverringerung [29], so daß die Gesamtnormalkraft in diesem Bereich und somit die Restschleifnormalkraft $F_n(Z' \rightarrow 0)$ zunimmt. Da der Schmierungseinfluß auf die Schneidenzahlen mit steigendem Zeitspanungsvolumen immer kleiner wird, die Schneidenkräfte bei einer Reibungsminderung jedoch im gesamten Z'-Bereich gleichmäßig verringert werden, wirkt sich eine Schmierungsverbesserung im oberen Z'-Bereich normalkraftsenkend aus.

Dieses Verhalten ist in Bild 14 schematisch für unterschiedlich

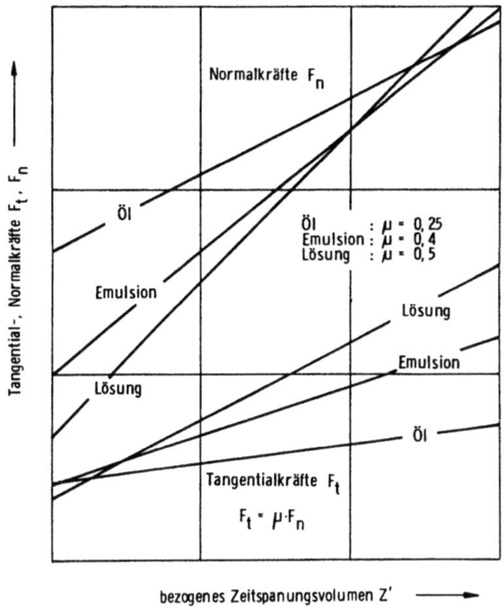

Bild 14: Einfluß der Schmierung auf die Schnittkräfte

gut schmierende Kühlschmierstoffe dargestellt (Normalkräfte). Die Lage der Kurvenschnittpunkte und die Höhe der Restschleifkräfte $F_n(Z' \longrightarrow 0)$ ist nicht nur schmierungsabhängig. Diese werden auch durch das plastische Werkstoffverhalten, die Schleifscheibentopographie, das Schleifverfahren und weitere Faktoren beeinflußt. Tendenziell läßt sich sagen, daß mit abnehmender Verformungsfähigkeit des Werkstoffs, gröberer Körnung der Schleifscheibe und zunehmender Schärfe der Kornschneiden die Restschleifkräfte absinken und daß sich die Kurvenschnittpunkte zu kleineren Z'-Werten verschieben.

Die oben dargestellten Zusammenhänge zwischen Schmierung und Normalkräften gelten entsprechend auch für die Tangentialkräfte. Allerdings sind hier die Reibungsverhältnisse zwischen den Schneidenfreiflächen und dem Werkstoff von größerer Bedeutung als bei den Schneidennormalkräften. Infolgedessen können die Tangentialkräfte bei einer Reibungsminderung selbst in dem Z'-Bereich noch fallen, in dem ein schmierungsbedingter Normalkraftanstieg vorliegt.

Dies geht auch aus den in Bild 14 dargestellten Tangentialkräften, die sich über die angegebenen Schnittkraftverhältnisse aus den Normalkräften ergeben, hervor. Es ist deutlich zu erkennen, daß die Abszissen der Schnittpunkte der Tangentialkraftgeraden geringere Werte annehmen als die der entsprechenden Normalkraftverläufe.

Ist die Schnittkraft das vorrangige Kühlschmierstoffauswahlkriterium, z.B. wenn das Grenzzeitspanungsvolumen infolge einer geringen Systemsteifigkeit (schlanke Werkstücke, Spindelsteifigkeit beim Innenrundschleifen) sehr klein ist, so sind schlecht schmierende Flüssigkeiten vorteilhaft. Wird die Zerspanleistung dagegen im oberen Z'-Bereich durch hohe Schleiftemperaturen begrenzt, so ist im allgemeinen die Verwendung gut schmierender Kühlschmierstoffe günstiger [30], da die in das Werkstück eingebrachte Energie abnimmt, die zu den Tangentialkräften proportional ist [11].

Außerdem sinken die Werte für die Wärmeleitfähigkeit und die Wärmekapazität, wenn die Kühlschmierstoffe einen höheren Ölanteil aufweisen. Dadurch ergeben sich geringere Temperaturgradienten bei der Abkühlung, was die Spannungen im Werkstück herabsetzt, die zu Verzug oder Rissen führen können.

Eine Steigerung der Schmierwirkung führt jedoch dann nicht zum Ziel, wenn das thermisch bedingte Grenzzeitspanungsvolumen im Bereich mit der Schmierwirkung ansteigender Tangentialkräfte liegt. Dieser Fall kann insbesondere bei solchen Schleifprozessen eintreten, die mit hohen Umformgraden während der Spanbildung ablaufen (z.B. Tiefschleifen duktiler Werkstoffe im Gegenlauf) [31].

Der in den bisherigen Betrachtungen hergeleitete Zusammenhang zwischen der Schmierwirkung von Kühlschmierstoffen und den

Schnittkräften wird durch die in Bild 15 - 20 gezeigten Versuchsergebnisse bestätigt.

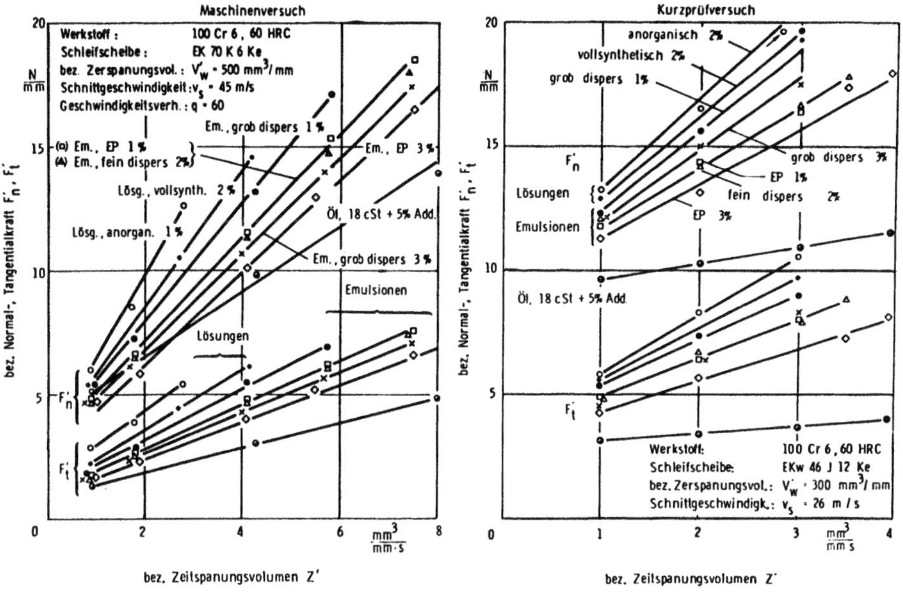

Bild 15: Kühlschmierstoffeinfluß auf die Schnittkräfte

Für beide Prüfarten ergeben sich im dargestellten Z'-Bereich lineare Schnittkraftanstiege. Lediglich für das Öl werden leicht degressive Schnittkraftverläufe bei hohen Zeitspanungsvolumina festgestellt. Sowohl beim Maschinenversuch als auch in der Kurzprüfung kann eine Abnahme der Tangentialkräfte mit zunehmender Schmierwirkung beobachtet werden. Diese Aussage gilt auch für die Normalkräfte, jedoch nur für den oberen Z'-Bereich. Bei niedrigen Zeitspanungsvolumina stellen sich bei Verwendung von Öl höhere Kräfte ein als bei Einsatz von Emulsionen. Dieser Effekt kann durch den oben beschriebenen Schmierungseinfluß auf die Schneidenzahlen und die Schneidenkräfte erklärt werden.

Das insgesamt höhere Schnittkraftniveau bei der Kurzprüfung und das frühere Auftreten thermisch bedingter Randzonenschäden (Maschinenversuch: Risse ab Z' = 6 mm³/mm·s bei Emulsionen, Kurzprüfung: Brandmarken ab Z' = 3 mm³/mm·s) ist u.a. auf die unterschiedlichen Kühlbedingungen der beiden Prüfarten zurückzuführen. Die Aussagefähigkeit der Kurzprüfmethode wird dadurch jedoch nicht eingeschränkt. Entscheidend ist vielmehr, daß bezüglich des Kühlschmierstoffeinflusses eine tendenzielle Übereinstimmung erzielt wurde (Bild 16). Wie be-

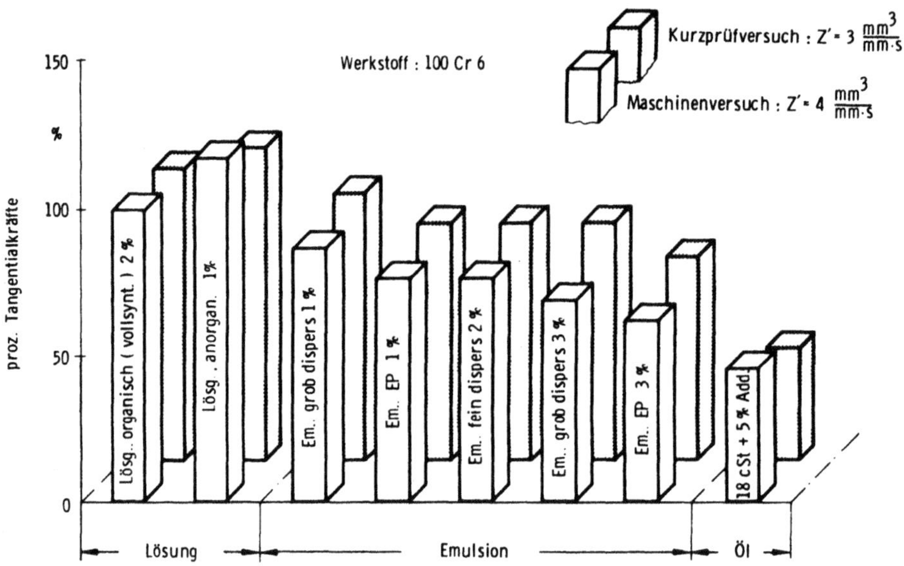

Bild 16: Kühlschmierstoffeinfluß auf die Tangentialkräfte

reits bei den Rauheiten wurden die bei Z' = 3 bzw. 4 mm³/mm·s bei Verwendung einer 2 %igen organischen Lösung auftretenden Tangentialkräfte gleich 100 % gesetzt.

Bild 17 zeigt die im Maschinenversuch ermittelte Auswirkung der Kühlschmierstoffe auf das Schnittkraftverhältnis $\mu = F_t'/F_n'$ für den Stahl 100 Cr 6. Das Schnittkraftverhältnis, das sich bei den meisten Kühlschmierstoffen mit dem Zeitspanungsvolumen ändert, zeigt besonders im unteren Z'-Bereich eine starke Schmierungsabhängigkeit. Mit zunehmender Zerspanleistung sinkt der Schmierungseinfluß; alle Kurven streben einem Grenzwert von $\mu \approx 0{,}4$ zu.

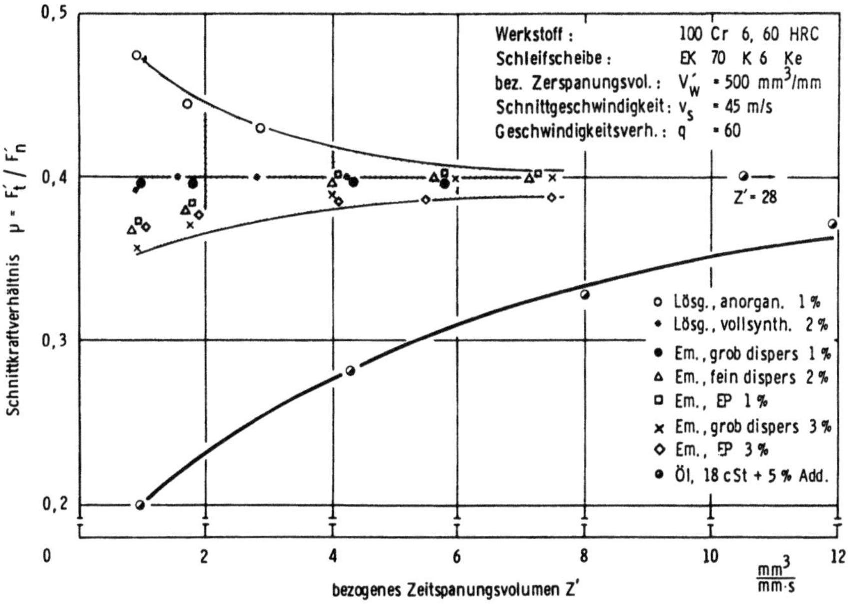

Bild 17: Einfluß des Kühlschmierstoffs auf das Schnittkraftverhältnis

Der Kühlschmierstoffeinfluß auf die Schnittkräfte bei der Bearbeitung von C15 geht aus Bild 18 hervor. Während bei den wassergemischten Kühlschmierstoffen eine Schmierungsverbesserung noch im gesamten untersuchten Z'-Bereich zu verminderten Schnittkräften führt, ergeben sich bei Anwendung von Öl und kleinen Zeitspanungsvolumina höhere Schnittkräfte als bei Einsatz von Lösungen und Emulsionen, was auf einen hohen Anteil nicht spanbildender kinematischer Schneiden infolge der sehr großen Werkstoffverdrängung während der Spanbildung schließen läßt. Daraus erklären sich auch die hier vorliegenden progressiven Normalkraftverläufe. Ist die Schnittkraft das vorrangige Kühlschmierstoffauswahlkriterium, so ist in

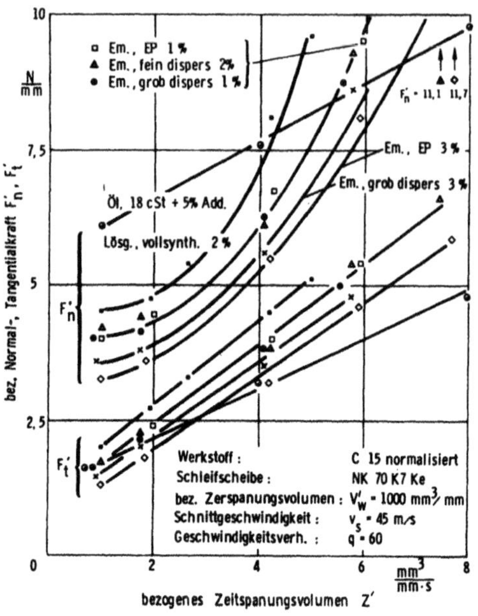

Bild 18: Kühlschmierstoffeinfluß auf die Schnittkräfte

diesem Bereich eine Emulsion dem Öl vorzuziehen. Sollen dagegen hohe Zeitspanungsvolumina (Z' > 6 - 8 mm³/mm·s) realisiert werden, so sollte auf Öl zurückgegriffen werden, da derart hohe Werte mit den untersuchten Emulsionen und Lösungen wegen der verstärkten Zusetzung der Schleifscheibe nicht erreicht werden können. Mit Öl wurde im Vergleich dazu ein Grenzzeitspanungsvolumen von Z' = 18 mm³/mm·s erreicht.

Die Abhängigkeit des Schnittkraftverhältnisses μ von der Kühlschmierstoffart für den Stahl C15 zeigt Bild 19. Die Kurvenzüge besitzen ein Maximum, wobei dieses umso eher auftritt, je höher die Reibung zwischen Korn und Werkstoff ist. Die zunächst ansteigenden Schnittkraftverhältnisse sind auf eine effektiver werdende Zerspanung zurückzuführen, während rechts des Maximums die verstärkt auftretende Schleifscheibenzusetzung ein überproportionales Ansteigen der Normalkräfte zur Folge hat.

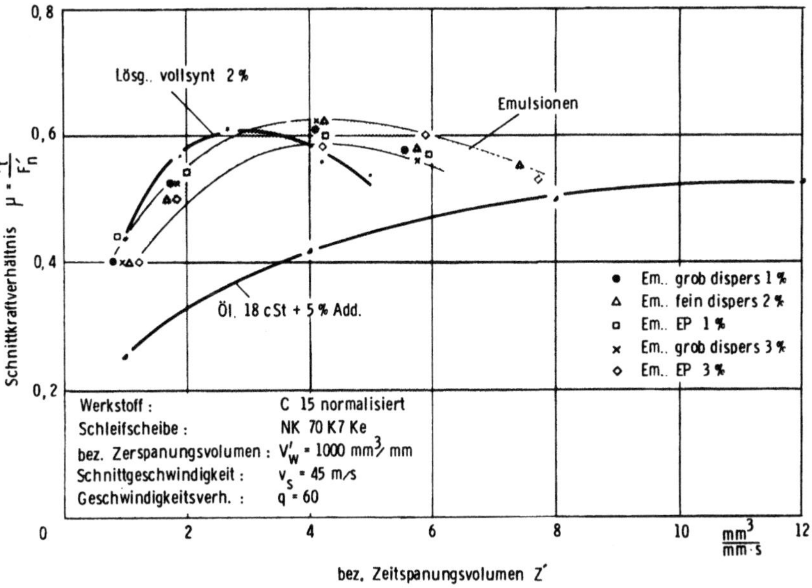

Bild 19: Kühlschmierstoffeinfluß auf das Schnittkraftverhältnis

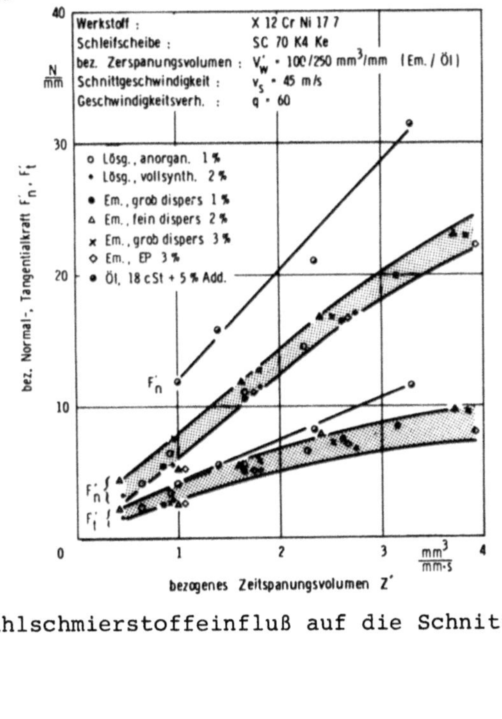

Bild 20: Kühlschmierstoffeinfluß auf die Schnittkräfte

Für den Werkstoff X 12 CrNi 17 7 ergab sich der in Bild 20 dargestellte Kühlschmierstoffeinfluß auf die Schnittkräfte. Im gesamten untersuchten Bereich werden steigende Normal- und Tangentialkräfte mit zunehmender Schmierwirkung beobachtet. Dieses von der bisher festgestellten Kühlschmierstoffwirkung abweichende Verhalten kann damit erklärt werden, daß dieser Stahl die Eigenschaft hat, sich bei plastischer Verformung stark zu verfestigen. Dieser Effekt wird begünstigt, wenn durch verbesserte Schmierung die plastische Verformung während der Spanbildung zunimmt. Die dadurch hervorgerufene Oberflächenverfestigung ist als Ursache für die Schnittkraftsteigerung anzusehen.

Anhand der gemessenen Tangentialkräfte läßt sich die zur Zerspanung eines bestimmten Werkstoffvolumens erforderliche Energie

$$W/V_w = F_t \cdot v_s \cdot t_s / V_w \qquad (3)$$

berechnen. Es ergeben sich für den Stahl 100 Cr 6 auf der Basis der im Maschinenversuch ermittelten Schnittkräfte die in Bild 21 dargestellten Kurvenscharen für verschiedene Kühlschmierstoffe. Charakteristisch für die Kurven ist ein hyperbolischer Verlauf, der sich für den Fall linearer Schnittkraftverläufe

$$F_t(Z') = F_{t0} + m \cdot Z' \qquad (4)$$

und

$$Z' = \frac{V'_w}{t_s} \qquad (5)$$

durch die allgemeine Beziehung

$$\frac{W}{V_w} = c_1 \frac{1}{Z'} + c_2 \tag{6}$$

beschreiben läßt, wobei c_1 und c_2 von Z' unabhängige Konstanten sind.

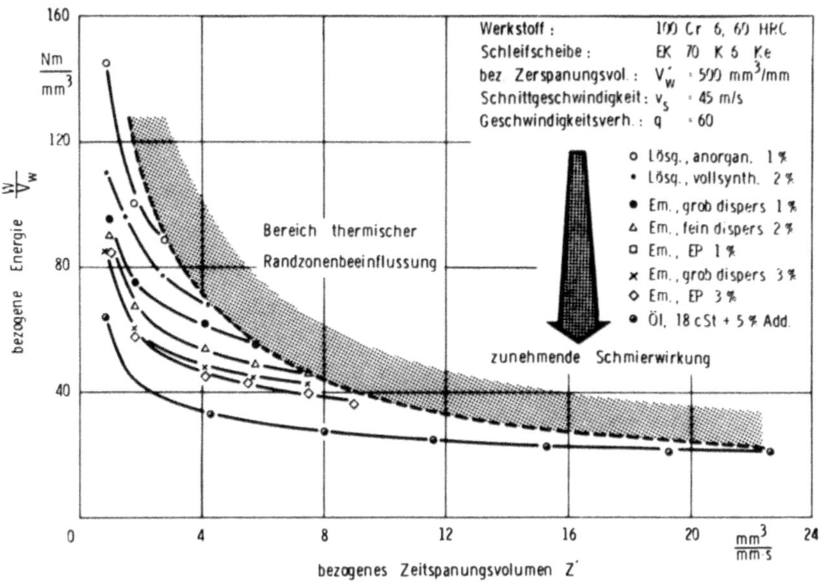

Bild 21: Kühlschmierstoffeinfluß auf die bezogene Energie (Maschinenversuch)

Der Grund für die energieaufwendige Zerspanung bei kleinen Zeitspanungsvolumina liegt in der hohen Zahl der nicht zur Spanbildung beitragenden, jedoch an der Kraftentstehung beteiligten kinematischen Schneiden.

Weiterhin ist Bild 21 zu entnehmen, daß die spezifische Energie W/V_w entsprechend dem Kühlschmierstoffeinfluß auf die Tangentialkräfte mit zunehmender Schmierwirkung sinkt.

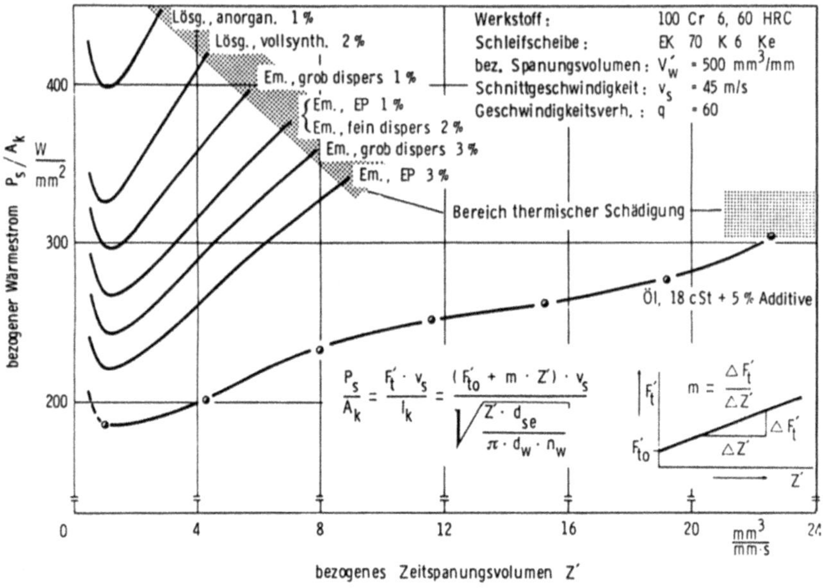

Bild 22: Kühlschmierstoffeinfluß auf den bezogenen Wärmestrom

Als Maß für die thermische Belastung des Werkstücks kann die pro Zeit durch die Kontaktfläche A_k fließende Wärmemenge herangezogen werden. Zur näherungsweisen Bestimmung des Wärmestroms wurde davon ausgegangen, daß die mechanische Leistung

$$P_s = F_t \cdot v_s \tag{7}$$

vollständig in Wärme umgesetzt wird und daß diese ausschließlich in das Werkstück fließt. Trägt man den für die thermische Belastung charakteristischen Kennwert P_s/A_k für verschiedene Kühlschmierstoffe über dem bezogenen Zeitspanungsvolumen auf, so ergeben sich die in Bild 22 gezeigten sattelförmigen Kurvenverläufe. Die ansteigende Wärmebelastung im Bereich sehr kleiner Z'-Werte ist auf die gegen Null gehende Kontaktfläche zurückzuführen. Hierzu muß angemerkt werden, daß die tatsächliche Kontaktfläche in diesem Bereich größer ist als die hier zugrundegelegte rechnerische Fläche, so daß die reale Wärmebelastung entsprechend geringer ist.

Unabhängig davon ist deutlich zu erkennen, daß der pro Flächeneinheit in das Werkstück eingebrachte Energiestrom mit besser werdender Schmierung sinkt. Dies wird auch durch ein späteres Auftreten von thermischen Werkstückschäden bestätigt, wie die Lage des durch Messungen ermittelten Grenzbereichs erkennen läßt. Die negative Steigung dieser Grenzlinie kann u.a. auf eine abnehmende Kühlwirkung der Kühlschmierstoffe infolge des steigenden Ölanteils zurückgeführt werden.

5.3 Einfluß der Kühlschmierung auf den Schleifscheibenverschleiß

Als Verschleißursachen werden in der Literatur [8,33]

- die Abstumpfung einzelner Körner durch mechanischen Abrieb und Adhäsion, Korrosion und Diffusion sowie wärmespannungsbedingte Mikrorisse und Brüche und

- das Ausbrechen ganzer Schleifkörner bei Überbeanspruchung der Bindung bzw. bei thermischem oder chemischem Verschleiß des Bindemittels angegeben.

Der mechanische Verschleiß ist in erster Linie von den auf die Einzelkörner wirkenden Kräften abhängig. Wie bereits ausgeführt wurde, steigt mit besser werdender Schmierwirkung die kinematische Schneidenzahl, während die effektiven Spanungsdicken abnehmen. D.h., die Gesamtkraft verteilt sich auf eine größere Zahl von Einzelschneiden, wodurch die Kräfte am Einzelkorn und somit, unterstützt durch die stabilere Schmierfilmausbildung, der Kornabrieb und der Kornausbruchverschleiß sinken.

In der Regel ist mit einer Reibungsreduzierung auch eine Senkung der Kontaktzonentemperatur verbunden [4,11,34] , wodurch der thermisch bedingte Korn- und Bindungsverschleiß vermindert wird. Geringere Temperaturen haben aber auch zur Folge, daß unerwünschte chemische Reaktionen an Korn- und Bindungsmaterial langsamer ablaufen.

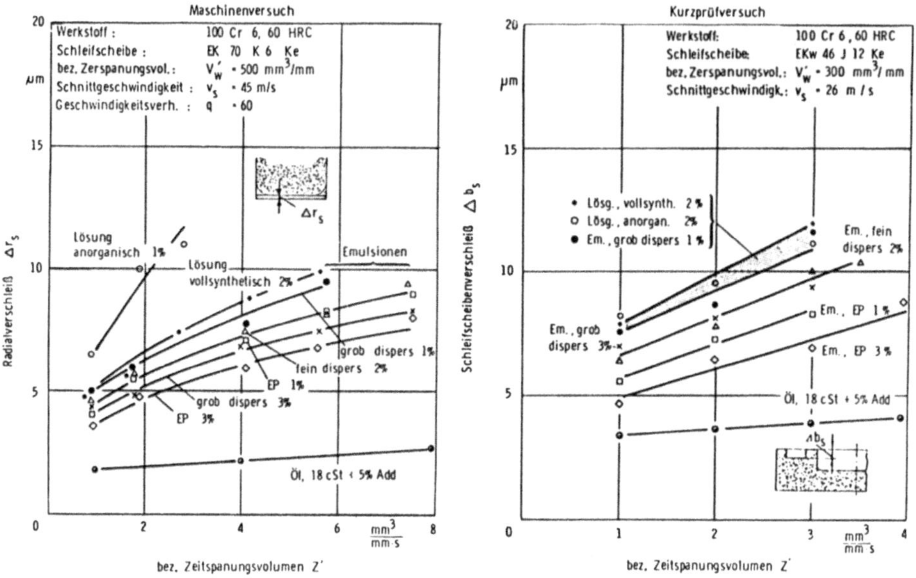

Bild 23: Kühlschmierstoffeinfluß auf den Schleifscheibenverschleiß

Der in Versuchen ermittelte Kühlschmierstoffeinfluß auf den Schleifscheibenverschleiß geht aus Bild 23 - 26 hervor. Wie Bild 23 zu entnehmen ist, ergeben sich für 100 Cr 6 lineare bzw. leicht degressive Verschleißkurven. Es wird bei beiden Prüfarten ein fallender Verschleiß mit zunehmender Schmierung beobachtet wie auch Bild 24 in Balkendarstellung zeigt.

In Bild 25 ist das beim Außenrundschleifen (Maschinenversuch) des Werkstoffs C15 ermittelte Verschleißverhalten dargestellt. Auch hier führt Öl gegenüber Emulsionen und Lösungen zu einer deutlichen Verschleißverringerung, was außer auf die geschilderten Zusammenhänge auch auf eine verminderte Scheibenzusetzung zurückgeführt werden kann. Für die sich ergebenden becherförmigen Kurvenverläufe sind folgende Gründe maßgebend. Zum einen fällt die Werkzeugbelastung nicht linear, sondern degressiv mit dem Zeitspanungsvolumen (Bild 18, Normalkräfte). Zum anderen ist der Verschleiß nicht nur belastungsabhängig, sondern er wird auch durch die Dauer der Beanspruchung (Anzahl der Korneingriffe) beeinflußt. Diese nimmt nämlich bei konstantem Zerspanungsvolumen zu, wenn das Zeitspanungsvolumen sinkt. Die Überlagerung dieser beiden Effekte führt dann, wie gemessen, zu sattelförmigen Verschleißkurven. Bei 100 Cr 6 liegen dagegen andere Voraussetzungen vor. Die hohe Festigkeit und Härte dieses Werkstoffs führen zu einer effektiveren Zerspanung. Der Verschleiß wird hier in erster Linie durch die Höhe der Belastung bestimmt.

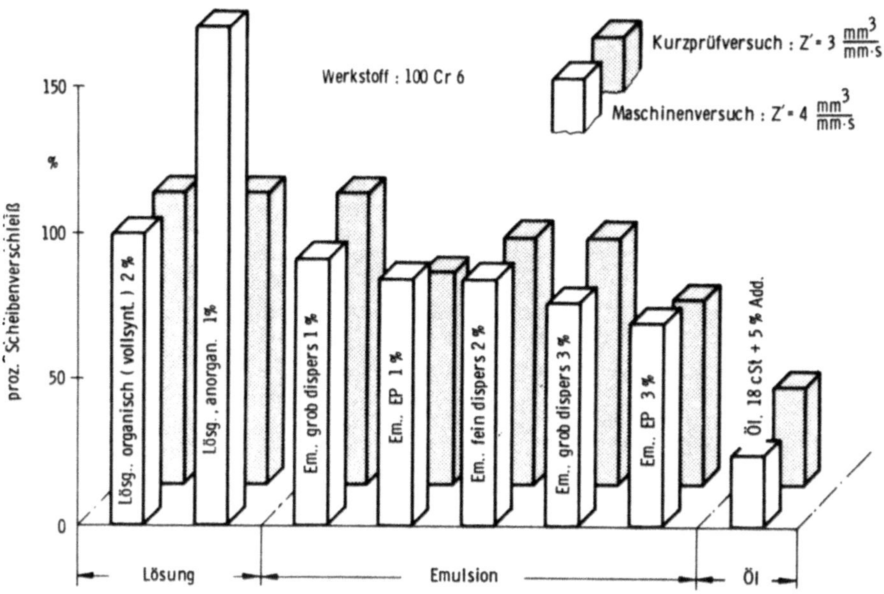

Bild 24: Kühlschmierstoffeinfluß auf den Schleifscheibenverschleiß

Bild 26 gibt den bei der Außenrund-Schleifbearbeitung des Werkstoffs X 12 CrNi 17 7 entstandenen Schleifscheibenverschleiß in Abhängigkeit vom Zeitspanungsvolumen und vom Kühlschmierstoff wieder. Unter Berücksichtigung der relativ geringen Zerspanungsvolumina (wassergemischte Kühlschmierstoffe: V'_w = 100 mm³/mm, Öl: V'_w = 250 mm³/mm) treten im Vergleich zu den Stählen C15 und 100 Cr 6 sehr hohe Verschleißbeträge

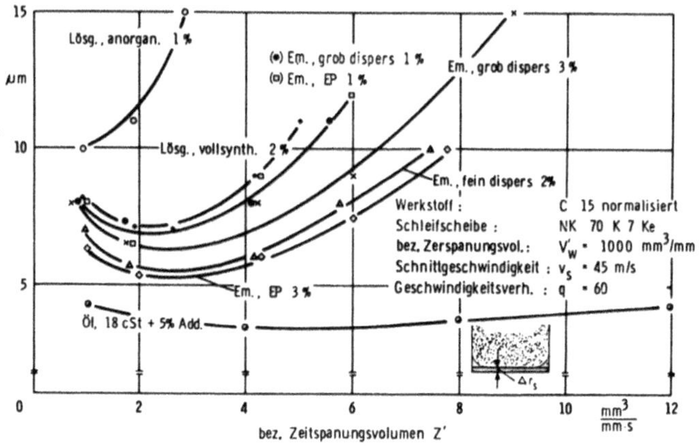

Bild 25: Kühlschmierstoffeinfluß auf den Schleifscheibenverschleiß

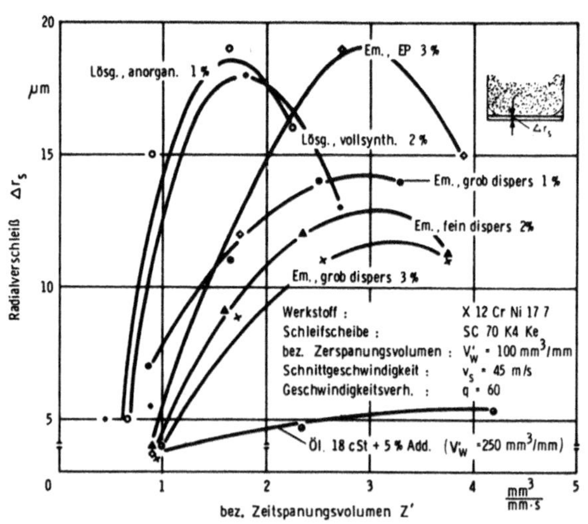

Bild 26: Kühlschmierstoffeinfluß auf den Schleifscheibenverschleiß

(kleine Abtragsverhältnisse $G = V_w/V_{sC}$) auf. Die ein Maximum aufweisenden Verschleißkurven sind mit denen der in früheren Arbeiten [35] untersuchten Titanlegierung TiAl 6 V 4, die bezüglich der Zerspanbarkeit ähnlich ungünstige Eigenschaften aufweist, vergleichbar. Für die Verschleißabnahme im Bereich größerer Zeitspanungsvolumina werden hier die mit höherer Zerspanleistung verbundene kürzere Schleifzeit bzw. Temperatureinwirkdauer angegeben, wodurch ein verminderter thermischer und korrosiver Korn- und Bindungsverschleiß auftritt.

Der Einfluß des Kühlschmierstoffs läßt sich folgendermaßen beschreiben. In der Reihenfolge Lösungen-Emulsionen-Öl nimmt der Schleifscheibenverschleiß (mit Ausnahme der 3 %igen EP-Emulsion) ab und die Maxima werden zu höheren Zeitspanungsvolumina verschoben.

6. Zusammenfassung

Zur Reduzierung des Zeit- und Kostenaufwandes bei der Ermittlung der technologischen Wirkung von Kühlschmierstoffen beim Schleifen wurde im Rahmen dieses Vorhabens ein Kurzprüfverfahren entwickelt, auf welches die den Schleifprozeß bestimmenden Parameter möglichst exakt übertragen wurden. Mit dem im Seiten-Querschleifverfahren arbeitenden Prüfgerät können die Kontaktverhältnisse der verschiedenen Schleifverfahren durch Variation der Kontaktfläche weitgehend simuliert werden.

Zum Nachweis der Eignung des entwickelten Testverfahrens wurden die damit erzielten Ergebnisse zu den Resultaten eines entsprechenden Maschinenversuchs in Bezug gesetzt. Dabei wurde eine weitgehende Übereinstimmung erzielt, so daß von einer grundsätzlichen Eignung des Kurzprüfverfahrens ausgegangen werden kann.

Über die technologische Wirkung von Kühlschmierstoffen läßt sich zusammenfassend folgende Aussage treffen.

Mit zunehmender Schmierung steigt die Schnitteinsatztiefe und die plastische Werkstoffverformung während der Spanbildung, was zu geringeren effektiven Spanungsdicken und zu ansteigenden kinematischen Schneidenzahlen führt. Daraus resultiert eine mit der Schmierwirkung bei allen geschliffenen Werkstoffen beobachtete Verbesserung der Oberflächenqualität und ein verminderter Schleifscheibenverschleiß.

Der Anteil der eingreifenden, jedoch nicht spanabnehmenden Schneiden ist umso größer, je besser die Schmierung, je flacher der Eindringwinkel der Einzelkörner in den Werkstoff (z.B. kleine Zeitspanungsvolumina) und je duktiler der Werkstoff ist. Dies verursacht erhöhte Restschleifkräfte F_n, $F_t (Z' \rightarrow 0)$ und einen flacheren Kraftanstieg. Aus diesem Grund können verbesserte Schmierverhältnisse zunehmende Schnittkräfte im Bereich niedriger Zeitspanungsvolumina hervorrufen, während sich die Verhältnisse bei hohen Zerspanleistungen umkehren, was die an den Stählen 100 Cr 6 und C15 erzielten Versuchsergebnisse bestätigen. Dieser Effekt tritt bei den Normalkräften deutlicher als bei den Tangentialkräften hervor.

Die zu den Tangentialkräften proportionale thermische Werkstückbelastung muß deshalb nicht in jedem Fall abnehmen. Die thermisch bedingten Grenzzeitspanungsvolumina liegen jedoch in der Mehrzahl der Fälle, wie auch bei den durchgeführten Untersuchungen, in dem Bereich, in dem die Tangentialkräfte und somit die Schleiftemperaturen mit besser werdender Schmierung sinken.

Schrifttum

1	Reich, H.	Prüfverfahren für wassermischbare und wassergemischte Kühlschmierstoffe VDI-Z, 124(1982)3, S. 93/98
2	Göttner, G.H.	Grundsätzliches über die Schmierstoffprüfung Vortrag 28./29.4.1980, Lehrgang Nr. 45 17/30.88, Technische Akademie Esslingen
3	Habig, H.	Möglichkeiten der Modell-Verschleißprüfung Materialprüfung 17(1975)10, S. 358/65
4	Gühring, K.	Hochleistungsschleifen - Eine Methode zur Leistungssteigerung der Schleifverfahren durch hohe Schnittgeschwindigkeiten Diss. TH Aachen, 1967
5	Lortz, W.	Schleifscheibentopographie und Spanbildungsmechanismus beim Schleifen Diss. TH Aachen, 1975
6	Masslow, E.N.	Grundlagen der Theorie des Metallschleifens Berlin: Verl. Technik 1952
7	Steffens, K. Lauer-Schmaltz, H.	Spanbildung und Trennpunktlage beim Schleifen Ind.-Anz. 100(1978)73, S. 49/50

8 König, W. Fertigungsverfahren Band 2
Schleifen, Honen, Läppen
Düsseldorf: VDI-Verlag 1980

9 Zwingmann, G. Kühlmittel und Schmierstoffe für die Metallbearbeitung
Sonderdruck des Shell Technischen Dienstes

10 N.N. Prüfung im Shell-Vierkugel-Apparat
DIN 51350, Teil 2

11 Lowin, R. Schleiftemperaturen und ihre Auswirkungen im Werkstück
Diss. TH Aachen, 1980

12 Saljé, E. Wirtschaftliche Zerspanbedingungen beim Schleifen
Werkstattstechnik und Maschinenbau 1954, Heft 10

13 Ernst, H.O. Über die Wirtschaftlichkeit stufenloser Einstellbarkeit von Schleifscheiben- und Werkstückdrehzahl bei Rundschleifmaschinen
Diss. TH Braunschweig 1957

14 Knobloch, H. Kühschmierstoffreinigung und Kühlung bei der Feinstbearbeitung
Vortrag 27.11.79, Sem.-Nr. 11379, Technische Akademie Wuppertal

15 Bierlich, R. — Technologische Voraussetzungen zum Aufbau eines adaptiven Regelungssystems beim Außenrundeinstechschleifen
Diss. TH Aachen, 1976

16 Hart, H. — Einführung in die Meßtechnik
Berlin: VEB Verlag Technik 1978

17 König, W.; Saljé, E.; Föllinger, H.; Mackensen v., G. — Einfluß von Abrichtwerkzeugen und Vorrichtungen auf den Abricht- und Schleifprozeß
VDW-Bericht 4471, 1981

18 Averkamp, Th. — Überwachungssystem für den Abrichtprozeß
Bericht über die 11. Arbeitstagung des Technologie-Arbeitskreises am 25.3.1982, WZL, TH Aachen

19 Völler, R. — Abnutzung von Abrichtwerkzeugen
Technische Mitteilungen 73(1980)8, S. 656 - 663

20 König, W.; Saljé, E.; Messer, J.; Rohde, G. — Analyse der Zusammenhänge zwischen Schleifscheibe, Maschineneinstellgrößen und Arbeitsergebnis beim zweistufigen Außenrund-Einstechschleifen
VDW-Bericht A 4473, 1981

21 Weinert, K. — Die zeitliche Änderung des Schleifscheibenzustandes beim Außenrundeinstechschleifen
Diss. TU Braunschweig, 1976

22 Böttler, E. Konzept und technologische Grundlagen zum Aufbau eines Informationszentrums für die Schleifbearbeitung
Diss. TH Aachen, 1979

23 König, W.
Steffens, K.
Yegenoglu, K.
Modellversuche zur Erfassung der Wechselwirkung zwischen Reibbedingungen und Stofffluß
Ind.-Anz. 103(1981)35, S. 30/34

24 Yoshihiro, K.
Mamoru, I.
Influence of Swell Out Residuals on Grinding Mechanism
Trans. of J.S.M.E.

25 Sasaki, T.
Okamura, K.
The Cutting Mechanism of Abrasive Grain
Bulletin of J.S.M.E. No.12(1960) Vol. 3, S. 547/555

26 Nakayama, K.
Takagi, J.
Nakano, T.
Peculiarity in the Grinding of Hardened Steel
24th General Assembly of the CIRP, Kyoto, Japan 1974

27 Lauer-Schmaltz, H. Zusetzung von Schleifscheiben
Diss. TH Aachen, 1979

28 Werner, G. Kinematik und Mechanik des Schleifprozesses
Diss. TH Aachen, 1971

29 König, W.
Steffens, K.
Unveröffentlichte Untersuchungen am Werkzeugmaschinenlaboratorium TH Aachen

30 Ott, H.W. — Kühlschmieren - Voraussetzung für kostengünstiges Schleifen und Abrichten
Vortrag VDI-Bildungswerk 8./9.2. 1982

31 N.N. — Unveröffentlichte Mitteilung der Fa. Castrol, Hamburg 1981

32 Werner, G.
Minke, E. — Technologische Merkmale des Tiefschleifens
tz für Metallbearbeitung 75(1981) 3, S. 11/15

33 Peklenik, J. — Untersuchungen über das Verschleißkriterium beim Schleifen
Ind.-Anz. 80(1958)27, S. 397/402

34 Dederichs, M. — Untersuchung der Wärmebeeinflussung des Werkstücks beim Flachschleifen
Diss. TH Aachen, 1972

35 Hönscheid, W. — Abgrenzung werkstoffgerechter Schleifbedingungen für die Titanlegierung TiAl 6 V 4
Diss. TH Aachen, 1975

Untersuchung der Wirkungsweise von Schmierstoffen beim Gesenkschmieden von Stahl mittels technologischer Prüfverfahren

von

Prof. Dr.-Ing. Eckart Doege
Dipl.-Phys. Rolf Schneider
Dr.-Ing. Rolf Melching

Forschungsstelle Gesenkschmieden
an der
Universität Hannover

Förderkennzeichen: 01 ZT 448 S
Laufzeit: 01.01.1979 - 30.06.1981

Zusammenfassung

Die verwickelten Vorgänge in der Fuge zwischen Werkzeug und Werkstück und die Vielzahl der Einflußgrößen haben in der Praxis dazu geführt, daß beim Einsatz von Werkzeugwerkstoffen und Schmierstoffen auf Erfahrungswerte zurückgegriffen werden muß. Dabei ist nicht gesichert, ob unter den gegebenen Bedingungen jeweils die optimale Wahl getroffen wurde, da hierzu langwierige und aufwendige Untersuchungen für jeden Einzelfall erforderlich wären. Deshalb besteht die Forderung nach einem einfachen, praxisnahen technologischen Prüfverfahren, mit dem eine Charakterisierung von Schmierstoffeigenschaften möglich ist.

Es wurde eine Prüfmethode entwickelt, mit der bei vergleichsweise geringem Aufwand die Einflüsse insbesondere auf Reibung und Verschleiß unter Schmiedebedingungen untersucht werden können.

Es wurde nachgewiesen, daß die Werkzeuggrundtemperatur das Verschleißverhalten in hohem Maße beeinflußt, was in erster Linie auf die Wirkung der Schmierstoffe zurückzuführen ist. Eine Verringerung des Verschleißes wurde sowohl durch eine Verlängerung der Sprühdauer als auch durch eine Erhöhung des Konzentratgehalts erreicht. Weiterhin zeigte sich, daß eine Wechselwirkung zwischen Schmierstoffen und Werkzeugwerkstoffen besteht.

Eine Gegenüberstellung der verschleiß- und reibungsmindernden Wirkung der untersuchten Schmierstoffe zeigte, daß sowohl hohe Reibungszahlen bei vergleichsweise geringen Verschleißbeträgen als auch der entgegengesetzte Fall auftraten.

Zur Beschreibung der Graphiteigenschaften werden die Kenngrößen Korngrößenverteilung, kristalline Struktur, mikroporöse Textur und die Reinheit herangezogen. Große Kristallite, hohe Reinheit und große spezifische Oberfläche vermindern den Verschleiß.

Der Einsatz von Additiven (Binder, Benetzungsmittel) kann den Verschleiß beeinflussen.

Die in der Wirkfuge auftretenden Temperaturen wurden numerisch berechnet. Unter Zuhilfenahme der daraus resultierenden Festigkeiten und Fließspannungen wurde ein theoretischer Ansatz für den metallischen Verschleiß gemacht. Danach nimmt der Verschleiß mit steigender Werkzeug- und Werkstücktemperatur stark zu. Dies steht teilweise im Widerspruch zu den Prüfergebnissen und deutet darauf hin, daß die Modelluntersuchungen insbesondere auf den Grenzschichtverschleiß ausgedehnt werden müssen.

Inhalt

Inhalt

1. Einleitung

Beim Gesenkschmieden werden zur Unterstützung des Schmiedevorgangs und zur Schonung der Gesenke Schmierstoffe auf das Gesenk aufgetragen. Schmierstoffe sollen die Gravurfüllung erleichtern, den Fertigungsablauf verbessern und den Verschleiß im Gesenk verringern.

Es handelt sich in der Regel um sprühbare Gemische, die neben dem Träger (Wasser oder Öl) und dem eigentlichen Schmierstoff Additive (Benetzungsmittel, Treibmittel, Binder) enthalten.

Schmierstoffe genügen heute ihren Anforderungen nur bedingt, da sie weitgehend undifferenziert angewendet werden, d. h. sie werden nicht an die spezielle Umformaufgabe angepaßt. Objektive Bewertungsmaßstäbe fehlen bisher, weil die Aussagefähigkeit leicht zu ermittelnder Kennwerte für das Betriebsverhalten der Schmierstoffe nicht ausreichend untersucht wurde.

2. Funktionsweise der Prüfanlage

Der Einfluß der zahlreichen Einflußgrößen auf Reibung und Verschleiß wird auf einer Versuchsanlage [1] ermittelt, die die Durchführung von Versuchen unter geringem Zeit- und Materialaufwand ermöglicht.

Das Werkstück, ein zylindrischer Stangenabschnitt, wird induktiv erwärmt und fällt über eine Rutsche auf ein schwenkbares Auflager (Bild 1), wo es genau in der Mitte oberhalb der Stauchbahnen positioniert wird. Die Abmessungen der Stauchbahnen sind Bild 2 zu entnehmen. Die Paßbohrungen dienen zur Aufnahme von Heizpatronen. Während des Versuchs werden die Stauchbahnen durch einen Temperaturregler auf einer vorgewählten Temperatur gehalten. Nachdem die Werkstücktemperatur mittels Teilstrahlungspyrometer kontrolliert wurde, werden die Proben vom Pressenstempel zwischen die im Winkel von 12° zueinander geneigten Stauchbahnen gestoßen. Dabei werden sie in

Achsrichtung angestaucht, und die Zylinderenden legen sich mit ihren Stirnflächen an die Werkzeugflächen an. Während der Umformung wird ein großer Reibweg realisiert, in dessen Verlauf sich in Abhängigkeit von den herrschenden Reibungsverhältnissen eine Nase an den Enden der Probe ausbildet.

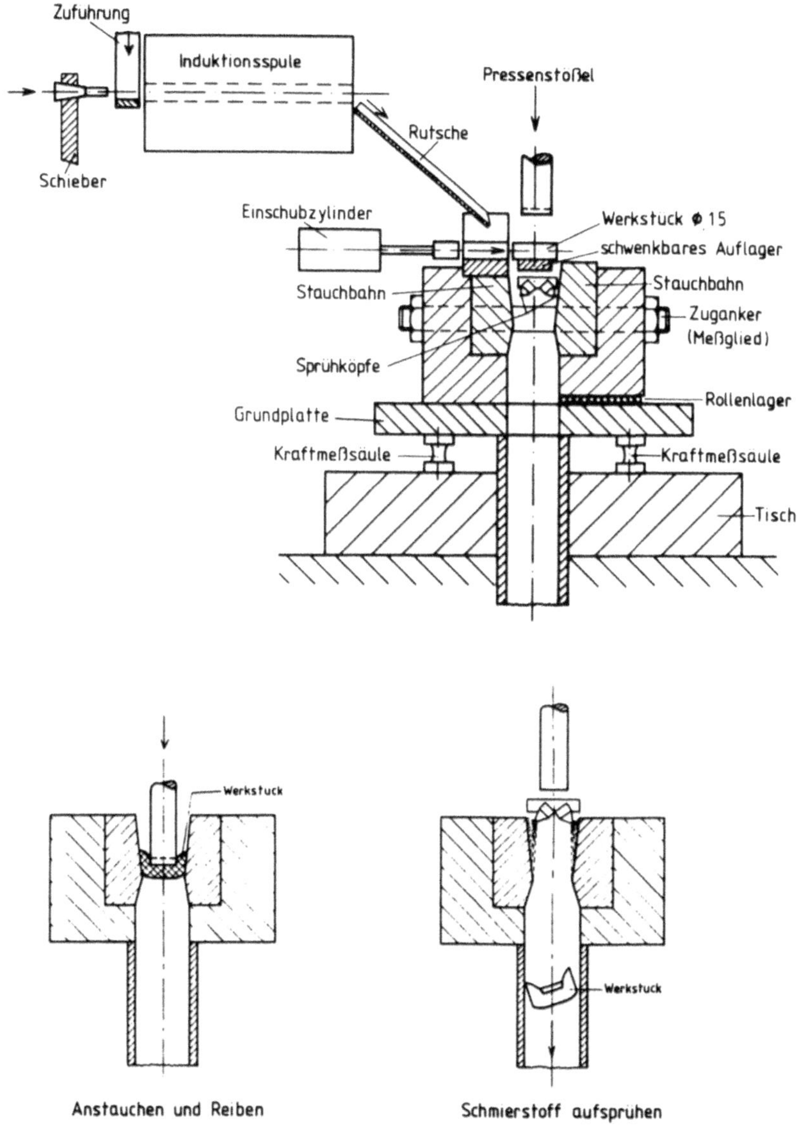

Bild 1: Aufbau der Verschleißprüfanlage und Ablauf des Umformvorgangs

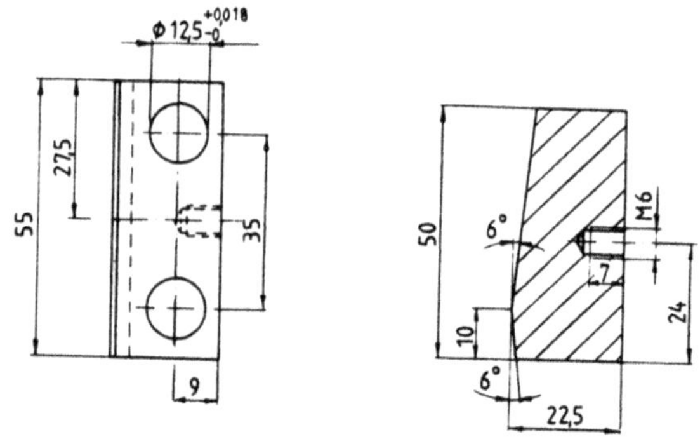

Bild 2: Abmessungen der Stauchbahnen

Nach Beendigung des Umformvorganges wird Schmierstoff (z. B. Graphit-Wasser-Dispersionen) auf die Arbeitsflächen des Werkzeugs gesprüht.

Die normalen Prüfbedingungen zeigt Tabelle 1.

Werkstück	Werkzeug
Werkstoff: C 45	Werkstoff: X 32 CrMoV 3 3
Abmessungen: Ø 15 x 37 ±0,5	Abmessungen: Ø 50 x 48 x 23 mm
Temperatur: Ofen: 1180 °C; Umformung: 1150 °C	Zugfestigkeit nach dem Vergüten: 1550 N/mm²
Schmierung	**Stauchvorgang**
Mischungsverhältnis 1 : 10	Taktzeit: 12 s
Sprühwinkel: 45°	Reibweg: 35 mm
Sprühabstand: 55 mm	Stößelgeschwindigkeit: 250 mm/s
Sprühdruck: 5 bar	Druckberührzeit: 0,12 s
Sprühdauer: 1,3 s	

Tabelle 1: Prüfbedingungen

3. Verschleiß

3.1 Ermittlung des Verschleißbetrages

Der Verschleiß wird nach 300 Stauchvorgängen durch Abtasten der Werkzeugoberfläche quer zur Beanspruchungsrichtung gemessen, so daß sich die Verschleißspur deutlich vom unbelasteten Profil abheben kann (Bild 3). Anhand mehrerer Tastschnitte erhält man eine über Breite und Länge der Verschleißspur gemittelte Verschleißtiefe, im folgenden Verschleißbetrag genannt.

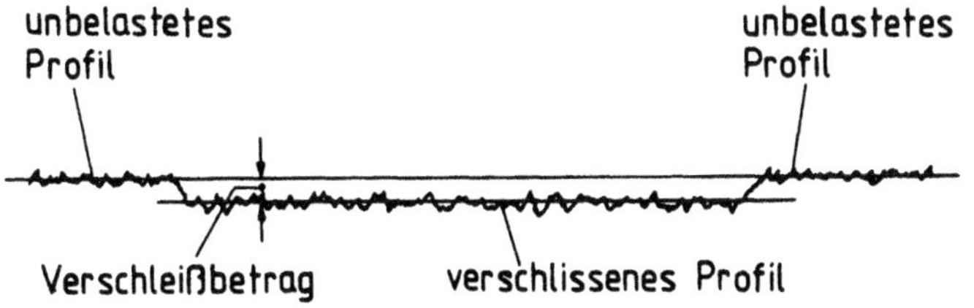

Bild 3: Verschleißspur auf der Stauchbahn (Prinzipdarstellung)

Um den Streubereich der Verschleißbeträge zu ermitteln, wurden mehrere Versuche unter konstanten Bedingungen gefahren. In Bild 4 sind die Streuwerte in Abhängigkeit vom zurückgelegten Reibweg aufgetragen. Die Meßspanne von $\pm$ 0,5 µm entspricht der vom Meßgerät bedingten Meßunsicherheit.

Aus Bild 4 geht gleichzeitig hervor, daß die Verschleißbeträge über dem Reibweg abnehmen. Dies ist dadurch zu erklären, daß sich in der Anfangsphase des Stauchvorganges abplatzender Zunder zwischen Probenstirnfläche und Werkzeug befindet, der den Schmierfilm durchstößt und durch seine schmirgelnde Wirkung einen erhöhten Verschleiß verursacht. Beim weiteren Gleiten des Werkstücks auf der Stauchbahn werden die Zunderteilchen aus dem Schmierspalt herausgerieben.

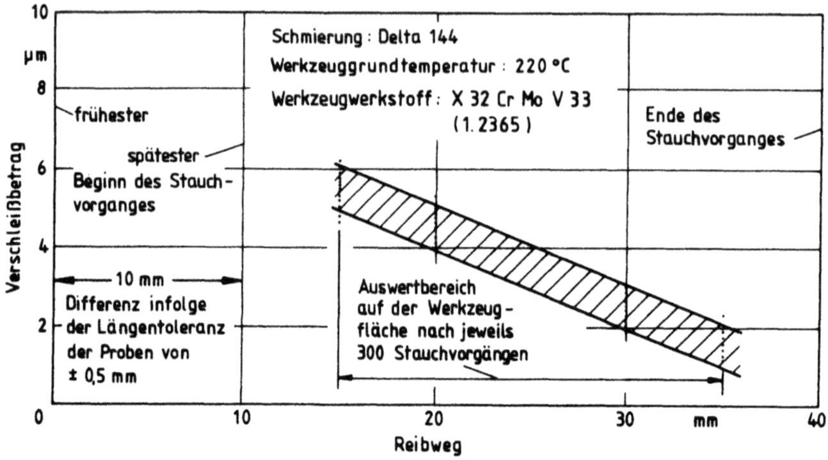

Bild 4: Streuung der Verschleißbeträge

3.2 Einfluß der Stückzahl und des Werkzeugwerkstoffs

Das Verschleißverhalten von Warmarbeitsstählen, die für Gesenkschmiedewerkzeuge eingesetzt werden, ist aus zahlreichen Untersuchungen und aufgrund der Erfahrungen der Praxis weitestgehend bekannt.

Aus diesem Grund wurden Versuche zur Ermittlung des Verschleißverhaltens der drei Werkstoffe 1.2344, 1.2365 und 1.2713 durchgeführt, da zu erwarten war, daß hierdurch die Übertragbarkeit bzw. Anwendbarkeit der Ergebnisse auf praktische Verhältnisse deutlich gezeigt werden konnte. Pro Versuch wurden 3000 Proben gestaucht und Verschleißkurven aufgenommen, indem nach jeweils 300 Stück die Werkzeuge ausgebaut und abgetastet wurden (Bild 5). Der Verschleiß auf den Stauchbahnen aus den Werkstoffen 1.2344 und 1.2365 zeigt einen fast linearen Anstieg über dem gesamten Bereich, während bei dem Werkstoff 1.2713 ab etwa 2000 Stück ein progressiver Anstieg des Verschleißbetrages zu verzeichnen ist. Die Unterschiede der Verschleißbeträge bei den beiden erstgenannten Stählen sind gering im Vergleich zu letzterem, der ungefähr einen um das Doppelte höheren Verschleiß aufweist. Der Grund dafür ist, daß der Stahl 1.2713 aufgrund seiner Zusammensetzung zwar eine gute Zähigkeit, jedoch im Vergleich zu den beiden höher legierten Stählen einen geringeren Widerstand gegen Warmverschleiß besitzt.

Zur Charakterisierung der Wirkung von Schmierstoffen oder anderer Einflußgrößen auf den Verschleiß sind vergleichende Angaben bereits nach 300 Stauchvorgängen möglich.

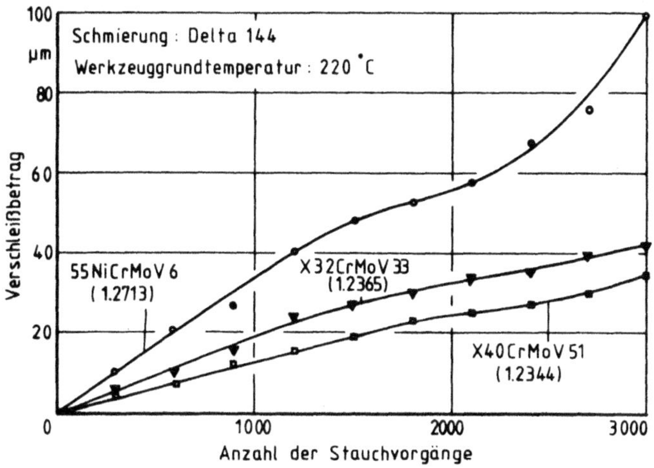

Bild 5: Verschleißbetrag in Abhängigkeit von der gestauchten Stückzahl

3.3 Einfluß der Werkzeugtemperatur und des Schmierstoffs

Einen Vergleich der verschleißmindernden Wirkung von fünf handelsüblichen Schmierstoffen zeigt Bild 6. Variiert wurde die Werkzeugtemperatur, die einen deutlichen Einfluß auf das Verschleißverhalten hat. Bei Schmierung mit Delta 144 und Delta 31 zeigen die Kurven einen gleichmäßigen Anstieg über der Temperatur, während bei den Sumidera-Schmierstoffen der Verschleiß zunächst leicht abfällt und erst ab 220 °C eine steigende Tendenz aufweist.

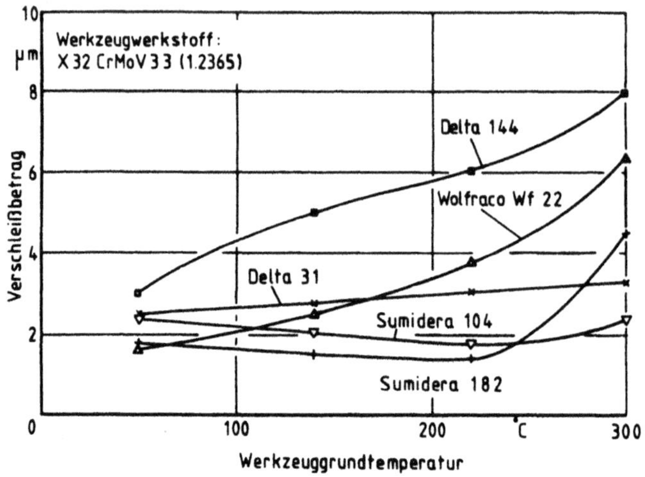

Bild 6: Einfluß der Werkzeugtemperatur auf den Verschleißbetrag
Werkzeugwerkstoff: X 32 CrMoV 3 3

Diese unterschiedlichen Ergebnisse können sowohl auf die Wirkung der Schmierstoffe selbst als auch auf das Verhalten des Werkzeugwerkstoffs zurückgeführt werden. Einerseits nimmt die Festigkeit des Werkzeugwerkstoffs mit steigender Temperatur ab (s. Kapitel 7), gleichzeitig läßt die Benetzungswirkung und damit die Gleichmäßigkeit und Dicke der Schmierschicht nach [2]. Andererseits bewirkt die geringere Temperaturdifferenz zwischen Werkzeug und Werkstück eine Verminderung der Temperaturwechselbelastung.

Ein entscheidender Einfluß geht von der Schmierschichtdicke aus. Dies wird bestätigt durch den Einfluß der Sprühdauer und des Mischungsverhältnisses auf den Verschleißbetrag.

3.4 Einfluß der Schmierschichtdicke

Bei Verwendung des Schmierstoffs Sumidera 182 ließ sich deutlich der Einfluß der Sprühdauer auf den Verschleißbetrag feststellen (Bild 7). Eine Verlängerung der Sprühdauer von 0,7 auf 1,3 Sekunden bewirkte je nach Grundtemperatur des Werkzeugs zum einen eine Verringerung des Verschleißes etwa um den Faktor 3 bis 5 und zum anderen eine unterschiedliche Tendenz des Kurvenverlaufs. Während bei einer Sprühdauer von 0,7 Sekunden der Verschleißbetrag über dem gesamten Temperaturbereich linear steigt, ist bei 1,3 Sekunden bis 220 °C ein leichter Abfall und darüber eine relativ steile Zunahme zu erkennen. Die Erklärung ist darin zu sehen, daß bei verlängerter Sprühdauer die Werkzeugoberfläche stärker abgekühlt wird, wodurch sich die auftragbare Schmierstoffmenge erhöht.

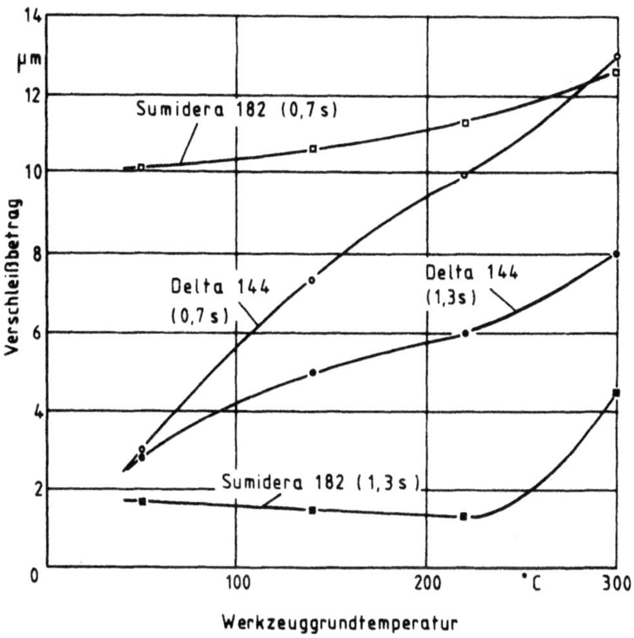

Bild 7: Einfluß der Sprühdauer auf den Verschleißbetrag

Der Einfluß der Sprühdauer zeigt sich nicht bei allen Schmierstoffen im gleichen Maße, was bei Schmierung mit Delta 144 zu erkennen ist. Der Verschleiß wird bei längerem Sprühen zwar im oberen Temperaturbereich verringert, das Verhalten in Abhängigkeit von der Temperatur bleibt jedoch in der Tendenz gleich.

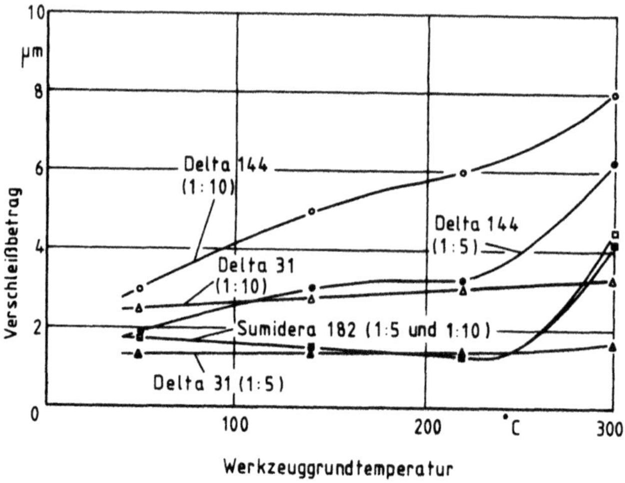

Bild 8: Einfluß des Mischungsverhältnisses auf den Verschleißbetrag

Das Verhältnis von Schmierstoffkonzentrat zu Wasser beeinflußt den Verschleiß nicht im gleichen Maße wie die Sprühdauer (Bild 8). Bei dem Schmierstoff Sumidera 182 zeigten sich bei Mischungsverhältnissen von 1 : 5 und 1 : 10 kaum meßbare Unterschiede, was bedeutet, daß bei einer Verdünnung von 1 : 10 bereits die maximal mögliche Schmierstoffmenge auf das Werkzeug aufgetragen wird.

Bei den Schmierstoffen Delta 144 und Delta 31 bewirkt eine Verringerung des Konzentratgehalts um den gleichen Betrag eine Erhöhung des Verschleißes um den Faktor 1,2 bis 2.

3.5 Wechselwirkung von Werkzeugwerkstoff und Schmierstoff

Die Bilder 9 bis 12 zeigen das Verschleißverhalten von drei Warmarbeitsstählen unter Verwendung unterschiedlicher Schmierstoffe. Die Kurvenverläufe liegen bei den Schmierstoffen Wolfraco Wf 22 und Delta 144 vergleichsweise dicht beieinander, wohingegen bei Sumidera 104 und 182 im oberen Temperaturbereich deutlich unterschiedliche Verschleißbeträge auftreten.

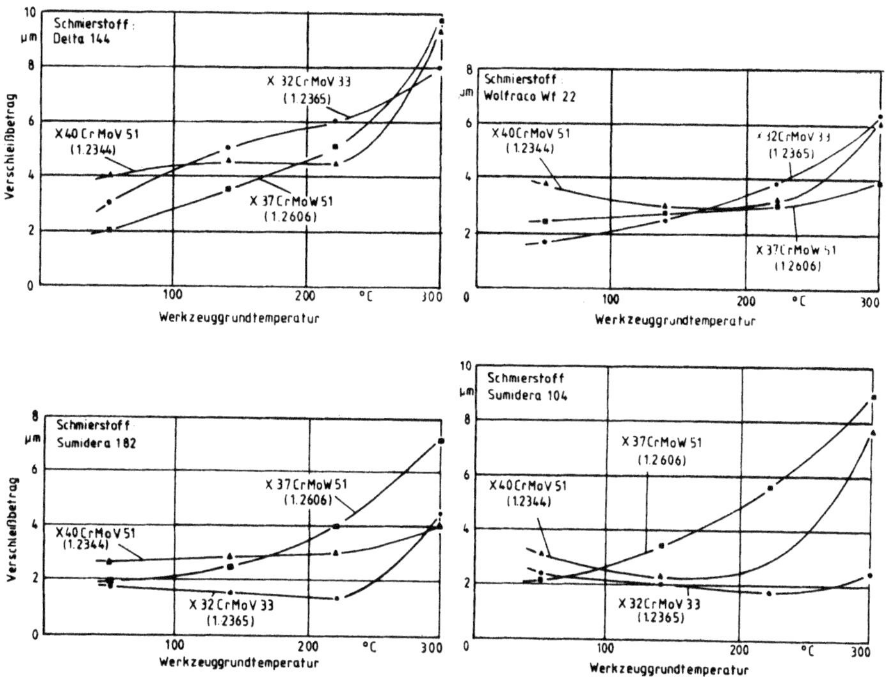

Bild 9 - 12: Verschleißverhalten von Warmarbeitsstählen bei unterschiedlicher Schmierung

Vergleicht man das Verhalten der Stähle 1.2606 und 1.2365 miteinander, so zeigen sich in der Tendenz erhebliche Unterschiede. Bei Schmierung mit Sumidera 104 weist der Stahl 1.2606 im Bereich zwischen 200 und 300 °C jeweils den größten Verschleiß auf, während der Kurvenverlauf für 1.2365 deutlich darunter liegt. Bei Schmierung mit Wolfraco verhalten sich diese beiden Stähle völlig entgegengesetzt.

Dies ist auf das physikalische und chemische Verhalten des Schmierstoffs auf der betreffenden Stahloberfläche zurückzuführen. So verbessern Oberflächenschichten, z. B. eine Oxid- oder Nitritschicht, die Schmierfilmbildung und die Haftung des Graphits. Die Oberflächenoxidation wird sich mit der Menge und Zusammensetzung der Additive (Binder, Benetzungsmittel, Treibmittel) sowie der Temperatur verändern, so daß die chemische Bindung des Graphits an die Stahloberfläche beeinflußt wird und letztendlich ein Werkzeugwerkstoff bei Verwendung eines anderen Schmierstoffs vergleichsweise besser abschneiden kann als die anderen.

3.6 Einfluß der Werkstücktemperatur

Die Schmiedetemperatur des Werkstücks wurde zwischen 1000 und 1200 °C variiert. Mit abnehmender Werkstücktemperatur nimmt der Verschleiß zu (Bild 13).

3.7 Einfluß der Vergütungsfestigkeit

Der Werkzeugverschleiß kann durch eine höhere Vergütungsfestigkeit herabgesetzt werden (Bild 14). Der Kurvenverlauf zeigt allerdings mit zunehmender Festigkeit abflachende Tendenz. Es ist zu vermuten, daß der positive Einfluß der Werkzeughärte vom Einfluß der Sprödigkeit des Materials überdeckt wird.

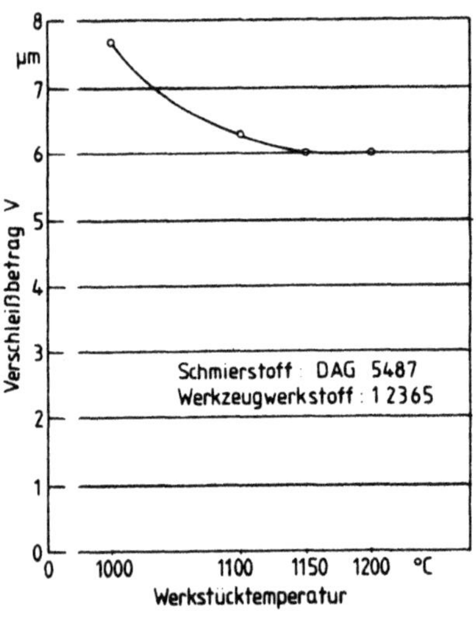

Bild 13:
Einfluß der Werkstücktemperatur auf den Verschleißbetrag

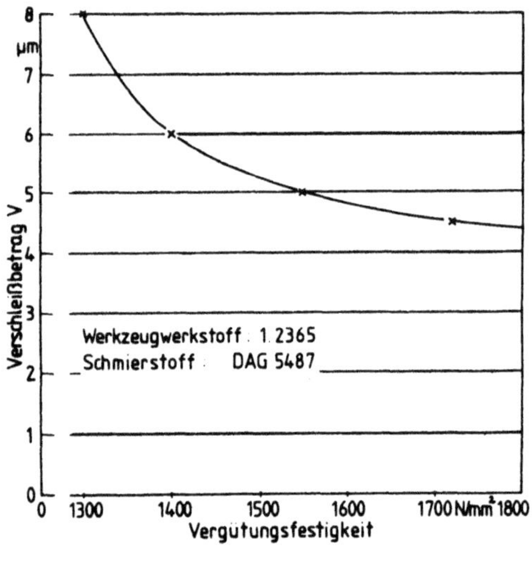

Bild 14:
Einfluß der Vergütungsfestigkeit auf den Verschleißbetrag

4. Reibung

4.1 Ermittlung der Reibungszahlen

Für die Beurteilung des Zusammenwirkens des tribologischen Systems Werkzeug - Schmierstoff - Werkstück in der Wirkfuge sind die Reib- und Normalkräfte ein empfindlicherer Maßstab als der Verschleiß, so bei Veränderungen der Temperaturverhältnisse oder bei Versagen des sonst geschlossenen Schmierfilms mit der Folge erhöhten metallischen Kontaktes.

Die Prüfeinrichtung ermöglicht durch Messung der in horizontaler und vertikaler Richtung auftretenden Kräfte die Bestimmung der Reibungszahlen.

Zwei Zuganker verbinden die Stauchbahnhalter, während sich die Grundplatte auf drei Säulen abstützt. Zuganker und Säulen sind mit Dehnmeßstreifen beklebt, so daß die Horizontalkraft Z und die Vertikalkräfte D gemessen werden können. Aus diesen und der Neigung der Stauchbahnen ergeben sich die senkrecht zur Werkzeugoberfläche auftretende Normalkraft und in der Werkzeugebene die Reibkraft (Bild 15). Im Sinne des Coulombschen Gesetzes berechnet sich aus dem Quotienten die Reibungszahl μ.

$$\mu = F_R/F_N$$

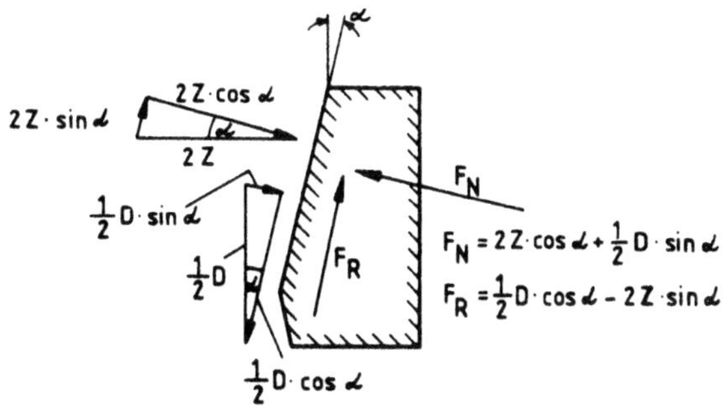

Bild 15: Reaktionskräfte an der Stauchbahn

Bild 16 zeigt den Zusammenhang zwischen Normal- und Reibkraft. Die Stauchkräfte wurden durch Veränderung des Abstands der Stauchbahnen und durch die Längentoleranzen der Werkstücke variiert. Es zeigt sich eine lineare Abhängigkeit (bis auf die Streuung unter Grenzreibungsbedingungen). Die Steigung der Geraden entspricht der Reibungszahl μ.

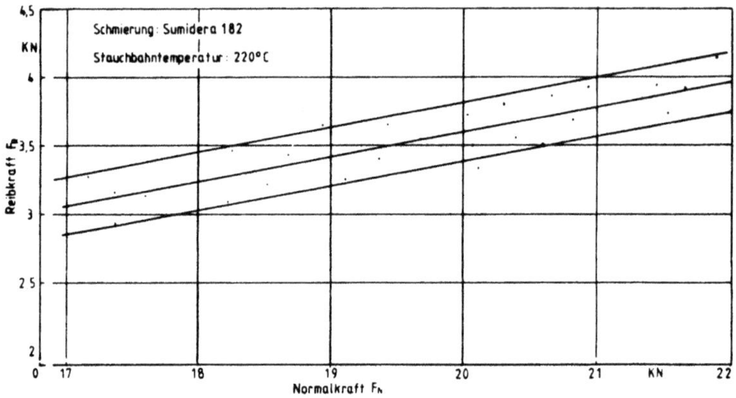

Bild 16: Zusammenhang zwischen Normal- und Reibkraft

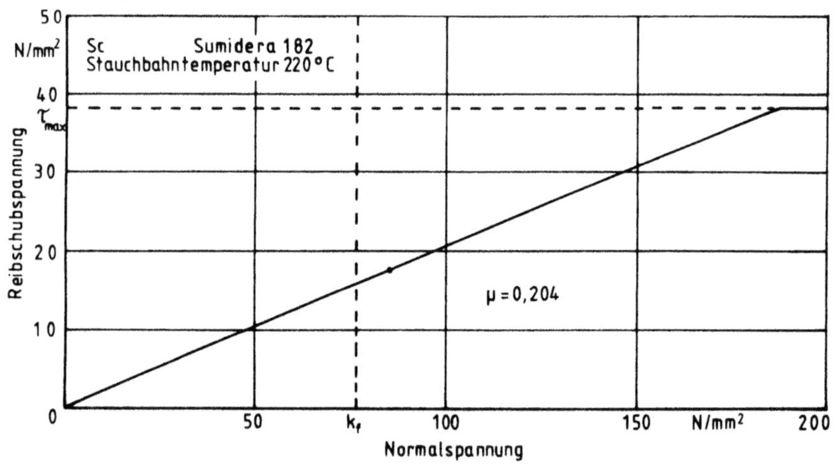

Bild 17: Zusammenhang zwischen Reibschubspannung und Normalspannung

Berücksichtigt man die angestauchten Flächen des Werkstücks, können Druck- und Schubspannungen abgeschätzt werden (Bild 17). Die Normalspannung liegt oberhalb der Fließspannung und die Schubspannung unterhalb der Schubfließgrenze. Oberhalb der Schubfließgrenze wäre eine Bestimmung der Reibungszahl nicht mehr sinnvoll gewesen.

Es läßt sich feststellen, daß die Reibungszahlen nach dem Coulombschen Gesetz direkt aus den gemessenen Kräften errechnet werden können.

4.2 Verlauf von Normalkraft, Reibkraft und Reibungszahl über dem Reibweg

Aus den zeitlichen Verläufen der gemessenen Kräfte wurden die Verläufe der Normalkraft, der Reibkraft und der Reibungszahl über dem Reibweg ermittelt. Die Ergebnisse sind in den Bildern 18 bis 21 dargestellt.

Die Normalkraft steigt in allen Fällen proportional zur angestauchten Fläche. Die Reibkraft zeigt bei den Schmierstoffen Delta 144 und Delta 31 zu Anfang einen leichten Anstieg und bleibt danach, abgesehen von dem erwähnten Schwankungsbereich, nahezu konstant. Die Reibungszahl hat deshalb über dem gesamten Reibweg eine abfallende Tendenz.

Die Reibkraft bei den Schmierstoffen Wolfraco Wf 22 und Sumidera 182 steigt dagegen stetig. Die Reibungszahl fällt dabei zunächst ab, zeigt dann aber gegen Ende (Bild 21) bzw. Mitte (Bild 20) des Stauchvorganges wieder einen deutlichen Anstieg.

Diese Ergebnisse lassen bereits auf das unterschiedliche Verhalten der Schmierstoffe schließen. Die Schmierstoffe Delta 144 und Delta 31 vermindern im Verlaufe des Umformvorganges die Reibung, was z. B. auf die Bildung von Reaktionsschichten in der Wirkfuge zurückzuführen ist. Der Verlauf der Reibungszahl bei Wolfraco Wf 22 und Sumidera 182 läßt darauf schließen, daß bei diesen Schmierstoffen während des Umformvorganges

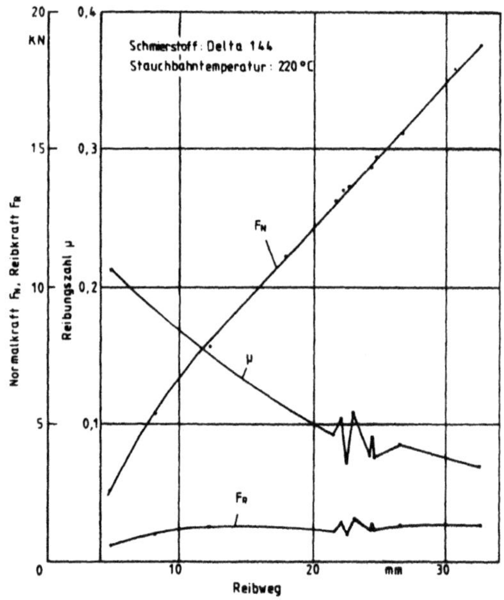

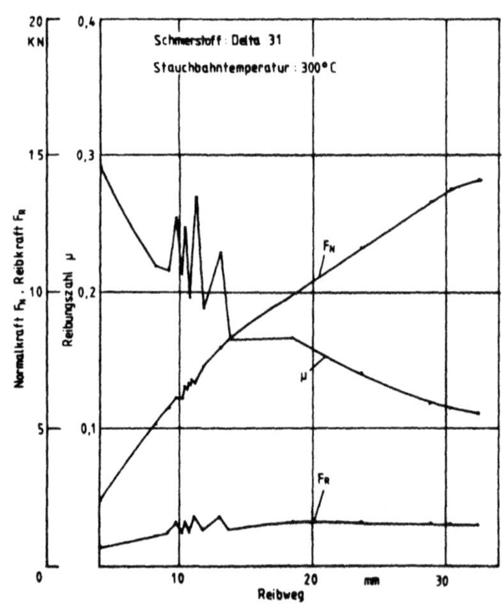

Bild 18 u. 19:
Verlauf von Normalkraft, Reibkraft und Reibungszahl über den Reibweg

aufgrund der Vergrößerung und Neubildung der Werkstückoberflächen die Schmierwirkung nachläßt.

Die Vertikalkraft zeigt in drei Fällen (Bild 18, 19, 21) einen Bereich starker Schwankungen, der an das bekannte "Ruckgleiten" (stick-slip) erinnert. Diese Schwankungen sind so zu erklären, daß an dieser Stelle abgeplatzte Zunderteilchen den Schmierfilm durchstoßen. Der Effekt läßt sehr schnell nach, da die Teilchen beim weiteren Gleiten der Stauchprobe auf der Stauchbahn aus der Wirkfuge herausgerieben werden.

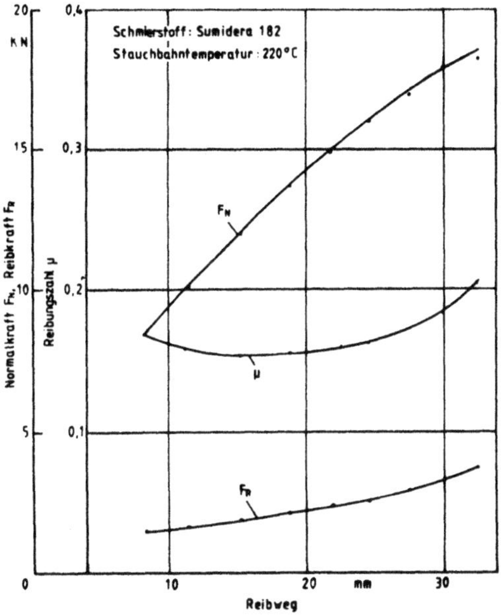

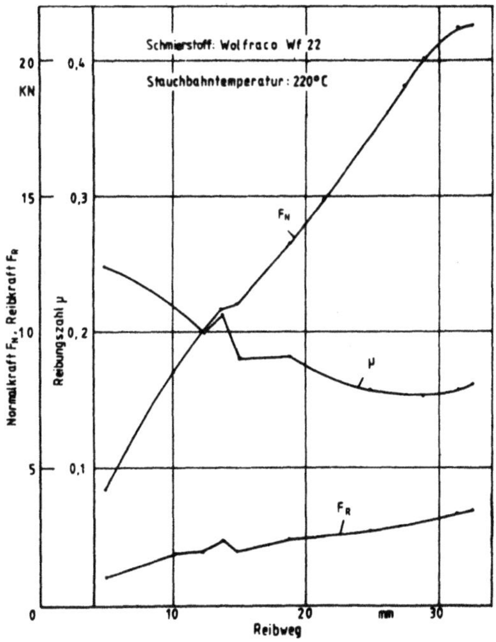

<u>Bild 20 u. 21:</u>

Verlauf von Normalkraft, Reibkraft und Reibungszahl über den Reibweg

Nach dem Erreichen des Maximums fallen die Kräfte entsprechend der elastischen Auffederung der Meßglieder ab. Dabei fällt die Vertikalkraft zunächst etwas langsamer ab, da das Teil noch über die untere Werkzeugkante geschoben wird.

4.3 Einfluß von Schmierstoffen

In Bild 22 sind die Verläufe der mittleren Reibungszahlen für sechs Schmierstoffe einander gegenübergestellt.

Bis auf Delta 31 und Sumidera 104 zeigen alle Schmierstoffe ein ähnliches Verhalten in Abhängigkeit von der Temperatur mit einem ausgeprägten Minimum bei ca. 220 °C und einem starken Anstieg bei 300 °C. Bei Delta 31 fällt die Reibungszahl zunächst ab und bleibt ab 140 °C nahezu konstant. Die Reibungszahl bei Sumidera 104 nimmt bis 220 °C stetig zu, bleibt dann aber ebenfalls bis 300 °C konstant. Es kann vermutet werden, daß die Schmierstoffe Additive enthalten, die beim Einwirken bestimmter Temperaturen ihre Wirkung entfalten. Es ist z. B. vorstellbar, daß Binder oder Netzmittel bei höheren Temperaturen eine viskose Phase bilden und auf diese Weise die Reibung vermindern.

Eine abnehmende Reibungszahl bei steigender Werkzeugtemperatur könnte auch auf die abnehmende Festigkeit abscherender Rauhigkeitsspitzen zurückgeführt werden. Bei dem Schmierstoff Delta 31 ist dies mit Sicherheit nicht der Fall, da bei einer derartigen metallischen Berührung der Reibpartner die Reibungszahlen erheblich höher liegen würden, als es hier der Fall ist.

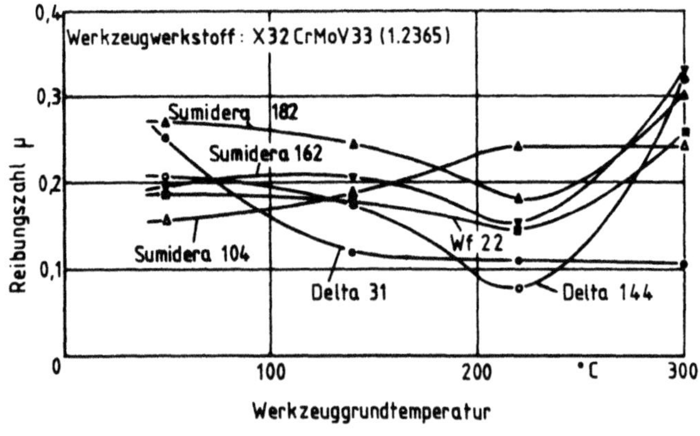

Bild 22: Einfluß der Werkzeugtemperatur auf die Reibungszahlen verschiedener Schmierstoffe

Der steile Anstieg zwischen 220 °C und 300 °C, der bei den meisten Schmierstoffen zu beobachten ist, ist auf nachlassende Benetzungsfähigkeit bzw. geringere Schmierschichtdicken zurückzuführen, wodurch es zu einer verstärkten metallischen Berührung zwischen Werkstück und Werkzeug kommt.

4.4 Einfluß der Werkstücktemperatur

Ein Vergleich der Kräfte zeigt, daß sowohl Reibkraft als auch Normalkraft entsprechend der Änderung der Fließspannung des Werkstücks mit der Werkstücktemperatur abnehmen (Bild 23). Dementsprechend bleiben die Reibungszahlen für alle Werkstücktemperaturen konstant.

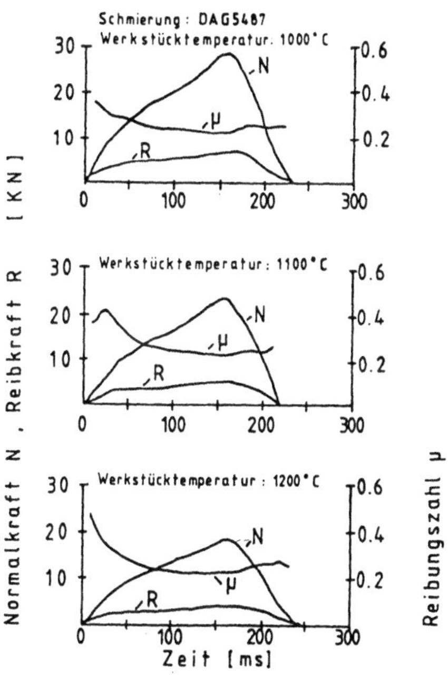

Bild 23:

Einfluß der Werkstücktemperatur auf den Verlauf von Normalkraft, Reibkraft und Reibungszahl

4.5 Einfluß der Sprühdauer und des Mischungsverhältnisses

Bild 24 zeigt den Verlauf der Reibungszahl bei Schmierung mit Delta 144 in Abhängigkeit von der Werkzeuggrundtemperatur und der Sprühdauer. Eine Verlängerung der Sprühdauer von 0,7 auf 1,3 Sekunden bewirkt außer einer Verminderung der Reibungszahl eine Verlagerung des Minimums des Kurvenverlaufs zu höheren Temperaturen. Eine Verlängerung der Sprühdauer von 0,7 auf 1,3 Sekunden bewirkt einen steilen Abfall der Werkzeugtemperatur. Durch eine Temperaturverminderung an der Werkzeugoberfläche wird die auftragbare Schmierstoffmenge erhöht. Für den in Bild 24 betrachteten Fall bedeutet dies, daß bei einer Werkzeugtemperatur von 220 °C durch eine Sprühdauer von 1,3 Sekunden eine gleiche oder sogar größere Schmierschichtdicke erzeugt werden kann als bei Temperaturen von 140 °C und 0,7 Sekunden Sprühdauer.

Der Einfluß des Mischungsverhältnisses auf die Reibungszahl bei konstanter Werkzeuggrundtemperatur ist in Bild 25 dargestellt. Die Sprühdauer betrug 0,7 Sekunden. Das Schmierstoffkonzentrat wurde im Verhältnis 1 : 5, 1 : 8, 1 : 10 und 1 : 15 mit Wasser vermischt. Hierbei zeigte sich ein linearer Anstieg der Reibungszahlen bei zunehmender Verdünnung des Schmierstoffkonzentrats.

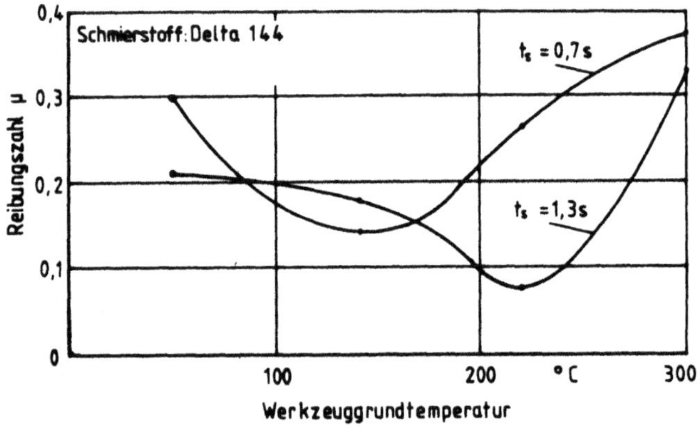

Bild 24: Einfluß der Sprühdauer auf die Reibungszahl

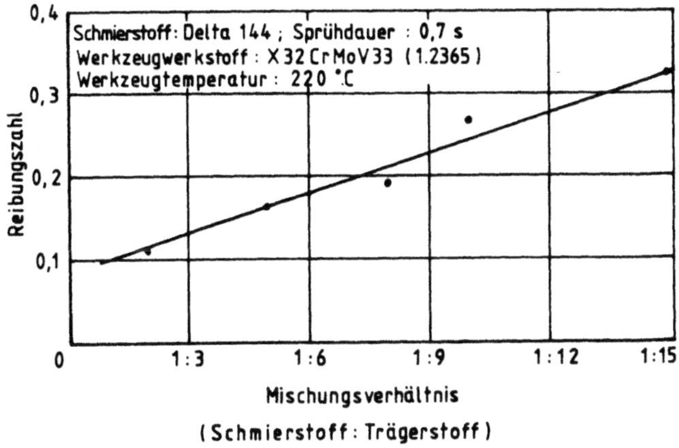

Bild 25: Einfluß des Mischungsverhältnisses auf die Reibungszahl

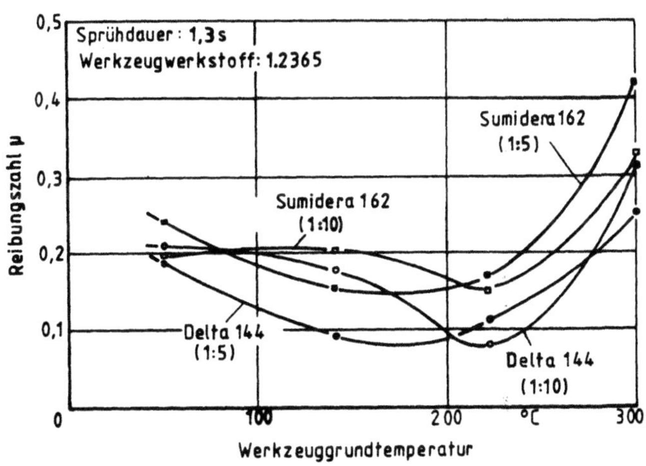

Bild 26: Einfluß des Mischungsverhältnisses und der Werkzeuggrundtemperatur auf die Reibungszahl

Bei einer Sprühdauer von 1,3 Sekunden zeigt sich der Einfluß des Mischungsverhältnisses weniger deutlich. In Bild 26 sind die Reibungszahlen in Abhängigkeit von der Werkzeuggrundtemperatur für die Schmierstoffe Delta 144 und Sumidera 162 bei Mischungsverhältnissen von 1 : 5 und 1 : 10 aufgetragen. Eine wesentliche Verminderung der Reibungszahl durch eine Erhöhung des Konzentratgehalts ist lediglich bei Werkzeugtemperaturen von 140 °C festzustellen. Bei 300 °C liegt die Reibungszahl bei Schmierung mit Sumidera 162 und einem Mischungsverhältnis von 1 : 5 sogar über dem Wert, der bei einer Verdünnung von 1 : 10 erreicht wurde. Aus diesen Ergebnissen geht hervor, daß durch eine Erhöhung des Konzentratgehalts nicht in jedem Fall eine Verminderung der Reibung erzielt wird, sondern daß u. U. bei längeren Sprühdauern und höheren Konzentrationen die Reibungszahlen größer werden. Letzteres beruht auf dem sogenannten "Abwascheffekt", d. h. die bereits aufgetragenen Schmierstoffpartikel werden aufgrund ihres geringen Haftvermögens noch während des Sprühens wieder weggespült.

In dem vorliegenden Fall ist zu erkennen, daß bei einer Sprühdauer von 1,3 Sekunden und einem Mischungsverhältnis von 1 : 10 eine "Sättigung" der Werkzeugoberfläche erfolgte und die Schmierbedingungen sich darüber hinaus nicht wesentlich verbessern ließen.

4.6 Zusammenwirken von Werkzeugwerkstoff und Schmierstoff

Eine Wechselwirkung zwischen Werkzeugwerkstoff und Schmierstoff, wie bereits bei den Verschleißuntersuchungen festgestellt, war auch bei der Untersuchung von Einflüssen auf die Reibung zu erwarten. Die Bilder 27 bis 30 zeigen wieder den Verlauf der Reibungszahl in Abhängigkeit von der Werkzeuggrundtemperatur, wobei jeweils drei verschiedene Warmarbeitsstähle als Werkstoff für die Stauchbahnen verwendet wurden.

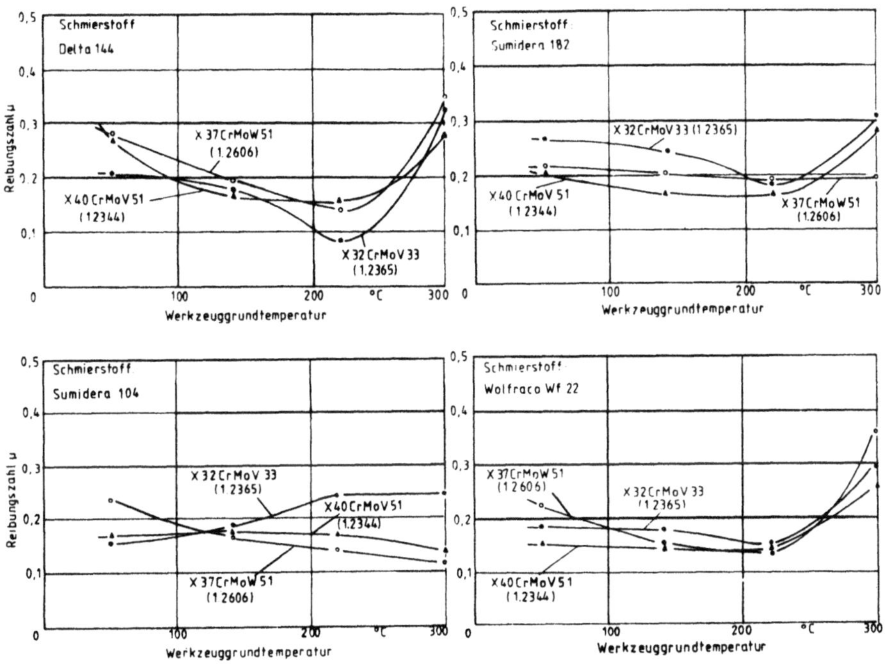

Bild 27 - 30: Einfluß von Werkzeugwerkstoffen und Schmierstoffen auf die Reibungszahl

Ein deutlicher Einfluß des Werkstoffs auf den Verlauf der Reibungszahl ist bei Schmierung mit Sumidera 104 zu erkennen (Bild 29). Während bei den Stählen 1.2344 und 1.2606 die Reibungszahl über der Temperatur leicht fällt, ist bei dem Stahl 1.2365 bis 220 °C ein steigender und danach bis 300 °C ein konstanter Verlauf vorhanden. Bei Schmierung mit Sumidera 182 (Bild 28) und Verwendung des Stahls 1.2606 bleibt die Reibungszahl trotz steigender Werkzeuggrundtemperatur nahezu konstant. In allen anderen Fällen ist ein Minimum bei 220 °C und ein starker Anstieg zwischen 220 und 300 °C festzustellen. Als Ursache ist wieder der Einfluß der Temperatur auf die Schmierschichtbildung und die Reaktionen der Schmierstoffe mit der Werkzeugoberfläche zu nennen.

4.7 Vergleich von Verschleiß und Reibung

Bild 31 zeigt die Abhängigkeit von Verschleiß und Reibungszahl von der Werkzeugtemperatur für zwei Schmierstoffe. Beim Schmierstoff Sumidera 182 ist der Verlauf von Reibungszahl und Verschleiß tendenziell gleich. Dies deutet darauf hin, daß die Verminderung von Reibung und Verschleiß hauptsächlich auf die trennende Wirkung der Schmierschicht zurückzuführen ist. In anderen Fällen läßt sich jedoch kein gleichartiges Verhalten feststellen. Bei Verwendung von Delta 31 steigt der Verschleiß mit fallender Reibungszahl.

Somit kann keineswegs aus der Reibungszahl auf den Verschleiß geschlossen werden. Ein derartiges Verhalten kann durch die innerhalb der schmierenden Schicht auftretenden Reibkräfte und den Anteil des metallischen Verschleißes am Gesamtverschleiß erklärt werden.

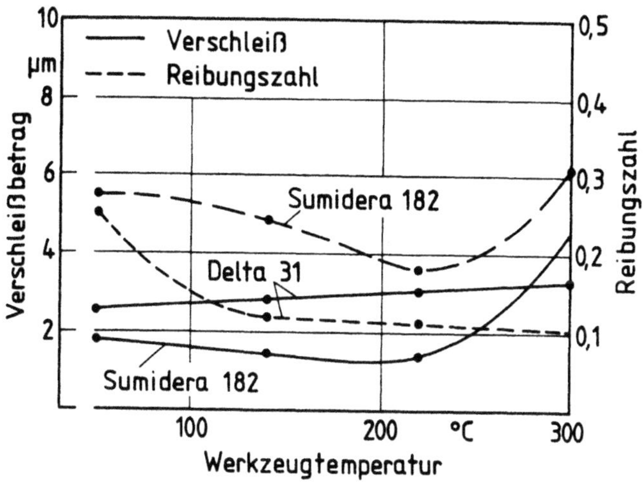

Bild 31: Vergleich von Reibungszahl und Verschleiß

5. Eigenschaften von Schmierstoff und Graphit

Über Art und Zusammensetzung von Schmierstoffen und deren Additiven erhält man vom Hersteller handelsüblicher Schmierstoffe keine Auskunft. Eine chemische Analyse der Substanzen ist nur insofern möglich, als die Anteile der Elemente am Gesamtprodukt ermittelt werden können. Angaben über die verwendeten Additive und deren mengenmäßigen Anteil sind nicht möglich, solange nicht die genaue chemische Zusammensetzung bekannt ist.

Anders verhält es sich mit den Angaben zum eigentlichen Schmierstoff, dem Graphit. Die Daten über Feststoffgehalt, Korngröße, ob Naturgraphit oder synthetischer Graphit, sind in den meisten Fällen bekannt.

5.1 Kenngrößen

Es wurden je zwei Naturgraphite und synthetische Graphite mit unterschiedlichen Korngrößen untersucht. Die Angaben stammen vom Hersteller. Aus diesen Angaben läßt sich jedoch nicht schließen, welche Eigenschaften des Graphits für den erzielten Verschleiß maßgebend sind (Bild 32).

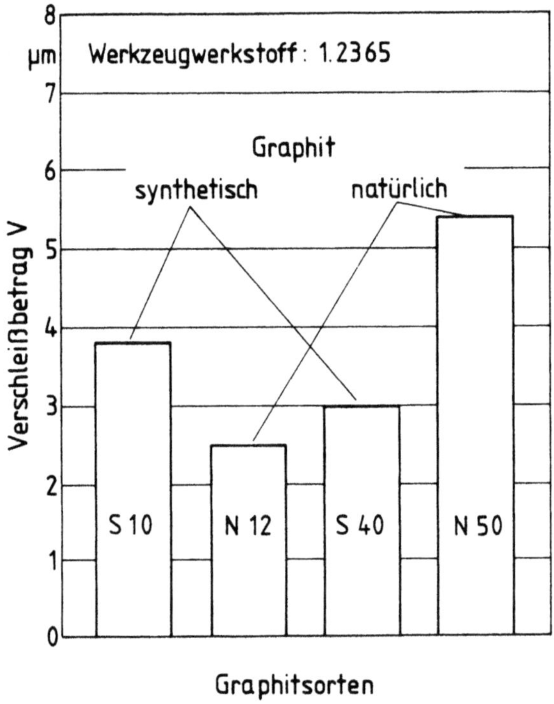

Bild 32: Einfluß von natürlichem und synthetischem Graphit auf den Verschleiß

Zur Beurteilung des Graphits und zur Erklärung der Verschleiß- und Reibvorgänge müssen andere Größen gefunden werden.

Folgende Graphitgrundsorten finden zur Zeit Verwendung: Primärer und synthetischer Graphit und Naturgraphit. Die wesentlichen Faktoren jedoch, die die Eignung des Graphits als Schmierstoff beschreiben, sind:

Kristalline Struktur
Mikroporöse Textur
Reinheitsgrad und
Korngrößenverteilung.

Die reibungsmindernde Wirkung des Graphits beruht auf dem Abgleiten einzelner makroskopischer Schichten, die aus hexagonalen Ringen atomaren Kohlenstoffs gebildet werden. Ein Maß für die Graphiteigenschaften wird demnach die kristalline Struktur sein (Bild 33). Meßbar sind Schichtebenenabstand c/2 und Kristallitgröße L.

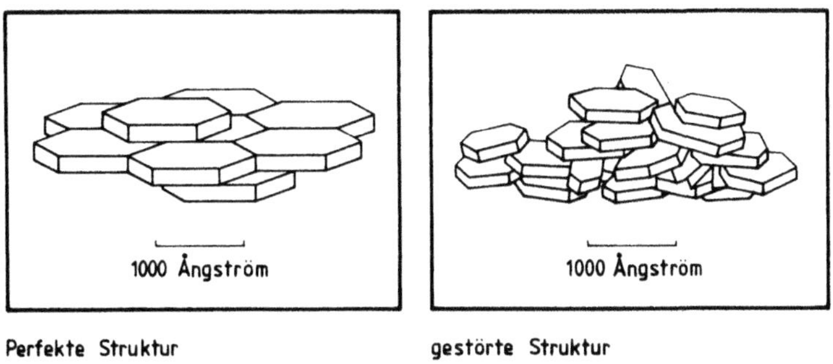

Bild 33: Kristalline Struktur des Graphitpulvers

Im Hochvakuum verliert Graphit seine Schmierwirkung. Das Abgleiten einzelner makroskopischer Schichten ist verbunden mit der Einlagerung von Fremdgasen. Die Fähigkeit, Gase anzulagern, wird durch die Mikroporösität bestimmt, die sich durch die Dichte und die spezifische Oberfläche (Absorptionsvermögen) beschreiben läßt.

Ein weiteres Maß ist die Reinheit bzw. der Aschegehalt des Graphits. Zu den Verunreinigungen zählt auch Ruß, der zwar ebenfalls graphitische Struktur hat, dessen Kristallite aber zu klein sind, um ein Abgleiten der Ebenen aufeinander zu ermöglichen.

Die Graphite werden nach ihrer Gewinnung verschiedenen Bearbeitungsverfahren zugeführt, die zu einer spezifischen Korngrößenverteilung führen. Die Verteilung wird im Lasergranulometer oder im Tropfenversuch unterm Mikroskop ermittelt.

5.2 Reinheit, Struktur, Textur

Es wurden vier Schmierstoffe gleicher Zusammensetzung untersucht, deren Graphite sich lediglich bezüglich Reinheit, Struktur und Textur unterscheiden.

Die Graphitsorten sind nach Reinheitsgrad aufgeführt (Tab. 2). Die Sorte EB hat die kleineren Kristallite. Die reineren Graphite haben eine größere Oberfläche.

Sorte	Reinheitsgrad [%]	Aschegehalt [%]	kristall. Struktur		mikroporöse Textur	
			c/2 [A°]	L [A°]	ρ [g/cm^3]	O [m^2/g]
KS	99,9	< 0,1	3,355	> 1000	2,227	15
EB	99,4	< 0,6	3,358	> 700	2,190	13
AF	96,5	< 3,5	3,355	> 1000	2,274	12
EDM	91,6	< 8,4	3,355	> 1000	2,274	12

Tabelle 2: Eigenschaften verschiedener Graphitsorten

Bei der Verschleißmessung ergaben sich folgende Ergebnisse (Bild 34): Die Sorte EB weist den größten Verschleiß auf, was auf die geringere Kristallitgröße zurückzuführen ist. Die Sorten sind nach Reinheitsgrad bzw. der spezifischen Oberfläche aufgetragen. Höhere Reinheit und größere Oberflächenporösität vermindern den Verschleiß.

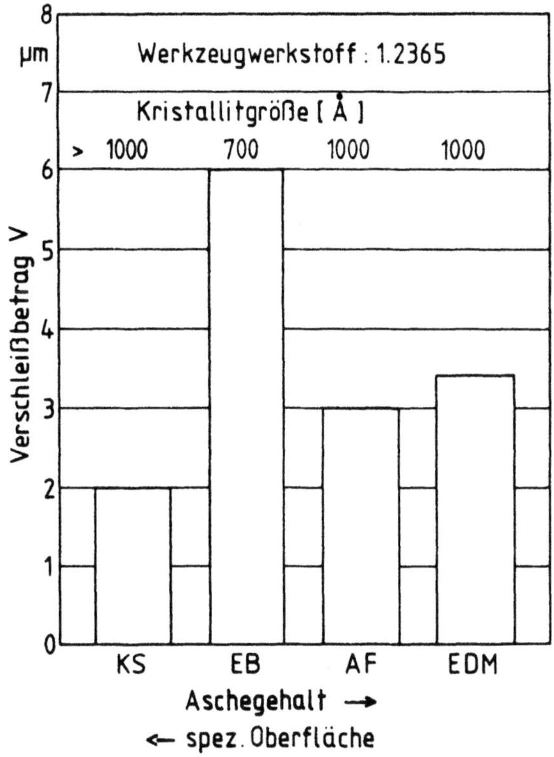

Bild 34: Einfluß der Graphiteigenschaften auf den Verschleiß

5.3 Natur- und synthetischer Graphit

Im folgenden seien die Verschleißergebnisse und die Laboruntersuchungen für die Natur- und die synthetischen Graphite gegenübergestellt.

Die Korngrößenverteilung entspricht keineswegs den vom Hersteller gemachten Angaben (Bild 35). Die Naturgraphite haben den höheren Aschegehalt und die größeren Kristallite (Tafel 3). Eine eindeutige Zuordnung von Verschleiß und Eigenschaften ist im vorliegenden Fall nicht möglich. Jedoch läßt sich sagen, daß die größeren Graphitkörner beim Naturgraphit N50 im Vergleich zur Sorte N12 zu höherem Verschleiß führen, obwohl der

Aschegehalt geringer ist. Beim synthetischen Graphit S10 macht sich die im Vergleich zu S40 geringere Korngröße negativ bemerkbar.

Andere Untersuchungen haben gezeigt, daß primäre synthetische Graphite und gereinigte Naturgraphite die bestenReibungsminderungen mit sich bringen [3].

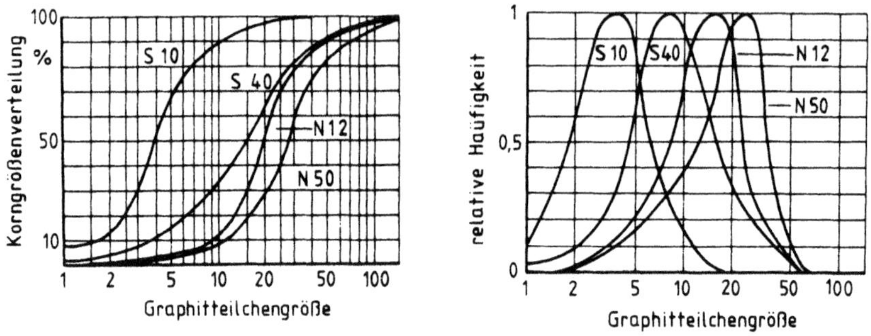

a) b)

Bild 35 a u. b: Korngrößenverteilung

Sorte	Reinheitsgrad [%]	Aschegehalt [%]	kristalline Struktur c/2 [A°]	l [A°]
S 10	99,2	0,8	3,358	550
S 40	99,4	0,6	3,360	600
N 12	94,3	5,7	3,354	> 1000
N 50	97,3	2,7	3,354	> 1000

Tabelle 3: Eigenschaften verschiedener Graphitsorten

5.4 Additive

Der Schmierstoff KS wurde mit drei verschiedenen Benetzungsmitteln getestet. Bei allen Additiven wurde auf dem Werkzeug ein geschlossener Schmierfilm erreicht. Im Verschleiß ergaben sich keine größeren Unterschiede (Bild 36), so daß gefolgert werden kann, daß diese Benetzungsmittel gleichartig mit der Werkzeugoberfläche reagiert haben.

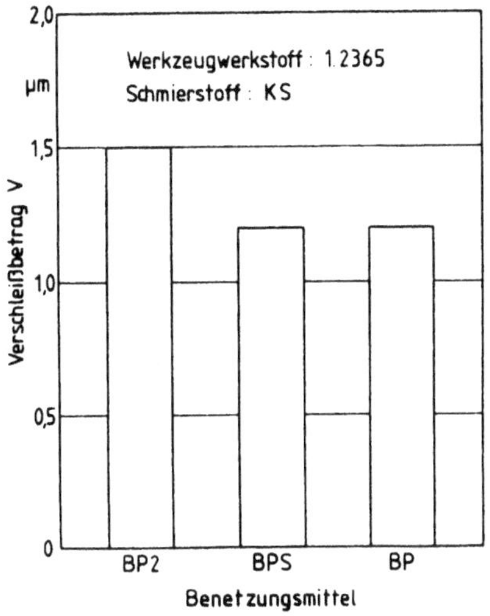

Bild 36: Einfluß von Benetzungsmitteln

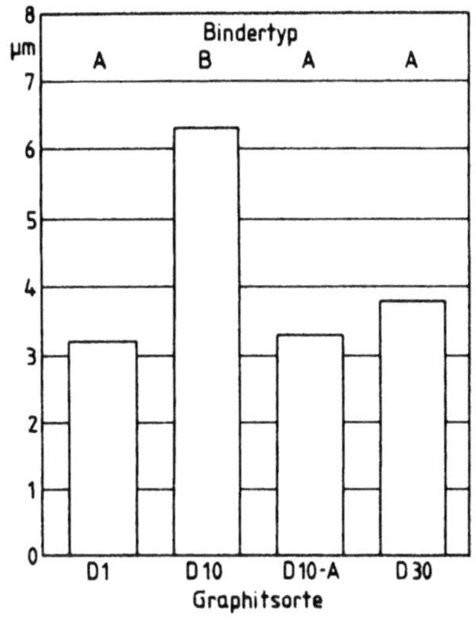

Bild 37: Einfluß des Bindemittels und der Korngröße auf den Verschleiß

Es wurden drei handelsübliche Schmierstoffe getestet, die sich zum einen in der Graphitteilchengröße unterscheiden. D1 hat in der Mehrheit Teilchengrößen unter 1 µ, D10 um 10 µ und D30 bis 30 µ. Zum anderen enthält der Schmierstoff D10 einen anderen Bindertyp. Das Prüfergebnis zeigt, daß gerade der andere Bindertyp zu erhöhtem Verschleiß führt (Bild 37).

Die Graphitteilchengrößenverteilung hat nur eine geringe Auswirkung auf den Verschleiß.

6. Theoretische Betrachtungen

Beim Gesenkschmieden liegt meistens der Zustand der Grenzreibung vor, wobei der Verschleiß hauptsächlich durch Haft- bzw. Adhäsionsvorgänge bewirkt wird. Es kommt dabei zum Abscheren sich berührender Rauhigkeitserhebungen und zur Trennung örtlicher Verschweißungen. F.P. Bowden und D. Tabor [4] unterscheiden folgende Arten des Trennvorganges:

1. Scherung innerhalb der Reibpartner mit der Folge erheblichen Verschleißes
2. Ausbrüche aus dem weicheren Reibpartner, wobei es zu Auftragungen auf dem Werkzeug kommt
3. Trennung innerhalb des weicheren Reibpartners und Bildung harter intermetallischer Verbindungen, was auch zu Ausbrüchen aus dem härteren Werkstoff führt.

Im folgenden sei zwischen metallischem und Grenzschichtverschleiß unterschieden. Metallischer Verschleiß liegt bei Versagen der Schmierschicht vor, Einmal ist es in diesem Fall möglich, daß die beiden Metalle miteinander verschweißen. Der Abriß erfolgt im weicheren Material, d. h. im wärmeren Werkstück. Dies führt zu Aufschweißungen auf das Werkzeug und braucht somit bei Verschleiß nicht berücksichtigt zu werden.

Zum zweiten ist metallischer Verschleiß bedingt durch die Relativbewegung zwischen den Reibpartnern. Eingeebnete Rauhigkeitsspitzen der Werkstückoberfläche können kleinere Rauhigkeitsspitzen des härteren Werkzeugs abscheren. Maßgebend für das abgetragene Verschleißvolumen ist das Verhältnis der Härte der beiden Partner. Die Härte wiederum ist bestimmt durch den örtlichen und zeitlichen Temperaturverlauf (s. u.).

Wird Schmierstoff aufgetragen, so reduzieren sich die Flächenbereiche metallischen Kontaktes. Der Verschleiß erfolgt jetzt durch die Reibung der Grenzschicht an der Werkzeugoberfläche. Die Härte der Grenzschicht ist, abgesehen von der herrschenden Temperatur, als Funktion von Graphit, Zunder und Abrieb- oder Verschleißteilchen anzusehen.

Um den Härteverlauf an der Oberfläche der Metalle angeben zu können, werden die zeitlichen und örtlichen Temperaturfelder numerisch berechnet [5]. Werkstoffkennwerte sind Wärmeleitfähigkeit, -kapazität, -übergangszahl und die Dichte.

Ein Beispiel für den zeitlichen und örtlichen Temperaturverlauf bei metallischem Kontakt zwischen Werkzeug (Ausgangstemperatur 140 °C) und Werkstück (1150 °C) bis zu einer Druckberührzeit von 100 ms zeigt Bild 38.

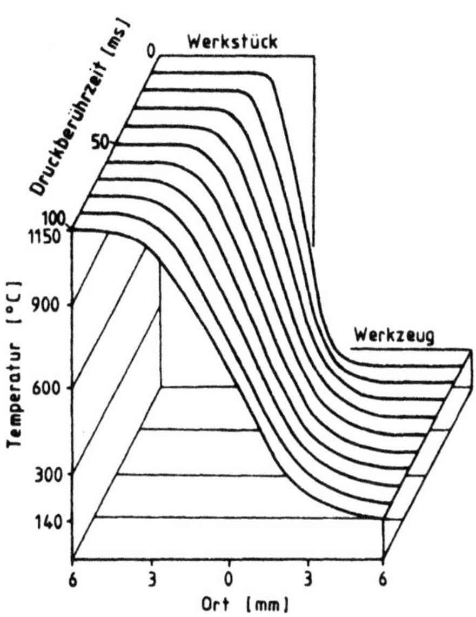

Bild 38:
Temperaturverteilung bei metallischem Kontakt: numerische Berechnung

6.1 Werkzeugtemperatur

Stellt man die berechneten Temperaturen in Abhängigkeit von der Werkzeugtemperatur, wie sie sich in der Grenzschicht nach einer Druckberührzeit von 50 ms ergeben, dar, so sieht man, daß sie um 25 bis 80 °C über dem arithmetischen Mittel der Ausgangstemperaturen liegen (Bild 39).

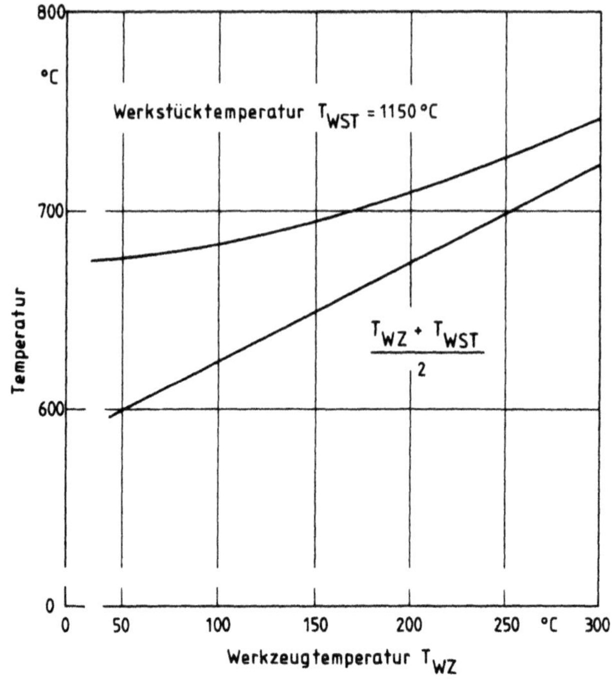

Bild 39: Temperatur in der Grenzschicht: numerische Berechnung

Die Abkühlung der Werkstückoberfläche bewirkt eine Zunahme der Fließspannung in diesem Bereich um das mehr als Dreifache (Bild 40). Die Warmhärte des Werkzeugs liegt in der Wirkzone um den Faktor Drei unter der bei Raumtemperatur und bei hohen Werkzeuggrundtemperaturen sogar um das Siebenfache (Bild 41).

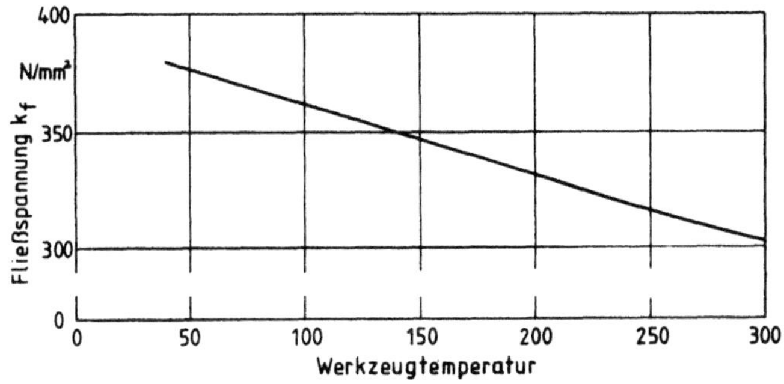

Bild 40: Fließspannung des Werkstücks (C 45) in der Wirkzone: Berechnung

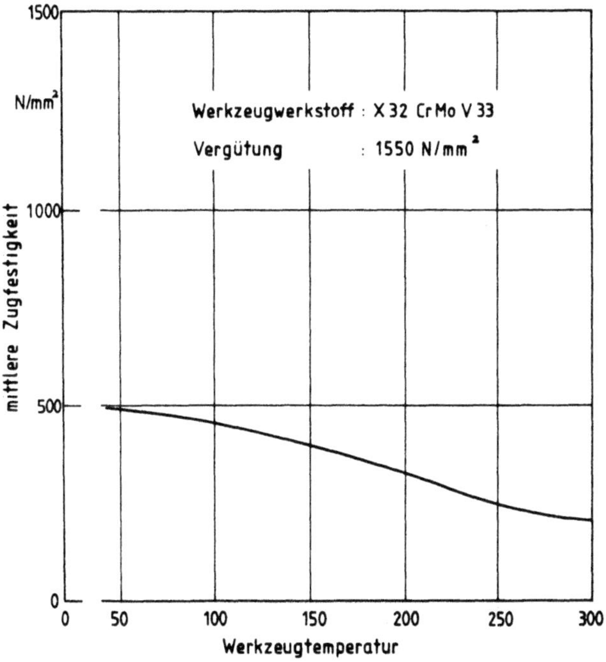

Bild 41: Mittlere Zugfestigkeit des Warmarbeitsstahls X 32 CrMoV 3 3 in der Wirkzone: Berechnung

Macht man den theoretischen Ansatz, daß der metallische Verschleiß proportional zum Quotienten aus Fließspannung des Werkstücks und Zugfestigkeit des Werkzeugs ist und als Bezugspunkt für den relativen Verschleiß eine Werkzeugtemperatur von 140 °C gewählt wird, so ergibt sich, daß der metallische Verschleiß mit der Werkzeugtemperatur stark zunimmt (Bild 42).

Dieses theoretische Ergebnis spiegelt sich in den Prüfergebnissen wieder. Welche zusätzlichen Einflüsse wirksam werden, soll durch weitere theoretische Ansätze geklärt werden.

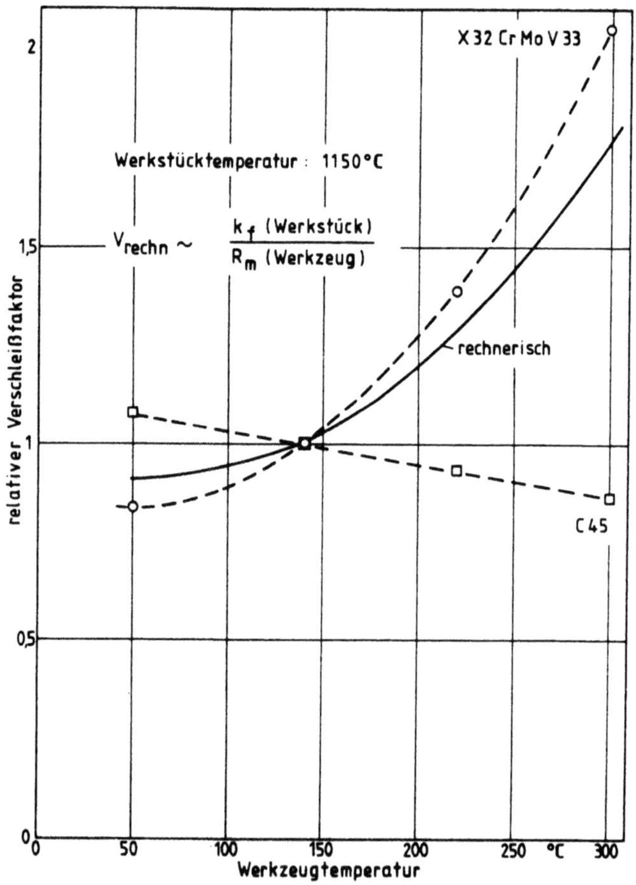

Bild 42: Einfluß der Werkzeugtemperatur auf den relativen Verschleiß: Berechnung

6.2 Werkstücktemperatur

Werden für den Fall der Änderungen der Werkstücktemperaturen die Grenzschichttemperaturen numerisch berechnet, so zeigt sich, daß die Temperaturen in der Wirkzone um 40 bis 60 °C über dem arithmetischen Mittel der Temperaturen der beiden Reibpartner liegen (Bild 43).

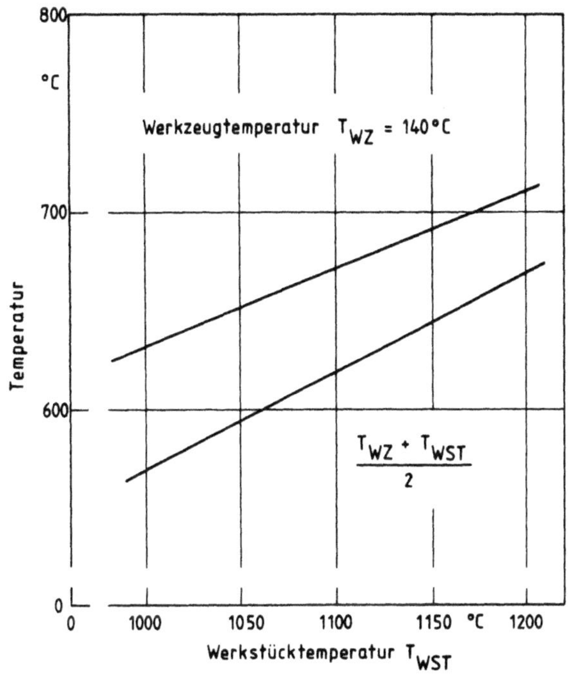

Bild 43: Temperatur in der Grenzschicht: Berechnung

Legt man die berechneten Temperaturen zugrunde, ergibt sich daraus für den metallischen Verschleiß folgendes Bild: Mit abnehmender Werkstücktemperatur nimmt die Fließspannung des Werkstücks zu (Bild 44). Im Vergleich zum Kern liegt sie um das Drei- bis Vierfache höher. Die mittlere Zugfestigkeit in der Wirkzone des Werkzeugs nimmt ebenfalls zu, jedoch ist die

Änderung geringer (Bild 45). Geht man wiederum davon aus, daß der berechnete metallische Verschleiß proportional zum Quotienten aus Fließspannung des Werkstücks und Zugfestigkeit des Werkzeugs ist und als Bezugspunkt für den relativen Verschleiß eine Werkstücktemperatur von 1150 °C angenommen wird, so nimmt der Verschleißfaktor mit zunehmender Werkstücktemperatur zu (Bild 46).

Dies steht im Widerspruch zu den Prüfergebnissen und deutet darauf hin, daß die Zunderbildung und der Grenzschichtverschleiß eine erhebliche Rolle spielen.

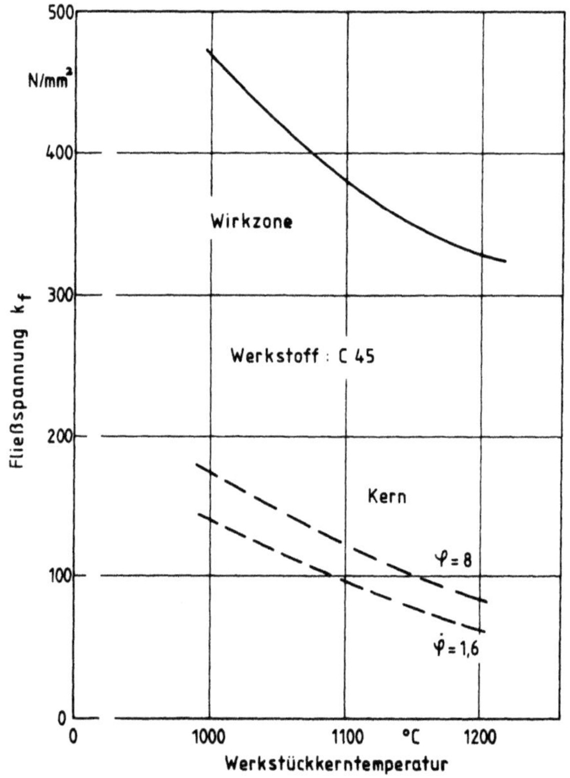

Bild 44: Fließspannung des Werkstücks in der Wirkzone (Rechnung) und im Kern

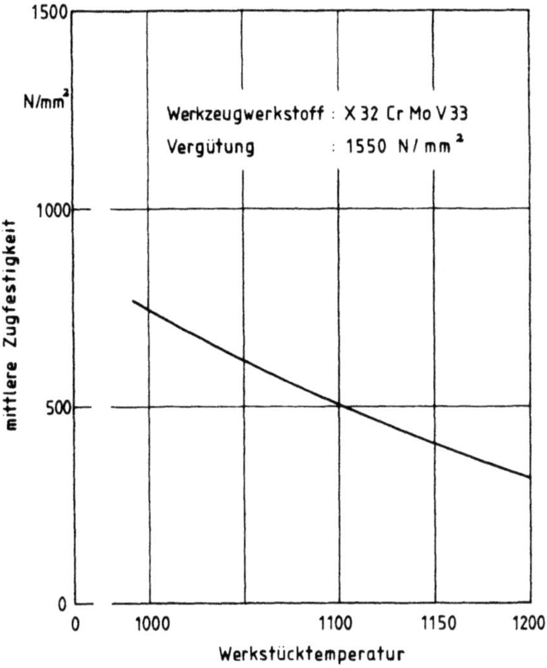

Bild 45:

Mittlere Zugfestigkeit des Warmarbeitsstahls X 32 CrMoV 3 3 in der Wirkzone in Abhängigkeit von der Werkstücktemperatur

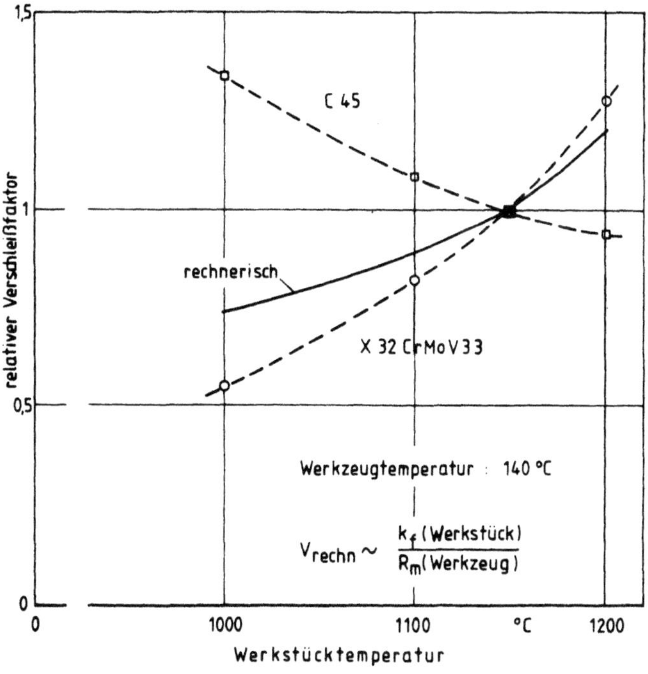

Bild 46:

Einfluß der Werkstücktemperatur auf den relativen Verschleiß

Schrifttum

[1] Melching, R.: Verschleiß, Reibung und Schmierung beim Gesenkschmieden.
Dr.-Ing.-Diss., Universität Hannover, 1980

[2] Schlomach, E.: Verhalten und Wirkungsweise von Schmierstoffen beim Gesenkschmieden von Stahl.
Dr.-Ing.-Diss., Techn. Universität Hannover, 1973

[3] Feneberger, K.: Basic Types of Graphits and their Suitibility as Lubricants.
ASLE Lubrication Engineering 31 (1975) 9, S. 456-460

[4] Bowden, F.P. u. D. Tabor: Friction and Lubrication of Solids.
Clarendon Press, Oxford 1954

[5] Altan, T. u. S. Kobayashi: Numerische Verfahren zum Berechnen von Temperaturfeldern in kinematisch stationären Umformvorgängen.
Ind.-Anz. 99 (1967) XII, S. 15-19

A U T O R E N V E R Z E I C H N I S

Adam, Peter, Dr.-Ing.habil.
MTU Motoren- und Turbinen Union München GmbH, München

Becker, Reinhard, Dipl.-Phys.
Bremer Institut für angewandte Strahltechnik, Bremen

Bunk, Wolfgang, Prof. Dr.rer.nat.
Deutsche Forschungs- und Versuchsanstalt für Luft- und Raumfahrt e.V.,
Institut für Werkstoff-Forschung, Köln-Porz
RWTH Aachen, Lehrstuhl für angewandte Metallkunde

Buran, Ulrich, Dipl.-Ing.
Goetze AG, Burscheid

Chatterjee-Fischer, Ruth, Dr.-Ing.
Stiftung Institut für Härterei-Technik, Bremen

Dannöhl, Hans-Dieter, Dr.rer.nat.
Bayerische Motoren Werke AG, München

Demny, Johannes, Dr.rer.nat.
Brown, Boveri & Cie. AG, Heidelberg

Deutscher, Oswald, Dr.-Ing.
Betriebsforschungsinstitut, VDEh - Institut für angewandte Forschung GmbH,
Düsseldorf

Doege, Eckart, Prof. Dr.-Ing.
Universität Hannover, Forschungsstelle Gesenkschmieden

Föhl, Jürgen, Dr.-Ing.
Staatliche Materialprüfungsanstalt Universität Stuttgart

Geyer, Manfred, Dipl.-Ing.
Deutsche Forschungs- und Versuchsanstalt für Luft- und Raumfahrt e.V.,
Institut für Werkstoff-Forschung, Köln-Porz

Grimminger, Albert, Dipl.-Ing.
Werner & Pfleiderer Maschinenfabrik, Stuttgart

Groß, Hans-Joachim, Dipl.-Ing.
Staatliche Materialprüfungsanstalt Universität Stuttgart

Habig, Karl-Heinz, Dr.-Ing.
Bundesanstalt für Materialprüfung (BAM), Berlin

Hansen, Jörn, Dr.rer.nat.
Deutsche Forschungs- und Versuchsanstalt für Luft- und Raumfahrt e.V.,
Institut für Werkstoff-Forschung, Köln-Porz

Kehrer, Hans-Peter, Dr.rer.nat.
Siemens AG, München

Khosrawi, Mohammed-Ali, Dipl.-Ing.
Staatliche Materialprüfungsanstalt Universität Stuttgart

König, Wilfried, Prof. Dr.-Ing. Dr.h.c.
RWTH Aachen, Lehrstuhl für Technologie der Fertigungsverfahren im Laboratorium für Werkzeugmaschinen und Betriebslehre

Laude, Manfred, Dipl.-Ing.
Betriebsforschungsinstitut, VDEh - Institut für angewandte Forschung GmbH, Düsseldorf

Lindemann, Bernd, Dr.-Ing.
Andreas Stihl KG, Waiblingen

Melching, Rolf, Dr.-Ing.
Universität Hannover, Forschungsstelle Gesenkschmieden

Mennig, Günter, Prof. Dr.-Ing.
Forschungsgesellschaft Kunststoffe e.V., Deutsches Kunststoff-Institut, Darmstadt

Neuhäuser, Hans Jochem, Dr.rer.nat.
Goetze AG, Burscheid

Noll, Wilfried, Dr.-Ing.
Andreas Stihl KG, Waiblingen

Paripović, Miroslav
MTU Motoren- und Turbinen Union München GmbH, München

Reinhard, Michael, Dipl.-Ing.
Forschungsgesellschaft Kunststoffe e.V., Deutsches Kunststoff-Institut, Darmstadt

Riedl, Friedrich, Dr.mont.
Krauss-Maffai AG, München

Schneider, Rolf, Dipl.-Phys.
Universität Hannover, Forschungsstelle Gesenkschmieden

Sepold, Gerd, Dr.-Ing.
Bremer Institut für angewandte Strahltechnik, Bremen

Stelzer, Reiner, Dr.-Ing.
Betriebsforschungsinstitut, VDEh - Institut für angewandte Forschung GmbH, Düsseldorf

Thoma, Martin, Dr.rer.nat.
MTU Motoren- und Turbinen Union München GmbH, München

Vits, Rudolf, Dipl.-Ing.
RWTH Aachen, Lehrstuhl für Technologie der Fertigungsverfahren im Laboratorium für Werkzeugmaschinen und Betriebslehre

Volz, Peter, Dr.-Ing.
Forschungsgesellschaft Kunststoffe e.V., Deutsches Kunststoff-Institut, Darmstadt

Wahl, Georg, Dr.rer.nat.
Brown, Boveri & Cie. AG, Heidelberg

Yan, Li
Bundesanstalt für Materialprüfung (BAM), Berlin

Ziese, Jürgen, Dr.-Ing.
Bayerische Motoren Werke AG, München

D E S K R I P T O R E N L I S T E

0 Technische Funktion des Tribosystems

01 Bewegungsübertragung, Führung 1-5, 1-7, 2-1, 2-2, 2-3, 2-4, 2-5, 2-6, 2-7, 2-8, 3-1, 3-2, 3-3, 3-4, 3-5, 3-6, 3-7, 3-9, 4-1, 4-3, 4-6
02 Bewegungshemmung 1-5, 2-7
03 Kraft-/Energieübertragung 1-1, 1-5, 1-6, 1-7, 2-1, 2-2, 2-3, 2-5, 2-6, 2-7, 2-8, 3-2, 3-4, 3-5, 3-6, 3-7, 4-5, 4-9
04 Informationsübertragung 4-9
05 Materialtransport 1-1, 2-7, 4-1, 4-2, 4-4, 4-6, 4-7
06 Abdichtung 2-8, 3-8, 4-11
07 Materialbearbeitung 1-3, 1-4, 2-9, 4-4, 4-9, 4-12
08 Materialumformung 1-8, 1-9, 1-10, 1-11, 4-2, 4-4, 4-9, 4-13

1 Anwendungsgebiet

11 System, Maschine, Gerät, Bauteil, Produkt

111 Antriebstechnik

111.1 Lagerungen, Führungen 1-1, 1-5, 1-6, 1-7, 2-1, 2-4, 2-9, 3-2, 3-3, 3-4, 3-5, 3-6, 3-7, 4-5, 4-9, 4-10
111.11 Gleitlager 1-1, 1-7, 2-2, 2-9, 3-1, 3-2, 3-3, 3-4, 3-5, 3-6, 3-7
111.12 Wälzlager 2-1, 2-4, 2-5, 2-6
111.13 Spitzenlager
111.14 Magnetlager
111.15 Sonstige Lager 4-10
111.2 Getriebe 2-5, 2-6
111.21 Zahnradgetriebe 2-5, 2-6
111.22 Reibgetriebe 2-5, 2-6
111.23 Kurvengetriebe 2-2, 2-3, 2-6, 4-10
111.24 Sonstige Getriebe 4-10
111.3 Kupplungen
111.4 Bremsen
111.5 Dichtungen 3-8, 3-9, 4-10
111.6 Dämpfungselemente

112 Kraft- und Arbeitsmaschinen

112.1 Kolbenmotoren 2-2, 2-7, 2-8, 2-9, 3-2, 3-4, 3-5, 4-3, 4-11
112.2 Pumpen, Verdichter 2-7, 3-1, 3-2, 3-3, 3-4, 3-9, 4-10
112.3 Strömungsmaschinen 1-6, 3-1, 3-2, 3-3, 3-4, 3-9, 4-5
112.4 Hydraulik, Pneumatik 3-4
112.5 Werkzeugmaschinen 3-2, 3-3, 3-4
112.6 Textilmaschinen 3-2, 3-4, 4-6
112.7 Papiermaschinen 3-2, 3-4
112.8 Druckmaschinen 3-2, 3-4

113 Feinwerktechnik

113.1 Meßgeräte, Meßinstrumente 1-7, 4-9
113.2 Optische Geräte

113.3 phono- u. fersehtechn. Geräte 1-7
113.4 Büromaschinen 1-7, 4-9
113.5 Datenverarbeitungsmaschinen 4-9
113.6 Sonstige:
113.61 Großuhren 1-7

114 Fahrzeuge, Verkehr

114.1 Straßenverkehr 2-3, 2-7, 2-9, 3-2, 3-4, 4-11
114.2 Spurgebundener Verkehr
114.3 Schiffahrt 1-6, 3-2, 3-4, 4-5
114.4 Luftfahrt 1-6, 3-2, 3-4, 4-5
114.5 Raumfahrt, Raketentechnik 3-2

115 Elektrotechnik

115.1 Elektromotoren, Generatoren 3-2, 3-3, 3-8
115.2 elektrische Kontakte, Schalter
115.3 Elektroden

116 Grundstoffindustrien, Nahrungsmittel, Energie

116.1 Aufbereitungstechnik 1-2, 3-3, 4-1, 4-2, 4-4, 4-7
116.2 Bergbau, Tiefbohren 1-1, 1-2
116.3 Bau, Steine, Erden 1-1, 1-2
116.4 Land- und Forsttechnik 1-2, 4-3
116.5 Meerestechnik 1-2
116.6 Hüttenwesen 1-2, 1-8, 3-3, 4-1
116.7 Fördertechnik, Lagertechnik 1-2, 3-3, 4-6
116.8 Gas- und Wasserversorgung 4-6
116.9 Kraftwerkstechnik 1-2, 3-3, 3-8, 3-9
117 Kunststofftechnik 4-2, 4-6

12 Fertigungsverfahren, Werkzeuge

121 Urformen

121.1 Gießen 1-2
121.2 Extrudieren 1-2, 4-2, 4-4
121.3 Pulvermetallurgie, Sintern

122 Umformen

122.1 Schmieden, Stauchen, Pressen 1-9, 1-11, 4-13
122.2 Walzen 1-2
122.3 Ziehen 1-8, 1-9, 4-10
122.4 Tiefziehen 1-4, 1-10
122.5 Biegen, Drücken

123 Fügen, Beschichten

123.1 Schrauben, Nieten
123.2 Klemmen, Einpressen
123.3 Schweißen 1-2

123.4 Beschichten 1-2, 1-4, 1-6, 4-5, 4-9, 4-11

124 Trennen

124.1 Schneiden, Sägen
124.2 Drehen, Fräsen, Feilen 1-3, 1-4, 4-10
124.3 Schleifen, Läppen, Polieren 4-12
124.4 Flüssigkeitsstrahlschneiden

125 Oberflächenbearbeitung

(Strahlen, Bürsten, Glattwalzen) 1-6, 4-5, 4-9

2 Beanspruchungsfall

21 Kontakt-/Bewegungsart

211 Kontaktform
211.1 konformer Kontakt 1-1, 1-5, 1-6, 1-10, 1-11, 2-5, 2-8, 2-9, 3-1, 3-2, 3-3, 3-4, 3-5, 3-7, 4-5, 4-10, 4-12
211.2 kontraformer Kontakt 1-1, 1-7, 2-1, 2-3, 2-4, 2-6, 2-9, 4-1, 4-10

212 Bewegungsart

212.1 Normal-, Haftkontakt 1-1, 1-6, 3-9, 4-5, 4-11, 4-13
212.2 Gleiten 1-1, 1-2, 1-4, 1-5, 1-6, 1-7, 1-8, 1-11, 2-2, 2-4, 2-5, 2-6, 2-7, 2-8, 2-9, 3-1, 3-2, 3-3, 3-4, 3-5, 3-7, 3-9, 4-2, 4-3, 4-4, 4-7, 4-10, 4-12, 4-13
212.3 Wälzen 2-1, 2-2, 2-3, 2-4, 2-5, 2-6
212.4 Stoßen, Prallen 1-1, 1-2, 1-5, 4-1, 4-10
212.5 Strömen 2-7, 3-8, 3-9, 4-2
212.6 Strahlen

22 Betriebsparameter

221 Bewegungsablauf

221.1 kontinuierlich 1-2, 1-4, 1-7, 1-8, 2-1, 2-4, 2-6, 2-7, 2-9, 3-1, 3-2, 3-3, 3-4, 3-7, 3-9, 4-3, 4-10, 4-12, 4-13
221.2 intermittierend, repetierend 1-1, 1-2, 2-2, 2-8, 2-9, 3-5, 4-1, 4-7
221.3 oszillierend, schwingend 1-5, 1-6, 1-7, 2-7, 2-9, 3-6, 3-9, 4-1, 4-5, 4-9

3 Systemstruktur

31 Stoffliche Eigenschaften und Stoffparameter

311 Stoffpaarung Grund-/Gegenkörper

311.01 fest/fest 1-1, 1-4, 1-6, 1-11, 2-1, 2-2, 2-4, 2-9, 3-9, 4-1, 4-2, 4-6
311.02 fest/fluid 2-7, 2-9, 3-2, 3-4, 3-9, 4-2, 4-6

311.11 Metall/Metall 1-1, 1-3, 1-5, 1-6, 1-8, 1-9, 1-10, 1-11, 2-1, 2-2, 2-3, 2-4, 2-5, 2-6, 2-8, 2-9, 3-3, 3-5, 4-2, 4-3, 4-5, 4-6, 4-10, 4-11, 4-13

311.12 Metall/Mineral 1-1, 1-2, 1-6, 1-9, 4-2, 4-2, 4-4, 4-5, 4-6, 4-10, 4-12
311.13 Metall/Polymer 1-5, 1-7, 3-9, 4-2, 4-4, 4-6
311.14 Metall/Verbundwerkstoff 1-3, 1-4, 1-5, 3-1, 3-7, 4-2, 4-4, 4-6

311.21 Mineral/Mineral
311.22 Mineral/Polymer
311.23 Mineral/Verbundwerkstoff 4-7

311.31 Polymer/Polymer 1-7
311.32 Polymer/Verbundwerkstoff

311.41 Verbundwerkstoff

312 Stoffart von Grundkörper, Gegenkörper, Zwischenstoff, Umgebungsmedium

312.1 Metalle und Halbmetalle 2-7
312.11 Stahl, Eisen (vgl. 312.42) 1-1, 1-2, 1-3, 1-4, 1-5, 1-7, 1-8, 1-9, 1-10, 1-11, 2-1, 2-2, 2-3, 2-4, 2-5, 2-6, 2-7, 2-8, 2-9, 3-1, 3-2, 3-3, 3-4, 3-5, 3-7, 3-8, 3-9, 4-1, 4-2, 4-3, 4-4, 4-6, 4-7, 4-9, 4-10, 4-11, 4-12, 4-13
312.12 Leichtmetalle 2-9, 3-2, 3-4, 3-7
312.121 Aluminium + Legierungen 2-8, 2-9, 3-2, 3-4, 3-7
312.122 Titan + Legierungen 1-6, 4-5

312.13 Schwermetalle 2-9, 3-7
312.131 Blei/Zinn + Legierungen 2-9, 3-2, 3-3, 3-4, 3-6, 3-7, 3-8
312.132 Kupfer + Legierungen 2-9, 3-3
312.133 Nickel + Legierungen 1-6, 4-5
312.134 Kobalt + Legierungen 1-2, 1-6, 4-3, 4-11
312.135 Edelmetalle 2-8

312.2 Minerale, keramische Stoffe
312.21 Minerale 1-1, 1-2, 1-6, 4-1, 4-2, 4-4, 4-5, 4-7, 4-12
312.22 Glas 4-2
312.23 keramische Stoffe 1-6, 1-9, 3-9, 4-2, 4-10, 4-12
312.24 Gestein 1-1
312.25 Beton
312.26 Schlacke, Asche

312.3 Organische Stoffe, Polymere
312.31 einfache organische Stoffe 1-11
312.32 Polymere 1-1, 1-5, 1-7, 4-4
312.321 Kunststoffe, Gummi 3-9, 4-2, 4-4
312.322 pharmazeut. Stoffe, Kosmetika
312.323 biologische Stoffe
312.324 Papier, Pappe
312.325 Holz (vgl. 312.45)
312.326 Leder

312.4 Verbundwerkstoffe 3-1
312.41 verstärkte Kunststoffe 1-5, 3-9, 4-2, 4-4
312.42 verstärkte Metalle 1-1, 4-6
312.43 Cermets, Hartmetall 1-1, 1-3, 1-4, 3-9, 4-2, 4-11
312.44 Schichtwerkstoffe 1-3, 1-6, 3-7, 4-2, 4-9, 4-11
312.45 Holzwerkstoffe

312.5 Faser- und Textilstoffe 4-6

312.6 körnige und stückige Stoffe 4-2, 4-4, 4-7

312.7 Flüssigkeiten, Fette, flüsssige Mehrphasensysteme 1-10, 2-2, 2-4, 2-5, 4-12

312.71 anorganische Flüssigkeiten 4-12
312.711 Wasser, Elektrolyt 1-11, 3-1, 3-9, 4-7, 4-12
312.712 Metallschmelze
312.713 Salzschmelze
312.714 Flüssiggas
312.715 Silikonöl
312.72 organische Flüssigkeiten 1-5, 2-5, 2-6, 2-9, 4-12
312.721 organische Lösungsmittel 1-5
312.722 Mineralöle 1-9, 1-11, 2-1, 2-2, 2-3, 2-4, 2-7, 2-8, 2-9, 3-3, 3-7, 3-8, 4-12
312.723 Synthetische Öle 1-9, 2-5, 2-6, 2-7, 4-12
312.724 tierische u. pflanzl. Öle 4-12
312.725 Polymerschmelzen 4-2
312.726 Polymerlösungen 1-9, 2-7
312.73 Additive 1-11, 2-3, 2-4, 2-8, 2-9, 4-2, 4-3, 4-12
312.74 Suspension 1-11, 4-13
312.75 Emulsion 4-12
312.76 Fette 1-5, 2-4
312.77 Seifen 1-8, 2-4
312.78 Pasten, Kolloide 4-13
312.79 Sonstige:
312.791 Öl-Aerosol 2-2

312.8 Gase
312.81 Luft 1-1, 1-2, 1-3, 1-5, 1-6, 1-7, 1-9, 1-11, 2-3, 2-5, 3-3, 3-7, 3-8, 4-1, 4-2, 4-4, 4-5, 4-6. 4-9, 4-12
312.82 Wasserdampf 1-1
312.83 Sauerstoff 1-1, 4-6
312.84 Inertgas 4-6
312.85 Vakuum
312.86 Weltraumatmosphäre
312.87 Sonstige:
312.871 CO, CO_2, N_2, CHs 1-1
312.872 Wasserstoff 3-8

312.9 Verunreinigungen/Schmutz 2-8, 2-9, 3-9

313 Stoffparameter

313.1 werkstoffabhängige Einflüsse
313.11 Zusammensetzung 1-1, 1-2, 1-3, 1-4, 1-5, 1-6, 1-10, 2-4, 3-7, 4-1, 4-2, 4-3, 4-4, 4-5, 4-9, 4-10, 4-11, 4-12, 4-13
313.12 Gefüge, Struktur 1-1, 1-2, 1-3, 1-4, 1-6, 1-7, 1-9, 2-6, 4-1, 4-3, 4-5, 4-9, 4-10, 4-11, 4-12, 4-13
313.13 physikal. Stoffdaten 1-1, 1-2, 1-3, 1-4, 1-5, 1-8, 2-3, 2-4, 3-3, 3-6, 4-1, 4-2, 4-3, 4-13
313.14 Festigkeitsdaten/Härte 1-1, 1-2, 1-3, 1-4, 1-6, 1-9, 4-1, 4-3, 4-4, 4-5, 4-9, 4-10, 4-11, 4-12, 4-13
313.15 Eigenspannungen 1-4, 1-6, 4-9
313.16 Verträglichkeit 1-6, 4-5, 4-10, 4-11

313.2 oberflächenabhängige Einflüsse
313.21 Oberflächenenergie
313.22 mech. Oberflächenbearbeitung 1-6, 2-1, 4-5
313.23 Wärmebehandlung/Härten 1-2, 3-9, 4-3, 4-4, 4-10, 4-12
313.24 Elektropolieren
313.25 Oberflächenreinigung
313.26 Sonstige:

313.261 Verfestigen durch Strahlen 1-6, 4-5
313.262 Verarbeitungsbedingungen/Härte 1-7

313.3 adsorbierte Schichten 2-8

313.4 Oberflächenüberzüge
313.41 anorganische Überzüge 1-3
313.411 galvanische Überzüge, stromlose Abscheidungen 1-6, 3-9, 4-8, 4-9, 4-10
313.412 Schmelztauchüberzüge
313.413 Gasphasenabscheidung, PVD, CVD 1-1, 1-3, 1-4, 1-6, 4-8, 4-9, 4-10
313.414 Schweiß-, Guß-, Spritz-u.Sinterüberzüge 1-1, 1-2, 1-6, 3-9, 4-1, 4-5, 4-11
313.415 Walzüberzüge (Plattierg.)
313.416 Glasuren, Emails
313.417 Thermochem.Schichten 1-6, 4-2, 4-4, 4-5, 4-6, 4-7, 4-8, 4-9, 4-10
313.418 Chemische Überzüge (Oxid-, Phosphatschichten)
313.42 Organische Überzüge
313.421 Farben, Anstriche
313.422 Gleitlacke

32 Formparameter

321 Konstruktive Gestaltung

321.1 Geometrie (Maßstab, Eingriff, Toleranzen) 1-5, 1-7, 1-11, 3-1, 3-2, 3-3, 3-4, 3-8, 3-9, 4-3, 4-9, 4-11, 4-12
321.2 Konstruktion 1-11, 2-7, 2-9, 3-2, 3-3, 3-4, 3-8
321.3 Einbau/Montagefehler 3-2, 3-4
321.4 thermische Ausdehnung 3-4, 3-8

322 Oberflächenrauheit, Welligkeit 1-6, 1-7, 1-10, 2-1, 3-1, 3-7, 3-9, 4-5, 4-10

4 Tribologische Problemstellung

41 Oberflächen und Kontakte

411 Oberflächenzustand

411.1 Oberflächenmorphologie 1-4, 1-6, 1-11, 2-1, 3-7, 4-4, 4-5, 4-11
411.2 Oberflächenstruktur, Randgefüge, Kontaktzone 1-1, 1-4, 1-6, 1-7, 1-10, 2-1, 4-4, 4-9, 4-11, 4-12, 4-13
411.3 Oberflächenzusammensetzung 1-2, 1-4, 3-9, 4-4, 4-11
411.4 Grenzflächenreaktionen 2-8, 4-11, 4-12

412 Kontaktbildung

412.1 Kontaktmechanik, -elastizität 1-6, 3-1, 3-4, 3-5, 3-7
412.2 Wärmeübergang 1-9, 2-7, 3-4, 4-13
412.3 Bindungscharakter, Adhäsion 1-9, 1-10, 4-11

413 Meßgrößen

413.1 Grenzflächenspannung, -energie 1-4
413.2 Rauheit 1-6, 1-7, 1-10, 2-1, 2-2, 2-9, 3-1, 3-9, 4-4, 4-5, 4-10, 4-11, 4-12, 4-13

432.1 Oberflächenverformung 1-2, 1-4, 1-11, 3-9, 4-3, 4-13
432.2 Abrasion 1-1, 1-2, 1-3, 1-6, 1-11, 2-4, 2-9, 3-7, 4-1, 4-2, 4-3, 4-4, 4-5, 4-6, 4-10, 4-11, 4-12, 4-13
432.3 Oberflächenzerrüttung 1-1, 1-9, 1-11, 4-3, 4-10, 4-11, 4-13
432.4 Adhäsion 1-6, 1-7, 1-9, 1-11, 2-9, 3-7, 4-2, 4-3, 4-6, 4-10, 4-11, 4-13
432.5 tribochemische Reaktion 1-6, 1-11, 2-4, 2-8, 4-1, 4-4, 4-5, 4-6, 4-11, 4-13

433 Verschleißerscheingungsformen 1-6, 2-9, 4-5

434 Einlaufvorgänge 1-7, 2-1, 2-2, 2-9, 4-3, 4-11

435 Meßgrößen

435.1 Formänderung, Ritzwiderstand 3-6
435.2 Materialabtrag 1-1, 1-3, 1-4, 1-7, 2-2, 2-4, 2-9, 3-9, 4-1, 4-2, 4-3, 4-4, 4-10, 4-11, 4-12, 4-13
435.3 Lebensdauer, Tragfähigkeit 1-1, 1-6, 1-11, 2-9, 3-1, 3-6, 3-7, 3-9, 4-1, 4-3, 4-9, 4-11
435.4 Reaktionsschichtbildung 1-6, 2-4, 4-3, 4-11
435.5 Verschleißpartikel 1-2, 1-6, 2-9, 4-3, 4-5, 4-11

44 Schmierung und Schmierstoffeigenschaften

441 Schmierungszustände

441.1 Festkörperreibung 1-4, 1-5, 1-6, 1-7, 1-11, 3-9, 4-5, 4-10, 4-12
441.2 Grenzreibung 1-6, 1-9, 1-10, 1-11, 2-4, 3-1, 3-7, 4-3, 4-13
441.3 Mischreibung 1-5, 1-8, 1-9, 2-2, 2-3, 2-4, 2-8, 2-9, 3-1, 3-7, 4-3, 4-10, 4-11
441.4 Vollschmierung hydrodynamisch 2-2, 2-7, 2-8, 2-9, 3-1, 3-2, 3-3, 3-4, 3-5, 3-8, 3-9, 4-11
441.5 Vollschmierung EHD 2-1, 2-2, 2-3, 2-4, 2-6, 3-1, 3-5, 3-7, 3-8
441.6 Vollschmierung hydrostatisch 3-8, 3-9
441.7 Vollschmierung Gasschmierung
441.8 Sonstige:
441.81 Aerosol-Schmierung 2-2

442 Schmierungsarten

442.1 Ölschmierung 1-9, 1-10, 2-1, 2-2, 2-3, 2-4, 2-6, 2-7, 2-8, 2-9, 3-2, 3-3, 3-4, 3-5, 3-8, 4-3, 4-10, 4-11
442.2 Fettschmierung 2-4
442.3 Feststoffschmierung 1-4, 1-8, 1-9, 1-11, 4-13

443 Schmierungstechnik

443.1 Schmierverfahren 1-10, 2-7, 2-9
443.11 Umlaufschmierung 2-1, 2-4, 2-6, 2-7, 2-8, 2-9, 3-3, 3-8
443.12 Verlustschmierung 1-10, 2-1, 2-7, 4-3
443.13 Dauerschmierung 2-4, 2-7, 4-10
443.2 Schmiersystem-Vorrichtung
443.3 Schmierstoffverbrauch 2-9, 3-8, 4-3
443.4 Schmierstoffpflege 2-9

443.5 Sonstige:
443.51 Werkzeugbesprühung 1-11

444 Schmierstoffeigenschaften 1-8, 1-9, 1-10

444.1 physikal.Eigenschaften 2-4, 2-8, 2-9, 4-13
444.2 mech.Eigenschaften (E.-Modul, Schermodul, Kompressibilität) 2-6, 2-7
444.3 rheol.Eigenschaften (Viskosität, Pumpfähigkeit, Konsistenz) 1-8, 1-10, 2-2, 2-4, 2-5, 2-7, 2-9, 4-3, 4-12
444.4 Grenzflächen-Eigenschaften 2-4, 4-3, 4-12
444.5 thermische Eigenschaften 4-12
444.6 phys.-chem.Eigenschaften (Struktur, Löslichkeit, Wasserabscheidevermögen, Emulgierbarkeit, Schaumneigung u.ä.) 2-9, 4-12
444.7 chem.Eigenschaften (Flammpunkt, Oxidationsstabilität, Scherstabilität, Korrosionseigenschaften, chemische Zusammensetzung u.ä.) 1-10, 2-5, 2-7, 2-8, 2-9, 4-3
444.8 elektr. u. optische Eigenschaften
444.9 Anwendungsbezogene Eigenschaften (Geruch, Toxizität, bakteriol. Stabilität, Schmiereigenschaften, Verschleißschutzverhalten) 1-9, 2-4, 2-8, 2-9, 4-3, 4-12, 4-13

5 Untersuchungsverfahren

51 Charakter der Untersuchung

511 tribologische Untersuchung
511.1 Modellprüfung 1-2, 1-5, 1-6, 1-7, 1-8, 1-9, 2-1, 2-4, 2-5, 2-6, 2-7, 3-7, 4-3, 4-4, 4-6, 4-10
511.2 praxisnahe Laborprüfung 1-1, 1-2, 1-3, 1-6, 1-8, 1-10, 1-11, 2-1, 2-2, 2-3, 2-4, 2-6, 2-7, 2-8, 2-9, 3-1, 3-3, 3-7, 3-8, 3-9, 4-2, 4-3, 4-4, 4-5, 4-9, 4-12, 4-13
511.3 Feldversuch, praktischer Einsatz 1-1, 1-2, 1-3, 2-8, 2-9, 3-9, 4-1, 4-2, 4-3, 4-7, 4-11, 4-12

512 nicht-tribologische Werkstoff- und Schmierstoffuntersuchung 1-3, 1-4, 3-6, 4-2, 4-9

52 Art des Untersuchungsverfahrens

521 mech.-phys. Prüfung (Rheometrie, Teilchenmessg., Schwingungsmessg.) 1-1, 1-4, 1-6, 1-7, 1-8, 1-9, 2-1, 2-2, 2-4, 2-6, 2-7, 2-9, 3-1, 3-3, 3-6, 3-7, 4-1, 4-2, 4-4, 4-5, 4-6, 4-9, 4-10, 4-13

522 phys.-chem. Prüfung 1-1, 1-2, 2-8, 2-9, 4-3, 4-11
523 chemische Analyse (einschl. spektrosk. Verfahren, Mikroanal.) 1-1, 1-2, 1-3, 1-4, 1-11, 2-9, 3-6, 4-1, 4-3, 4-8, 4-11
524 akustische Verfahren 1-6, 4-9
525 thermische Verfahren 2-8
526 elektr. u. magn. Verfahren
527 optische Verfahren (visuelle Prüfung, photogr., mikroskop. u. hologr. Verfahren, Ellipsom.) 1-3, 1-4, 1-6, 1-7, 1-10, 1-11, 3-6, 4-1, 4-2, 4-3, 4-4, 4-6, 4-7
528 Durchstrahlungsverfahren (Röntgen-, Gamma-, Neutronen- Radiographie) 1-3, 1-4, 4-9
529 Radioisotopverfahren 4-2

692	Übertragbarkeit	1-1, 1-9, 1-10, 2-4, 2-8, 3-1, 3-2, 3-3, 3-4, 3-7, 3-9, 4-1, 4-2, 4-3, 4-10, 4-12
693	Wirtschaftlichkeit, Kosten	1-1, 1-4, 1-11, 2-1, 2-6, 2-7, 2-9, 3-2 3-4, 3-5, 4-1, 4-2, 4-3, 4-4, 4-12
694	volkswirtschaftliche Bedeutung	1-1, 1-4, 1-6, 2-1, 2-6, 2-7, 2-9, 3-1, 3-2, 3-4, 4-1, 4-2, 4-3

D E S K R I P T O R E N L I S T E (alphabetisch)

1. Band

2. Band

3. Band

4. Band

4-1 O. Deutscher, M. Laude, R. Stelzer, BFI des VdEh, Düsseldorf: Untersuchung an Heißsintersieben zur Verbesserung der Standzeit der Siebbeläge

4-2 H.-D. Dannöhl, BMW, München; J. Föhl, H.-J. Groß, M.-A. Khosrawi, MPA, Stuttgart; A. Grimminger, Werner & Pfleiderer, Stuttgart: Radioaktive Verschleißmessung an zweiwelligen Mischern

4-3 B. Lindemann, W. Noll, A. Stihl, Waiblingen: Simulation der tribologischen Beanspruchung an Motorsägenschneidgarnituren

4-4 G. Mennig, M. Reinhard, P. Volz, DKI, Darmstadt: Untersuchungen zum Verschleiß in der Feststoffzone von Kunststoffverarbeitungsmaschinen

4-5 P. Adam, M. Paripović, M. Thoma, MTU, München: Schutzschichten gegen Schwingungsverschleiß im Triebwerksbau (Teil II)

4-6 R. Chatterjee-Fischer, Institut für Härterei-Technik, Bremen: Verbesserung des Verschleiß- und Korrosionswiderstandes durch Mehrkomponentenborieren

4-7 F. Riedl, Krauss-Maffai, München: Verschleißschutz verzugsempfindlicher Teile durch Borieren

4-8 J. Demny, K.-H. Habig, H.-P. Kehrer, G. Wahl, J. Ziese: Eigenschaften von Werkstoffen mit Verschleiß-Schutzschichten - Übersicht

4-9 J. Demny, G. Wahl, BBC, Heidelberg: Eigenschaften von Werkstoffen mit Verschleiß-Schutzschichten - Untersuchungen mit der Mikrosonde

4-10 H.-P. Kehrer, Siemens, München; J. Ziese, BMW, München: Eigenschaften von Werkstoffen mit Verschleiß-Schutzschichten - Mechanische Eigenschaften

4-11 K.-H. Habig, Yan Li, BAM, Berlin: Eigenschaften von Werkstoffen mit Verschleiß-Schutzschichten - Ergebnisse von Rauheits- und Verschleißprüfungen

4-12 R. Becker, G. Sepold, BIAS, Bremen; U. Buran, H.J. Neuhäuser, Goetze, Burscheid: Mikrokristalline und/oder amorphe Schichten zum Erhöhen der Verschleißlebensdauer von Bauteilen

4-13 W. König, R. Vits, RWTH Aachen: Entwicklung eines Prüfverfahrens zur prozeßbezogenen Beurteilung von Kühlschmierstoffen für die Schleifbearbeitung

4-14 E. Doege, R. Melching, R. Schneider, Forschungsstelle Gesenkschmieden, Hannover: Untersuchung der Wirkungsweise von Schmierstoffen beim Gesenkschmieden von Stahl mittels technologischer Prüfverfahren

TRIBOLOGIE

Reibung · Verschleiß · Schmierung

Dokumentation
zu dem Forschungs- und Entwicklungsprogramm „Tribologie"
des Bundesministeriums für Forschung und Technologie (BMFT)

Herausgeber:
Projektträgerschaft ,,Metallurgie – Werkstoffentwicklung – Rückgewinnung" des BMFT bei der DFVLR, Köln
Wissenschaftliche Leitung und Redaktion: W. BUNK, J. HANSEN, M. GEYER

Band 1 Abrasivverschleiß – Schwingungsverschleiß – Oberflächenbehandlung – Bearbeitungsverfahren

Erscheinungsdatum September 1981, 641 Seiten, 148,00 DM

ISBN 3-540-10800-9
ISBN 0-387-10800-9

Band 2 Elastohydrodynamik – Meß- und Prüfverfahren – Eigenschaften von Motorenölen

Erscheinungsdatum März 1982, 505 Seiten, 128,00 DM

ISBN 3-540-11298-7
ISBN 3-387-11298-7

Band 3 Gleitlager – Wellendichtungen

Erscheinungsdatum Mai 1982, 420 Seiten, 118,00 DM

ISBN 3-540-11299-5
ISBN 3-387-11299-5

Springer-Verlag
Berlin
Heidelberg
New York

GPSR Compliance

The European Union's (EU) General Product Safety Regulation (GPSR) is a set of rules that requires consumer products to be safe and our obligations to ensure this.

If you have any concerns about our products, you can contact us on ProductSafety@springernature.com

In case Publisher is established outside the EU, the EU authorized representative is:

Springer Nature Customer Service Center GmbH
Europaplatz 3
69115 Heidelberg, Germany

Batch number: 10682323

Printed by Printforce, the Netherlands